工业和信息化普通高等教育
“十二五”规划教材立项项目

21世纪高等院校信息与通信工程规划教材

21st Century University Planned Textbooks of Information and Communication Engineering

现代移动通信网络技术

孙友伟 张晓燕 畅志贤 编著

Modern Mobile Communications Network Technology

人民邮电出版社
北京

高校系列

图书在版编目（CIP）数据

现代移动通信网络技术 / 孙友伟，张晓燕，畅志贤编著. -- 北京 : 人民邮电出版社，2012.4（2020.9重印）
21世纪高等院校信息与通信工程规划教材
ISBN 978-7-115-27294-2

Ⅰ. ①现… Ⅱ. ①孙… ②张… ③畅… Ⅲ. ①移动网－高等学校－教材 Ⅳ. ①TN929.5

中国版本图书馆CIP数据核字(2012)第011078号

内 容 提 要

本书从网络通信的角度出发，介绍了移动通信网络技术的发展、移动通信网络的基本技术、第 2 代移动通信网络组成、第 3 代移动通信网络的 3 个方案以及关键技术、移动通信网络的基本优化方法以及第四代移动通信的候选方案和技术特点，旨在向读者展示网络的全程特性以及移动接入和固定传输的全网理念。

本书共分 9 章，第 1 章为移动通信概述，第 2 章介绍移动通信系统的基本技术，第 3 章介绍 GSM 系统组网技术，第 4 章介绍 CDMA 系统组网技术，第 5 章介绍 WCDMA 系统组网技术，第 6 章介绍 CDMA2000 系统组网技术，第 7 章介绍 TD-SCDMA 系统组网技术，第 8 章介绍移动通信网络优化技术，第 9 章为第 4 代移动通信网络展望。

本书可供高等院校通信工程专业本科及研究生教学使用，也可供通信运营商以及通信设备制造商技术人员业务培训使用。

◆ 编　　著　孙友伟　张晓燕　畅志贤
责任编辑　贾　楠
◆ 人民邮电出版社出版发行　　北京市丰台区成寿寺路 11 号
邮编　100164　　电子邮件　315@ptpress.com.cn
网址　http://www.ptpress.com.cn
北京捷迅佳彩印刷有限公司印刷
◆ 开本：787×1092　1/16
印张：18　　2012 年 4 月第 1 版
字数：440 千字　　2020 年 9 月北京第 9 次印刷

ISBN 978-7-115-27294-2

定价：38.00 元

读者服务热线：(010)81055256　印装质量热线：(010)81055316
反盗版热线：(010)81055315

前 言

当今移动通信网络，影响着社会的方方面面，深深地改变着人们的生活习惯。但是，移动通信网络并不仅限于从终端到基站这一部分，还包括由光缆等构成的传输网络、由多种数据库构成的管理体系、由交换机构成的交换网络、由路由器构成的数据网络。对于复杂完备的协议体系，也离不开细致的网络优化过程。本书正是从网络通信这个角度出发，强调全程全网的理念，向读者展示移动通信的特点、原理以及组网等技术。

本书共分 9 章。第 1 章介绍了移动通信发展的历史以及移动通信系统的组成、特征和现在的主流方案。第 2 章介绍了移动通信系统的基本技术，包括无线电波传播理论、抗衰落技术、调制技术、编码技术、蜂窝覆盖技术等。第 3 章介绍了 GSM 系统组网技术，包括系统网络组成、无线接口、信令协议、接续和管理、通用分组无线业务等。第 4 章介绍了 CDMA 系统组网技术，包括 CDMA 技术标准化、码序列、关键技术、正反向信道处理、系统接续和移动性管理等。第 5 章介绍了 WCDMA 系统组网技术，包括 WCDMA 移动通信系统演进过程、网络结构、无线接口与协议规范、关键技术等。第 6 章介绍了 CDMA2000 系统组网技术，包括 CDMA2000 系统的演进、网络结构、无线接口规范、关键技术、CDMA2000 数据业务的呼叫流程等。第 7 章介绍了 TD-SCDMA 系统组网技术，包括 TD-SCDMA 提出的背景与演进过程、系统的无线接口、关键技术、TD-SCDMA 物理层的主要过程等。第 8 章介绍了移动通信网络优化技术，包括移动通信网络优化的概念、无线网络优化、优化的注意事项、网络故障分析及案例。第 9 章介绍了第 4 代移动通信网络展望，包括移动通信发展的未来方向和 FDD LTE、TDD LTE、WiMAX 解决方案等。

本书可供通信工程专业本科及研究生教学使用，也可供通信运营商以及通信设备制造商技术人员业务培训时使用。

本书第 1 章、第 2 章、第 9 章由孙友伟编写。第 3 章、第 4 章、第 8 章由张晓燕编写。第 5 章、第 6 章、第 7 章由畅志贤编写。孙友伟教授完成统稿以及图表的定稿工作。

感谢在本书撰写过程中，孙书娜在资料收集、规范等方面做了大量工作。感谢孙思婧、岳强、井翠红在录入、绘图、校对等方面提供了帮助。

作者多年从事通信网络的研发和教学，希望能够以通俗易懂的语言，把移动通信的理论和技术以及未来的发展介绍给读者。由于对网络的理解和学识所限，书中难免存在不足之处，真诚接受读者指正。

编　者

2011 年 10 月

目　录

第1章 概述

20 世纪以来，通信网络以超摩尔的速度向前发展，光纤传输容量已经达到 80×40 Gbit/s，接入的能力达到 1Gbit/s，网络的健壮性能大为提高，终端设备丰富多样，新业务层出不穷。到 2010 年，全球无线网络用户数量突破 50 亿。网络的发展，对社会的文明和进步产生了重大影响。利用无线信道最终接入的移动通信网络，巧妙地实现了固定网络与自由移动终端之间的连接，更使得人们开始实现了任何人（Whoever）在任何时间（Whenever）、任何地点（Wherever）与任何人（Whomever）进行任何种类（Whatever）的信息交换。

1.1 移动通信发展的历史

移动通信技术，实际上是随着整个通信网络、电子技术、计算机技术的发展而逐渐成长起来的。

19 世纪末，无线电技术早期的贡献者奥斯特、安培、法拉弟、亨利等人，经过无数的实验，奠定了无线电通信的基础。1873 年，苏格兰人 J.C.麦克斯韦尔提出了电磁场理论。1880 年，德国物理学家 H.赫兹根据麦克斯韦尔方程所预言的电磁波的发生、检测及其属性的测量中进行了一系列著名的实验。1894 年，意大利学者 M.G.马可尼做出了一个可用的无线电装置。1897 年，M.G.马可尼在英国官员的监督下，完成了超过 2 英里距离的无线电通信试验。从历史的角度来看，我们把这一过程看作移动通信的起始阶段。

20 世纪 20 年代至 40 年代，人类对电磁振荡以及无线电波的认识还局限在 2～100 MHz 的水平上，一个实用的移动通信系统是美国底特律市警察使用的车载无线电系统，该系统的工作频率为 2 MHz，到 20 世纪 40 年代中期提高到 40 MHz。

到 20 世纪 60 年代初期，移动通信技术已经开始系统化发展，美国及欧洲多国相继掌握了诸如频分复用、新的调制技术等，开始建立公众移动通信服务。1946 年，根据美国联邦通信委员会（Federal Communications Commission，FCC）的计划，贝尔公司在圣路易斯城建立了世界上第一个公用汽车电话网，称为“城市系统”。当时使用 3 个频道，间隔为 120kHz，通信方式为单工。随后，德意志联邦共和国（简称联邦德国）（1950 年）、法国（1956 年）、英国（1959 年）等国相继研制了公用移动电话系统。美国贝尔实验室完成了人工交换系统的接续问题，但总的来看，网络的容量比较小。

20 世纪 60 年代中期美国推出了改进型移动电话系统（Improved Mobile Telephone

Service ，IMTS），使用 150 MHz 和 450 MHz 频段，采用大区制、中小容量，实现了无线频道自动选择，并能够自动接续到公用电话网。可以说，这一阶段是移动通信系统改进与完善的阶段，其特点是采用大区制、中小容量，使用 450 MHz 频段，实现了自动选频与自动接续。

20 世纪 70 年代中期，美国贝尔实验室成功研制了先进移动电话系统（Advanced Mobile Phone System，AMPS），建成了蜂窝状移动通信网，大大提高了系统容量。其他国家也相继开发了各自的网络，如日本的 800 MHz 汽车电话系统、联邦德国的 450 MHzC 网、英国 900 MHz 的全接入通信系统（Total Access Communications System，TACS）等。这个时期的特点是蜂窝状移动通信网成为实用系统，并在世界各地迅速发展。除了消费生活的需要之外，电子技术的迅猛发展也起到了决定性作用，终端设备的微型化以及电池供电能力的提高，深受当时用户的欢迎。贝尔实验室提出的蜂窝网概念创建了小区制，实现了频率复用，大大提高了系统容量。

20 世纪 80 年代中期是数字移动通信系统逐渐成熟和发展的时期。

模拟蜂窝移动通信系统虽然取得了成功，但也存在频谱利用率低、费用高、不保密等问题。解决这些问题的方法是开发新一代数字蜂窝移动通信系统。为此，欧洲发展了 GSM 网络系统，美国发展了 DAMPS（Digital AMPS）网络系统。随后，美国又推出了码分多址（Code Division Multiple Access，CDMA）网络系统。

1982 年，欧洲成立了泛欧移动通信组织（Group Special Mobile，GSM），任务是制定泛欧移动通信漫游的标准。GSM 是欧洲成立的一个移动通信小组的简称，这个小组在欧洲的蜂窝移动通信方面作了大量的工作，制定了泛欧洲的数字蜂窝移动通信系统标准，并用该研究小组名字的缩写命名。随后，GSM 的含义扩展为全球移动通信系统（Global System For Mobile Communications，GSM）。1991 年 7 月，GSM 网络开始投入商用；1995 年，GSM 网络覆盖了全欧洲的主要城市。

美国开发的 DAMPS 网络系统与 GSM 同时代，都属于 TDMA 方式，主要市场在美洲。

CDMA 原本是为军事通信而开发的技术，其想法初衷是防止敌方对己方通信的干扰，在战争期间广泛应用于军事抗干扰通信，后来美国高通公司进一步设计出商用蜂窝通信网络技术。1995 年，第一个 CDMA 商用系统运行之后，CDMA 技术理论上的诸多优势在实践中得到了检验，从而在北美、南美和亚洲等地得到了迅速推广和应用。在美国和日本，CDMA 成为主要的移动通信技术。在美国，10 个移动通信运营公司中有 7 家选用 CDMA。

在我国，2001 年中国联通开始在中国部署 CDMA 网络（简称 C 网）。2008 年 5 月，中国电信收购中国联通 CDMA 网络，并将 C 网规划为中国电信未来的主要发展方向。

20 世纪 90 年代，移动通信开始进入第 3 代发展时期，同时，第 4 代移动通信也进入了研究阶段。

1985 年，国际电信联盟（International Telecommunications Union，ITU）提出未来公共陆地移动通信系统（FPLMTS），1992 年世界无线电大会决定，在 2 GHz 频段中配给未来公共陆地移动通信系统陆地业务和卫星通信业务 230 MHz 带宽，并决定在 2000 年左右投入商用，于是正式更名为 IMT-2000。

它的目标原本是在全球实现统一频段、统一标准、无缝隙覆盖，提供包括语音、数据和图像的综合多媒体业务，其中车速环境为 144 kbit/s，步行环境为 384 kbit/s，室内环境为

2Mbit/s。当前地面系统主流的技术倾向于 3 种体制，即宽带码分多址（WCDMA）、多载波码分复用扩频调制（CDMA 2000）和时分同步码分多址接入（TD-SCDMA），也就是宽带（5MHz）码分多址技术。

在第 3 代移动通信还没有完全铺开，距离完全实用化还有一段时间的时候，已经有国家开始了对下一代移动通信系统（4G）的研究。2010 年 11 月底，ITU 无线通信部门（ITU-R）在瑞士日内瓦会议上对 4G 技术进行重新评估，ITU 公开表示，目前常规的长期演进（Long Term Evolution，LTE）、高速下行链路分组接入技术（High_SpeedDownlink_Packet_Access，HSDPA）、全球微波互联接入（Worldwide Interoperability for Microwave Access，WiMAX），以及"甚至被我们广泛认为是从 3G 演变而来的技术"都已经可以打上 4G 网络的标签。

关于 4G 的探讨已有近十年，尤其是 3G 已经应用之后，对 4G 的争论一直没有停止。尽管如此，心急的运营商早已经根据 3G 技术的正常演进开始升级网络，如 LTE、HSPA+，只不过这些都被冠以"准 4G"标准。2010 年底，ITU 对 4G 技术进行了扩展，曾经的"准 4G"也被归为"4G"范围。

未来的 4G 时代，视频通话、高清电视、互联网游戏、电影下载等对传输速度要求很高的移动互联网服务将全部实现，甚至随身携带的通信产品——手机将成为个人的信息中心。

1.2 移动通信网络的属性和特点

移动通信网络是通信网络的一部分。移动通信网络所承载的系统和业务，通过空中无线接口将移动台与基站联系起来，进而通过有线网络（光网络或电网络）与交换机相联系，形成一个有线与无线的综合体，这个综合体充分体现通信网络全程全网的属性，也表现出它独特的性能。

1.2.1 移动通信网络的属性

移动通信，是指通信时，至少有一方是在移动过程中进行的，当然也包括通信双方都在移动过程中进行的情况，例如由移动终端（手机或车载移动台）与基站之间的通信以及移动终端与卫星之间的通信；特殊情况下，也可以是由移动通信网络构建的由固定到固定的通信过程，例如多台计算机通过移动通信网络构成的局域网所提供的数据服务。

按照移动过程的不同，移动通信可以分为陆地移动通信、海上移动通信和空中移动通信。而目前使用的移动通信系统有航空（航天）移动通信系统、航海移动通信系统、公众陆地移动通信系统和国际卫星移动通信系统，其中，公众陆地移动通信系统又包括集群移动通信系统和蜂窝移动通信系统。

1.2.2 移动通信网络的特点

移动通信网络在提供通信服务的过程中具有下列特点。

1. 移动通信网络强调的是服务的移动性

移动性就是保持用户在移动状态中通信，因此必须利用无线电波，或无线通信与有线通信相结合。无线电波允许用户可以在一定范围内自由移动，但是其传播特性不稳定，如果用户所处的地理环境十分复杂，无线电波会受到地形、地物的变化发生复杂的衰落，从而产生多径效应。

这种多径信号的幅度、相位和到达时间都不一样，它们相互叠加会产生电平衰落和时延扩展；其次，移动通信常常在快速移动中进行，这不仅会引起多普勒（Doppler）频移，产生随机调频（由多普勒频移引起的信号相位变化），而且会使得电波的传播特性发生快速的随机起伏，严重影响通信质量。因此，移动通信网络必须根据移动信道的特征，进行合理设计。

2.移动通信网络无线频率资源的有限性

移动通信网络利用无线电波进行通信，这就需要确定无线电频率。无线电频率是一种自然资源，为人类所共有，但需要人类严格有序的利用。归纳起来有 4 个特性。

① 无线电频率资源是有限的：由于受人类技术的限制，当前无线电通信使用的频率资源非常有限，ITU 当前只划分了 9 kHz～400 GHz 的无线电频率范围，而且目前使用较多的频段只有几十 GHz。

② 无线电频率资源是一种非消耗性的资源：它不同于土地、水、矿山、森林等资源，如果频率得不到充分利用，则是一种资源浪费；使用不当也是一种资源浪费，甚至会造成严重的危害。

③ 无线电波传播的无边界性：无线电波固有的传播特性使它不受行政区域、国家边界的限制。因此，任何一个国家、一个地区、一个部门甚至个人都不能随意使用，否则会造成相互干扰而不能正常通信。

④ 无线电频率资源极易受到污染：它容易受到人为噪声和自然噪声的干扰，以致无法正常使用和准确而有效地传输各类信息。

鉴于上述多种原因，为了加强对无线电频率的有效管理和利用，国际间对无线电频率按业务进行划分、分配和指配，规定把某一频段分配给某一种或多种地面或空间业务在规定条件下使用，称为“频率划分”。最有效地利用有限的频率资源，一直是通信业不断努力的方向，业内通过开发新的多址技术，在频分、时分、码分及空分等多个方面对有限的频率资源加以利用。

3．移动通信网络运行在复杂的干扰环境中

在自然界中存在着这样或那样的外部干扰，如天电干扰、工业干扰和信道噪声。另外，系统本身和不同系统之间还会产生这样或那样的干扰。因为在移动通信系统中常常有多个用户随机地在同一地区请求服务，基站还会有多部收发信机在同一地点工作，这些电台之间都会产生干扰。

4．移动通信网络结构复杂管理困难

不同的地理环境需要不同的网络组成，移动通信网络可以组成带状（如公路、铁路沿线）、面状（如覆盖一个城市或地区）或立体状（如地面通信设施与中、低轨道卫星通信网络的综合系统）等，可以单网运行，也可以多网同时运行且实现互连互通。

5．移动通信设备需适应在移动环境中使用

要求终端设备，体积小、重量轻、省电、操作简单和携带方便，以适应在移动环境中使

用。车载台和机载台除要求操作简单和维修方便外，还应保证在震动、冲击、高低温变化等恶劣环境中能够正常工作。

1.3 移动通信网络的系统组成

进入 20 世纪以后，移动通信网络得到了飞速发展，以往的模拟移动通信系统和无线寻呼系统已经退出了服务。本节讨论的移动通信网络主要是当前在网服务的系统网络。

1.3.1 移动通信网络的基本工作方式

按照通话的状态和频率的使用方法，移动通信网络有 3 种基本工作方式，即单工制、半双工制和双工制。单工制又分为单频单工制和双频单工制两种。

（1）单频单工制

单频是指通信双方使用相同的工作频率 F1。单工是通信双方必须轮流发信而不争抢的一种通信方式，如图 1.3.1 所示。平时，双方的接收机均处于守听状态。如果 A 方需要发话，可按压发信开关，关掉 A 方接收机，使其发射机工作，这时由于 B 方接收机处于守听状态，即可实现由 A 至 B 的通话；同理，也可实现由 B 至 A 的通话。在该方式中，同一终端的收发信机是交替工作的，故收发信机可使用同一副天线，而不需要使用天线共用器。

（2）半双工制

半双工制是指通信双方中有一方（如基站）使用双工方式，收发信机同时工作，且使用两个不同的频率 F1 和 F2；另一方（如移动终端）则采用双频单工方式，收发信机交替工作，如图 1.3.2 所示。平时，移动终端处于守听状态，仅在发信时才按压发信开关，切断收信机使发信机工作。其优点是设备简单、功耗小，克服了通话断断续续的现象，但操作仍不太方便。所以半双工制主要用于专业移动通信系统中，如汽车调度系统等。

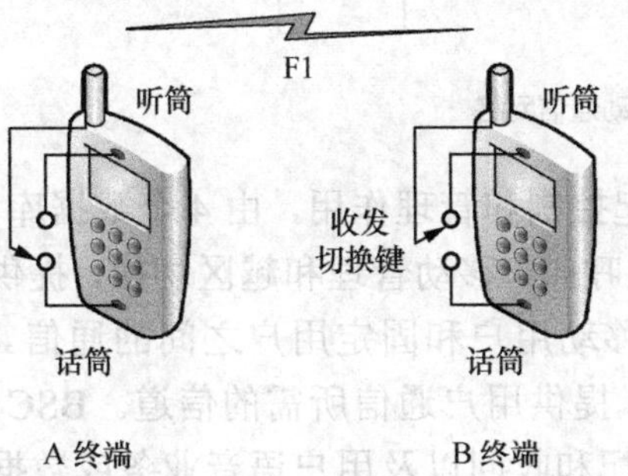

图 1.3.1 单频单工制通信方式

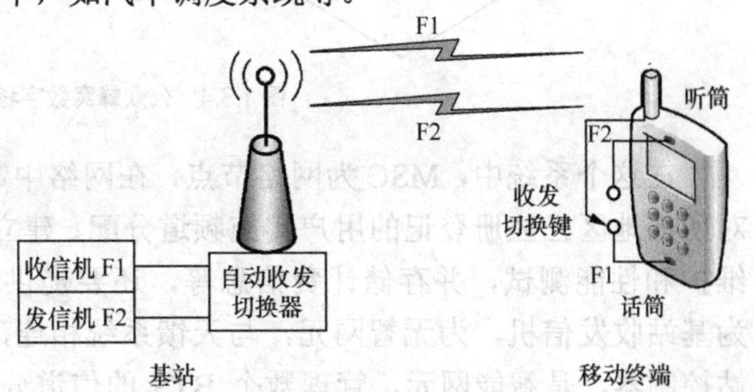

图 1.3.2 半双工制通信方式

（3）双工制

双工制指通信双方的收发信机均同时工作，即任一方在发话的同时，也能收听到对方的语音，而无需按压发信开关，与普通市内电话的使用情况类似，如图 1.3.3 所示。但是采用这种方式的通信过程中，不管是否发话，发射机总是工作的，能源消耗大。为此，在某些系统中，移动台的发射机仅在发话时才工作，而移动台的接收机总是工作的，通常称这种系统为准双工系统，它可以和双工系统相兼容。目前，这种工作方式在移动通信系统中获得了广泛的应用。

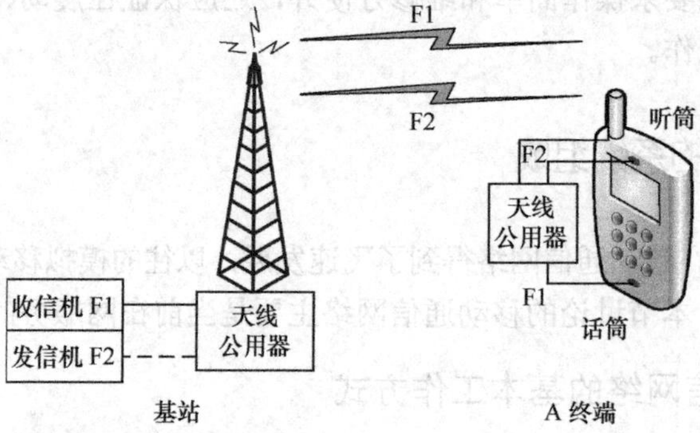

图 1.3.3　双工制通信方式

1.3.2　公众蜂窝数字移动通信网络的基本组成

公众蜂窝数字移动通信网络是一种双向双工通信系统，由移动台（MS）、基站子系统（BTS、BSC）、移动业务交换中心（MSC 以及用于移动性管理的多个数据库）组成，并且与市话网（PSTN）相连构成完整的通信网络，如图 1.3.4 所示。

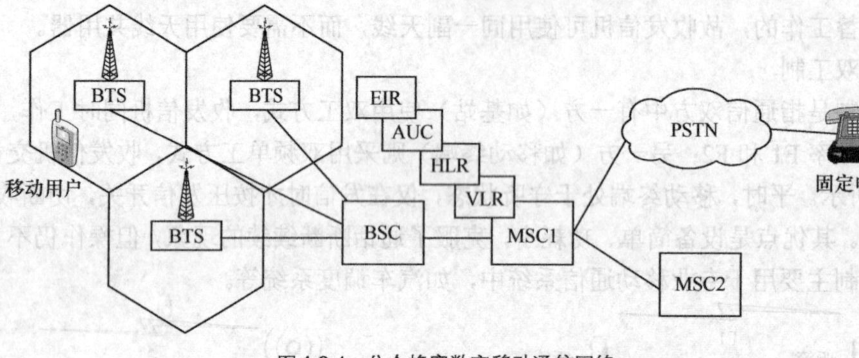

图 1.3.4　公众蜂窝数字移动通信网络

在这个系统中，MSC 为网络节点，在网络中起控制和管理作用，由 4 个数据库协助，对所在地区已注册登记的用户实施频道分配、建立呼叫、移动管理和越区切换，提供系统维护和性能测试，并存储计费信息等，还要提供移动用户和固定用户之间的通信。BTS 为基站收发信机，为无智网元，与天馈系统相连，提供用户通信所需的信道。BSC 为基站控制器，是智能网元，管理数个 BTS 的信道分配和收回以及用户语音业务或数据业务的路由。

通过、MSC 和中继传输链路，就可以实现整个服务区内任意两个移动用户之间的通信联系，从而构成一个自成体系的移动电话网。MSC 再经过中继线与市话局连接，就能实现移动用户与市话用户之间的通话，从而构成一个有线与无线相结合的复杂的移动通信网。

如图 1.3.4 所示，蜂窝移动通信网络把整个服务区域划分成若干个较小的区域（Cell，在蜂窝系统中称为小区），各小区均用小功率的发射机（即基站发射机）进行覆盖，许多小区以正六边形的形状相互紧密连接覆盖任意形状的服务地区，因此称为蜂窝小区。

一般情况下，频率配置时相邻小区不使用相同的频道，以防发生相互干扰（称同频干扰）。但由于各小区在通信时所使用的功率较小，因此只要任意两个小区相互之间的空间距离大于某一数值，即可克服同频干扰。把若干相邻的小区按一定的数目划分成区群（Cluster），并把可供使用的无线频道分成若干个频率组，区群内各小区均使用不同的频率组，而任一小区所使用的频率组，在其他区群相应的小区中还可以重复使用或再次使用，这就是频率复用，如图 1.3.5 所示。

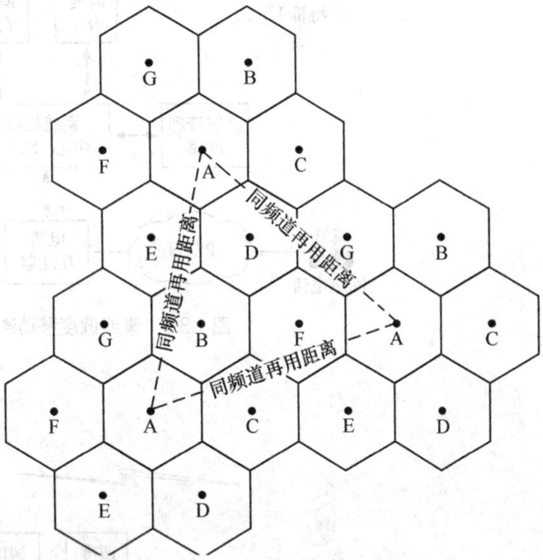

图 1.3.5 相同频道再用

当移动用户在蜂窝小区中快速运动时，用户之间的通话通常不会在一个小区中结束。快速行驶的汽车在一次通话的时间内可能跨越多个小区。当移动台从一个小区进入另一相邻的小区时，其工作频率及基站与 MSC 所用的接续链路必须从它离开的小区转换到正在进入的小区，这一过程称为越区切换。

当移动用户只是自由移动而并没有通信时，移动通信网络为了准确地跟踪用户，以便及时把对这个用户的呼叫送达，需要不断地与用户交换位置信息，这个过程是系统自动完成的，称为位置更新。

当前在网服务的公众蜂窝数字移动通信系统，无论它的多址方式是 TDMA 还是 CDMA，由于服务目标是一致的，所以它们的网络组成没有太大区别。

关于上述网络系统的技术细节，本书将在后面章节详细讨论。

1.3.3 集群调度移动通信网络的基本组成

所谓集群，即多个无线信道为众多用户共用，以便在最大程度上利用整个系统的信道和频率资源。集群调度，移动通信网络主要由中央控制器、电话互连终端、集群信道机、收发天线共用器、天线、系统管理终端、动态重组终端、系统监视终端以及调度台、移动台和手机等网元设备组成。

集群调度移动通信网络均以基本网元构成的系统为模块，并用这些模块扩展为区域网。根据覆盖的范围及地形条件，基本系统可由单基站或多基站组成。集群调度移动通信网络的控制方式有两种，即专用控制信道的集中控制方式和随路信令的分布控制方式，分别如图 1.3.6 和图 1.3.7 所示。

集群调度移动通信网络中，当用户开机要求通话时，系统就会自动分配一个空闲信道。若要求无线对无线，则基地站起到多信道转发器的作用；若要求无线对有线，则经过一个交换矩阵将有线线路与无线信道连接起来。通信完毕后，此信道又被系统收回，这样每个用户都可以使用系统全部的通信信道，大大提高了频率的利用率。通话全过程由计算机控制，使网络的功能容易根据实际情况调整，更好地为用户服务，因而该系统具有实用性。

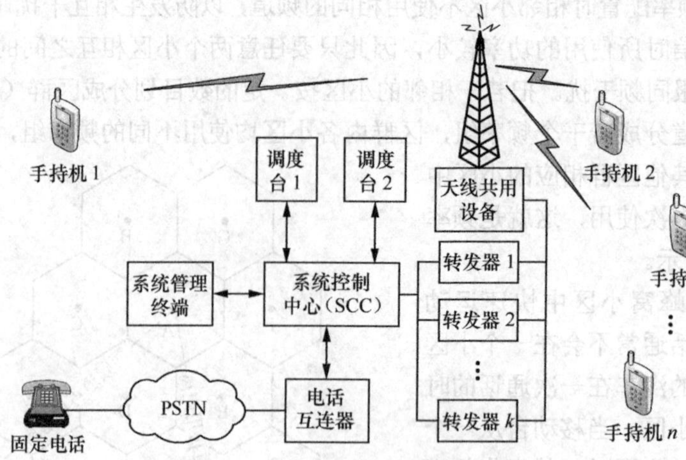

图 1.3.6　集群调度移动通信网络的集中控制方式

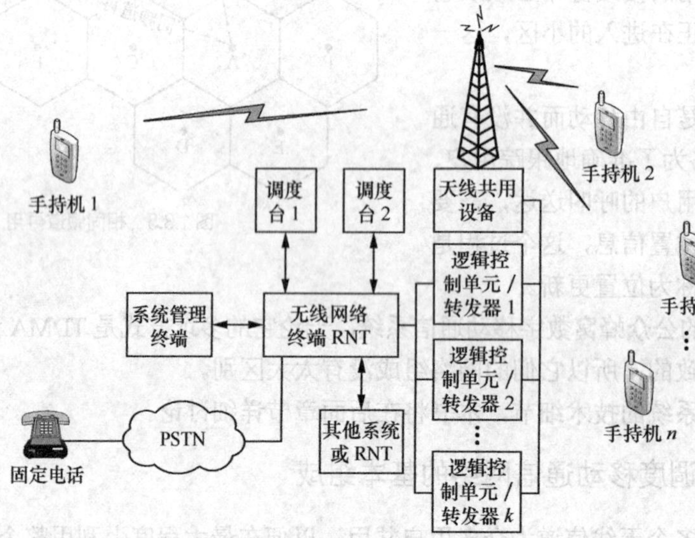

图 1.3.7　集群调度移动通信网络的分布控制方式

1. 集群调度移动通信网络的技术特点

集群调度移动通信网络采用的基本技术是频率共用技术，其主要做法如下。

① 把一些由各部门分散建立的专用通信网集中起来，统一建网和管理，并动态地利用分配给它们的有限个频道，以容纳数目更多的用户。

② 改进频道共用的方式，即移动用户在通信的过程中，不是固定地占用某一个频道，而是在按下其发信开关（PTT）时才能占用一个频道；一旦松开 PTT，频道将被释放，变成空闲频道，并允许其他用户占用。

2. 集群调度移动通信网络的业务特点

集群调度移动通信网络主要以无线用户为主，即以调度台与移动台之间的通话为主。集群调度移动通信网络与蜂窝移动通信网络在技术上有很多相似之处，但在主要用途、网络组成和工作方式上有很多不同，主要表现如下。

① 集群调度移动通信网络属于专用移动通信网络，适用于在各个行业（或几个行业合用）中间进行调度和指挥，常常对网络中的不同用户赋予不同的优先等级。蜂窝移动通信网络属于公众移动通信网，适用于各阶层和各行业中个人之间的通信，一般不分优先等级。

② 根据调度业务的特征，集群调度移动通信网络通常具有一定的限时功能，一次通话的限定时间大约为15～60 s（可根据业务情况调整）。蜂窝移动通信网络对通信时间一般不进行限制。

③ 集群调度移动通信网络一般采用半双工（现在已有全双工产品）工作方式，一般情况下一对移动用户之间进行通信时只需占用一对频道。蜂窝移动通信网络都采用全双工工作方式，一对移动用户之间进行通信时必须占用两对频道。

④蜂窝移动通信网络中可以采用频道复用技术来提高系统的频率利用率；而集群调度移动通信网络主要以改进频道共用技术来提高系统的频率利用率。

3．集群调度移动通信网络的基本网元设备

（1）转发器

它由收、发信机和电源组成，每个频道均配一个转发器。对于分布式控制的集群调度移动通信网络，每个转发器均有一个逻辑控制单元。

（2）天线共用设备

它包括天线、馈线和共用器（如收发天线共用器、基站的发射合路器和接收耦合器）。

（3）系统控制中心（系统控制器）

在联网时，可通过无线网络控制终端。

（4）调度台

调度台可分为无线调度台和有线调度台。无线调度台由收发信机、控制单元、操作台、天线和电源等组成。

（5）手持机

手持机分为车载机和手机，它们均由收发信机、控制单元、天线和电源等组成。

（6）系统管理终端

对整个网络系统的运行、测试、故障处理、计费等实时跟踪处理。

4．集群调度移动通信网络的基本工作方式

（1）消息集群

在消息集群（Message Trunking）系统中，每一次呼叫通话期间一次性地分配一对无线频道，而且在通话完毕后（即松开 PTT 开关后），转发器继续在该频道上工作 6 s 左右（即脱离时间约为 6 s），才算完成此次接续过程。消息集群的典型呼叫格式如图 1.3.8 所示。这里所谓的典型呼叫格式，是经过大量实测和统计而得到的结果，指的是在一次通信过程中，通信双方占用时间的统计规律，并非通常所说的消息格式。

（2）传输集群

传输集群（Transmission Trunking）通话中，并非始终占用某一频道，当发话一方松开 PTT 后，对这一频道的占用即告结束，对方回答或本方再发话时，都要重新分配并占用新的空闲频道。也就是说在通话中，每按一次 PTT 开关就重新占用频道一次。因此，传输集群可以充分利用频

道的空闲时间，频道利用率较高。不过，要实现这种传输集群，用户所用的 PTT 必须保证用户讲话时立即接通，讲话停顿时立即松开。这样会带来一个问题，即用户的语音略有间隙时，PTT 就可能松开，所用频道也立即被释放而被其他用户所占用，然后再讲话时又要重新占用新的空闲频道，从而会导致消息传输不连续或通话中断现象。传输集群的典型呼叫格式如图 1.3.9 所示。

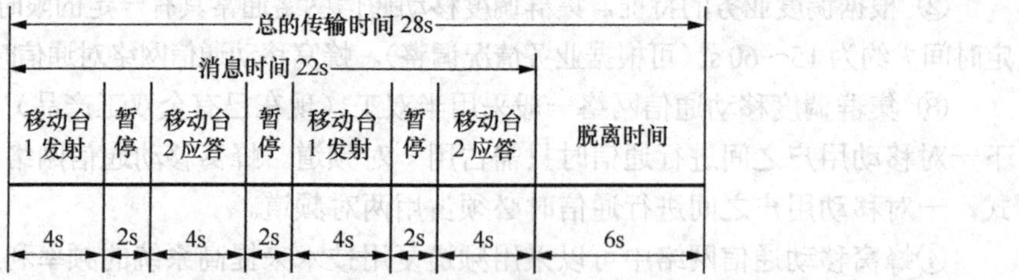

图 1.3.8　消息集群的典型呼叫格式

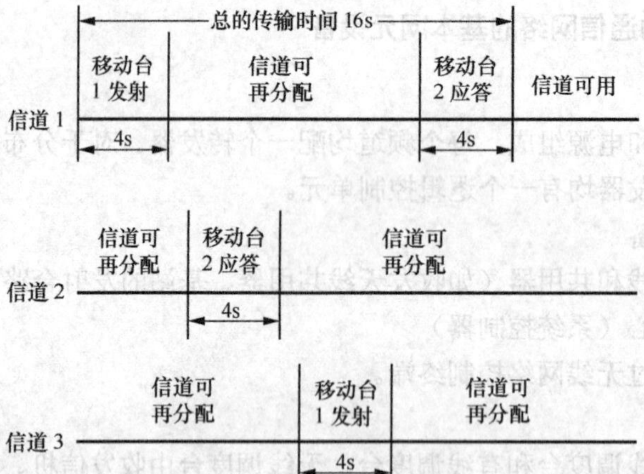

图 1.3.9　传输集群的典型呼叫格式

（3）准传输集群

准传输集群（Quasi Transmission Trunking）是为了克服传输集群的缺点而提出的一种改进型集群方式，也可以看作传输集群和消息集群的折中方案。其做法是：与消息集群相比，把脱离的时间缩短为 0.5～2 s；与传输集群相比，在每次 PTT 松开之后增加 0.5 s 的保持时间，然后再释放频道。准传输集群的典型呼叫格与式如图 1.3.10 所示。

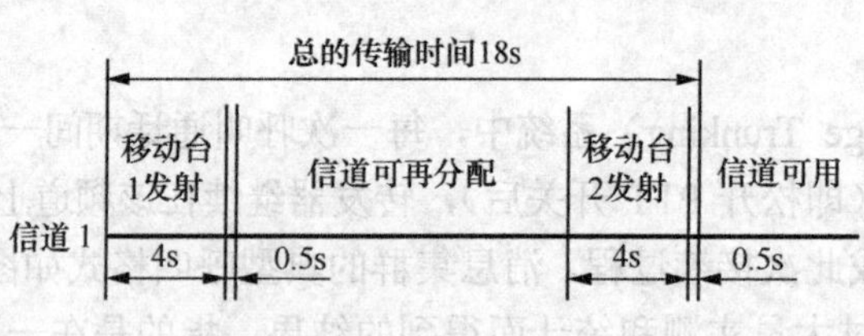

图 1.3.10　准传输集群的典型呼叫格式

准传输集群的工作方式由美国摩托罗拉（Motorola）公司首先使用，大量试验表明这种方法的频率利用率略低于传输集群，但能防止消息中断现象发生。

1.3.4 移动卫星通信网络的基本组成

21 世纪通信的最大特点是卫星通信终端手持化，ITU 已经明确定义了第 3 代移动通信系统能够实现通过卫星对全球无缝覆盖，并且划分了专用的频率。只有利用卫星通信覆盖全球的特点，通过卫星通信系统与地面移动通信系统结合，才能实现名副其实的全球个人通信。

卫星通信是指利用人造地球卫星作为中继站转发无线电信号，在两个或多个地面站之间进行通信的过程或方式。卫星通信属于宇宙无线电通信的一种形式，工作在微波频段。宇宙通信是以宇宙飞行体或通信转发体作为对象的无线电通信，可分为如下 3 种形式。

① 地球站与宇宙站间的通信。

② 宇宙站之间的通信。

③ 通过宇宙站的转发或反射进行的地球站之间的通信。

人们常把第 3 种形式称为卫星通信。宇宙站是指地球大气层以外的宇宙飞行体（如人造卫星和宇宙飞船等）或其他星球上的通信站。地球站是指设在地面、海洋或大气层中的通信站，习惯上统称为地面站。

卫星通信是在地面微波中继通信和空间技术的基础上发展起来的，通信卫星相当于离地面很远的微波中继站。由于作为中继的卫星离地面很远，因此经过一次中继转接之后即可进行长距离的通信。图 1.3.11 所示为一种简单的卫星通信网络示意图，它是由一颗通信卫星和多个地面通信站组成的。

如图 1.3.12 所示，离地面高度为 h 的卫星中继站，看到地面的两个极端点是 A 和 B 点，$AB=S$，即 S 为中继站所能达到的最大通信距离，其计算公式为

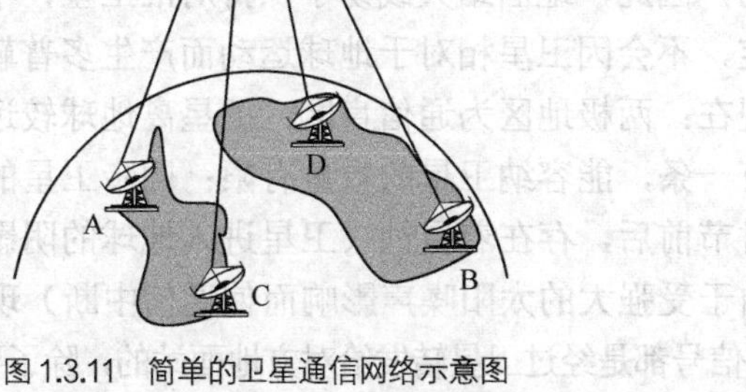

图 1.3.11 简单的卫星通信网络示意图

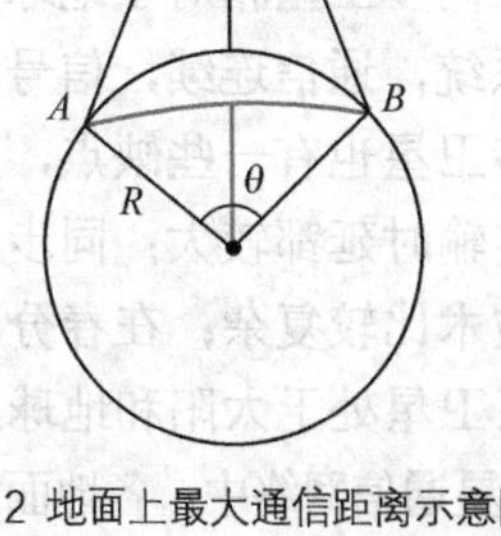

图 1.3.12 地面上最大通信距离示意图

$$S = R\theta = R(2\arccos\frac{R}{R+H}) \tag{1.3.1}$$

式中，R=6378 km，为地球半径；θ 为 AB 所对应的圆心角（弧度）；h 为通信卫星到地面的高度，单位为 km。h 越高，地面上最大通信距离越大，关系如图 1.3.12 所示。

由式 1.3.1 可知，h=500 km 时，S=4 892 km；h=35 800 km 时，S=18 100 km。

目前，卫星通信使用微波频段，大多数卫星通信系统选择在下列频段工作。

① L 波段：1.6～1.5 GHz。

② C 波段：6.0～4.0 GHz。

③ X 波段：8.0～7.0 GHz。

④ K 波段：14.0～12.0 GHz；14.0～11.0 GHz；30～20 GHz。

目前，通信卫星的种类繁多，使用最为广泛的是同步卫星。同步卫星是指在赤道上空约 35 800 km 高处的圆形轨道上与地球自转同向运行的卫星。由于其运行方向和周期与地球自转方向和周期均相同，从地面上任何一点看上去，卫星都是“静止不动”的，所以把这种对地球相对静止的卫星简称为同步（静止）卫星，其运行轨道称为同步轨道。

非同步卫星的运行周期不等于（通常小于）地球自转周期，轨道倾角、轨道高度、轨道形状（圆形或椭圆形）可因需要而不同。从地球上看，这种卫星以一定的速度在运动，故又称为移动卫星或运动卫星。

同步卫星的特点是一颗卫星的覆盖区（从卫星上能“看到”的地球区域）可达地球总面积的 40%左右，地面最大跨距可达 18 000 km。因此只需 3 颗同步卫星适当配置，就可建立除两极地区（南极和北极）以外的全球性通信，如图 1.3.13 所示。

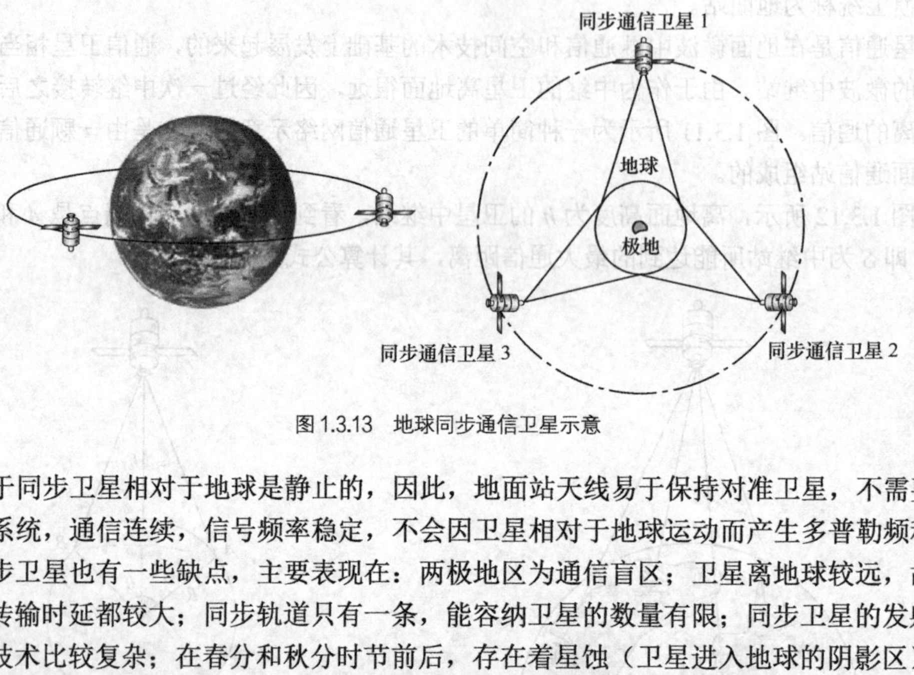

图 1.3.13　地球同步通信卫星示意

由于同步卫星相对于地球是静止的，因此，地面站天线易于保持对准卫星，不需要复杂的跟踪系统，通信连续，信号频率稳定，不会因卫星相对于地球运动而产生多普勒频移。当然，同步卫星也有一些缺点，主要表现在：两极地区为通信盲区；卫星离地球较远，故传输损耗和传输时延都较大；同步轨道只有一条，能容纳卫星的数量有限；同步卫星的发射和在轨测控技术比较复杂；在春分和秋分时节前后，存在着星蚀（卫星进入地球的阴影区）和日凌中断（卫星处于太阳和地球之间，由于受强大的太阳噪声影响而使通信中断）现象。

在卫星通信网络中，各地面站发射的信号都是经过卫星转发给对方地面站的，除了要保证在卫星上配置转发无线电信号的天线及通信设备外，还要有保证完成通信任务的其他设备。一般来说，一个通信卫星主要由天线系统、通信系统、遥测指令系统、控制系统和电源系统 5 大部分组成。

1. 天线系统

天线系统包括通信用的微波天线和遥测遥控系统用的高频（或甚高频）天线。通信微波天线的波束应对准地球上的通信区域。但是，对于采用自旋稳定方式以保持姿态稳定的静止卫星，由于卫星是旋转的，故要采用消旋天线，才能使波束始终对准地球。消旋原理是用机械或电子的方法让天线的旋转方向与卫星的自旋方向相反，且两者的旋转速率相等。

遥测指令天线用于卫星进入静止轨道之前和之后，能向地面控制中心发射遥测信号和接收地面的指令信号。这种天线为甚高频全方向性天线，通常采用倾斜式绕杆天线和螺旋天线等。

2. 通信系统

静止卫星的通信系统又称为转发器或通信中继机，通常由多个（可达 24 个或更多）信道转发器互相连接组成。其任务是把接收的信号放大，并利用变频器变换成下行频率后再发射出去。

对卫星转发器的基本要求是附加噪声和失真小，要有足够的工作频带，有足够大的总增益，频率稳定度和可靠性要尽量高。卫星转发器通常分为透明转发器和处理转发器两大类。

（1）透明转发器

这类转发器接收到地面站发来的信号后，除进行低噪声放大、变频、功率放大外，不作任何处理，只是单纯地完成转发任务。也就是说，它对于工作频带内的任何信号都是“透明”的通路。透明转发器有双变频和单变频两种，前者由于中频频带窄，不适于多载波工作，已很少使用。单变频转发器是先将输入信号直接放大，再变频为下行频率，经功率放大后转发给地面站。单变频转发器输入、输出特性的线性良好，允许多载波工作，适于多址连接，因此得到了广泛使用。

（2）处理转发器

除了信号转发外，处理转发器还具有信号处理功能。与双变频透明转发器相比，处理转发器只是在两级变频器之间增加了解调器、处理单元和调制器。先将信号解调，便于信号处理，再经调制、变频、功率放大后发回地面。

3. 遥测指令系统

遥测指令系统包括遥测和遥控两个部分。

（1）遥测部分

遥测部分的作用是测试卫星的各种设备的工作情况，遥测信号包括表示有关部分电流、电压、温度等工作状态的信号、来自各传感器的信息、指令证实信号以及起到控制作用的气体压力等。上述各种数据通过遥测系统送往地面监测中心，数据传送的方法与通信过程相似，即先通过多路复用、放大、编码等处理，再进行调制和传输。

（2）遥控部分

遥控指令包括对卫星进行姿态和位置控制的喷射推进装置的点火控制指令、行波管高压电源的开关控制指令、发生故障的部件与备用部件的转换指令以及其他由地面对卫星内部各种设备的控制指令等。指令信号由地面的控制站发出，在卫星转发器内被分离出来。经检波、解码后送至控制设备，以控制各种执行机构实施指令。

4. 控制系统

控制系统包括位置控制和姿态控制两部分。

（1）位置控制

位置控制系统用来消除摄动（天体在运动过程中，除了受中心主天体的引力作用外，还受到周围其他天体、介质等诸多因素的作用，这些作用与中心体的引力相比是很小的，称为摄动。天体在摄动作用下，其坐标、速度或轨道要素都会产生变化，这种变化成分称为摄动项）的影响，以便使卫星与地球的相对位置固定。位置控制是利用装在星体上的气体喷射装置由地面控制站发出指令进行工作的。当卫星有摄动现象时，卫星上的遥测装置就发给地面控制站遥测信号，地面控制站随即向卫星发出遥控指令，以进行位置控制。

（2）姿态控制

姿态控制是使卫星相对于地球或其他基准物保持正确的姿态。卫星姿态是否正确不仅会影响卫星上的定向通信天线是否指向覆盖区，还会影响太阳能电池帆板是否朝向太阳。

5. 电源系统

通信卫星的电源要求体积小、重量轻、寿命长。常用的电源有太阳能电池和化学能电池，平时主要使用太阳能电池，当卫星进入地球的阴影区（即星蚀）时使用化学能电池。由太阳能电池直接供出的电压是不稳定的，必须经电压调整后才能供给负载。化学能电池。（如镍镉蓄电池），可以进行充电和放电。平时由太阳能电池给它充电，当卫星发生星蚀时，由太阳能电池供电转换为化学能电池供电。

6. 卫星通信地面站

任何一条卫星通信线路都包括发端和收端地面站、上行和下行线路以及通信卫星转发器。可见，地面站是卫星通信系统中的一个重要组成部分。

地面站的基本作用是向卫星发射信号，同时接收由其他地面站经卫星转发来的信号。根据卫星通信系统的性质和用途的不同，可有不同形式的地面站，例如按站址的固定与否、G/T值的大小、用途、天线口径以及传输信号的特征等多种方法来分类。

（1）按站址特征分类

按站址特征分类，地面站可分为固定站、移动站（如舰载站、机载站和车载站等）、可拆卸站（短时间能拆卸转移地点的站）。

（2）按 *G/T* 值分类

地面站性能指数 *G/T* 值是反映地面站接收系统性能的一项重要技术指标。其中 *G* 为接收天线增益，*T* 为接收系统噪声性能的等效噪声温度。*G/T* 值越大，说明地面站接收系统的性能越好。

1.4 移动通信网络的主流业务

纵观移动通信的发展历史，可以清楚地看到，移动通信网络技术，是随着通信网络技术、电子技术、无线电技术以及计算机技术的发展，经过 120 年左右的时间，逐步发展起来的。到 2011 年底，全球部署的移动通信网络，以 2G、3G 技术方案混合部署，以下兼容的方式提供服务。无论 2G、3G 移动通信网络，提供的业务分为移动语音业务和移动数据业务两大类。

1.4.1 移动语音业务

移动语音业务是当前移动运营商所提供的主要业务，该业务使用户之间能够进行语音交流或可视图像语音交流，同时提供使用户在处理公共紧急事务时能够实施免身份认证呼叫（如在我国拨打 110、119 等紧急电话）。在此基础上，移动语音业务还包含如下附加业务。

① 呼叫转移：当用户不能接听电话时，可把来电转移至用户预先设置好的固定电话或其他手机上。

② 来电显示：当有电话打入时，手机会自动显示主叫用户的电话号码，用户根据自己的需要，决定是否接听。

③ 自动漫游：移动电话用户从本业务区到其他业务区时，移动电话自动切换到该业务区，用户可以直接拨打或接听电话。漫游分为国内漫游和国际漫游。

④ 语音信箱：当用户的移动电话超出接收范围、占线、无人接听、电池电量低或关机时，来电就会自动转到语音信箱。用户手机处于可接通状态时，短消息中心会及时通知用户收听已记录的留言。

移动通信网络还能提供固定通信网络所能提供的其他附加业务，当然这些业务是在开通基本语音业务基础上完成的。

1.4.2 移动数据业务

移动数据业务的基本业务为短信业务，用户可以用手机发送中文字符和数字，短信限制中文字符和标点每条 70 字符。数据业务包含如下附加业务。

① 彩信：以无线应用协议 WAP 为载体传送视频短片、图片、声音和文字，传送方式除了在手机间传送外，还可以是手机与电脑之间的传送。具有 MMS 功能的移动电话的独特之处在于其内置了媒体编辑器，这使得用户可以很方便地编写多媒体信息。如果手机具有一个内置或外置的照相机，用户便可以制作出 PowerPoint 格式的信息或电子明信片，并把它们传送给朋友或同事。

② 飞信：融合语音（IVR）、GPRS、短信等多种通信方式，覆盖 3 种不同形态（完全实时、准实时和非实时）的客户通信需求，实现互联网和移动网间的无缝通信服务。飞信不但可以从 PC 给手机发短信，而且不受任何限制，能够随时随地与好友开始语聊，还具备防骚扰功能，只有对方被授权为好友时，才能进行通话和短信，安全又方便。

③ 彩铃：用户可以设置背景音乐，当用户被叫时，别人听到的声音是用户设置的音乐。

④ 移动音乐：用户可以借助互联网，利用手机实时收听到自己喜欢的音乐。

⑤ 移动视频：用户可以利用手机随意点播自己喜欢的节目和互联网上的视频文件。

⑥ 移动游戏：用户可以即时登录互联网，选择自己喜欢的游戏，并且与同在网络的玩家互动游戏。

⑦ 移动理财：用户可以通过手机实时了解股市行情、理财产品并进行交易。

⑧ 手机支付：通信运营商与金融机构共同推出的一项全新的移动电子支付通道服务。通过把客户的手机号码与银行卡等支付账户进行绑定，使用手机短信、语音、WAP 等操作方式，随时随地拥有快速支付的能力。这项业务涵盖了大型超市、航空旅行、铁路公路运输，医疗保健消费等社会众多领域。在欧洲及美国开展得比较普遍。

⑨ 手机定位：通过特定的定位技术来获取移动手机或终端用户的位置信息（经纬度坐标），在电子地图上标出被定位对象的位置的技术或服务。定位技术有两种：一种是基于 GPS 的定位，利用了嵌入手机内的 GPS 定位模块将自己的位置信号发送到定位后台来实现手机定位，定位精度高，另一种是基于基站定位，是利用基站对手机的距离的测算来确定手机位置的。这种方式不需要手机具有 GPS 定位能力，但是精度很大程度依赖于基站的分布及覆盖范围的大小，有时误差会超过 1 km。

⑩ 无线射频识别 RFID：利用手机终端以及 SIM 卡，通过移动网络支撑，作为门禁卡、会员卡、信用卡，拓展手机及移动通信网络的功能。

⑪ 二维条形码扫描：利用手机内置的数码相机，对各类电子票证、产品标识、广告内涵信息检索等的扫描识别功能。

⑫ 手机邮件：使用手机收发处理邮件。

除了上述的主流业务之外，随着用户要求的不断攀升以及新技术的近一步支撑，移动网络所能提供的新业务将层出不穷，我国各大运营商也积极紧跟世界大多数移动通信运营商的步伐，开展了多项成熟的业务和有中国特色的新业务，为我国广大用户提供更加周到的服务。

思考与习题

1．什么叫移动通信？移动通信有哪些特点？

2．移动通信的基本工作方式有哪些？

3．公众蜂窝移动通信网络的基本组成？

4．集群的基本概念和基本技术是什么？其业务具有什么特点？与常用的语音通信有何差别？

5．集群调度移动通信网络的基本工作方式有哪几种？

6．什么是卫星通信？卫星通信使用的频段是什么？

7．一个通信卫星由哪些部分组成？

8．卫星通信地面站的作用是什么？

第 2 章 移动通信系统的基本技术

在一个复杂的多径衰落移动环境中，要完成满足电信级服务质量的通信任务，需要克服多种多样的困难。本章将分析无线电波的特性，介绍抵抗衰落的技术、调制解调的方法、语音处理的技术以及组网的方法，这些都归纳为移动通信系统的基本技术。

2.1 无线电波传播理论与特征

无线电波是由电磁振荡经天馈系统辐射到空间的一种能量物质。无线电波的传播是通过介质或在介质分界面的连续折射或反射，由发射点传播到接收点的过程。无线电通信是利用无线电波的传播特性实现的，因此，研究无线电波的传播特性和模式，对我们理解移动通信技术有积极的意义。

2.1.1 无线电波的传播特性和频段划分

1．传播特性

无线电波的传播特性通常指无线电波在各种介质中传播的一些典型方式。在地球上，无线电波的传播介质有地壳、海水、大气等。根据物理性质，可将地壳介质由下而上分为地壳高温电离层、地壳介质岩层、地壳表面导电层、大气对流层和高空电离层，如图 2-1-1 所示。

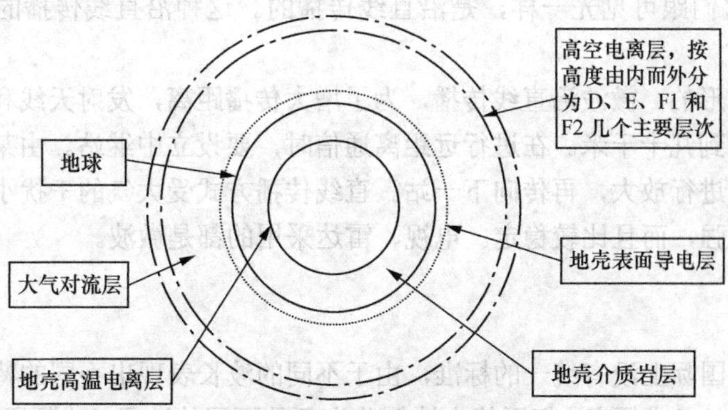

图 2-1-1 地球介质示意图

在自由空间传播的无线电波一般分为地表波、天波和沿直线传播的空间波，如图 2-1-2 所示。

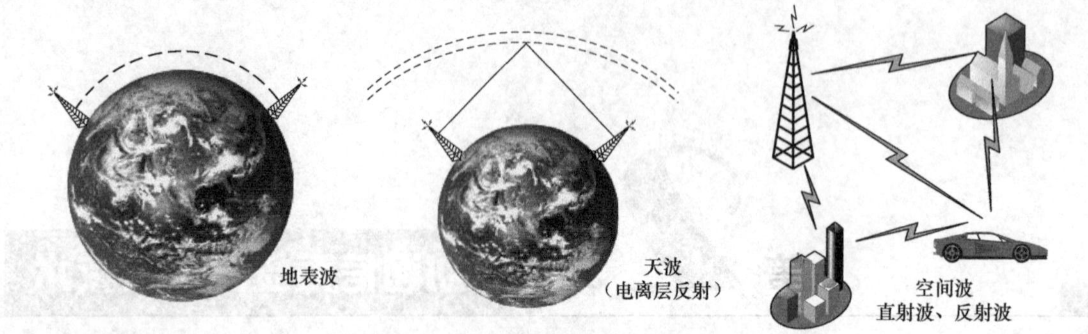

图 2-1-2 在自由空间传播的无线电波

（1）地表波

在地球表面附近的空间传播的无线电波叫地表波。地面上有高低不平的山坡和房屋等障碍物，根据无线电波的衍射特性，当波长大于或相当于障碍物的尺寸时，波才能明显地绕到障碍物的后面。地面上的障碍物一般不太大，长波可以很好地绕过它们。中波和中短波也能较好地绕过，短波和微波由于波长过短，绕过障碍物相当困难。

（2）天波

依靠电离层反射传播的无线电波叫做天波。地球被厚厚的大气层包围着，在地面上空 50 千米到几百千米的范围内，大气中一部分气体分子由于受到太阳光的照射而丢失电子，发生电离，产生带自由电子和正电的离子，这层大气就叫做电离层。

电离层对于不同波长的电磁波表现出不同的特性。实验证明，波长短于 10m 的微波能穿过电离层，波长超过 3 000km 的长波几乎会被电离层全部吸收。对于中波、中短波和短波，波长越短，电离层对它吸收得越少而反射得越多，因此短波最适宜以天波的形式传播，它可以被电离层反射到几千千米以外。但是，电离层是不稳定的，白天受阳光照射时电离程度高，夜晚电离程度低，因此夜间它对中波和中短波的吸收减弱，这时中波和中短波也能以天波的形式传播。有时收音机在夜晚能够收听到许多远地的中波或中短波电台，就是这个缘故。

（3）空间波

沿直线传播的微波和超短波既不能以地波的形式传播，又不能依靠电离层的反射以天波的形式传播，它们跟可见光一样，是沿直线传播的。这种沿直线传播的电磁波叫空间波或视波。

地球表面是球形的，微波沿直线传播，为了增大传播距离，发射天线和接收天线都建得很高，但也只能达到几十千米。在进行远距离通信时，要设立中继站。由某地发射出去的微波被中继站接收并进行放大，再传向下一站。直线传播方式受大气的干扰小，能量损耗少，所以收到的信号较强，而且比较稳定。电视、雷达采用的都是微波。

2．频段划分

频段的划分在国际上没有统一的标准，由于不同的波长表现出不同的特性，所以通信业根据无线电波的波长（或频率）把无线电波划分为各种不同的波段（或频段），划分出的波段表如表 2-1 所示。

表 2-1 通信业无线电波划分波段表

频段号	频段名称	频段范围	传播方式	传播距离	米制划分	可被利用的范围
4	甚低频（VLF）	3～30kHz	波导	数千千米	万米波	世界范围长距离无线电导航
5	低频（LF）	30～300kHz	地波、天波	数千千米	千米波	长距离无线电民航战略通信
6	中频（MF）	300～3 000kHz	地波、天波	几千千米	百米波	中等距离点到点广播和水上移动
7	高频（HF）	3～30MHz	地波、天波	几千千米	十米波	长和短距离点到点全球广播，移动通信
8	甚高频（VHF）	30～300MHz	空间波、对流层散射绕射	几百千米以内	米波	短和中距离点到点移动通信，LAN 声音和视频广播个人通信
9	特高频（UHF）	300～3 000MHz	空间波、对流层散射绕射、视距	100km 以内	分米波	短和中距离点到点移动通信，LAN 声音和视频广播，个人通信，卫星通信
10	超高频（SHF）	3～30GHz	视距	30km 左右	厘米波	短和中距离点到点移动通信，LAN 声音和视频广播，移动通信，个人通信，卫星通信
11	极高频（EHF）	30～3 000GHz	视距	20km	毫米波	短和中距离点到点移动通信，LAN 个人通信，卫星通信

不同波长（或频率）的无线电波传播特性往往不同，应用于通信的范围也不相同，各波段传播的特点如下。

（1）长波（LF、VLF）

传播距离在 300km 以内对，长波主要为地表波；传播距离在 2 000km 时，长波主要为天波。利用长波通信时，接收点的场强稳定，但由于表面波衰减慢，对其他收信台干扰大。长波受天电干扰的影响也很严重。此外，由于发射天线非常庞大，所以利用长波进行通信和广播的情况不多，仅在越洋通信、导航、气象预报等方面采用。

（2）中波（MF）

中波主要为地表波和天波，白天主要靠地表波传播，传播距离相对夜晚较近。夜晚天波参加传播，传播距离较地表波远，主要用于船舶与导航通信和波长为 100～1 000m 的中波广播。

（3）短波（HF）

短波有地表波也有天波。但由于短波的频率较高，地面吸收强烈，地表波衰减很快，短波的地表波传播只有几十千米。短波的天波在电离层中可被大量反射回地面，常用于进行远距离通信和广播。但由于电离层不稳定，通信质量不佳。短波主要用于广播和业余电台。

（4）超短波（VHF、UHF）

由于超短波频率很高，而地波的衰减很大，电波穿入电离层很深，乃至穿出电离层，使电波不能反射回来，所以不能利用地表波和天波的传播方式，主要利用空间直接传播实现，视距内通信。超短波主要用于调频广播、电视、雷达、导航传真、中继及移动通信等。

（5）微波（SHF、EHF）

主要利用空间直接传播，实现视距内点到点通信。主要用于声音和视频广播、移动通信、个人通信、卫星通信等。

2.1.2 自由空间无线电波传播

自由空间是指相对介电常数和相对导磁率都为 1 的均匀介质所存在的空间，它是一个理想的无限大的空间，是为简化问题研究而提出的一种科学抽象。自由空间无线电波传播示意如图 2-1-3 所示。仅考虑由能量扩散引起的损耗，即接收机和发射机之间是无任何阻挡的视距路径时，传播损耗推导如下。

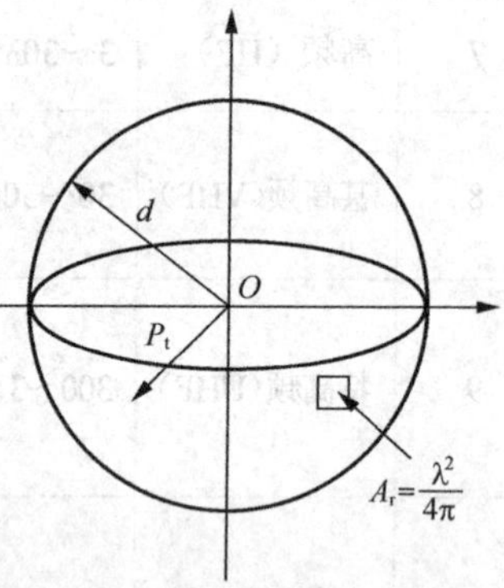

图 2-1-3 自由空间无线电波传播示意图

在图 2-1-3 中，设在原点 O 有一辐射源，均匀地向各方向辐射，辐射功率为 P_t，则距辐射源 d 处的能流密度为

$$S=\frac{P_t}{4\pi d^2} \tag{2-1-1}$$

若接收天线有效面积为 $A_r=\frac{\lambda^2}{4\pi}D$，（$\lambda$ 为工作波长，D 为天线的方向性系数），对于各向同性的天线（D=1），则接收机输入功率为

$$P_r=S\ A_r=\frac{P_t\lambda^2}{(4\pi)^2 d^2} \tag{2-1-2}$$

通常定义发射功率与接收功率的比值为传播损耗。所以，自由空间传播损耗可表示为 $L_o=\frac{(4\pi)^2 d^2}{\lambda^2}$，用对数形式表示，把波长换成频率，得到自由空间的传播衰减公式即

$$L_o=32.44+20\lg f+20\lg d\ (\mathrm{dB}) \tag{2-1-3}$$

式中，d 单位为 km，f 单位为 MHz。考虑发射天线的增益 Gt 和接收天线的增益 Gr，则系统传输损耗应为

$$L_o=32.44+20\lg f+20\lg d-G_t[\mathrm{dB}]-G_r[\mathrm{dB}] \tag{2-1-4}$$

2.1.3 移动无线信道特性

移动通信靠的是无线电波的传播；一个移动通信信道的质量，主要取决于无线传输的质量。因此，我们必须了解和掌握移动通信环境中无线电波传播的基本特点。典型的移动通信环境中，电波传播的主要特点可归纳如下。

1. 传播环境复杂

移动通信系统工作在 VHF 和 UHF 两个频段（30～3 000MHz），电波以直射方式在低层大气中传播，介质的不均匀性会导致折射和吸收现象，而且在传输路径上遇到各种障碍物还可能产生反射、绕射和散射等，如图 2-1-4 所示。

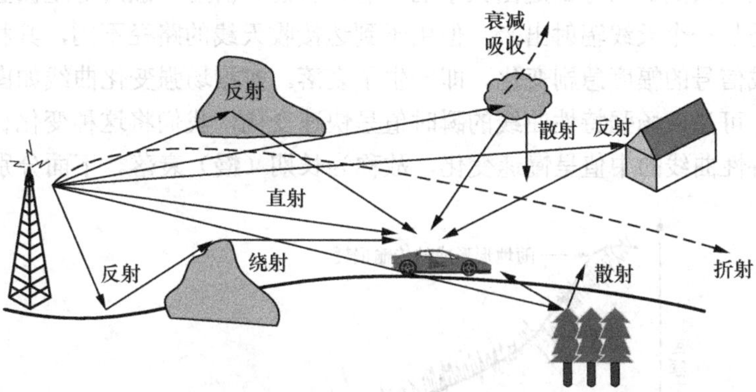

图 2-1-4 移动通信环境示意图

① 当电磁波遇到比波长大很多的物体时，就会发生反射，反射发生于地球表面、建筑物和墙壁表面等光滑界面处。

② 当接收机和发射机之间的传播路径被尖利的边缘阻挡时，电磁波就会发生绕射。由于绕射，电磁波可越过障碍物到达接收天线。即使收发天线间不存在视线路径，接收天线仍然可以接收到电磁信号。

③ 当波穿行的介质中存在小于波长的物体并且单位体积内阻挡体的个数非常巨大时，就会发生散射。散射波产生于粗糙表面、小物体或其他不规则物体。在实际的通信系统中，树叶、街道标志和灯柱等都会引发散射。

④ 另外，位于建筑物外面的发射机发射的无线电波，在建筑物内接收时，会受到复杂的环境影响。测试报告显示，随频率或建筑物高度以及群落的增加，信号的多径衰落增加，即接收信号的干扰进一步加强。

因此，地形、地物会对电波的传播造成影响，地球的曲率半径也会对电波的传播造成影响。我国地域辽阔，地形复杂多样，其中 4/5 为山区和半山区，即使在属于平原地区的大城市中，林立的高楼也使电波传播变得十分复杂，必须认真对待。

2．信号衰落严重

典型的移动通信系统中，用户的接入都是通过移动台与基站间的无线链路，无线电波的传播在通信的过程中始终受移动台周围物体的影响，因此移动台收到的信号是由多个反射波和直射波组成的多径信号。多径信号造成的结果往往是信号严重衰落，所以移动通信必须克服衰落的影响。

3．环境被电磁噪声污染

无线电波的传播环境本身是一个被电磁噪声污染的环境，而且这种污染日益严重，由汽车点火系统、工业电磁污染以及蓬勃发展的广播和无线通信的干扰等因素造成。

以上这些电波传播特点都会在实际中增加移动通信无线网络规划的难度。

2.1.4 移动无线信道参数分析

在任何一点接收到的信号都是由大量的直射、反射、折射、散射等电波叠加构成的。这些电波虽然都是从一个天线辐射出来，但由于到达接收天线的路径不同，其相位是随机的，从而会导致合成信号的幅度急剧变化，即产生了衰落。实测场强变化曲线如图 2-1-5 所示。

由图 2-1-5 可见，场强特性曲线的瞬时值呈快速变化，我们将这种变化称为短期（快）衰落；而场强特性曲线的中值呈慢速变化，故称为长期（慢）衰落。下面分别加以讨论。

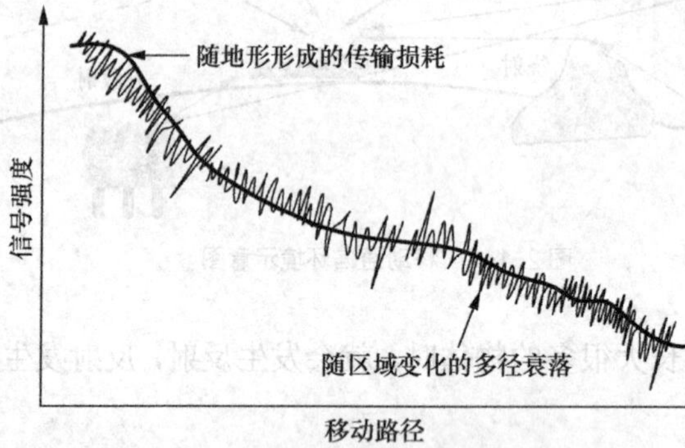

图 2-1-5 场强测试曲线

1. 快衰落

快衰落是由多径传播和移动台运动引起的，所以也称多径衰落。多径衰落瞬时值的变化，用瑞利（Rayleigh）分布密度函数描述。

在多径传播中，假设有 N 个多径信道，它们彼此相互独立，且没有一个信道的信号占支配地位，即没有直射波信号，仅有许多反射波信号，接收到的信号包络的衰落变化服从瑞利分布，概率密度函数为

$$p(r)=\begin{cases}\dfrac{r}{\sigma^2}\exp\left(-\dfrac{r^2}{2\sigma^2}\right) & (0\leqslant r\leqslant\infty)\\ 0 & (r<0)\end{cases} \qquad (2\text{-}1\text{-}5)$$

其中，r 和 σ 分别为包络检波之前所接收的电压信号的幅度和均方值。密度曲线如图 2-1-6 所示。

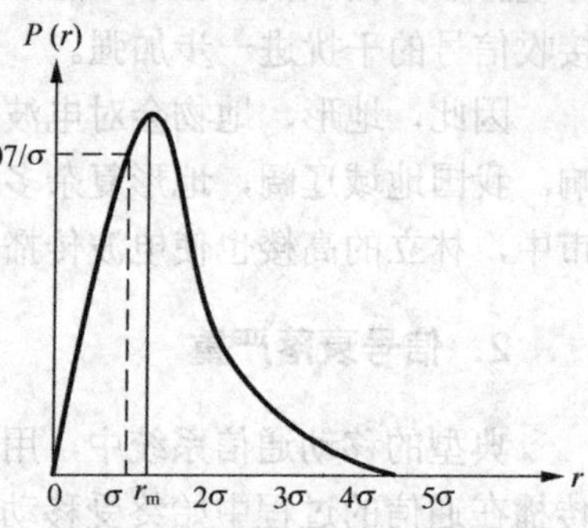

图 2-1-6 瑞利概率密度函数

在移动通信中，如果存在一个起支配作用的直达波（未受衰落影响），接收端接收信号的包络为莱斯（Ricean）分布，其概率密度函数为

$$p(r)=\begin{cases}\dfrac{r}{\sigma^2}\exp\left(-\dfrac{(r+A)^2}{2\sigma^2}\right)\mathrm{I}_0\left[\dfrac{A_r}{\sigma^2}\right] & (A\geqslant 0, r\geqslant 0)\\ 0 & (r<0)\end{cases} \qquad (2\text{-}1\text{-}6)$$

式中，参数 A 指主信号幅度的峰值，$I_0(\,)$是 0 阶第一类修正贝塞尔函数。贝塞尔分布常用参数 K（称莱斯因子）来描述，K 被定义为主信号的功率与多径分量方差之比，表示式为 $K=\dfrac{A^2}{2\sigma^2}$，可

见，当 $A \to 0$，$K \to -\infty$ 时，且起支配作用的主信号幅度再减小时，莱斯分布转变为瑞利分布。

2. 时延扩展

在多径传播条件下，接收信号会产生时延扩展。时延扩展定义为最大传输时延和最小传输时延的差值，即最后一个可分辨的时延信号和第一个时延信号到达时间的差值，实际上就是脉冲展宽的时间。典型的对最强路径信号功率的归一化时延谱如图 2-1-7 所示。

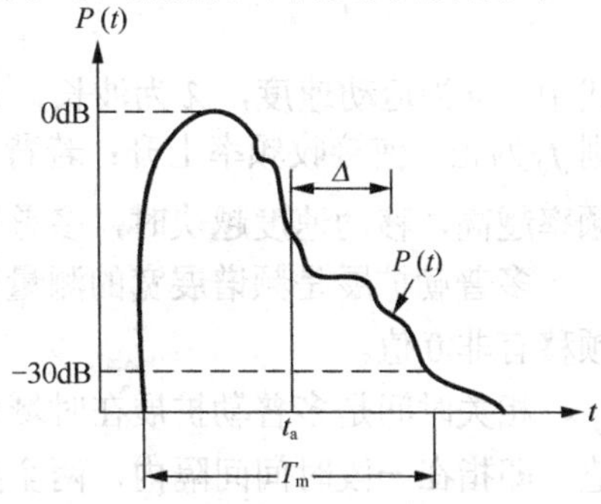

图 2-1-7 路径信号功率的归一化时延谱

图 2-1-7 中描述的多径时延谱的参数如下。

① $P(t)$为归一化时延信号的包络，近似为指数曲线。

$$P(t)=\frac{1}{\Delta}\mathrm{e}^{-\frac{t}{\Delta}} \quad t\geqslant 0$$

② T_m 为最大时延扩展，定义为多径能量从初值衰落到低于最大能量−30dB 处的时延所对应的时延差值。

③ t_a 为归一化时延谱曲线的数学期望（平均时延）。

$$t_a=\int_0^{\infty} tp(t)\,\mathrm{d}t$$

④ Δ 为归一化时延谱曲线的均方值时延扩展，$\Delta^2=\int_0^{\infty}(t-t_a)^2\,p(t)\,\mathrm{d}t$，$\Delta$ 是对多径信道时延特性的统计描述，表征时延谱扩展的程度，Δ 值越小，时延扩展就越轻微，反之时延扩展越严重。其典型值，对于户外无线信道为 ms 级，对于室内无线信道为 ns 级。例如具体到 1 900MHz，室内 Δ 平均值为 70～94ns，最大值为 1 470ns。

3. 相关带宽

与时延扩展有关的另一个重要概念是相关带宽。相关带宽指在一特定频率范围内，两个频率分量有很强的幅度相关性。

需要注意，时延扩展是由多径传播路径引起的现象，而相关带宽则是从均方值时延扩展 Δ 得出的一个关系值，它们之间的确切关系是特定多径结构的函数，但总的来说成反比关系，即 $\Delta F=1/2\pi\Delta$。

无线信道存在一个固有的相关带宽。当发送信号的带宽小于相关带宽时，接收信号就会经历平坦衰落过程，即各频率分量的衰落是相关的，衰落波形不失真；反之则该信道特性会导致接收信号产生频率选择性衰落。在这一种情况下，信号通过信道传输后，各频率分量的变化是不一致的，会引起波形失真。

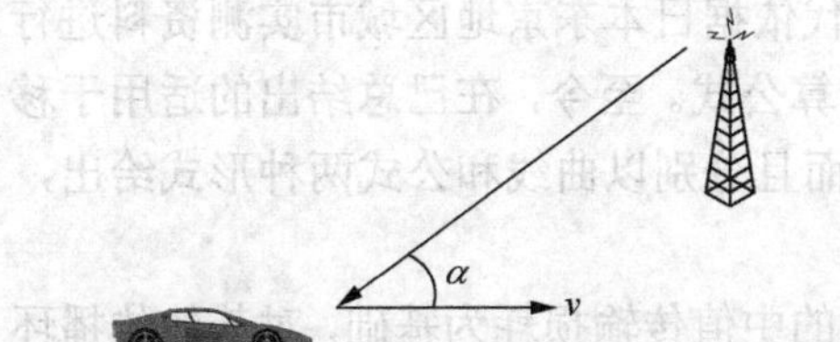

图 2-1-8 多普勒频率漂移示意图

4. 多普勒频移

当物体运动时，固定点接收到的从运动体发来的载波频率将随其运动速度的不同产生不同的频率漂移，如图 2-1-8 所示，通常把这种现象称为多普勒（Doppler）频移。它可表示为

$$f_d = \frac{v}{\lambda}\cos\alpha \tag{2-1-7}$$

式中，v 为运动速度，λ 为波长，α 为入射波与运动方向的夹角，若朝向发射源方向运动，则 f_d 为正，使接收频率上升；若背向发射源方向运动，则 f_d 为负，使接收频率下降。当发射频率越高，移动速度越快时，多普勒效应越明显。

多普勒扩展是频谱展宽的测量值，它被定义为一个频率范围，在此范围内接收的多普勒频移有非 0 值。

相关时间是多普勒扩展在时域的表示，是信道冲击响应维持不变的时间间隔的统计平均值，即指在一段时间间隔内，两个到达信号有很强的幅度相关性。由此可知，当发送信号的信号周期比相关时间短时，多普勒扩展将引起时间选择性衰落，从而导致信号失真。

5．长期（慢）衰落

电波在传播路径上遇到地形起伏、建筑物及其他障碍物的阻挡会形成电磁场的阴影，从而产生阴影效应。当移动台通过不同障碍物的阴影时，就造成接收场强中值的变化。这种由于地形起伏导致接收场强中值随地理位置改变而出现的缓慢变化称为长期（慢）衰落。

另外，由于气象条件变化，大气折射系数随时间变化，也会造成同一地点的场强中值随时间而缓慢变化。

大量统计测试表明，慢衰落近似于服从对数正态分布。所谓对数正态分布，是指以分贝数表示的信号电平为正态分布。

在陆上移动通信中，通信距离一般在数十公里之内。由于信号场强中值随时间的变动远小于随位置的变动，因此通常忽略慢衰落的影响，但在定点通信中，则必须考虑它的影响。

2.1.5　电波传播损耗预测模型

移动通信系统的无线网络工程设计中，采用电波传播损耗预测模型计算路径的传播损耗，确定无线蜂窝小区的服务覆盖区。也就是说，在建设实际的移动通信系统之前，要根据系统所处的传播环境和地形特征，运用相应条件下的传播模型，准确预测路径传输损耗或接收信号场强。

对移动通信系统场强进行充分的预测是完全有必要的。只有这样，才能做好无线网络的规划，才能使所建的移动通信网有的放矢。在系统建成之后，还要根据实际情况进行场强实测，对系统进行调整，使其在最佳状态下运行。

本书主要介绍在移动通信网络规划中常用的 Okumura-Hata 模型以及利用模型进行预测的计算方法，其他如 COST-231 Hata 模型、CCIR 模型、LEE 模型等，还须参考其他文献。

Okumura-Hata 模型是 Okumura 在 20 世纪 70 年代依据日本东京地区城市实测资料进行统计分析得出的经验模型，并由 Hata 进一步整理为计算公式。至今，在已总结出的适用于移动通信的电波传播模型中，它提供的数据比较齐全，而且分别以曲线和公式两种形式给出，得到了较广泛的认可和应用。

Okumura-Hata 模型的特点是以准平滑大城市市区的中值传输损耗为基础，对其他传播环境及地形条件等因素分别用修正因子进行修正。因此，我们需要先了解地形、地物的定义和分类。

1. 地形

地形大体上可分为准平滑地形和不规则地形两大类。所谓准平滑地形，指的是从传播路径的地形断面去观察，地形起伏量约在 20m 以下，且起伏变化缓慢的平坦地形。我国的华北平原就属于这类地形。不规则地形是指除准平滑地形以外的地形，它又可分为以下 4 种。

（1）丘陵地形

丘陵地形并非平坦的高地，而是有规则起伏的地形，山岳重叠的地形也包括在内。

（2）孤立山岳

传输路途中单独的山岳即孤立山岳，该山岳以外的地形是对接收点无影响的地形。

（3）倾斜地形

不论地形平坦与否，至少在延伸 5km 以上范围内有起伏的地形为倾斜地形。

（4）水陆混合地形

水陆混合地形指包括有海面和湖面的地形。

上述这些地形多数将在后面涉及。必须指出，这种分类虽然能概括通常遇到的大部分地形，但是陆地移动通信的电波传播并不是“点对点”的场强分布。所以上述的分类应该取某一距离范围或区域进行判断。

2. 地物

地物指地面上影响传播的障碍物，也称为地面用途参数（Clutter 参数）。我们将会介绍不同的 Clutter 参数，电波传播损耗是不同的。按地物划分，损耗是多种多样的，但可简单分为下面 3 种类型。移动通信网络规划时，就是按照这 3 种类型的地区分别进行链路预算的。

（1）密集城区

密集城区也称为城市核心地区，通常指城市中政治、经济、文化、商务及娱乐等活动中心区，该区域一般高楼林立，因此有较高的建筑物穿入损耗（20dB～25dB）；同时它集中了各级政府机构、商务机构、国内外大公司、商场及娱乐场所，是城市中话务密度最高的区域。

（2）城区

城区指除热点区域以外的城市市区，包括城市的工业区、一般商业区、居民区等。建筑物穿透损耗为 15dB～20dB。高楼大厦或有稠密的两层以上建筑物的地区，建筑物密度通常在 15%以上，街道以及建筑物和茂盛的高大树木混杂稠密的地区等。该区域一般属于中话务密度区。

（3）郊区及农村

郊区及农村指移动台附近有不太稠密的障碍物（建筑物）的地区，例如房屋稀少且不高大的乡镇和公路等，呈开阔状态的地面，建筑物穿透损耗一般不会大于 10dB，属中低话务密度区域。

通过以上讨论，我们自然会想到天线高度的问题，因为天线总是架设在某地形或地物上，天线的高度并无多大实际意义，所以有必要定义一个“天线有效高度”。

基站天线的有效高度定义为天线的海拔高度减去 15km 以内的平均海拔高度。在数字蜂窝移动通信系统中，由于小区的半径都很小，所以基站天线的有效高度可以用在当地地面以上的高度来代替。

移动台天线的有效高度定义为天线在当地地面以上的高度。在工程设计中，手机的天线高度通常取 1.5m，即距地面 1.5m。

3. 适用范围

Okumura-Hata 模型适用于宏蜂窝的预测，具体的适用范围如表 2-2 所示。

表 2-2 **Okumura-Hata 模型适用范围**

频率 f	通信距离 d	基站天线有效高度 h_b	移动台天线有效高度 h_m
150～1 500MHz	1～20km	30～200m	1～10m

4. 曲线法

通过查曲线的方法可以得到系统电波的中值传输损耗，步骤如下。

（1）计算准平滑大城市市区的中值传输损耗

准平滑大城市市区的中值传输损耗与频率、通信距离以及收、发信机天线的有效高度有关，可表示为

$$LM = L_0 + A_m(f,d) - h_b(h_b,d) - h_m(h_m,f) \tag{2-1-8}$$

式中，LM 为给定传输条件下准平滑大城市市区的中值传输损耗（dB），L_0 为自由空间的传输损耗，A_m（f,d）为市区中值传输损耗；h_b（h_b,d）为基站天线高度相对 $h_b=200$m 时的增益因子，它是距离 d 的函数；h_m（h_m,f）为移动台天线高度相对 h_m=3m 时的增益因子，它是频率 f 的函数。

当基站天线有效高度 h_b=200m、移动台天线有效高度 h_m=3m 时，准平滑大城市市区中值传输损耗 A_m（f, d）与距离 d 和频率 f 的关系如图 2-1-9 所示。

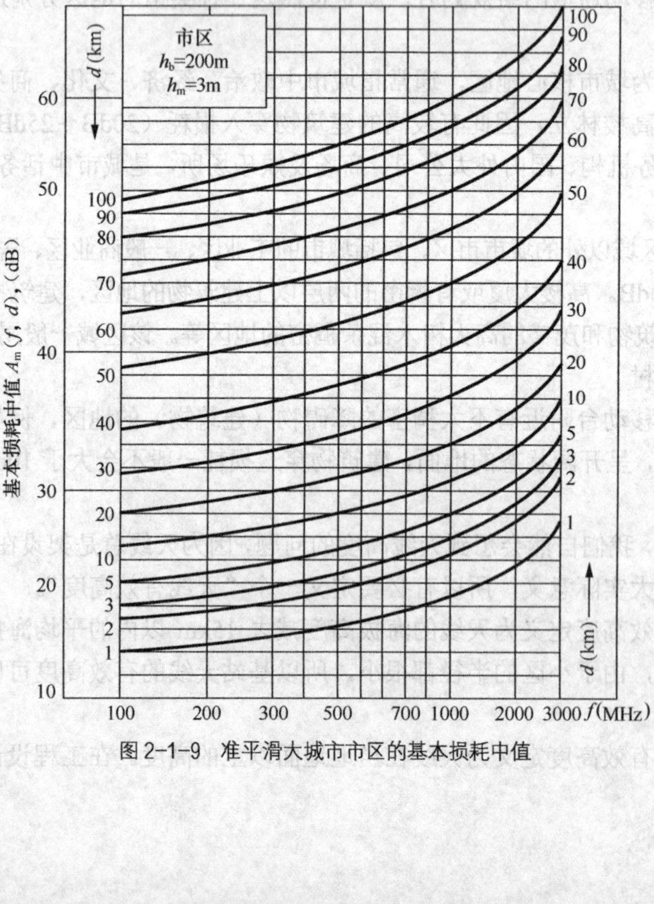

图 2-1-9 准平滑大城市市区的基本损耗中值

如果 $f=900$MHz、$d=10$km，由图 2-1-9 可以查得 Am(900, 10) = 30dB。类似地，增益因子 $h_b(h_b,d)$ 和 $h_m(h_m,f)$也可由相应的曲线图获得。

（2）计算不同环境及不规则地形上的中值传输损耗

对于不是准平滑大城市市区的传播环境以及特殊的传播路径，中值传输损耗应在准平滑大城市市区中值传输损耗的基础上，加上适当的修正因子进行校正。

在自然界中，除市区外，还有郊区和农村地区的传播环境。如前所述，不规则地形则主要包括丘陵地形、孤立山岳、倾斜地形及水陆混合地形 4 种。不同环境及不规则地形上的中值传输损耗可表示为

$$LM = L_0 + A_m(f,d) - h_b(h_b,d) - h_m(h_m,f) - k_{mr} - k_h - k_{sp} - k_s \quad (2\text{-}1\text{-}9)$$

式中，k_{mr}代表郊区和农村地区修正因子，k_h代表丘陵地形修正因子，k_{sp}代表倾斜地形修正因子，k_s代表水陆混合地形修正因子。除上面 4 种修正因子外，Okumura 模型还对开阔地形、孤立山岳、道路走向以及道路宽度的影响都做了相应的修正，有相应的曲线图，在此不再一一介绍。要提请读者注意的是，如果用 dB 来描述传输损耗，那么上述所有修正因子都说明的是增益，在查表时要分清楚是正增益还是负增益，在进行路径损耗计算时，视具体情况计入上式。

5．公式法

在实际工作中，有时会感到使用查曲线图的方法进行传播预测不太方便，因此，Hata 根据 Okumura 所提供的传播曲线，归纳出一个更加实用的经验公式

$$LM = 69.55 + 26.16\lg(f) - 13.82\lg(h_b) - A(h_m) + [44.9 - 6.55\lg(h_b)] * \lg d \quad (2\text{-}1\text{-}10)$$

式中，$A(h_m)$代表移动台天线修正系数。在中小城市，有

$$A(h_m) = [1.1\lg(f) - 0.7]h_m - 1.56\lg(f) + 0.8 \ \text{(dB)}$$

在大城市，当 $f \leqslant 200$MHz 时，有

$$A(h_m) = 8.29[\lg 1.54 h_m]^2 - 1.1 \ \text{(dB)}$$

当 $f \geqslant 400$MHz 时，有

$$A(h_m) = 3.2[\lg 11.75 h_m]^2 - 4.97 \ \text{(dB)}$$

上式中，h_m 以 1.5m 为基准。大城市是指建筑物平均高度大于 15m 的城市。

需要指出的是，上式是根据 Okumura 模型的准平滑大城市市区传播曲线归纳出来的。对于其他传播环境，仍然要按前述加修正因子的方法进行修正。对于郊区及开阔地等修正因子，Hata 也在修正曲线的基础上给出了部分公式。例如郊区修正因子 k_{mr} 可表示为

$$k_{mr} = 2[\lg(f/28)]^2 + 5.4 \ \text{(dB)} \quad (2\text{-}1\text{-}11)$$

上述公式稍显复杂，但便于计算机编程运算，因此特别介绍给读者。

2.2 抗衰落技术

多径传播的信号到达接收机输入端，形成幅度衰落、时延扩展及多普勒频谱扩展，将导致数字信号的高误码率，严重影响通信质量。为了提高系统的抗衰落性能，通信业采用分集技术、均衡技术、信道编码技术来有效地解决这些问题。

2.2.1 分集技术

1. 概念

如果一条无线传播路径中的信号经历了深度衰落，另一条相对独立的路径中仍可能包含较强的信号，可以在多径信号中选择两个或两个以上的信号，这样对接收机的瞬时信噪比和平均信噪比都有提高。

分集技术的基本思想是将接收到的多径信号分离成不相关的（独立的）多路信号，然后将这些多路分离信号的能量按一定规则合并起来，使接收的有用信号能量最大，从而提高接收端的信噪比，对数字信号而言可使误码率最小。因此，分集技术应包括如下两个方面。

① 如何把接收的多径信号分离出来，使其互不相关。

② 怎样将分离出的多径信号合并起来，获得最大信噪比的收益。

2. 分类

分集技术充分利用传输中的多径信号能量来改善传输的可靠性。为了在接收端得到几乎相互独立的不同路径，可以从空域、频域和时域的不同角度，用不同的方法来加以实现。分集技术有如下所述多种分类形式。

（1）依分集的目的分类

① 宏观分集，抗慢衰落为目的。

② 微观分集，抗短期（快）衰落为目的。

（2）依信号传输的方式分类

① 显分集：构成明显分集信号的传输方式，多指利用多副天线接收信号的分集，它包括空间分集、极化分集、时间分集、频率分集和角度分集等。

② 隐分集：分集作用隐含在传输信号之中的方式，在接收端利用信号处理技术实现分集。

下面我们将介绍各种分集技术的实现方法。

3. 显分集技术

（1）空间分集

空间分集是利用在空间相隔一定距离的多副天线接收信号来实现分集的。在移动通信中，空间的任何变化都可能引发场强的变化。一般空间的间距越大，多径传播的差异也越大，接收场强的相关性就越小。因此，在接收端利用天线在不同位置或不同方向上接收到的信号相关性极小的特点，在若干支路上接收载有同一信息的信号，然后通过合并技术再将各个支路信号合并输出，便可实现抗衰落的功能。

空间分集的基本做法是在基站的接收端使用两副相隔一定距离的天线对上行信号进行接收，这两副天线分别称为接收天线和分集接收天线。接收天线可以与发射天线分别设置，也可以与发射天线合二为一，即收、发共用一副天线。

图 2-2-1 描述了基站天线设备示意和采用三扇区定向天线的基站天线分布俯视图。给出的是发射和接收共用一付天线 Tx/RxA，RxB 为分集接收天线。

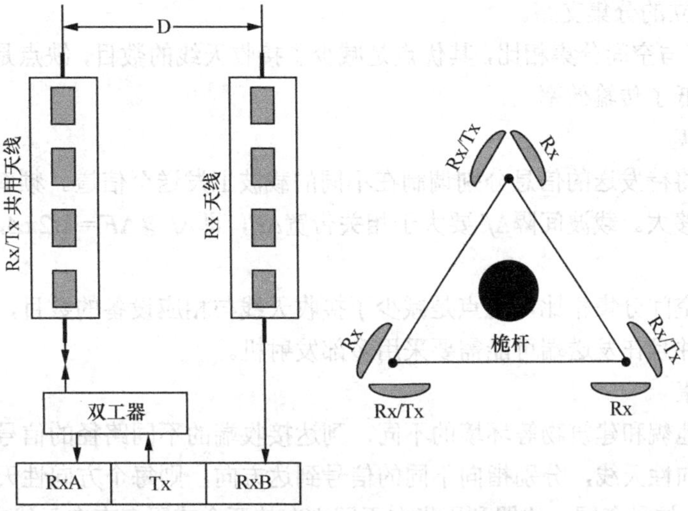

图 2-2-1　空间分集收发天线的基本结构

为了保证分集效果，接收天线和分集接收天线之间必须保持一定的空间间隔，称为分集天线间的距离 D。理想情况下，D 为 $\lambda/2$ 就足以保证各支路接收的信号不相关，但在实际系统中，D 要视地形、地物等具体情况而定，根据经验，两个接收信号的相关系数出现较高的概率与基站天线高度和天线分集距离之比成正比。定义 $\eta = h/D$。其中 h 为基站天线高度，D 为天线水平分集距离，则有

$$D = h/\eta$$

式中，参数 η 在 900MHz 时取 10，在 1 800MHz 时取 20。

在工程设计中，大多数基站天线高度一般 25～50m，因此分集天线间的距离大约为 3.5～4.5m。空间分集除了可以获得抗衰落的分集增益外，还可获得 3.5dB 左右的设备增益。

对于空间分集而言，分集的支路数 M 越大，分集的效果越好。但当 M 较大时（如 $M>3$），分集的复杂性增加，分集增益的增加随之而变得缓慢。

（2）极化分集

极化分集是利用垂直/水平极化的正交性来进行两路分集的。在移动环境中，两个在同一地点极化方向相互正交的天线发出的信号呈现互不相关衰落特性，利用这一特性，在发端同一地位置分别装上垂直极化天线和水平极化天线，就可得到两路衰落特性不相关的信号。

极化分集是用同一频率携带两种不同极化方式的信号来获取分集增益。现在普遍使用的双极化天线就是极化分集天线，它是采用±45° 正交极化阵子，把两副天线合成一副。它的最大优点是节省安装空间，尤其适用于城市高话务密度区的基站，需要安装 GSM900、GSM1800 或更多副天线。极化分集的增益低于空间分集，一般为 1dB～1.5dB。

（3）时间分集

时间分集指将信源比特分散到不同的时间段发射出去。在出现深衰落或突发干扰时，这样做可使，来自信源比特流中的码位不会被同时干扰。

① 对于一个随机衰落的信号，当取样间隔时间足够长时，两个样点间的衰落是互不相关的，利用这一特性可构成时间分集。

② 将待发送的信号每隔一定时间间隔（大于时间相关区域 ΔT）重复发送，在接收端就

可以得到 N 条独立的分集支路。

③ 时间分集与空间分集相比，其优点是减少了接收天线的数目，缺点是要占用更多的时隙资源，从而降低了传输效率。

（4）频率分集

频率分集是将待发送的信息分别调制在不同的载波上发送至信道。频率分集要求不同的载波之间间隔足够大。载波间隔Δf 要大于相关带宽ΔF，即$\Delta f \geqslant \Delta F = 1/2\pi\Delta$，其中$\Delta$为接收信号时延扩展。

频率分集与空间分集相比，优点是减少了接收天线与相应设备的数目，缺点是要占用更多的频谱资源，并且在发送端可能需要采用多部发射机。

（5）角度分集

由于地形、地貌和建筑物等环境的不同，到达接收端的不同路径的信号可能来自于不同的方向，采用方向性天线，分别指向不同的信号到达方向，则每个方向性天线接收到的多径信号是不相关的。这种在同一位置利用指向不同方向的两个或更多有向天线实现分集的措施，即角度分集。

4．显分集的合并技术

（1）信号合并准则

设分集重数为 L，则合并的信号可表示为 $r(t) = k_1r_1(t) + k_2r_2(t) +\ldots+ k_nr_n(t)$，其中，$k_i$ 为加权系数，$i = 1,2,3,\cdots, n$。选择不同的加权系数，就形成了不同的合并方法，信号合并准则主要有如下 3 种。

① 最大信噪比准则，是最早应用于模拟信号合并的准则，也可作为数字信号合并的准则。但是，在频率选择性衰落信道中，最大信噪比准则并不一定是最佳的。

② 眼图最大张开度准则，是适用于数字信号合并的准则。眼图张开最大，表征码间干扰最小。因此，在频率选择性衰落信道中，眼图最大张开度准则是一种最佳的信号合并准则。

③ 误字率最小准则，是数字信号合并的最终结果。因此，误字率最小准则就是数字信号合并的最佳准则。

（2）最大信噪比准则下的信号合并方法

① 选择性合并方法，在多支路接收信号中，选取信噪比最高的支路信号作为输出信号。选择性合并原理图如图 2-2-2 所示。

以两路信号为例，设 r_1 和 r_2 是接收的两路相互独立的衰落信号，经过选择逻辑，输出信号的电平通过率和平均衰落时间都比 r_1 和 r_2 大为减少，从而显示了分集具有抗衰落的作用。

② 切换合并的方法，与选择性合并的不同之处在于它需设置门限电平 V_T，其选择逻辑是将 r_1（或 r_2）与 V_T 比较，当 $r_1<V_T$ 时，发生切换，接收 r_2，当 $r_2<V_T$ 时，发生切换，接收 r_1；若切换后仍低于门限值，策略 1 是不断切换，策略 2 是停留在该位置。

（3）最大比合并

最大比合并原理如图 2-2-3 所示，每一路有一个加权（放大器增益），加权的权重依各支路信噪比来分配，信噪比大的支路权重大，信噪比小的支路权重小。其结果是输出具有平方律的特性，故最大比合并也称平方律合并。

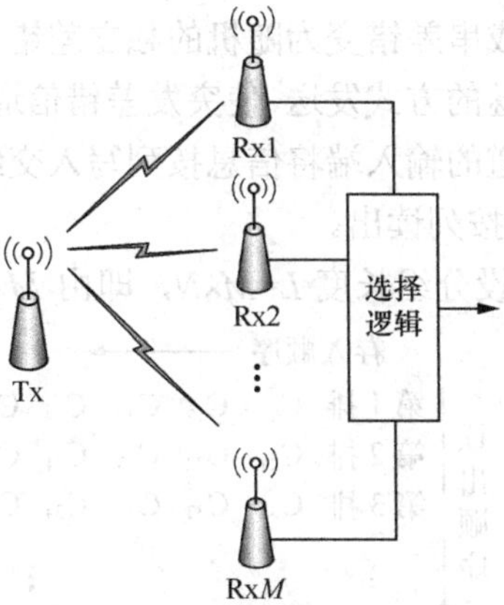

图 2-2-2 选择性合并原理图

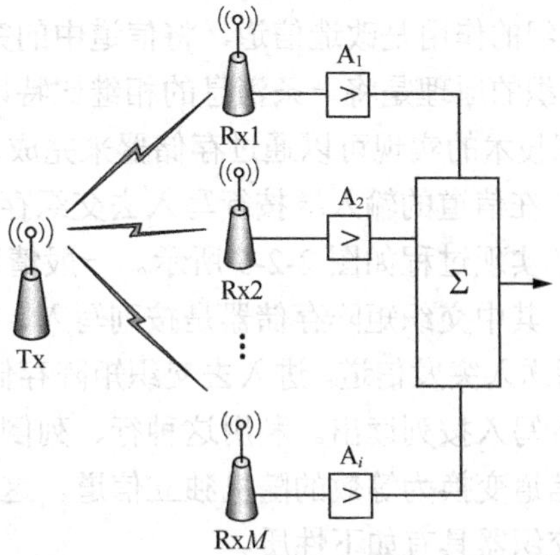

图 2-2-3 最大比合并原理图

设每支路的噪声功率为 σ^2，则可以证明：当可变增益加权系数 $G_{\mathrm{i}} = A_{\mathrm{i}}/\sigma^2$ 时，本方式中取得最优的加权系数分集合并后的信噪比达到最大值。其中 A_{i} 表示第 i 个分集支路信号幅度，且 $i = 1,2,\cdots,l$。合并后的输出为

$$A = \sum_{i=1}^{l} G_i A_i = \sum_{i=1}^{l} \frac{A_i}{\sigma^2} \times A_i = \frac{1}{\sigma^2}\sum_{i=1}^{l} A_i^2 \tag{2-2-1}$$

可见信噪比越大，对合并后的信号贡献越大。

（4）等增益合并

当最大比合并法中的加权系数 A_i=1 时，就是等增益合并。其结果是输出具有线性关系，故也称线性合并。等增益合并性能仅次于最大比合并，当 l 较大时，其性能比最大比合并差 1.05dB。

5. 隐分集技术

上面讨论的空间分集、极化分集、频率分集等均属于显分集技术，它明显地采用多套设备，在不同频率、不同极化方向接收、合并。隐分集技术是指只用一副天线接收信号来实现分集的技术。分集作用隐含在传输信号的方式中，依据传输信号的方式不同，可实现时间隐分集和频率隐分集，所采用的技术主要有交织编码技术、跳频技术和直接序列扩频技术，因此，在数字移动通信中得到了广泛应用。

（1）交织编码技术（时间隐分集）

我们已经知道，信道编解码可实现差错控制，但信道编解码仅能检测和校正单个差错和不太长的差错。而在移动通信这种随参信道中，比特差错经常是成串发生的。这是由于持续较长的深衰落会影响到相继一串的比特。对于这种突发的成串的误码，信道编解码技术往往是无能为力的。

如何解决这种突发的成串的误码？这就要采用交织技术。交织技术已在移动通信中被广泛地采用。有人将其归为抗衰落技术，有人将其归为抗干扰技术，有的教材将其列为信道编码技术。实现交织的基本方法如图 2-2-4 所示。

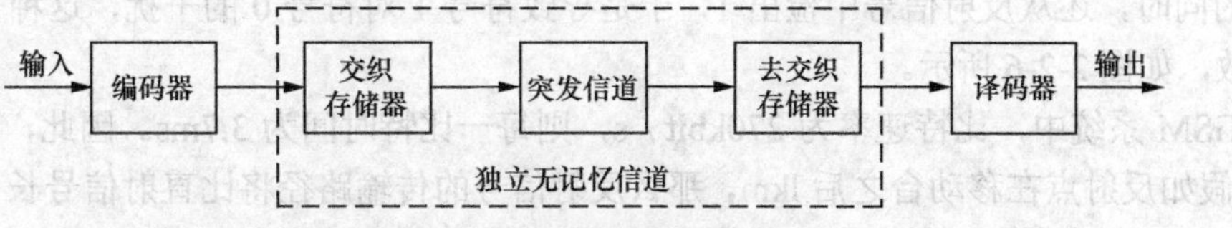

图 2-2-4 交织码的实现框图

① 交织的作用是改造信道，将信道中的突发的成串差错变为随机的独立差错。

② 交织的原理是将一条消息的相继比特以非相继的方式发送，使突发差错信道变为离散信道。交织技术的实现可以通过存储器来完成，在信道的输入端将信息按列写入交织存储器，按行读出；在信道的输入端按行写入去交织存储器，按列读出。

交织的实现过程如图 2-2-5 所示。一般情况下，设分组长度 $L=M\times N$，即由 M 列 N 行的矩阵构成，其中交织矩阵存储器是按列写入、按行读出；然后送入突发信道，进入去交织矩阵存储器，它则是按行写入按列读出。利用这种行、列倒换，可将突发信道变换为等效的随机独立信道。这类分组周期性交织器具有如下性质。

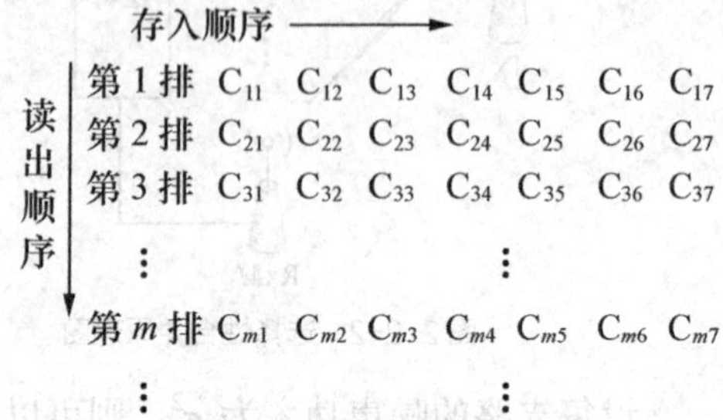

图 2-2-5 交织的实现过程

① 任何长度 $L\leqslant M$ 的突发差错，经交织后成为至少被 $N-1$ 位隔开的一些单个独立差错。

② 任何长度 $L>M$ 的突发差错，经去交织后，可将长突发差错变换成长度为 $L_1=[L/M]$ 的短突发差错。

③ 完成交织与去交织变换在不计信道时延的条件下，将产生 $2MN$ 个符号的时延，其中发、收端各占一半。

④ 在很特殊的情况下，周期为 M 的 k 个单个随机独立差错序列经交织去交织后，会产生长度为 l 的突发差错。

由以上分组交织器的性质可见，它是克服深衰落的有效方法，并已在移动通信中得到广泛的应用。但是它的主要缺点是带来附加的 $2MN$ 个符号的时延，这对实时业务比如语音通信等将带来不利的影响，同时增大了实现设备的复杂性。

移动通信环境下的深衰落将造成数字信号传输的突发性差错，利用交织编码技术可改善数字移动通信的传输性能。为了能抵抗深衰落，需要深度交织编码，目前 GSM 系统、CDMA 系统都采用交织编码技术。

（2）跳频技术（频率隐分集）

跳频抗衰落是指抗频率选择性衰落。其原理是：当跳频的频率间隔大于信道相关带宽时，可使各个跳频驻留时间内的信号相互独立。换句话说，利用的原理是在不同的载波频率上同时发生衰落的可能性很小。

2.2.2 均衡技术

1. 自适应均衡技术

在数字移动通信信息传输的过程中，由于多重反射，基站发送 1、0 序列，反射信号比直接到达的信号会晚一个时间差 Δt，若 Δt 值接近一个比特的时间，那么终端将从直射信号中检出 0 的同时，还从反射信号中检出 1，于是导致符号 1 对符号 0 的干扰，这种干扰也称为时间色散，如图 2-2-6 所示。

在 GSM 系统中，比特速率为 270kbit / s，则每一比特时间为 3.7ms。因此，1 比特对应 1.1km。假如反射点在移动台之后 1km，那么反射信号的传输路径将比直射信号长 2km。这样就会在有用信号中混有比它迟到 2 比特时间的另一个信号，即出现了码间干扰。时间色散似乎是个很棘手的问题，在移动通信系统中采用了自适应均衡技术，这一问题的严重性得以缓解。均衡技术有如下所述 2 个基本途径。

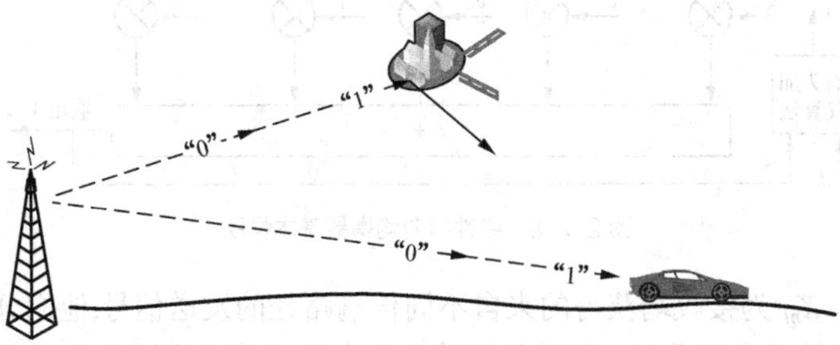

图 2-2-6 多重反射引起的码间干扰

（1）频域均衡

它使包括均衡器在内的整个系统的总传输函数满足无失真传输的条件。它往往是分别校正幅频特性和群时延特性，序列均衡通常采用这种频域均衡法。

（2）时域均衡

时域均衡就是直接从时间响应考虑，使包括均衡器在内的整个系统的冲激响应满足无码间串扰的条件。目前我们面临的信号是时变信号，因此大多采用时域均衡来达到整个系统无码间串扰。

从脉冲分析的角度来看，由于理想传输系统是按奈奎斯特第一准则建立的，其发送和接收滤波器的传递函数是以奈奎斯特频率 F_n 为中心对称滚降。理想信道的脉冲响应为 $h(t)=Sa\left(\frac{\pi}{T}t\right)$，非理想（失真）信道的脉冲响应是 $x(t)=Sa\left[\frac{\pi}{T}(t-T_s)\right]$，总脉冲响应为 $y(t)=\ h(t)+x(t)$，如图 2-2-7 所示。

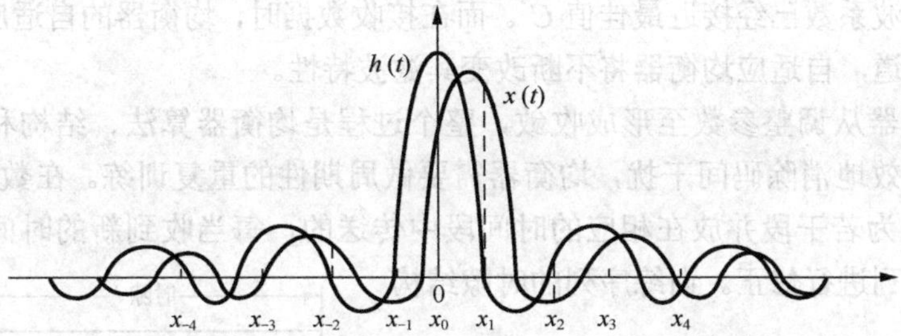

图 2-2-7 理想信道和实际信道脉冲相应的差异

理想信道和实际信道脉冲响应的差异表明：若在各个奈奎斯特取样时刻（即 $k=\pm1,\pm2,\cdots$）对实际信道脉冲响应 $x(t)$取样，因其样值不为零而形成码间干扰。利用信道均衡器引入的脉冲响应使得总脉冲响应 $y(t)$能接近 $h(t)$，则可消除非理想信道引起的码间干扰。这就是时域均衡的基本原理。

时域均衡系统的主体是横向滤波器，如图 2-2-8 所示，它由多级抽头延迟线、加权系数相乘器（或可变增益电路）及相加器组成。延迟线每节延迟时间为 $t=1/2f_n$。通过调节加权系数 C_k 即可消除以 n 为中心的前后 $2n$ 个符号对第 n 个符号的干扰。换句话说，横向滤波器的抽头越多，均衡控制的范围越大，均衡的效果就越好。

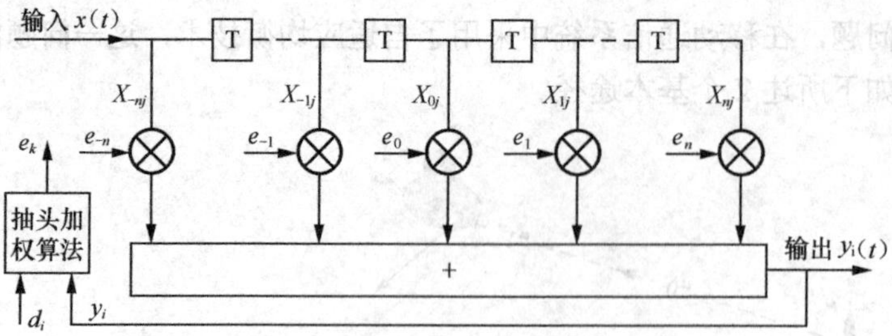

图 2-2-8 线性横向均衡器基本框图

设 $X_{1j}, X_{2j}, \cdots, X_{nj}$ 为接收端获得的来自不同传输路径的发送信号,他们分别通过带有自动抽头的增益器的增益后进行叠加，只要各增益器的自动调整抽头增益值 C_i 设置合理，就可使输出响应的码间串扰最小，从而能获得高质量的接收信号 y_i。而增益值 C_i 的调整是以输出 y_i 与所希望的值 d_i 进行比较而获得的误差 e_i 为依据的。用 e_i 去控制 C_i，以使 C_i 逐步达到一定标准下的最佳值 C^*。计算最佳值 C^* 所依据的准则和导出更新抽头系数 C_i 的算法是实现自适应均衡器的关键。

自适应均衡器所追求的目标就是要达到最佳抽头增益系数，是直接从传输的实际数字信号中根据某种算法不断调整增益，因而能适应信道的随机变化，使均衡器总是保持最佳的工作状态，有更好的失真补偿性能。自适应均衡器需有 3 个特点，即快速初始收敛特性、好的跟踪信道时变特性和低的运算量。

首先，基站发射一个已知定长的训练序列，终端接收机的均衡器调整自己的 C_i 使输出逐渐逼近训练序列值，以保证用户数据正确，由于用户是在运动中，多径反射随机出现，因此，训练必须定期进行。典型的训练序列是一个二进制伪随机信号或是一串预先指定的数据位，而紧跟在训练序列后被传送的是用户数据。在设计训练序列时，要求做到即使在最差的信道条件下，均衡器也能通过这个训练序列获得正确的滤波系数，这样就可以在收到训练序列后，使得均衡器的滤波系数已经接近最佳值 C^*。而在接收数据时，均衡器的自适应算法就可以跟踪不断变化的信道，自适应均衡器将不断改变其滤波特性。

自适应均衡器从调整参数至形成收敛，整个过程是均衡器算法、结构和通信变化率的函数。为了能有效地消除码间干扰，均衡器需要做周期性的重复训练。在数字通信系统中，用户数据是被分为若干段并放在相应的时间段中传送的，每当收到新的时间段，均衡器将用同样的训练序列进行修正。训练序列的时隙结构如图 2-2-9 所示。

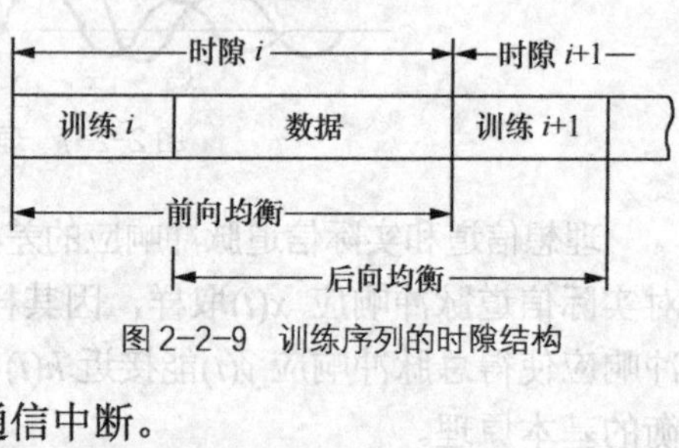

图 2-2-9 训练序列的时隙结构

然而，自适应均衡技术也存在如下所述缺陷。

① 训练序列的使用占用了数据传输的时间，因而降低了信息的传输效率。

② 信道的经常性衰落、严重的非线性及时变特性、多径传播等影响，使接收机无法跟上，从而出现通信中断。

③ 在某此特殊的应用场合，如信息截获和侦察系统，接收机无法得到训练信号。

尤其是在移动通信得到广泛应用的今天，由于移动通信信道环境的不断变化，要求自适应非线性均衡器参数的更新速率要高于信道参数的变化。

为此，希望研究一种新的均衡器，能够在没有训练序列时，仅利用接收序列本身的先验信息就能够止确地恢复出发送序列的盲均衡技术成为近年来研究的热点课题。

2．盲均衡（Blind Equalization）技术

盲均衡技术是指能够不借助训练序列，仅利用接收序列本身的先验信息，便可以均衡信道特性，使均衡器的输出序列尽量接近发送序列的一种新兴自适应均衡技术。因此，在数据通信系统中不必发送训练序列，可以提高信道效率，同时育均衡技术还可以获得更好地均衡性能。它是目前数字通信技术中的关键技术之一，也是通信、信号与信息处理、检测理论等学科的一个重要前沿热点研究课题。

1975 年，日本学者 Y.Sato 首次提出自恢复均衡（Self-recovering Equalization），后称为盲均衡的概念。它是基于对传统自适应均衡均方误差函数的简单改进而得到的。此后，各国学者根据不同的应用背景，运用新的数学理论和优化方法，提出了多种盲均衡算法，主要分为基于 Bussgang 性质的盲均衡算法（或称为代价函数法）、基于高阶谱理论的盲均衡算法、基于神经网络理论的盲均衡算法和基于信号检测理论的盲均衡算法等。盲均衡的原理框图如图 2-2-10 所示。

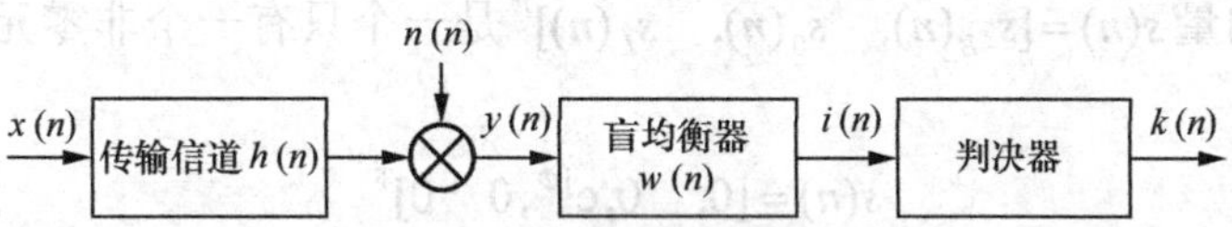

图 2-2-10　盲均衡的原理框图

图 2-2-10 中，$h(n)$为离散时间传输信道（包括发射滤波器、传输媒介和接收滤波器等）的冲激响应，依据所用调制方式的不同，可以是实值，也可以是复值；$w(n)$为均衡器的冲激响应；$x(n)$为系统的发送序列；$y(n)$为经过信道传输后的接收序列，同时也是均衡器的输入序列；$n(n)$为信道上迭加的高斯噪声；$j(n)$为盲均衡器的输出序列，$k(n)$表示判决器的输出序列。若不考虑噪声的影响，则有下式成立

$$y(n) = x(n) \otimes h(n) \tag{2-2-2}$$

即 $y(n)$是由 $x(n)$与 $h(n)$卷积而成，要从 $y(n)$中恢复出 $x(n)$，意味着要解出卷积因子 $h(n)$，这样的过程叫做去卷积或逆解卷积。当 $y(n)$和 $x(n)$均为已知时，解决这个问题并不困难，均衡器工作于训练模式就属于这种情况。当只有 $y(n)$为已知，3 个参数中有两个是未知时，问题就比较困难了，这类问题的数学模型称为盲解卷积问题（Blind Deconvolution），盲均衡问题是盲解卷积问题在通信领域的应用。由图 2-2-10 可知

$$j(n) = w(n) \otimes y(n) = w(n) \otimes h(n) \otimes x(n) \tag{2-2-3}$$

盲均衡的目的就是将 $j(n)$作为 $x(n)$的最佳估计值，因此要求

$$j(n) = x(n-M)\mathrm{e}^{\mathrm{j}\Phi} \tag{2-2-4}$$

其中，M 为一整数时延，Φ 为一常数相移。为了实现（2-2-4）式，在不考虑信道迭加噪声的前提下，要求

$$w(n) \otimes h(n) = \delta(n-M)\mathrm{e}^{\mathrm{j}\Phi} \tag{2-2-5}$$

式中，$\delta(n)$为 Kronecker δ 函数。取上式的 Fourier 变换，则有

$$W(\omega) \times H(\omega) = \sum_{n=-\infty}^{\infty} \delta(n-M)\mathrm{e}^{\mathrm{j}\Phi}\mathrm{e}^{-\mathrm{j}\omega n} = \mathrm{e}^{\mathrm{j}(\varphi - M\omega)}$$

也可以表示为

$$W(\omega)=\frac{1}{H(\omega)}\mathrm{e}^{\mathrm{j}(\varphi-M\omega)} \tag{2-2-6}$$

也就是说，盲均衡器的目的就是要使其传输函数和信道传输函数的关系满足式（2-2-6）。

一般来讲，M 和 φ 是未知的。但是，恒定时延 M 并不影响原输入信号序列$\{x(n)\}$的恢复。而常数相位 φ 可以利用判决装置去除。

实现传递函数 $W(\omega)$，也就是设计均衡器的抽头系数 w_i，使得式（2-2-5）成立。若令 $S(\omega)=H(\omega)W(\omega)$，$s_i(n)$代表原信道与均衡器的组合系统的抽头系数，则

$$s_i(n)=w_i(n)\otimes h_i(n)=\sum_j w_i(n)h_{i-j}(n) \tag{2-2-7}$$

但又因为

$$j(n)=\sum_{i=-L}^{L}s_i(n)x(n-i)=x(n-M)\mathrm{e}^{\mathrm{j}\Phi}i=[L,L] \tag{2-2-8}$$

那么有限维向量 $s(n)=[s_{-L}(n),\quad s_0(n),\quad s_L(n)]^T$ 是一个只有一个非零元素(其模等于1)的向量

$$s(n)=[0,\quad 0,\mathrm{e}^{\mathrm{j}\Phi},0\quad 0]^{\mathrm{T}} \tag{2-2-9}$$

因此，当均衡器达到最优均衡时，原信道与均衡器组合系统的抽头系数应当满足式（2-2-9），这也是盲均衡中的置零准则。

2.2.3 信道编码技术

移动通信的随参信道中，由于传输特性的不理想以及信道中噪声、干扰等因素的影响，收到的数字信号不可避免地会发生错误，为了保证移动通信系统的可靠性，其中重要的措施之一就是信道编码。

信道编码的基本做法是：在发送端给被传输的信息码元加入一些必要的监督码元，这些监督码元与信息码元之间以某种确定的规则相互关联，这个过程称为信道编码。信道编码的本质是增加通信的可靠性，是以降低信道传输效率为代价的，这也是我们常常说的增加了开销。就好象我们运输一批蔬菜，为了不使蔬菜途中腐烂，我们一般使用泡沫箱将蔬菜装载起来以保鲜，这种包装使蔬菜总体的体积变大，能运输的蔬菜总量减少。同样，在带宽固定的信道中，总的传送码率也是固定的，由于信道编码增加了数据量，其结果只能是以减小传送有用信息码率为代价。将有用比特数除以总比特数就等于编码效率，不同的编码方式，其编码效率有所不同。

在接收端，按既定的规则检验信息码元与监督码元之间的关系，当发现原来的信息码元与监督码元之间的关系被破坏，就会发现错误乃至纠正错误，这个过程称为信道解码或信道译码。可见信道编码的作用就是进行差错控制，所以信道编码也称为差错控制编码。

1．差错控制的方式

（1）检错重发（Automatic Repeat Request，ARQ，自动请求重发）

发送端送出能够发现错误的码，接收端判决传输中有无错误产生，如果发现错误，则通

过反向信道把这一判决结果反馈给发送端，发端把接收端认为错误的信息再次重发，从而达到正确传输的目的。

（2）前向纠错（Forword Error Correction，FEC）

发送端发送能够纠正错误的码，接收端收到码后自动地纠正传输中的错误。其特点是单向传输，实时性好，但译码设备较复杂。

（3）混合纠错（Hybrid Error Correction，HEC）

混合纠错是 FEC 和 ARQ 方式的结合。发送端发送具有自动纠错能力和检错能力的码。接收端收到码后，检查差错情况，如果错误在码的纠错能力范围以内，则自动纠错；如果超过了码的纠错能力，但能检测出来，则经过反馈信道请求发端重发。这种方式具有自动纠错和检错重发的优点，可较低误码率，近年来得到广泛应用。

2．信道编码的分类

从功能上划分，上述 3 种差错控制方式所用到的码不外乎是检错码、纠错码或纠删码。

（1）检错码

检错码仅能检测错码。常用的检错码包括奇偶校验、循环冗余校验（CRC）等。

（2）纠错码

纠错码不仅能检测错码，而且能自动纠正错码。常用的纠错码包括 BCH 码、卷积码、RS 码、级联码及 Turbo 码等。

（3）纠删码

纠删码不仅具备检错、纠错的功能，而且当错码超过纠正范围时可把无法纠错的信息删除。

在移动通信的语音通信中，信道编码主要是为了进行纠错。这是因为如果进行检错，则只能在检出错误码后让对方重发，这在传输数据时是可以的，但在传送语音时是不能中断后重发的。

按照信息码元和监督码元之间的约束方式不同，纠删码可分为分组码和卷积码。按照信息码元和监督码元之间的检验关系分为线性码和非线性码；按照纠正错误的类型不同分为纠正随机错误码、纠正突发错误码和纠正同步错误码。

3．分组码

码元分组是信道编码的基本格式。将信息码元每 k 个为一组，再加上监督码元若干个，构成总长为 n 个码元的一组，用(n, k)来表示。它表明，这是总码元数为 n、信息码元为 k 个的分组码，显然，监督码元必等于 $n-k$ 个。其编码情况如图 2-2-11 所示。

$$(n,k)\text{码：}\underbrace{C_1C_2C_3}_{\text{信息码元}}\underbrace{\cdots C_{n-1}C_n}_{\text{监督码元}}\qquad (7,3)\text{码：}\underbrace{C_1C_2C_3}_{\text{信息码元}}\ \underbrace{C_4C_5C_6C_7}_{\text{监督码元}}$$

图 2-2-11　(n, k)以及(7, 3)分组码的结构

$C_1 \cdots C_n$ 均为二进制符号。以(7, 3)码为例，$C_1\,C_2\,C_3$ 是信息码，共 3 位，所以只有 8 种组合；$C_4 \cdots C_7$ 是增加的监督码元，因此这个码长度为 7 位，共可有 2^7=128 种组合，我们要在

这 128 种组合中选出需要的有纠正错码能力的 8 种。即前 3 位是给定的信息码元，不变；后 4 位可有 16 种编法，我们只需要取一种编法，选取哪一种编法要由码距来决定。

一组码元常称为码字（Codeword）。在两个码字之间相应的码位上不相同的码元的位数称为码距，通常用 d 表示。对于一个编码体制，将其中所有合法码字的最小码距值称为这个编码体制的码距。

观察码 A 和码 B 的码距，就是看从 A 到 B 有几个 2 进制比特位不同。例如，二进制 1100 与 1101 之间码距为 d=1，因为只有最低位不同；而 1001 和 0010 之间码距则为 d=3，因为只有 1 位相同。码距在应用中，可以使得逻辑器件在输出各个编码时，有更少的触发器发生翻转，这样既提高效率，也减少功耗。

d 个单比特错就可以把一个码字转换成另一个码字，为了检查出 d 个错（单比特错），需要使用码距为 d+1 的编码，为了纠正 d 个错，需要使用码距为 2d+1 的编码。如果信息位长度为 K、监督码长度为 r，则要指示一位错的 $N(N=K+r)$个可能位置，即纠正一位错，则必须满足如下关系

$$2^r-1 \geqslant N=K+r$$

因此当信息位为 5 时，满足 $2^r-1 \geqslant K+r=5+r$，则 r=4。

码距越大，纠错能力越强，但数据冗余也越大，即编码效率低了。所以，选择码距要取决于特定系统的参数。数字系统的设计者必须考虑信息发生差错的概率和该系统能容许的最小差错率等因素，要有专门的研究来解决这些问题。

对于码组（n，k），我们把 k/n 的比值叫做编码效率。例如(7, 3)码的编码效率为 3/7，低于 1/2，相对地说，它的冗余是用得多的，码距为 4，能纠正 1 个错误，检出 3 个错误。

再来分析一下差错控制编码的效能。假设在信道中发送 0 时的错误概率和发送 1 时的错误概率相等，都等于 P，且 P<<1，则容易证明，在码长为 N 的码组中恰好发生 r 个错码的概率为

$$P_n(r)=C_n^r P^r(1-P)^{n-r} \approx \frac{n!}{r!(n-r)!}P^r \qquad (2\text{-}2\text{-}10)$$

当码长 $N=7$、$P=10^{-3}$ 时，有 $P_7(1)\approx 7P=7\times10^{-3}$，$P_7(2)\approx 21P^2=2.1\times10^{-5}$，$P_7(3)\approx 35P^3=3.5\times10^{-9}$，基本满足通信的需要。

4．线性编码

如果监督码码元和信号码元由一组线性方程组得到，这样组成的分组码，就是线性分组码，如图 2-2-12 所示。

$$\left.\begin{aligned} c_4 &= c_1+c_3 \\ c_5 &= c_1+c_2+c_3 \\ c_6 &= c_1+c_2 \\ c_7 &= c_2+c_3 \end{aligned}\right\}$$

图 2-2-12 （7, 3）码监督码元和信息码元的关系

图 2-2-12 运算方式为模 2 加，所以可得到表 2-3 的 7 种信息的编码。它们之间的码距为 4，故可纠 1 个错误，或发现 3 个错误。例如接收到一个信息 0100110，接收机知道发生了一个差错，因为 0100110 不是一个码字（表中没有）。那么，正确的是哪一个呢？用接收码字 0100110 与表例码字进行码距运算，结果发现与表例码字 0100111 的码距为 1，可以判断正确码字为 0100111。如果错误在 1 个以上比特，将不能纠正。同样，3 个以上差错也无法发现。

表 2-3 （7，3）码中 7 种信息的编码

1	2	3	4	5	6	7
0	0	0	0	0	0	0
0	0	1	1	1	0	1
0	1	0	0	1	1	1
0	1	1	1	0	1	0
1	0	0	1	1	1	0
1	0	1	0	0	1	1
1	1	0	1	0	0	1
1	1	1	0	0	0	0

5．卷积编码

数字化移动信道中的传输过程会产生随机差错，也会出现成串的突发差错。上面讨论的各种编码主要用来纠正随机差错，卷积码既能纠正随机差错，也具有一定的纠正突发差错的能力，纠正突发差错主要靠交织编码来解决。在 CDMA 移动通信系统中采用了卷积码和交织编码，下面讨论这两种码的编码原理及纠错原理。

前面介绍的分组码，无论是编码还是译码，前后各组是无关的。编码时，一个码组的校验位只决定于本组的信息位。译码时，也只要从长为 n 的一个接收码组中还原出本组的信息位即可。分组码要增加纠错能力，就要增加校验位，使编、译码设备复杂，特别是增加译码的困难。

为了克服分组码中存在的编码效率与纠错能力之间的矛盾，1955 年科学家伊莱亚斯提出了卷积码。在卷积码中，一个组的校验码元不仅取决于本组的信息元，而且也取决于前 m 组的信息元。通过这种规则构成的码就是（n，k，m）卷积码。此时，m 称为编码记忆，表示输入的信息组在编码器中所需的存储单元数，m+1 称为编码约束度，说明编码过程中互相有约束关系的码段个数；（m+1）n 称为编码约束长度，即编码过程中互相约束的码元个数。

与分组码相同的是，卷积码也可以用生成矩阵来表示信息元与校验码之间的生成关系；所不同的是，分组码的生成矩阵是一个有限个数的矩阵，而卷积码的生成矩阵是一个半无限矩阵。由于在这个半无限的生成矩阵中，到一定列后，其数值和前面各列分别相同，因此，可以只研究前几列所组成的矩阵就可以了，这个矩阵称为截短生成矩阵。

卷积码编码器如图 2-2-13 所示，由 3 个移位寄存器组成。它的编码有一定规律，每输入一个信息码元 m_j，就编两个监督码元 p_{j1}、p_{j2} 顺次输出，成为 m_j、p_{j1}、p_{j2} 码长为 3、信息码元为 1 的（3, 1）卷积码的一个分组（码字）。

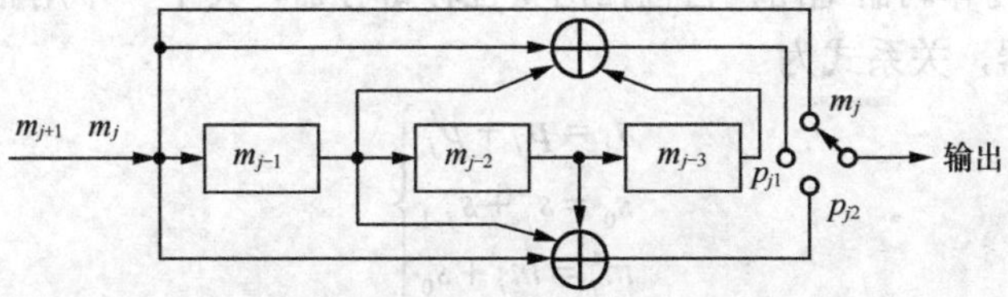

图 2-2-13 （3，1）卷积码编码器

从图 2-2-13 中可以看出，监督码元 p_{j1}、p_{j2} 不仅与本输入的信息码元有关，还和前几组的信息码元有关，其关系为

$$\left.\begin{aligned} p_{j1} &= m_j + m_{j-1} + m_{j-3} \\ p_{j2} &= m_j + m_{j-1} + m_{j-2} \end{aligned}\right\} \tag{2-2-11}$$

式中，加法为模 2 加，式（2-2-19）就是该卷积码的监督方程。

从图 2-2-13 可以看出，如果输入信息码元为 011001…，则输出的编码将为 000，111，100，010，011，101，…，它的每 3 个码元就是一个分组，其中第 1 位为信息码元，第 2、3 位为监督码元，和前面 3 个分组的信息码元都有关系，加上本组信息码元共和 4 个信息码元有关，我们称这个卷积码的约束长度为 4（按分组计算），和移位寄存器长度有关，它等于寄存器长度加 1。

如用比特数计算，因每分组长为 3，所以也可说约束长度为 $4\times3=12$ bit。编码与约束长度有关，译码时也与约束长度有关。有多种不同的算法，如大数逻辑译码器、序列译码器、Viterbi 译码法等，算法都有一定的复杂性。但在今天，随着微处理技术的发展，这些编译码器均已能做成一个集成块，应用起来还是很方便的。

值得指出的是 1 种（2, 1）的卷积码，如图 2-2-14 所示，其码率为 1/2，它的监督位只有 1 位，比较简单。如使用较长的约束长度，则可以纠正突发差错，也可以纠正随机差错。因此这种编码纠错能力强，算法也简单，电路也不复杂，为设计者乐于采用。如使用 8kbit/s 的语音编码，再加上码率为 1/2 的卷积编码，即需加 8kbit/s 的卷积纠错码，共为 16kbit/s，在移动通信中有很好的应用。

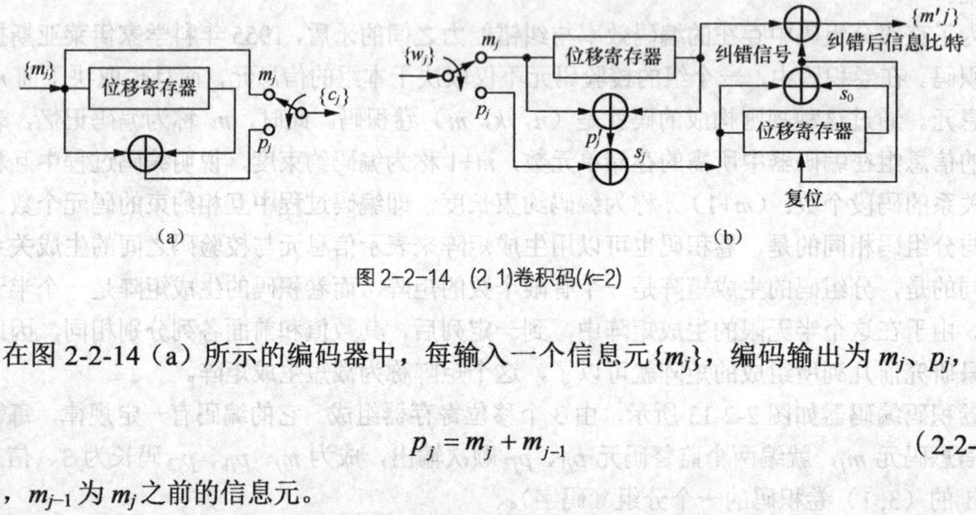

图 2-2-14 (2, 1)卷积码(k=2)

在图 2-2-14（a）所示的编码器中，每输入一个信息元$\{m_j\}$，编码输出为 m_j、p_j，其中 p_j 为

$$p_j = m_j + m_{j-1} \tag{2-2-12}$$

式中，m_{j-1} 为 m_j 之前的信息元。

图 2-2-14（b）为译码器电路，它包括两个位移寄存器，其中一个用做本地编码器，另一个用做伴随子寄存器，关系式为

$$\left.\begin{aligned} s_j &= p_j + p'_j \\ s_0 &= s_j + s_{j-1} \\ m'_j &= m_j + s_0 \end{aligned}\right\} \tag{2-2-13}$$

在卷积码的译码过程中，不仅要根据当前时刻输入译码器的码组，而且还要根据以后的

一段时间，如 $L+m$ 段（$L\geqslant 1$）内所有接收的码组，才能译出一个码组的信息元。此时，$L+m$ 即称为译码约束度，$(L+m)n$ 则称为译码约束长度。

卷积码的译码可分为代数译码和概率译码两大类。前者最主要的方法是大数逻辑译码，在卷积码的发展早期普遍采用。到现在，概率译码已越来越被重视。概率译码中普遍采用的是维特比译码，在编码的过程中，可以用码树的树图来形象地表示卷积码的编码过程，具体说是，编码器的编码过程可以看成是根据输入信息元通过码树的某一条路径而生成带有校验元的码字，这种编码过程和原理提供了维特比译码的算法原理。在接收端译码时，可以看成是译码器根据接收到的序列、信道统计特性和编码规则，力图寻找原来编码时所通过的那条路径。只要找到了这条路径，就完成了译码，并纠正了传输中的错误。在概率译码中，我们往往是通过计算各条路径所对应的序列和接收序列的偏差，做出最大似然估计来寻找这条路径的，但码树的路径随着输入信息元的增加而按指数规律增加，若按码树的路径来计算，其计算量随译码约束长度的增加很快，实现起来很困难，维特比译码利用了码树的重复特性使得计算量大大减少。

由于卷积码充分利用了各组之间的相关性，n 和 K 可以用比较小的数，因此，在与分组码有着同样的编码效率和设备复杂性的条件下，卷积码的性能比分组码好。但对于卷积码的分析，至今仍缺乏分组码那样有效的数学分析工具，一些分析和译码的工作往往还需借助计算机。

6. Turbo 编码

1993 年在日内瓦召开的 IEEE 通信国际会议上，两位当时名不见经传的法国电机工程师克劳德·伯劳和阿雷恩·格莱维欧克斯发表了他们发明的一种编码方法，可以使信道编码效率接近香农极限。

根据现代信息论的奠基人香农（Shannon）提出的理论，在一个存在噪声的信道里，可以可靠传输的最大速率是

$$C = W\log_2(1+S/N) \qquad (2\text{-}2\text{-}14)$$

其中，C 是信道内可以可靠传输的最高码率，以 bit/s 为单位，称之为信道容量；W 是信道带宽，以 Hz 或 1/s 为单位；S/N 是信道的信噪比，即信号功率与噪声功率之比。

按照这一理论，要想在一个带宽确定而存在噪声的信道里可靠地传送信号，只有两种途径，即加大信噪比或在信号编码中加入附加的纠错码。香农曾经指出，要提高信号编码效率到信道容量，就要使编码的分段（所谓“编码词”的长度）尽可能加长，而且使信息的编码尽可能随机。但是，带来的困难是计算机科学里经常碰到的“计算复杂性”问题。为了使编码接近香农理论，也许需要使编码词长度为 1 000 比特，相应的计算量为 $2^{1\,000}$，即约为 10^{301}。这使得编码方案因被无比高耸的计算复杂性之墙阻挡而变得不可逾越。

但是，两位法国电机工程师并没有试图从数学上找突破口，他们发现在电子学中经常用到的反馈概念似乎被数学家们忽略了，也许反馈能够使我们绕过计算复杂性问题，于是他们就设计了一套新的办法。

在典型的数字化方法中，总是先把某一电平设定为阈值。信号电平高于这一阈值就判决为 1，低于就判决为 0。在 Turbo 码解码过程中，某一特定比特的电平被量化为整数，例如从 −127 到+127。其数值就作为判决该比特为 1 或 0 的可置信度的度量（例如-110 意味该比特非

常可能是 0，而+40 意味该比特也许是 1，但把握不大)。其次，与其他系统不同，Turbo 码系统在发射端和接收端分别设置两个编码器和解码器，其中一对编解码器对特定的一段比特流进行奇偶校验码的加入和校验计算，另一对编解码器则在同一段码流经过交织扰动后对其进行上述同样操作。由于这两段码流包含同样的数据，如果没有信道噪声，解码结果应该一致。但在噪声干扰下两组结果会产生差别，通过上述对比特判决的可置信度信息的帮助，把这两组结果彼此参照，可以得出第一次近似的结果。把这一结果“反馈”到解码器前端，再进行迭代，经过几次迭代后，两个解码器的结果就会互相接近（收敛)。这样就绕过了计算复杂性问题。当然这样做也得付出代价，由于迭代解码必然会产生时延，所以对于实时性要求很高的场合，Turbo 码直接应用会受到限制。

随后，其他科学家对这一方案重复检验，结果验证了他们方案的正确性，解决了在信道信噪比很差的条件下获得高效率数字通信的难题。因此这一方案受到了太空探测和第三代移动通信的各方面工程界人士的重视，得到了大量的应用。

（1）Turbo 码编码原理

Turbo 码实际上是一种并行级联卷积码，如图 2-2-17 所示。Turbo 码编码器由两个反馈的系统卷积编码器通过一个交织器并行连接而成，编码后的校验位经过删余阵，从而产生不同码率的码字。如图 2-2-17 所示，信息序列 $u=\{u1, u2, \cdots, uN\}$经过交织器形成一个新序列 $u'=\{u1', u2', \cdots, uN'\}$（长度与内容没变，但比特位经过重新排列)，$u$ 和 u'分别传送到两个分量编码器（RSC1 与 RSC2)，一般情况下，这两个分量编码器结构相同，生成序列 X^{p1} 和 X^{p2}，为了提高码率，序列 X^{p1} 和 X^{p2} 需要经过删余器，采用删余（Puncturing）技术从这两个校验序列中周期性删除一些校验位，形成校验序列 X^{p}，X^{p} 与未编码序列 X^{o} 经过复用调制后即生成了 Turbo 码序列 X。

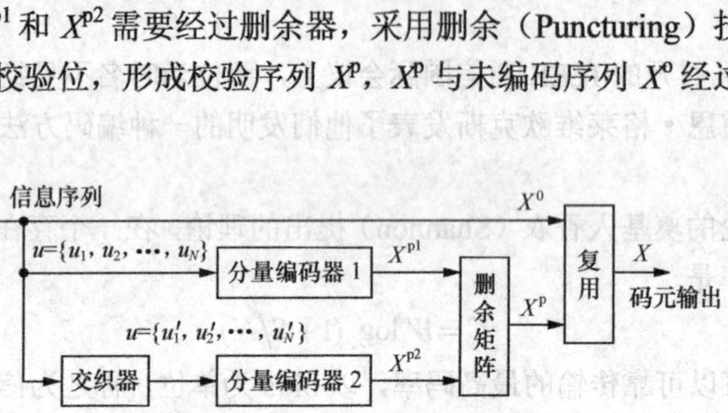

图 2-2-15　Turbo 码编码器框图

图 2-2-15 中两个编码器分别称为 Turbo 码二维分量码，它可以很自然地推广到多维分量码。分量码既可以是卷积码，也可以是分组码，还可以是级联码；两个分量码既可以相同，也可以不同。原则上讲，分量码既可以是系统码，也可以是非系统码，但为了在接收端进行有效的迭代，一般选择递归系统卷积码（RSC)。

删余矩阵的作用是提高编码码率，其元素取自集合{0, 1}。矩阵中每一行分别与两个分量编码器相对应，其中 0 表示相应位置上的校验比特被删除，该操作也称为“打孔”而“1”则表示保留相应位置的校验比特。

（2）分量码的选择

Turbo 码的一个重要特点是它的分量码采用递归系统卷积码(Recursive Systematic Convolutional code，RSC)，这也是它性能优越的一个重要原因。之所以选择 RSC 编码器作为 Turbo 码的子码，主要有以下原因。

① RSC 码具有系统码的优点，这一特性使用户在译码时无需变换码字，而直接对接收的码字进行译码，所以，递归系统卷积码相对于非系统卷积码（NSC）而言译码简单、快速。

② 从差错控制编码的相关文献中可知，非递归系统卷积码（NSC）的 BER 性能在高信噪比时比约束长度相同的非递归系统码要好，而在低信噪比时情况却正好相反。

由于递归系统卷积码具有以上特点，并且能改善误码率，所以通常选择 RSC 码作为 Turbo 码的子编码器。

（3）交织器的设计

交织器是影响 Turbo 码性能的一个关键因素，它可以使 Turbo 码的距离谱细化，即码重分布更为集中。其特性的好坏直接关系着 Turbo 码的性能。

编码器中交织器的使用是实现 Turbo 码近似随机编码的关键。交织器实际上是一个映射函数，作用是将输入信息序列中的比特位置进行重置，以减小分量编码器输出校验序列的相关性和提高码重。在交织器的设计中，要遵循如下 4 项原则。

① 最大程度的置乱原来的数据排列顺序，避免置换前相距较近的数据在置换后仍然相距较近，特别要避免相邻的数据在置换后仍然相邻。

② 尽量提高最小码重码字的重量，减小低码重码字的数量。

③ 尽可能避免与同一信息位直接相关的两个分量编码器中的校验位均被删除。

④ 对于不归零的编码器，交织器设计时要避免出现“尾效应”图案。

交织器的类型可以分为两大类，一是规则交织器，也称确定性交织器，其交织器的映射函数可以由一个确定的解析函数给出；二是随机交织器，其映射函数不能由一个确定的解析表达式给出。Turbo 码常用的交织器包括分组交织器、随机交织器、s-随机交织器等。

（4）删余技术

对于数字通信领域日益紧张的带宽资源，提高码率就意味着节省带宽和降低通信费用。删余是目前提高 Turbo 码码率的主要方法。

Turbo 码中，删余器通常比较简单，因为在一般的应用中，码率都是 1/2 或者 1/3，因此即使有删余器，它一般也只是周期性地从两个分量编码器中选择校验比特输出。两个分量码编码器的输出经过删余得到的序列地称为奇偶序列，是校验序列。一个好的删余算法应该符合以下几点要求。

① 不能删除信息位，否删会造成较大的信息损失，从而使误码率有较大的损失。

② 删余应该在时间域上均匀进行，删余同一时刻所有的比特位会造成此时刻信息损失较大，影响误码率。

③ 删余应该对于各分量码均匀进行，从而使信息的损失均匀分布在各分量码上，避免由于信息损失不均匀导致分量码译码性能下降。

（5）Turbo 码译码原理

目前对 Turbo 码的研究主要集中在译码算法、交织器设计和译码结构等方面。Turbo 码的译码结构如图 2-2-18 所示。

典型的 Turbo 码模型为并行译码，其编码结构比较简单，从结构上看，Turbo 码和以往的编码方案相比，它在译码方面引入了迭代译码方式。其中，分量译码器 1 和分量译码器 2 分别与编码器中的 2 个子编码器相对应，交织器、解交织器与编码器中的交织器相对应，译码器之间用交织器和解交织器相连。每个分量译码器有 3 个输入。

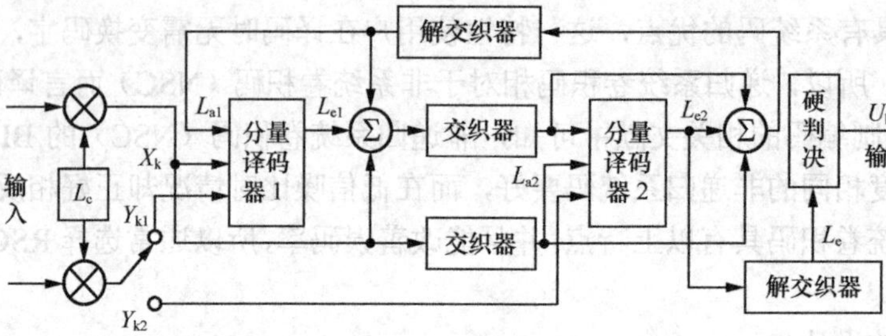

图 2-2-16　Turbo 码的译码结构模型

① 系统信息的信道输出 X_k。

② 相应编码器的校验比特的信道输出 Y_{k1}（或 Y_{k2}）。

③ 其他译码器所提供的先验信息 L_a。

基本译码过程为：X_k、Y_{k1} 和 L_{a1} 进入分量译码器 1，由分量译码器 1 根据某个译码算法完成对 RSC 编码器 1 所产生的编码序列的译码，并生成信息比特 U_k 的外部信息 L_{e1}。L_{e1} 经过交织后，生成作为分量译码器 2 的信息比特的先验信息 L_{e2}；接收的信息序列 X_k 经过相同的交织，作为分量译码器 2 的接收信息。译码器 2 利用交织后得到的译码信息 L_{a2}、X_k 和 Y_{k2} 完成编码器 2 的译码，得到外部信息 L_{e2}。L_{e2} 经解交织后得到的 L_{a1} 作为译码器 1 的先验信息进入下一迭代运算。当迭代次数完成或达到其他判决条件时，经交织得到用于最终译码判决的值 U_k。为了保证译码器之间能充分利用对方的译码信息，分量译码器应该输出软判决译码信息，即取二进制值 0 或 1 的概率。

Turbo 码的译码算法总体上可分为 MAP 和 SOVA 两类。MAP 类算法主要包括 MAP 算法、LOG-MAP 算法、MAX-LOG-MAP 算法。其中 MAP 算法是一种最佳后验率算法，LOG-MAP 是 MAP 算法在对数域上的计算方式，MAX-LOG-MAP 算法是对 LOG-MAP 算法简化后的次优算法。SOVA 类算法主要包括软输出的维特比算法（SOVA）和连续列表输出维特比算法（SLVA）。有关这些算法的具体内容不在这里详细讨论。

到目前为止，Turbo 码已经有了很大的发展，在各方面都到达了实用阶段。但 Turbo 码的作用机制尚不十分清楚，迭代译码算法的性能还缺乏有效的理论解释。同时，Turbo 码存在的主要问题包括序列延迟、计算量大、存储量大等矛盾还没有得到完全解决。因此，目前对 Turbo 码算法方面的研究主要从以下 5 个方面着手。

① 从理论上进行完整的分析。

② 针对各种 Turbo 码算法和结构进行仿真，比较它们在不同环境下的性能指标。

③ 译码性能的好坏根本在于码间距离，所以寻找构造好码的规律是提高 Turbo 译码性能的关键。

④ 译码性能的进一步简化。

⑤ Turbo 码编码与信道参数的综合设计。

2.3 调制技术

调制就是处理信号源的信号，使其变为适合于信道传输的形式的过程。一般来说，信号源（也称为信源）的信息含有直流分量和频率较低的分量，称为基带信号。基带信号往往不能作为传输信号，因此必须把基带信号转变为一个相对于基带频率而言频率非常高的信号，以适合于信道传输，这个信号叫做已调信号，基带信号叫做调制信号。调制是通过改变高频载波，即消息的载体信号的幅度、相位或者频率，使其随着基带信号的变化而变化来实现的。而解调则是将基带信号从载波中提取出来，以便预定的接收者（也称为信宿）处理和理解的过程。在通信中，我们常采用的调制方式有以下 3 种。

（1）模拟调制

模拟调制方式用连续变化的信号去调制一个高频正弦波，主要有幅度调制（调幅 AM、双边带调制 DSBSC、单边带调幅 SSBSC、残留边带调制 VSB 以及独立边带 ISB 和、角度调制（调频 FM、调相 PM）。因为相位的变化率就是频率，所以调相波和调频波是密切相关的。

（2）数字调制

数字调制方式用数字信号对正弦或余弦高频振荡进行调制主要有，振幅键控 ASK、频移键控 FSK 和相位键控 PSK。

（3）脉冲调制

脉冲调制是用脉冲序列作为载波，主要有脉冲幅度调制（Pulse Amplitude Modulation，PAM）、脉宽调制（Pulse Duration Modulation，PDM）、脉位调制（Pulse Position Modulation，PPM）和脉冲编码调制（Pulse Code Modulation，PCM）。

由于移动通信网已经过渡到全数字制式，因此系统中必须采用数字调制技术，然而一般的数字调制技术，如 ASK、PSK 和 FSK，因传输效率低而无法满足移动通信的要求，为此，需要专门研究一些抗干扰性强、误码性能好、频谱利用率高的数字调制技术，尽可能地提高单位频谱内传输数据的比特率，以适应移动通信窄带数据传输的要求。

2.3.1 数字频率调制

用基带数字信号控制载波的频率，称为数字频率调制，又称频移键控（FSK）。二进制频移键控就是用二进制数字信号控制载波频率，当传“1”码时，输出频率 f_1；当传“0”码时，输出频率 f_2。2FSK 的数学表达式为

$$S(t)=\sum_n b_n g(t-nT_s)\cos(\omega_1 t+\varphi_1)+\sum_n \overline{b_n} g(t-nT_s)\cos(\omega_2 t+\varphi_2) \qquad (2\text{-}3\text{-}1)$$

2FSK 信号的带宽大约为

$$B=|f_2-f_1|+Zf_s$$

2FSK 信号的解调可采用包络检波法、相干解调法和非相干解调法等。2FSK 信号的波形示例如图 2-3-1 所示。

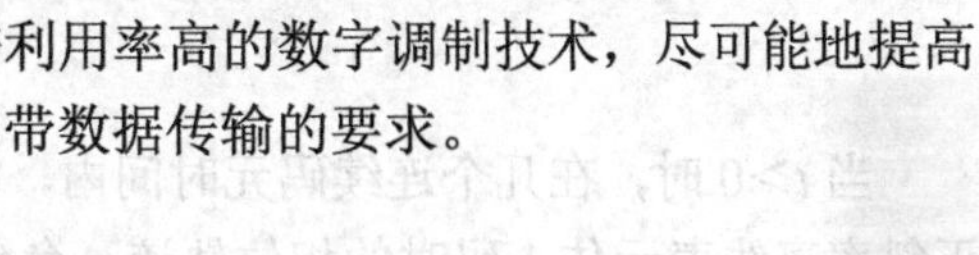

图 2-3-1 2FSK 信号的波形

1．最小频移键控 MSK

MSK 是 2FSK 的一种特殊情况，它具有正交信号的最小频差，在相邻符号交界处相位保持连续。在一个码元时间 T_s 内，这类连续相位 FSK 可表示为

$$S(t)=A\cos[\omega_c t+\theta(t)] \qquad (2\text{-}3\text{-}2)$$

当 $\theta(t)$为时间的连续函数时，已调波相位在所有时间上是连续的。若传 0 码时载频为 ω_1，传 1 码时载频为 ω_2，它们相对于未调载波 ω_c 的偏移为$\pm\Delta\omega$，则上式又可写为

$$S(t)=A\cos[\omega_c t\pm\Delta\omega+\theta(0)] \tag{2-3-3}$$

其中，$\omega_c=\dfrac{\omega_1+\omega_2}{2}$，$\Delta\omega=\dfrac{\omega_1-\omega_2}{2}$。

比较式（2-3-2）和式（2-3-3）可以看出，在一个码元时间内，相角为$\theta(t)=\pm\theta\omega+\theta(0)$，式中，$\theta(0)$为初相角，取决于过去码元调制的结果，它的选择要防止相位的任何不连续性。

对于 FSK 信号，当 $2\Delta\omega T_s=n\pi$（n 为整数）时，就认为它是正交的。为了提高频带利用率，$\Delta\omega$ 要小，当 n=1 时，$\Delta\omega$ 达最小值，有$\Delta\omega T_s=\pi/2$ 或者 $2\Delta f\ T_s=\dfrac{1}{2}=\beta_f$，$\beta_f$称为调制指数。由此可得出频偏为$\Delta f=1/4T_s$，频差为 $2\Delta f=1/2T_s$，等于码元速率 $1/T_s$ 的一半，是正交信号的最小频差。FSK 的这种特殊选择称为最小频移键控（MSK）。

根据上面的关系式，还可以推导出 $\theta(t)=\pm\dfrac{\pi}{2T_s}t+\theta(0)$，为了方便，假定 $\theta(0)$=0，则可得 $\theta(t)=\pm\dfrac{\pi}{2T_s}t$，若假定“+”号对应于 1 码，“−”号对应于 0 码，将 t=T_b 代入，可得

$$\theta(T_b)-\theta(0)=\begin{cases}\dfrac{\pi}{2}, & \text{“1”}\\ -\dfrac{\pi}{2}, & \text{“0”}\end{cases} \tag{2-3-4}$$

当 $t>0$ 时，在几个连续码元时间内，由式（2-3-4）可得出图 2-3-2 所示的 $\theta(t)$变化曲线。正斜率直线表示传 1 码时的相位轨迹，负斜率直线表示传 0 码时的相位轨迹。这种由可能的相位轨迹构成的图形称为相位网格图。在每一码元时间内，相对于前一码元载波相位不是增加 $\pi/2$，就是减少 $\pi/2$。在 T_b 的奇数倍时刻，相位取 $\pi/2$ 的奇数倍；在 T_b 的偶数倍时刻，相位取 $\pi/2$ 的偶数倍。因此，MSK 波形的相位 $\theta(t)$在每一码元结束时必定为 $\pi/2$ 的整数倍。图 2-3-2 中的粗线路径所对应的信息序列为 0111010。

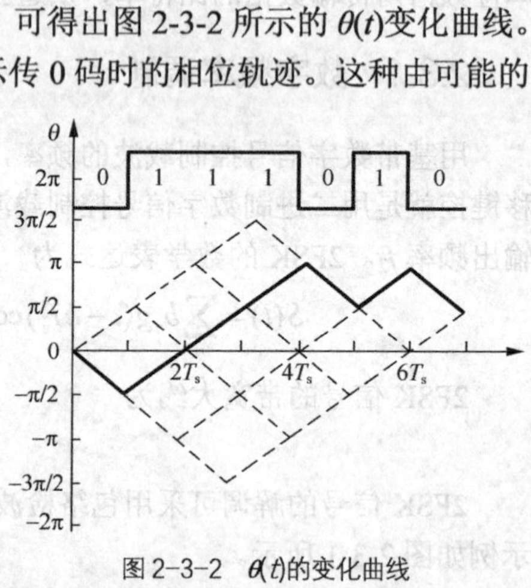

图 2-3-2　$\theta(t)$的变化曲线

MSK 调制器原理框图如图 2-3-3 所示，其工作过程分如下 5 步进行。

① 对输入的二进制数字信号进行差分编码。

② 经串/并转换，分成相互交错一个码元宽度的两路信号 I_k 和 Q_k。

③ 用加权函数分别对两路数据信号 I_k 和 Q_k 进行加权。

④ 加权后的两路信号再分别对正交载波进行调制。

⑤ 将所得到的两路已调信号相加，通过带通滤波器，得到 MSK 信号。

MSK 信号有如下 5 个特点。

① 已调信号的振幅是恒定的。

② 信号频率偏移严格符合$\pm 1/4T_s$，相位调制指数 $\beta=(f_2-f_1)T_s=1/2$。

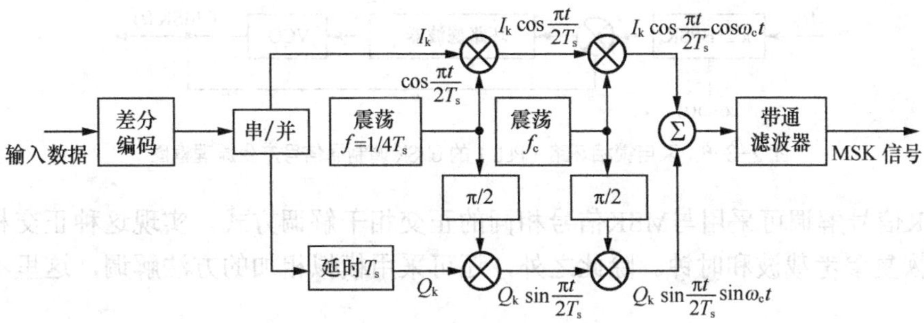

图 2-3-3 MSK 调制器原理框图

③ 以载波相位为基准的信号相位，在一个码元期间内准确地按线性变化。

④ 在一个码元期间（T_s）内，信号应是 1/4 载波周期的整倍数，即 0、π/2、π、3π/2 的 n 倍。

⑤ 码元转换时刻，信号的相位是连续的，即信号波形无突变。

2．高斯滤波最小频移键控 GMSK

为了减小已调波的主瓣宽度和邻道中的带外辐射，可在调制前对基带信号进行高斯滤波处理，这就是另一种在移动通信中得到广泛应用的技术，简称高斯最小频移键控，记为 GMSK。

GMSK 的基本原理是让基带信号先经过高斯滤波器滤波，使基带信号形成高斯脉冲，之后进行 MSK 调制。由于滤波形成的高斯脉冲包络无陡峭的边沿，亦无拐点，所以经调制后的已调波相位路径在 MSK 的基础上进一步得到平滑，相位轨迹如图 2-3-4 所示。由图 2-3-4 可以看出，它把 MSK 信号的相位路径的尖角平滑掉了，因此频谱特性优于 MSK 和 SFSK。GMSK 已确定为欧洲 GSM 标准调制方式。

GMSK 信号的产生原理框图如图 2-3-5 所示，图中的低通滤波器为高斯滤波器，输出直新接对 VCO 调频，以保持已调波包络的恒定相位的连续。但该方法在保持 VCO 中心频率稳定方面存在一定困难。

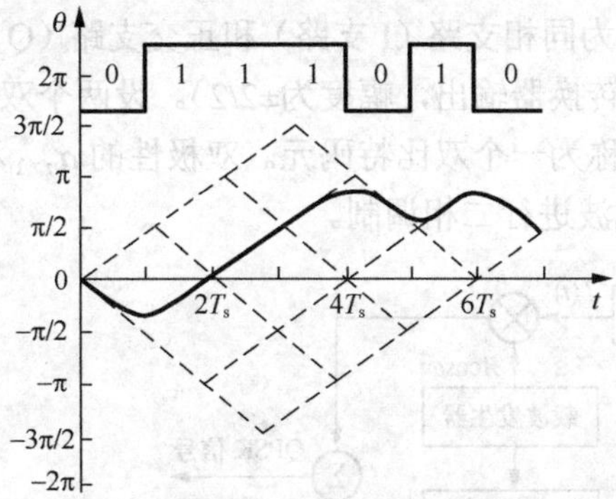

图 2-3-4 GMSK 相位轨迹

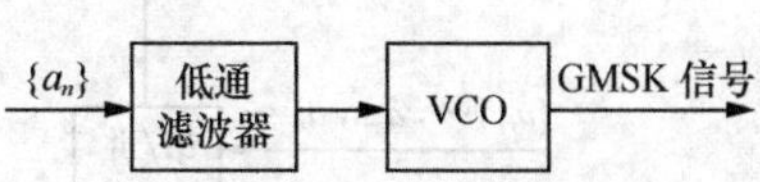

图 2-3-5 GMSK 信号的产生原理框图

实际应用中克服上述缺点的办法是采用锁相环路（PLL）调制器，如图 2-3-6 所示。它由 π/2 相移 BPSK 调制器之后接一个 PLL 构成。其中π/2-BPSK 的作用是保证每个码元的相位均变化±π/2，PLL 对 BPSK 的相位突变进行平滑，使得在码元转换点相位连续，没有尖角。

图 2-3-6 采用锁相环路（PLL）的 GMSK 调制器信号产生原理框图

GMSK信号解调可采用与MSK信号相同的正交相干解调方式。实现这种正交相干解调的关键是恢复参考载波和时钟。除此之外，还可采用模拟相加的方法解调，这里不再具体介绍。

2.3.2 数字相位调制

数字相位调制（Quadrature Phase Shift Keying，QPSK）是一种数字调制方式。对于每一个比特的二进制码，可以使用两个相位值表示。如果每次处理两个比特信息，QPSK 则利用载波的 4 种不同相位来表征数字信息。这样，对于输入的二进制数字序列应该先进行分组，将每两个比特编为一组，然后用 4 种不同的载波相位来表征。我们把组成的双比特码元记为 a，前一信息比特为 a_{n-1}，后一信息比特为 a_n。双比特码元中的两个信息比特 a_{n-1} 和 a_n 通常是按格雷码排列的，它与载波相位的矢量关系如图 2-3-7 所示，其中，图（a）表示 A 方式时 QPSK 信号的矢量图；图（b）表示 B 方式时 QPSK 信号的矢量图。由于正弦和余弦的互补特性，

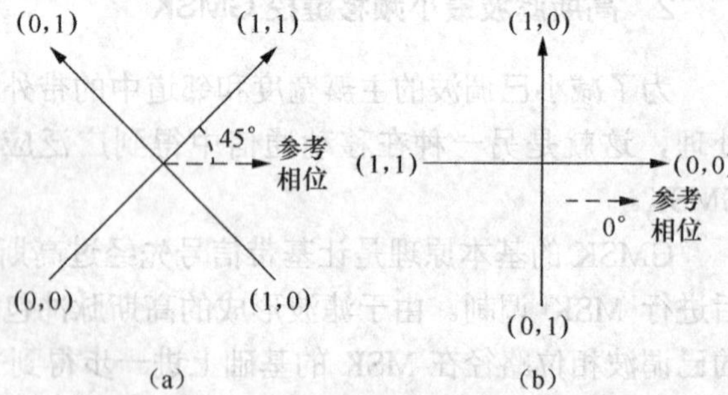

图 2-3-7 QPSK 信号矢量图

对于载波相位的 4 种取值，在 A 方式中为 45°、135°、225°、315°，数据通过处理后输出的波形幅度有两种取值$\pm k_{\mathrm{I}}k_{\mathrm{Q}}2/2$；B 方式中为 0°、90°、180°、270°，则数据通过处理后输出的成形波形幅度有±1、0 3 种取值。

QPSK 调制原理框图如图 2-3-8 所示。在 A 方式的 QPSK 的信号相位合成中，串/并变换器将输入的二进制序列依次分为两个并行序列，为同相支路（I 支路）和正交支路（Q 支路）。然后通过基带成形得到的双极性序列（从 D/A 转换器输出，幅度为±2/2）。设两个双极性序列中的二进制数字分别为 $a_{n-1}a_n$，每一对 $a_{n-1}a_n$ 称为一个双比特码元。双极性的 a_{n-1} 和 a_n 脉冲通过两个平衡调制器分别对同相载波及正交载波进行二相调制。

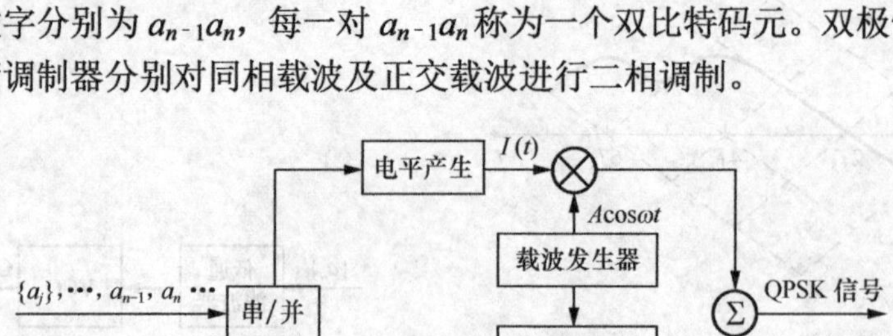

图 2-3-8 QPSK 调制原理图

由于 QPSK 可以看做是两个正交 2PSK 信号的合成，故它可以采用与 2PSK 信号类似的解调方法进行解调，即由两个 2PSK 信号相干解调器构成，原理框图如图 2-3-9 所示。

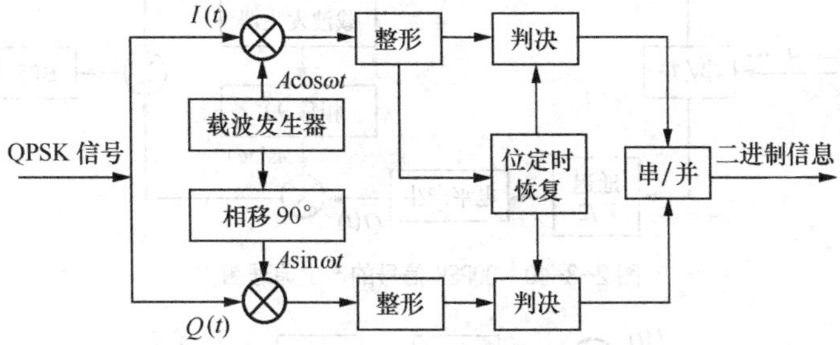

图 2-3-9　QPSK 解调原理图

1．交错正交相移键控（OQPSK）

QPSK 信号的频带利用率较高，理论值达 1bit/（s・Hz）。但当码组为 0011 或 0110 时，产生 180° 的载波相位跳变。这种相位跳变会引起包络起伏，当通过非线性部件后，使已经滤除的带外分量又被恢复出来，导致频谱扩展，增加对相邻波道的干扰。为了消除 180° 的相位跳变，在 QPSK 的基础上提出了 OQPSK。

OQPSK 是在 QPSK 的基础上发展起来的一种恒包络数字调制技术。所谓恒包络技术，是指已调波的包络保持恒定，它与多进制调制是从不同的角度来考虑调制技术的。恒包络技术所产生的已调波经过发送带限后，当通过非线性部件时，只产生很小的频谱扩展。这种形式的已调波具有两个主要特点：其一是包络恒定或起伏很小；其二是已调波频谱具有高频快速滚降特性，或者说已调波旁瓣很小，甚至几乎没有旁瓣。

一个已调波的频谱特性与其相位路径有着密切的关系（因为 $\omega = \mathrm{d}b(t)/\mathrm{d}t$），因此，为了控制已调波的频率特性，必须控制它的相位特性。恒包络调制技术的发展正是始终围绕着进一步改善已调波的相位路径这一中心进行的。OQPSK 也称为偏移四相相移键控（offset-QPSK），是 QPSK 的改进型。它与 QPSK 有同样的相位关系，也是把输入码流分成两路，然后进行正交调制；不同点在于它将同相和正交两支路的码流在时间上错开了半个码元周期。由于两支路码元半周期的偏移，每次只有一路可能发生极性翻转，不会发生两支路码元极性同时翻转的现象。因此，OQPSK 信号相位只能跳变 0°、±90°，不会出现 180° 的相位跳变。

OQPSK 信号的产生原理可由图 2-3-10 来说明，图中的 $T_s/2$ 延迟电路是为了保证 I、Q 两路码元偏移半个码元周期；BPF 的作用是形成 QPSK 信号的频谱形状，保持包络恒定。除此之外，其他均与 QPSK 作用相同。OQPSK 信号可采用正交相干解调方式解调，其原理如图 2-3-11 所示，它与 QPSK 信号的解调原理基本相同，其差别仅在于对 Q 支路信号的抽样判决时间比 I 支路延迟了 $T_s/2$，这是因为在调制时 Q 支路信号在时间上偏移了 $T_s/2$，所以抽样判决时刻也应偏移 $T_s/2$，以保证对两支路交错抽样。

OQPSK 克服了 QPSK 的 180° 相位跳变，信号通过 BPF 后包络起伏小，性能得到了改善，因此受到了广泛重视。但是，当码元转换时，OQPSK 信号相位变化不连续，存在 90° 的相位跳变，因而高频滚降慢，频带仍然较宽。

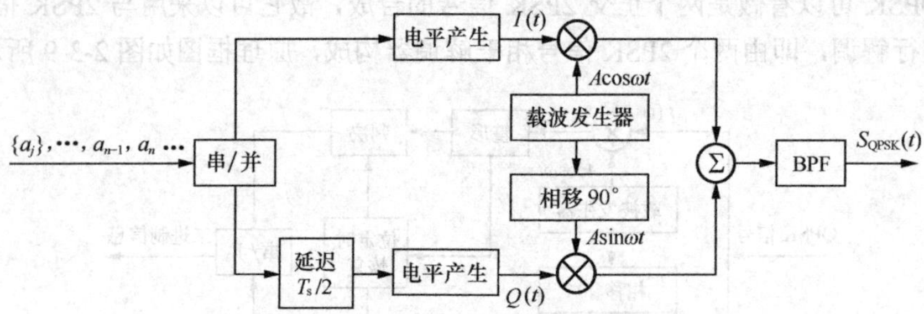

图 2-3-10 OQPSK 信号的产生原理图

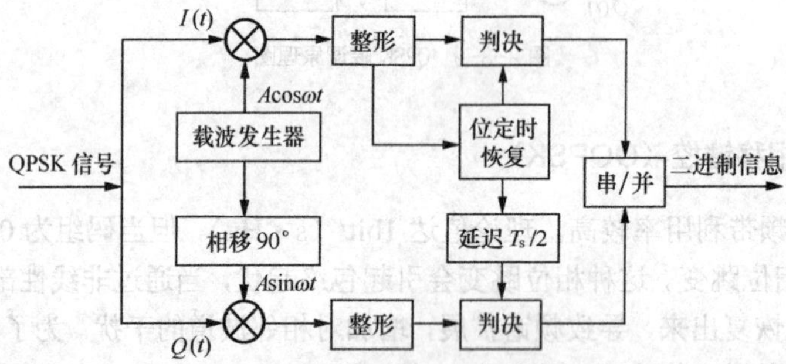

图 2-3-11 OQPSK 信号正交相干解调原理图

2. π/4-QPSK 调制

为改进 QPSK 调制信号的频谱特性，把 QPSK 调制的 A、B 两种方式的矢量图合二为一，并且使载波相位只能从一种模式（A 或 B）向另一种模式（B 或 A）跳变，如图 2-3-12 所示。其中，“●”表示 QPSK 调制 A 方式的矢量图，“○”表示 QPSK 调制 B 方式的矢量图，从而构成 π/4-QPSK 调制的矢量图。矢量图中的箭头表示载波相位的跳变路径，显然，相位变化只有±45°和±135°4 种状态，不存在 180°相位跳变，因此，较 QPSK 调制具有更好的频谱特性。

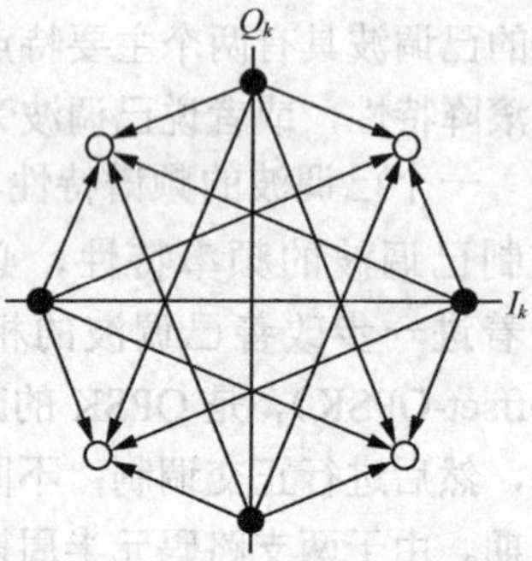

图 2-3-12 π/4-QPSK 调制的矢量图

π/4-QPSK 调制的系统框图如图 2-3-13 所示，在 QPSK 调制系统的基础上，增加了一个映射逻辑电路。输入的数据流{a_i}经串/并变换后，成为 a_k,I，a_k,Q 双比特符号，输至映射逻辑电路，其中，$a_k,I=a_{2j-1}$，$a_k,Q=a_{2j}$ 映射逻辑电路的功能表述为

$$I_k = I_{k-1}\cos\Delta\theta_k - Q_{k-1}\sin\Delta\theta_k \tag{2-3-5}$$

$$Q_k = I_{k-1}\sin\Delta\theta_k - Q_{k-1}\cos\Delta\theta_k \tag{2-3-6}$$

其中，$\Delta\theta_k$ 是输入双比特符号{a_k,I，a_k,Q}所对应的相移值。需要说明的是，与图 2-3-13 对应的相移值是 QPSK 调制的 B 方式；I_k 和 Q_k 分别为双比特符号{a_k,I，a_k,Q}经映射逻辑变换输出的同相和正交支路双比特符号；I_{k-1} 和 Q_{k-1} 分别为双比特符号{a_{k-1},I，a_{k-1},Q}经映射逻辑变换输出的同相和正交支路双比特符号。

π/4-QPSK 调制与 QPSK 调制相比，既有联系又有区别。相同点是载波相位都代表 2bit

数据，具有四相调制特征；不同点是π/4-QPSK 调制信号有 8 个相位，最小相位跳变为π/4，QPSK 调制信号有 4 个相位，最小相位跳变为 0。最小相位跳变为π/4 且具有四相调制特征，可能是π/4-QPSK 调制名称由来的原因之一，并非缘于 QPSK 调制的 A 模式旋转π/4 后得到 B 模式。

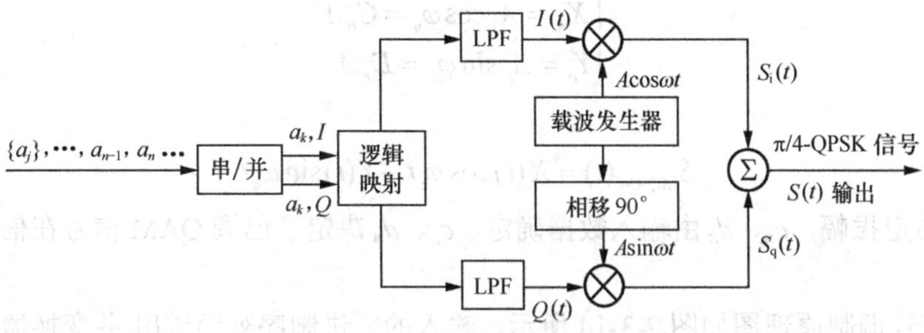

图 2-3-13 π/4-QPSK 调制的系统框图

2.3.3 正交振幅调制

正交振幅调制（Quadrature Amplitude Modulation，QAM）是一种频谱利用率很高的调制方式，在移动通信中，随着微蜂窝和微微蜂窝的出现，信道传输特性发生了很大变化。过去在传统蜂窝系统中不能应用的正交振幅调制也引起人们的重视。

QAM 是一种在两个正交载波上进行幅度调制的调制方式。这两个载波通常是相位差为 90°（π/2）的正弦波，因此被称为正交载波。这种调制方式因此而得名。在技术上，将输入比特先映射（一般采用格雷码）到一个复平面（星座）上，形成复数调制符号；然后将符号的 I、Q 分量（对应复平面的实部和虚部）采用幅度调制，分别对应调制在相互正交（时域正交）的两个载波（$\cos\omega t$ 和 $\sin\omega t$）上。这样与幅度调制（AM）相比，其频谱利用率提高了 1 倍。

QAM 是幅度、相位联合调制的技术，它同时利用了载波的幅度和相位来传递信息比特，因此在最小距离相同的条件下可实现更高的频带利用率，目前 QAM 最高已达到 1024-QAM（1 024 个样点）。样点数目越多，其传输效率越高，例如具有 16 个样点的 16-QAM 信号，每个样点表示一种矢量状态，16-QAM 有 16 态，每 4 位二进制数规定了 16 态中的一态，16-QAM 中规定了 16 种载波和相位的组合，16-QAM 的每个符号和周期传送 4bit。

多进制正交幅度调制（Multiple Quadrature Amplitude Modulation，MQAM）是在中、大容量数字微波通信系统中大量使用的一种载波控制方式。这种方式具有很高的频谱利用率，在调制进制数较高时，信号矢量集的分布也较合理，同时实现起来也较方便。目前在 SDH 数字微波、LMDS 等大容量数字微波通信系统中广泛使用的 64-QAM、128-QAM 等均属于这种调制方式。

正交振幅调制是用两个独立的基带数字信号对两个相互正交的同频载波进行抑制载波的双边带调制，进而利用这种已调信号在同一带宽内频谱正交的性质来实现两路并行的数字信息传输。正交振幅调制信号的一般表示式为

$$S_{\text{MQAM}}(t)=\sum_{n} A_n g(t-nT_s)\cos(\omega_c t+\theta_n) \tag{2-3-7}$$

式中，A_n 是基带信号幅度，$g(t\text{-}nT_s)$ 是宽度为 T_s 的单个基带信号波形。式（2-3-7）还可以变

换为正交表示形式

$$S_{\text{MQAM}}(t)=\left[\sum_n A_n g(t-nT_s)\cos\varphi_n\right]\cos\omega_c t-\left[\sum_n A_n g(t-nT_s)\sin\varphi_n\right]\sin\omega_c t \quad (2\text{-}3\text{-}8)$$

令

$$\begin{cases} X_n = A_n\cos\varphi_n = C_n A \\ Y_n = A_n\sin\varphi_n = D_n A \end{cases}$$

则

$$S_{\text{MQAM}}(t)=X(t)\cos\omega_c t - Y(t)\sin\omega_c t \quad (2\text{-}3\text{-}9)$$

式中，A 是固定振幅，c_n、d_n 由输入数据确定。c_n、d_n 决定了已调 QAM 信号在信号空间中的坐标点。

QAM 信号调制原理图如图 2-3-14 所示。输入的二进制序列经过串/并变换器输出速率减半的两路并行序列，再分别经过 2 电平到 L 电平的变换，形成 L 电平的基带信号。为了抑制已调信号的带外辐射，该 L 电平的基带信号还要经过预调制低通滤波器，形成 $X(t)$ 和 $Y(t)$，再分别对同相载波和正交载波相乘，最后将两路信号相加即可得到 QAM 信号。

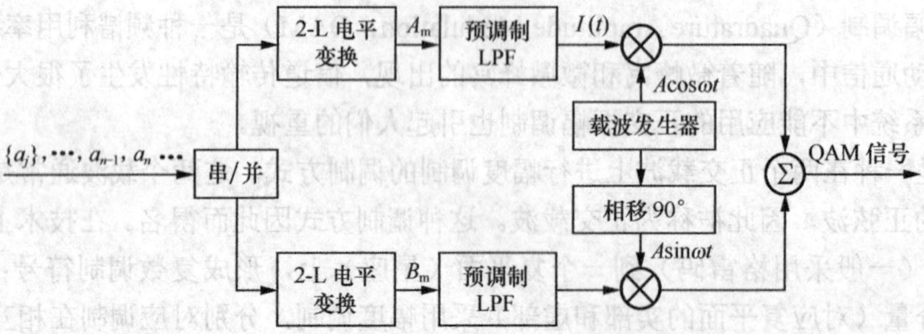

图 2-3-14 QAM 信号调制原理图

信号矢量端点的分布图称为星座图，可以用来描述 QAM 信号的信号空间分布状态。对于 M=16 的 16-QAM 来说，有多种分布形式的信号星座图，其中两种具有代表意义的信号星座图如图 2-3-15 所示。在图 2-3-15（a）中，信号点的分布呈方形，故称为方形 16-QAM 星座，也称为标准型 16-QAM。在图 2-3-15（b）中，信号点的分布呈星形，故称为星形 16QAM 星座。

（a）　　（b）

图 2-3-15 信号矢量端点的星座图

若信号点之间的最小距离为 $2A$，且所有信号点等概率出现，则平均发射信号功率为

$$P(s)=\frac{A^2}{M}\sum_{n=1}^{M}(c_n^2+d_n^2) \qquad (2\text{-}3\text{-}10)$$

对于方形 16-QAM，信号平均功率为

$$P(s)=\frac{A^2}{M}\sum_{n=1}^{M}(c_n^2+d_n^2)=\frac{A^2}{16}(4\times2+8\times10+4\times18)=10A^2 \qquad (2\text{-}3\text{-}11)$$

对于星形 16-QAM，信号平均功率为

$$P(s)=\frac{A^2}{M}\sum_{n=1}^{M}(c_n^2+d_n^2)=\frac{A^2}{16}(4\times2.61^2+8\times4.61^2)=14.03A^2 \qquad (2\text{-}3\text{-}12)$$

两者功率相差 1.4dB。另外，两者的星座结构也有重要差别。一是星形 16-QAM 只有两个振幅值，而方形 16-QAM 有 3 种振幅值；二是星形 16-QAM 只有 8 种相位值，而方形 16-QAM 有 12 种相位值。这两点差别使得在衰落信道中，星形 16-QAM 比方形 16-QAM 更具有吸引力。

M=4, 16, 32, …, 256 时，MQAM 信号的星座图如图 2-3-16 所示。其中，M=4, 16, 64, 256 时星座图为矩形，而 M=32，128 时星座图为十字形。前者 M 为 2 的偶次方，即每个符号携带偶数个比特信息；后者 M 为 2 的奇次方，即每个符号携带奇数个比特信息。若已调信号的最大幅度为 1，则 MPSK 信号星座图上信号点间的最小距离为 $d_{\text{MPSK}}=2\sin\left[\frac{\pi}{M}\right]$，而

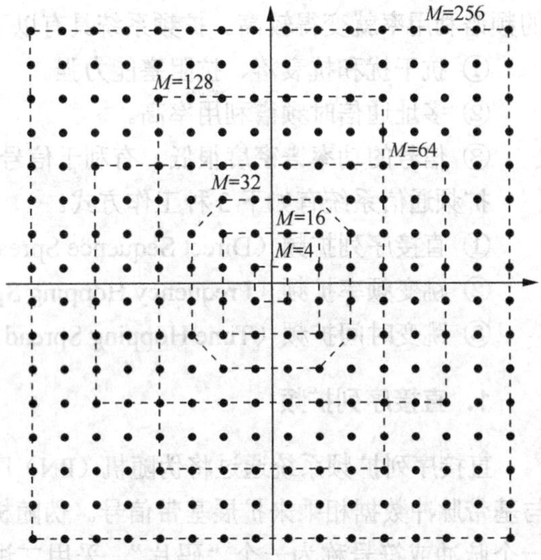

图 2-3-16 MQAM 信号的星座图

MQAM 信号矩形星座图上信号点间的最小距离为 $d_{\text{MPSK}}=\frac{\sqrt{2}}{L\text{-}1}=\frac{\sqrt{2}}{\sqrt{M}\text{-}1}$。分析表明，$L$ 为星座图上信号点在水平轴和垂直轴上投影的电平数，$M=2^L$。当 M=4 时，$d_{4\text{PSK}}=d_{4\text{QAM}}$，实际上，4PSK 和 4QAM 的星座图相同。当 M=16 时，$d_{16\text{QAM}}=0.47$，而 $d_{16\text{PSK}}=0.39$，$d_{16\text{PSK}}<d_{16\text{QAM}}$。这表明，16QAM 系统的抗干扰能力优于 16PSK。

MQAM 信号同样可以采用正交相干解调方法，其解调器原理图如图 2-3-17 所示。解调器输入信号与本地恢复的两个正交载波相乘后，经过低通滤波输出两路多电平基带信号 $X(t)$ 和 $Y(t)$；多电平判决器对多电平基带信号进行判决和检测，再经 L 电平到 2 电平转换和并/串变换器，最终输出二进制数据。

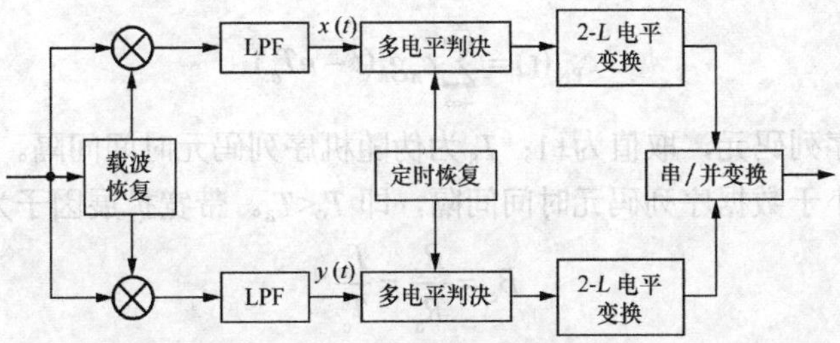

图 2-3-17 MQAM 解调器原理图

2.3.4 扩频调制技术

由于频谱是一个有限的资源，以上所研究的各种调制方式的一个主要设计思想就是减小传输带宽，提高频谱利用率。然而，在一些应用中，我们也得考虑通信系统的多址能力、抗干扰、抗阻塞能力以及隐蔽能力等。

扩频技术是解决以上问题的有效措施。扩频系统将发送的信息扩展到一个很宽的频带上，通常要比发送的信息带宽宽很多，在接收端通过相关检测恢复出发送的信息。对于单个用户来说，扩频系统频谱利用率很低，但是扩频系统允许很多用户在同一个频带中同时工作，而不会产生明显的相互干扰。当采用码分多址（CDMA）技术，实现多用户工作时，扩频系统的频谱利用率就变得较高。扩频系统具有以下 3 个特点。

① 抗干扰和抗衰落、抗阻塞能力强。

② 多址通信时频谱利用率高。

③ 信号的功率谱密度很低，有利于信号的隐蔽。

扩频通信系统有如下 3 种工作方式。

① 直接序列扩频（Direct Sequence Spread Spectrum，DS-SS）。

② 跳变频率扩频（Frequency Hopping Spread Spectrum，FH-SS）。

③ 跳变时间扩频（Time Hopping Spread Spectrum）。

1. 直接序列扩频

直接序列扩频系统通过将伪随机（PN）序列直接与基带脉冲数据相乘来扩展基带信号。伪随机序列的一个脉冲或符号称为一个“码片”。采用二进制相移调制的直接序列扩频系统调制器原理图如图 2-3-18 所示。

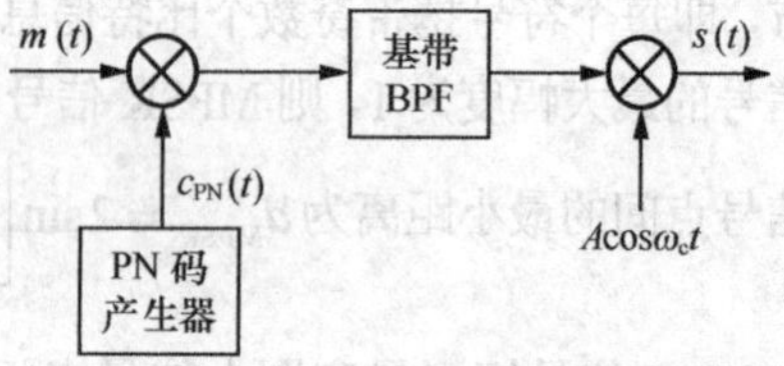

图 2-3-18 直接序列扩频系统调制器原理图

设基带数据序列 $m(t)$为

$$m(t)=\sum_{-\infty}^{\infty}a_n g_s(t-nT_a) \tag{2-3-13}$$

式中，a_n为信息码，取值为±1；T_s为信息码时间间隔。在一个码元期间，基带信号 $m(t)$ 的平均功率为

$$P_m=\frac{1}{T_a}\int_0^{T_a}m^2(t)\,dt \tag{2-3-14}$$

伪随机码产生器产生的伪随机序列 $c_{PN}(t)$为

$$c_{PN}(t)=\sum_{-\infty}^{\infty}c_n g_s(t-nT_o) \tag{2-3-15}$$

式中，c_n为伪随机序列码元，取值为±1；T_s为伪随机序列码元时间间隔。通常，伪随机序列码元时间间隔远远小于数据序列码元时间间隔，即 $T_c<T_a$。带宽扩展因子为

$$B_e=\frac{R_c}{R_a}=\frac{T_a}{T_c} \tag{2-3-16}$$

式中，R_c为伪随机序列码速，R_a为数据序列码速。$c_{PN}(t)$的平均功率为

$$P_c = \frac{1}{T_c}\int_0^{T_c} c_{PN}^2(t)\,dt \qquad (2\text{-}3\text{-}17)$$

扩展后的序列 $d(t)$ 为

$$d(t) = m(t)c_{PN}(t) = \sum_{-\infty}^{\infty} d_n g_c(t - nT_c) \qquad (2\text{-}3\text{-}18)$$

式中，$d_n = \begin{cases} +1, & a_n = c_n \\ -1, & a_n \neq c_n \end{cases}$。经过 2PSK 调制后，输出扩频信号为

$$s(t) = d(t)\cos\omega_c t = m(t)c_{PN}(t)\cos\omega_c t \qquad (2\text{-}3\text{-}19)$$

式中，ω_c 为载波角频率。

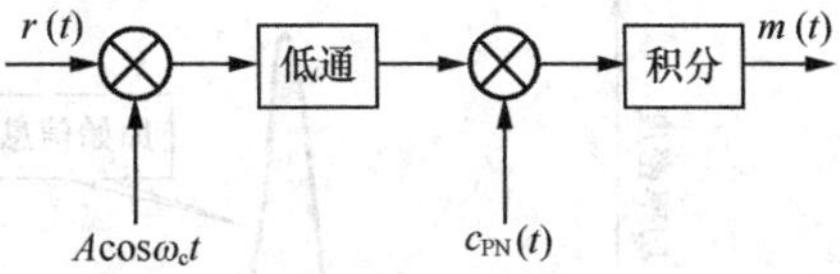

图 2-3-19 直接序列扩频系统解调器原理图

直接序列扩频系统解调器原理如图 2-3-19 所示。输入直接序列扩频信号首先进行 2PSK 解调，然后与伪随机序列相乘进行接扩。为了正确恢复信号，在接收端产生的伪随机序列必须与即将接收的扩频信号中的伪随机序列同步。设解调器输入为

$$r(t) = s(t) + n(t) = m(t)c_{PN}(t)\cos\omega_c t + n(t)$$

式中，$n(t) = n_c(t)\cos\omega_c t - n_s(t)\sin\omega_c t$ 为加性高斯噪声。

例如 2PSK 解调输出为

$$x(t) = \frac{1}{2}m(t)c_{PN}(t)\cos\omega_c t + n(t) \qquad (2\text{-}3\text{-}20)$$

经解扩后，输出为

$$m_0(t) = \frac{1}{2}p_c m(t) + n_o(t) \qquad (2\text{-}3\text{-}21)$$

式中，第一项即是所需要的发送数据。

扩频系统的抗干扰能力可以用处理增益来衡量，处理增益越大，抗带内干扰的能力越强。处理增益定义为

$$G_p = \frac{输出信噪比}{输入信噪比} = \frac{(S/N)_{out}}{(S/N)_{in}} \qquad (2\text{-}3\text{-}22)$$

通常可用 dB 表示，即

$$G_p = 10\lg\frac{S_o/N_o}{S_i/N_i}\ (\text{dB}) \qquad (2\text{-}3\text{-}23)$$

对于直接序列扩频系统，处理增益可表示为

$$G_p = \frac{S_o/N_o}{S_i/N_{ic}} = \frac{B_c}{B_a} = \frac{R_c}{R_a} = \frac{T_a}{T_c} \qquad (2\text{-}3\text{-}24)$$

式（2-3-24）表示，直接序列扩频系统的处理增益为扩频信号射频带宽 B_c 与数据信息带宽 B_a 的比值，或为伪随机序列码速 R_c 与数据序列码速 R_a 之比，在不同的干扰情况下有所不同。

直接序列扩频系统的调制波形图和功率密度谱图如图 2-3-20 和图 2-3-21 所示。

在图 2-3-21 中，原始信息扩频调制后频谱扩展了数百倍，发送过程中不可避免地被噪声感染；解扩频后，原始信息收敛，噪声被扩频，功率密度下降，信息的有效部分被提取出来。

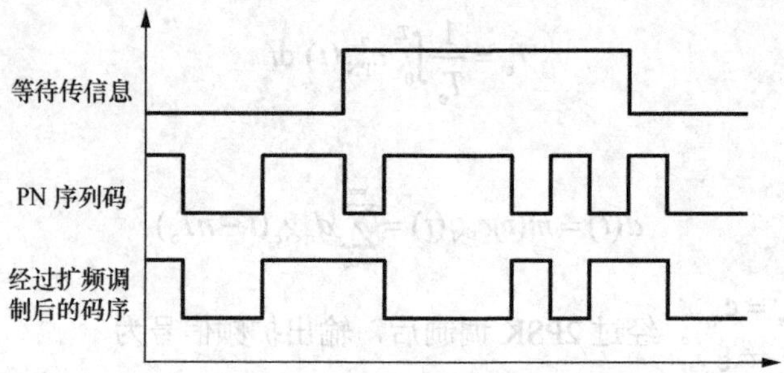

图 2-3-20 直接序列扩频系统的调制波形图

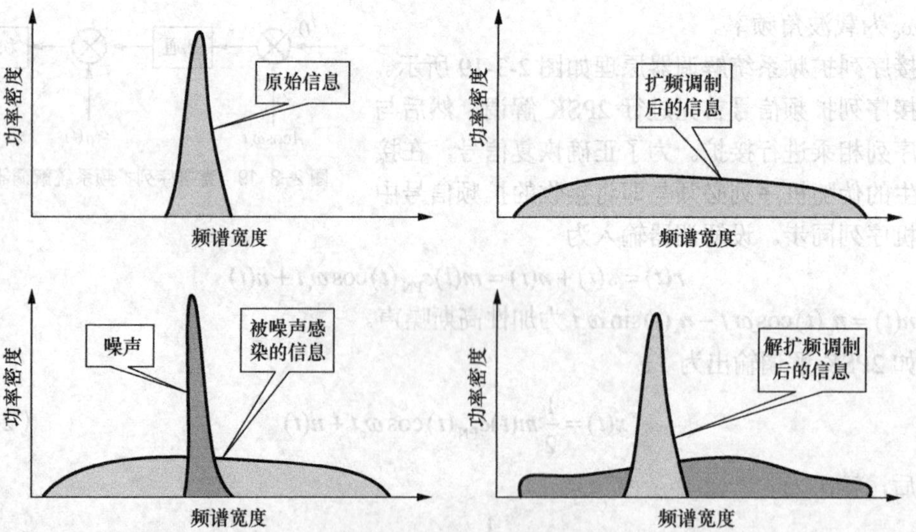

图 2-3-21 功率密度谱图

为了提高扩频系统的频谱利用率，调制方式可以采用四相调制技术，如图 2-3-22 所示，其中图 2-3-22（a）描述了调制器原理；图 2-3-22（b）描述了解调器原理。

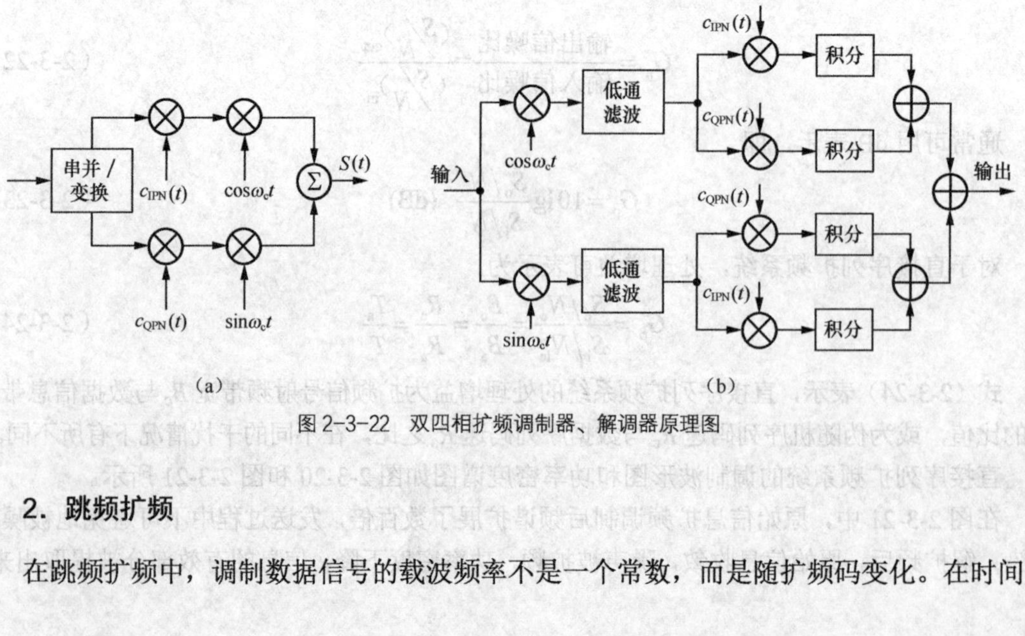

图 2-3-22 双四相扩频调制器、解调器原理图

2．跳频扩频

在跳频扩频中，调制数据信号的载波频率不是一个常数，而是随扩频码变化。在时间周

期 T 中，载波频率不变；但在每个时间周期后，载波频率跳到另一个（也可能是相同的）频率上。跳频模式由扩展码决定。所有可能的载波频率的集合称为跳频集。

直接序列扩频和跳频扩频在频率占用上有很大不同。当一个直接序列扩频系统传输时占用整个频段，而跳频扩频系统传输时仅占用整个频段的一小部分，并且频谱的位置随时间而改变。跳频扩频频率使用情况如图 2-3-23 所示。

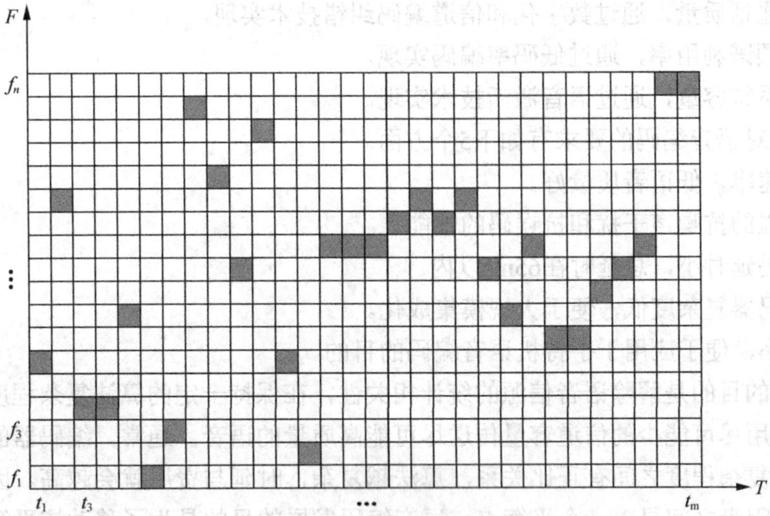

图 2-3-23 跳频扩频频率使用图

在跳频扩频系统中，根据载波频率跳变速率的不同可以分为两种跳频方式。如果跳频速率远大于符号速率，则称为快跳频（FFH），在这种情况下，载波频率在一个符号传输期间变化多次，因此一个比特是使用多个频率发射的。如果跳频速率远小于符号速率，则称为慢跳频（S FH），在这种情况下，多个符号使用一个频率发射。

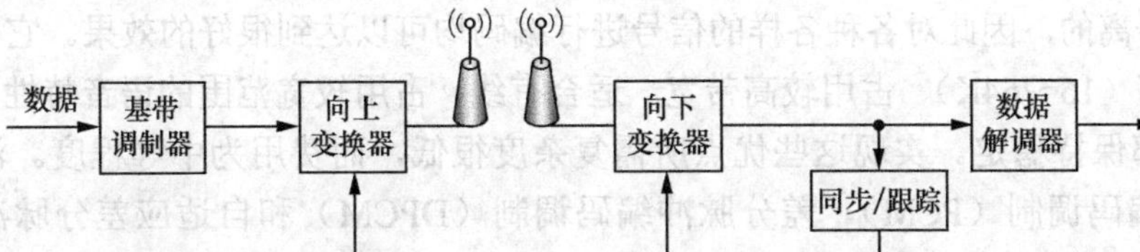

图 2-3-24 跳频扩频系统原理图

跳频扩频系统原理如图 2-3-24 所示。在发送端，基带数据信号与扩频码调制后，控制快速频率合成器，产生跳频扩频信号。在接收端进行相反的处理。使用本地生成的伪随机序列对接收到的跳频扩频信号进行解扩，然后通过解调器恢复出基带数据信号。同步/追踪电路确保本地生成的跳频载波和发送的跳频载波模式同步，以便正确地进行解扩。

2.4 语音编码技术

在移动通信系统中，带宽是极其有限的，在有限的可分配带宽内容纳更多的用户，压缩语音信号的传输带宽，一直是业内追求的目标。语音编码的设计和主观测试是相当困难的。只有在低速率语音编码情况下，数字调制方案才有助于提高语音业务的频谱效率。为了使语音编码有实用性，语音编码必须消耗的功率少和提供可接受直至很好的语音质量。语音编码就可使表达语音信号的比特数目最小。语音编码大致分为，波形编码、参量编码和混合编码3类。语音编码的意义在于如下3个方面。

① 提高通话质量，通过数字化和信道编码纠错技术实现。

② 提高频谱利用率，通过低码率编码实现。

③ 提高系统容量，通过语音激活技术实现。

移动通信对语音编码的要求有如下5个方面。

① 编码速率，低语音质量好。

② 有较强的抗噪声干扰和抗误码的性能。

③ 编译码延时小，总延时在65ms以内。

④ 编译码器复杂度低，便于大规模集成化。

⑤ 功耗小，便于应用于手持机语音编码的目的。

语音编码的目的是解除语音信源的统计相关性，在保持一定的算法复杂程度和通信时延的前提下，运用尽可能少的信道容量传送尽可能高质量的语音。通常，编码器的效率和获得此效率的算法复杂程度之间有正比关系，算法越复杂，时延与费用就会越高。因此就必须在这两个矛盾的因素之间寻求一个平衡点。语音编码发展的目的是为了移动该平衡点，使平衡点向更加低的比特率方向移动。

2.4.1 波形编码

波形编码是以精确再现语音波形为目的，并以保真度即自然度为度量标准，将时域模拟语音的波形信号进行采样量化和编码形成数字语音信号的编码方法。波形编码的设计基本上是与信号源分离的，因此对各种各样的信号进行编码均可以达到很好的效果。它的优点是：编码速率较高（16～64K）、占用较高带宽、适合有线、占用较宽范围的语音特性，在噪音环境下，它们都保持稳定。实现这些优点所需复杂度很低，而费用为中等程度。波形编码技术包括脉冲编码调制（PCM）、差分脉冲编码调制（DPCM）和自适应差分脉冲编码调制（ADPCM）等。

语音波形具有一些对设计编码有用的特性，最常用的包括语音幅度的非均匀概率分布、连续语音抽样信号之间的非零自相关性、语音频谱的非平坦特性、语音中的清音和浊音成分的存在及语音信号的类周期性，最基本的特性是语音波形是带限的。一个有限的带宽意味着它可以以一定的速率抽样，当抽样频率大于 2 倍的低通信号频率时，就可以从抽样值中完全恢复。语音信号的带限特性使抽样成为可能，同时各种特性使量化操作（另一个在语音编码中很重要的处理）能以很高的效率实现。总而言之，语音波形信号编码过程一般需要经过抽样、量化、编码 3 个步骤来实现。有关 PCM 等的波形编码技术，已在其他课程多有论述，本书不再进一步讨论。

2.4.2 参量编码

参量编码又称为声源编码，是将信源信号在频域或其他正交变换域提取特征参量，并将其变换成数字代码进行传输。解码为其反过程，将收到的数字序列经变换恢复特征参量，再根据特征参量重建语音信号。具体说，参量编码通过对语音信号特征参数的提取和编码，力图使重建语音信号具有尽可能高的可靠性，即保持原语音的语意，这种编码技术可实现低速率语音编码，比特率可压缩到 2～4.8 kbit/s，这就有必要对人类发声器官进行解剖分析，归纳出数学模型，从而开发声码器来实现参量编码。

人的发声器官如图 2-4-1 所示。人类发声时，肺部产生气流（激励），驱动声带震荡产生基本音源（周期基音），音源经过鼻腔、口腔、舌的综合变化（可变滤波器）发出人类需要的声音。仔细分析，我们把发出的声音又可以分为清音和浊音，经过声带震荡的声音为浊音，其特点是振幅高、频率相对低。不经过声带震荡，直接通过口腔、鼻腔发出的声音为清音，其特点是振幅低、频率相对高。清音和浊音波形如图 2-4-2 所示。

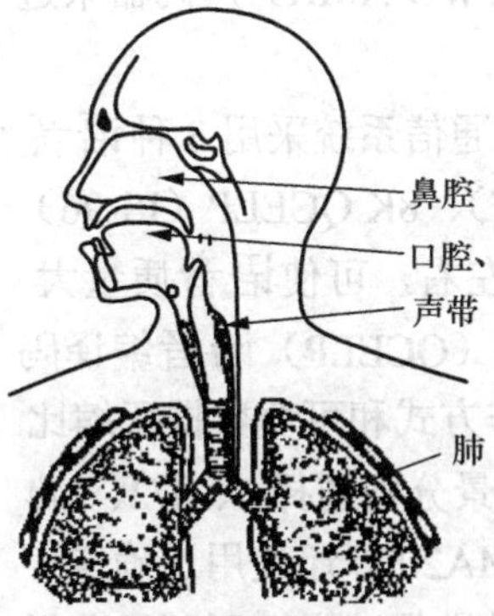

图 2-4-1　人的发声器官示意

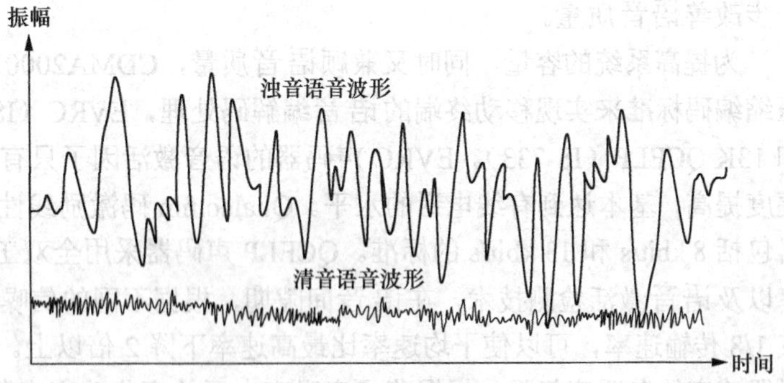

图 2-4-2　清音和浊音波形

人类发声系统的模型如图 2-4-3 所示。声码器在发信端分析器首先对待发语音信号进行分析，提取主要语音的如下 3 个参数。

① 声源特性，分清、浊音。

② 声带振动时的基本频率 f_0。

③ 声道传输声源信号的特性，由声道模拟滤波器参数以及变化率表示。

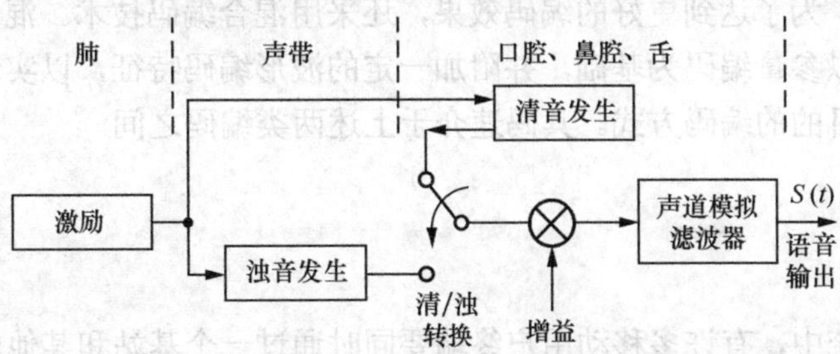

图 2-4-3　人类发声系统模型

这些语音参数变化很慢，它们所占的总频带比语音信号本身的频带窄得多，因而对这些参数采样编码时，总数码率只有几千甚至几百比特/秒，只有直接由语音信号采样编码的数码率的十几分之一，可以通过一个普通电话信道来传输，收信端的合成器利用这些参数来合成语音。

参量编码中，采用不同的参量取值，就产生了不同的声码器，其中，频谱包络和基频作为参数的声码器称为信道声码器。除信道声码器外，还有多种其他类型的声码器。如用共振峰的位置、幅度和宽度表示频谱包络的，称为共振峰声码器；利用同态滤波技术，如对语音信号进行积分变换、取对数和反变换以获得各参数的，称为同态声码器；直接编码和传输语音的基带（如取 200～600Hz 的频带）以表征声源特性的，称为声激励声码器。此外，还有相位声码器、线性预测声码器等。它们在合成语音质量、数码率和复杂程度等方面不大一样，主要的差别在于语音参数和提取这些参数的方式不同。

在第 3 代移动通信系统中，WCDMA 使用自适应多速率（AMR）声码器来传送语音，包括 8 种不同的声码器速率。因为 WCDMA 是由 GSM 演进的，这种声码器在传输速率的选择上有所限制，通常 AMR 语音激活因子大约为 0.67，所以 AMR 声码器对 CDMA 的环境并非完全适合。因此，国际标准组织要求引入新的宽带多速率（WB-AMR）声码器来进一步改善语音质量。

为提高系统的容量，同时又兼顾语音质量，CDMA2000 移动通信系统采用 3 种语音压缩编码标准来实现移动终端的语音编解码处理，EVRC（IS-127）、8K QCELP（IS-96）和 13K QCELP（IS-733）。EVRC 声码器的语音激活因子只有 0.4 左右，可使语音质量大幅度提高，基本达到有线电话的水平。Qualcomm 码激励线性预测（QCELP）语音编译码器包括 8 kbit/s 和 13 kbit/s 的标准。QCELP 声码器采用全双工工作方式和可变数据压缩比率以及语音激活检测技术，在语音间隙期，根据不同的信噪比背景分别选择 1、1/2、1/4 或 1/8 传输速率，可以使平均速率比最高速率下降 2 倍以上。CDMA2000 还使用了确定声码器速率的自适应门限，根据背景音噪声电平的变化改变声码器的数据速率，压制了背景音噪声，因而在噪声环境下也能提供清晰的语音。另外，3GPP2 已经选用了一种新的可变模式的声码器，与 EVRC 比较，这种声码器能提供与 EVRC 相同或更好的语音质量，同时可使语音容量最多可以增加 75%。关于参量编码的具体方案，本书将在后面的有关章节中进一步讨论。

2.4.3 混合编码

在大多数时间，为了达到更好的编码效果，还采用混合编码技术。混合编码是集合上述两类编码的优点，以参量编码为基础，并附加一定的波形编码特征，以实现在可懂度基础上适当改善自然度为目的的编码方式。其码速介于上述两类编码之间。

2.5 多址技术

在移动通信系统中，有许多移动用户终端要同时通过一个基站和其他用户进行通信，因而必须对不同用户和基站发出的信号赋予不同的特征，使基站能从众多用户终端的信号中区分出是哪一个用户发出来的信号，各用户终端又能识别出基站发出的信号中哪个是发给自己的信号，解决这个问题的办法称为多址技术。

有差别才能进行鉴别，能鉴别才能进行选择。多址技术的基础是信号特征上的差异。一般说，信号的这种差异可以表现在某些参数上，例如信号的工作频率、信号的出现时间以及信号具有的特定波形等。多址接入方式的数学基础是信号的正交分割原理。无线电信号可以表达为时间、频率和码型的函数，即可写为 $S(c,f,t,s)=c(t)s(f,t,s)$ 其中，$c(t)$ 是码型函数，$s(f,t,s)$ 为时间（t）、频率（f）和空间（s）的函数。其要求是各信号的特征彼此独立，或者说正交，或者说任意两个信号波形之间的相关函数等于 0，或接近于 0。

多址方式的基本类型有频分多址（FDMA）、时分多址（TDMA）和码分多址（CDMA）。实际中常用到其他一些多址方式，如空分多址（SDMA）；以及多种多址方式的混合，如时分多址/频分多址（TDMA/FDMA）、码分多址/频分多址（CDMA/FDMA）等。

2.5.1 频分多址

在频分多址系统中，把可以使用的总频段划分为若干占用较小带宽的频道，这些频道在频域上互不重叠，每个频道就是一个通信信道，分配给一个用户。在接收设备中使用带通滤波器允许指定频道里的能量通过，并且滤除其他频率的信号，从而限制临近信道之间的相互干扰。频分多址系统的工作示意图如图 2-5-1 所示。基站必须同时发射和接收多个不同频率的信号；任意两个移动用户之间进行通信，都必须经过基站的中转，因而必须占用 4 个频道才能实现双工通信。不过，移动台在通信时所占用的频道并不是固定分配的，它通常在通信建立阶段由系统控制中心临时分配，通信结束后，移动台将退出它占用的频道，这些频道又可以重新分配给别的用户使用。这种方式的特点是技术成熟，易于与模拟系统兼容，对信号功率控制要求不严格；但是在系统设计中需要周密的频率规划，基站需要多部不同载波频率发射机同时工作，设备多且容易产生信道间的互调干扰。频分多址系统的频率、时间关系如图2-5-2 所示，可以看出，在相同的功率 P 下，在同一时间 T 内，其用多个不同的频率 f_1、f_2、…、f_n 区分不同的用户。

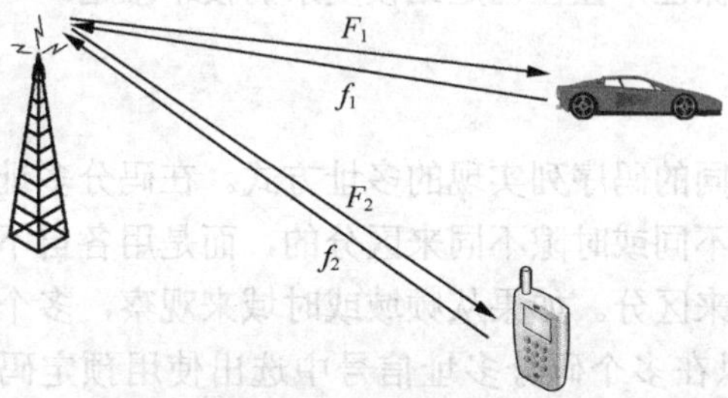

图 2-5-1 频分多址系统的工作示意

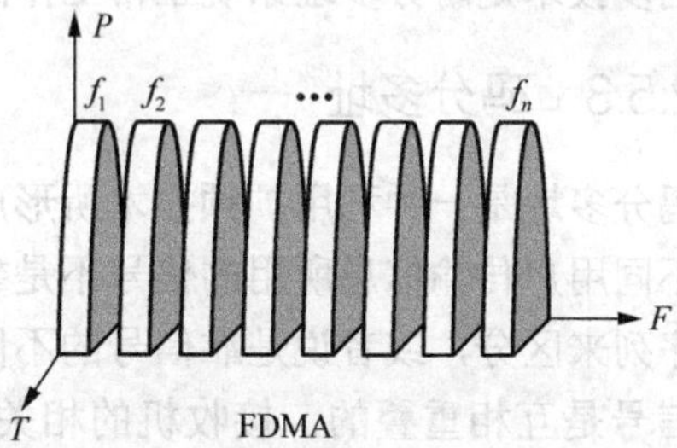

图 2-5-2 频分多址系统的频率、时间关系示意

2.5.2 时分多址

时分多址系统的工作示意图如图 2-5-3 所示。在时分多址系统中，时间分成周期性的帧，每一帧再分割成若干互不重叠的时隙，每一个时隙就是一个通信信道，配给一个用户。然后根据一定的时隙分配原则，使各个移动台在每帧内只能按指定的时隙向基站发射信号，在满足定时和同步的条件下，基站可以在各时隙中接收到各移动台的信号而互不干扰。同时，基站发向各个移动台的信号都按顺序安排在预定的时隙中传输，各移动台只要在指定的时隙内接收，就能在合路的信号中把发给它的信号区分出来。

时分多址系统的频率、时间关系如图 2-5-4 所示，可以看出，在相同的功率 P 下，在每一个频率间隔 f_n 内，都可把时间划分成若干个时隙 TS_1、TS_2、…TS_n，用多个不同的时隙区分不同用户。

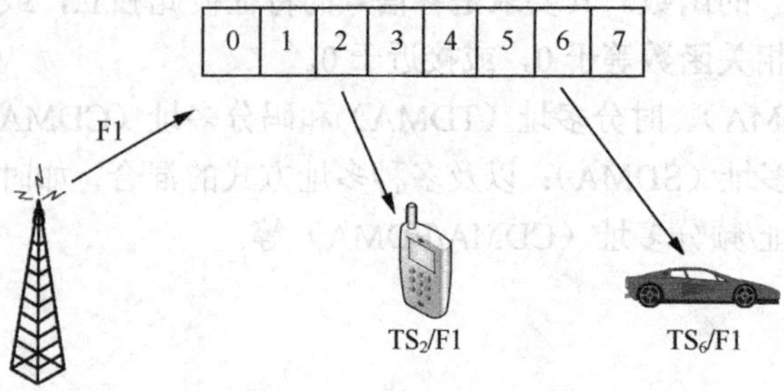

图 2-5-3　时分多址系统的工作示意图

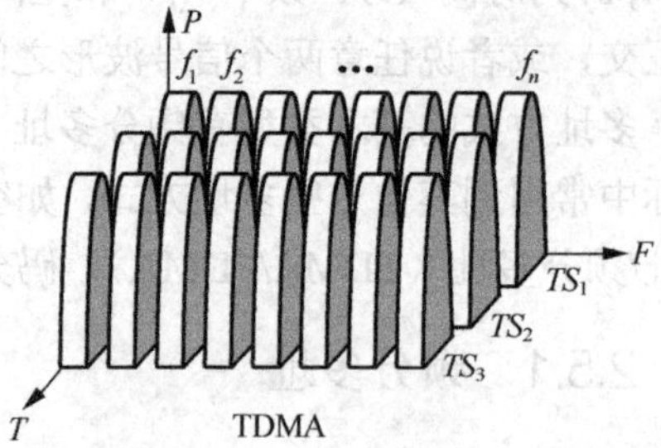

图 2-5-4　时分多址系统的频率、时间关系图

与频分多址相比，时分多址有如下 4 个特点。

① 时分多址系统的基站所用发射机少，可以避免像频分多址系统那样因多部不同频率的发射机同时工作而产生的互调干扰。

② 频率规划简单。时分多址系统对时隙的管理和分配通常要比对频率的管理与分配容易而经济，便于动态分配信道。

③ 便于系统控制。因为移动台只在指定的时隙中接收基站发给它的信号，因而在一帧的其他时隙中，可以测量其他基站发射的信号强度，或检测网络系统发射的广播信息和控制信息，这对于加强通信网络的控制功能和保证移动台的越区切换都是有利的。

④ 对同步系统要求很高。时分多址系统设备必须有精确的定时和同步，保证各移动台发送的信号不会在基站发生重叠或混淆，并且能准确地在指定的时隙中接收基站发给它的信号。同步技术是时分多址系统正常工作的重要保证，往往也是比较复杂的技术难题。

2.5.3　码分多址

码分多址是一种利用扩频技术所形成的不同的码序列实现的多址方式。在码分多址系统中，不同用户传输信息所用的信号不是靠频率不同或时隙不同来区分的，而是用各自不同的编码序列来区分，或者说是靠信号的不同波形来区分。如果从频域或时域来观察，多个码分多址信号是互相重叠的，接收机的相关器可以在多个码分多址信号中选出使用预定码型的信号。其他使用不同码型的信号因为和接收机本地产生的码型不同而不能被解调，它们的存在类似于在信道中引入了噪声或干扰，通常称之为多址干扰。码分多址系统的工作示意图如图 2-5-5 所示。

在蜂窝通信系统中，用户之间的信息传输也是由基站进行转发和控制的。为了实现双工通信，正向传输和反向传输各使用一个频率，即通常所谓的频分双工。无论正向传输或反向传输，除去传输业务信息外，还必须传送相应的控制信息。为了传送不同的信息，需要设置相应的信道。但是，码分多址系统既不分频道，又不分时隙，无论传送何种信息的信道，都靠采用不同的码型来区分。类似的，信道属于逻辑信道。这些逻辑信道无论从频域或者时域来看都是相互重叠的，或者说它们均占用相同的频段和时间。

码分多址系统的频率、时间、编码关系如图 2-5-6 所示，可以看出，在相同的时间 T 内，在每一个频率间隔 f_n，都可以配置若干个相互正交的码字 C_1、C_2、…，C_n，时分地址用多个不同的码区分不同用户。

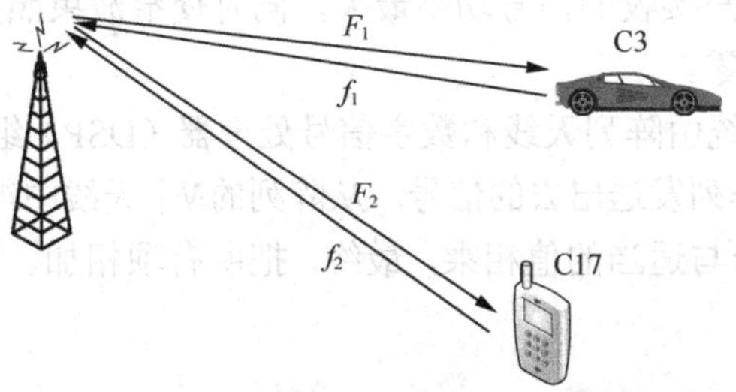

图 2-5-5 码分多址系统的工作示意图

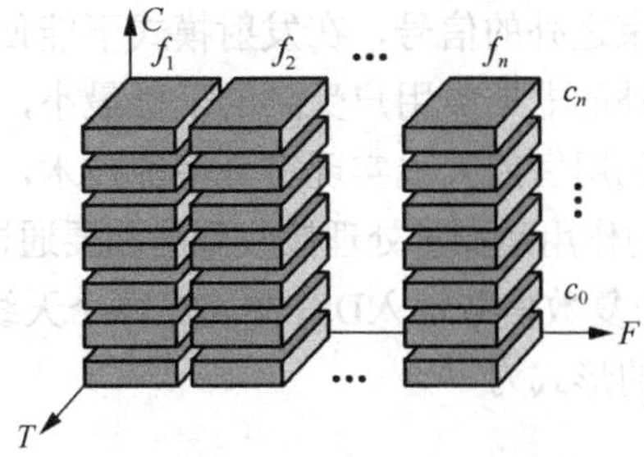

图 2-5-6 码分多址系统的频率、时间、编码关系

码分多址蜂窝移动通信系统与频分多址模拟蜂窝通信系统或时分多址数字蜂窝移动通信系统相比具有更大的系统容量、更高的语音质量以及抗干扰、保密等优点，因而近年来得到各个国家的普遍重视和关注，并作为第 3 代数字蜂窝移动通信系统的首选方案。有关码分多址的技术方案、算法等，本书将在后面章节详细讨论。

2.5.4 空分多址

空分多址（Spatial Division Multiple Access）就是利用天线把波束定向发射，按空间角度划分用户，它共享频率、时隙和码型，控制了用户的空间辐射能量。空分多址系统需要提供在本小区内不受其他用户干扰的唯一信道，智能天线系统装备在基站可以解决这些问题。在基站中，空分多址系统不断调整无线环境，为每位用户提供优质的上行链路和下行链路信号。在网络中，这种先进的基站性能可以用来增加基站的覆盖范围，从而降低网络成本，提高系统容量，最终达到提高频率利用的目的。空分多址可以与任何空间调制方式或频段兼容，因此具有巨大的实用价值。空分多址系统使用定向波束天线来服务于不同用户，而时分多址系统只能依靠不同的时隙区分用户，如图 2-5-7 所示。

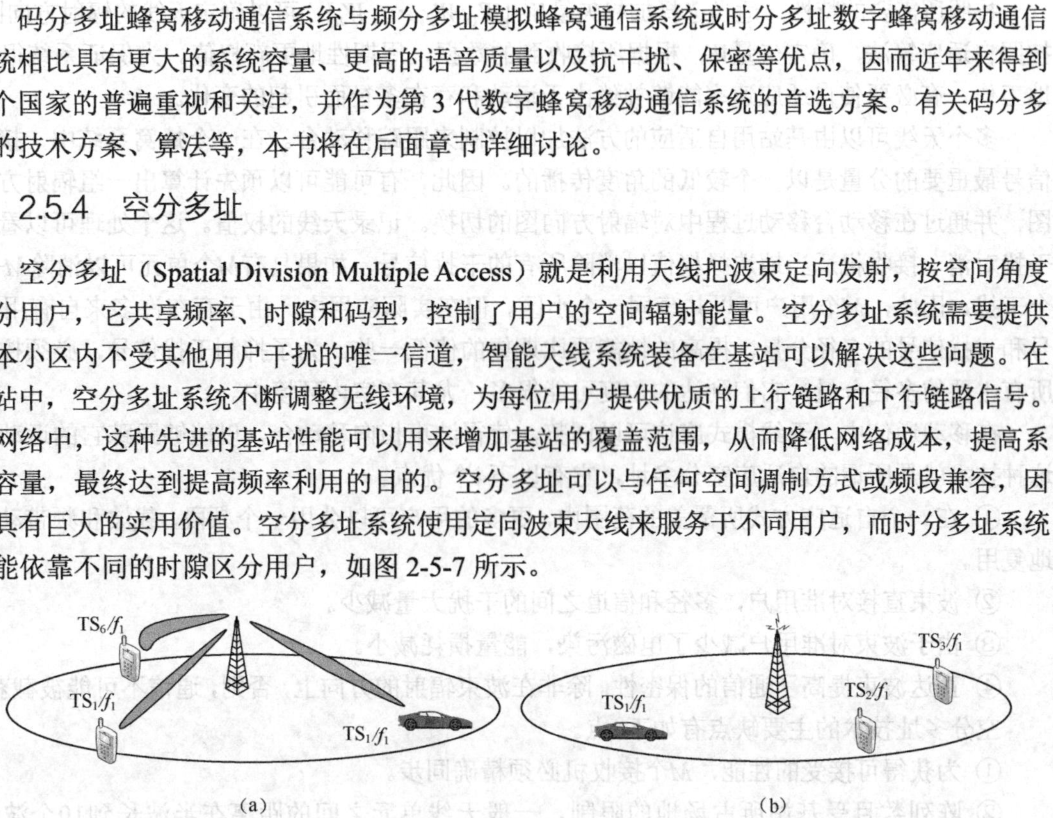

图 2-5-7 不同服务方式

如图 2-5-7（a）所示，空分多址系统使用智能天线，能量只能指向有移动用户活动的小区，而且终端在整个小区被跟踪。如图 2-5-7（b）所示，时分多址系统没有智能天线，能量分布于整个小区，在没有移动用户活动的区域，干扰不会下降。

智能天线是一个天线阵列。它由多个天线单元组成，不同天线单元对信号施以不同的权值，然后相加，产生一个输出信号。每个天线单元有一套加权器，可以形成多个不同方向的波束，用户数不可以大于天线单元数。人们研究智能天线的最初动机是在频谱资源日益拥挤的情况下考虑将自适应波束形成应用于蜂窝小区的基站（BS），以便能更有效地增加系统容量和提高频谱利用率。智能天线在空间选择有用信号，抑制干扰信号，又称为空间滤波器，其基本思想是：天线以多个高增益窄波束动态地跟踪多个期望用户，在接收模式下抑制来自窄波束之外的信号，在发射模式下能使期望用户接收的信号功率最大，同时使窄波束照射范围以外的非期望用户受到的干扰最小，甚至为零。

利用智能天线实现空分多址技术，这个系统由阵列天线和数字信号处理器（DSP）组成，DSP的作用是实时处理接收到的和要通过天线阵列发送出去的信号。从阵列的N个天线中得到的N个复数信号输入DSP中，把每个天线的信号与适当的值相乘，最终，把所有项相加。输出信号的形式为

$$y(t)=\sum_{i=1}^{N}W_i^{*}x_i(t) \tag{2-5-1}$$

按照所需要的特性，适当选择加权矢量$W=[W_1, W_2, \cdots, W_n]$，可以确定天线的辐射方向图。按照自适应算法，确定矢量W；根据所接收到的数据，周期性地更新权值。为保证系统很好地工作，有必要使自适应速率能够补偿由于运动和存在多径而引起的变化。

多个天线可以由基站用自适应的方法加以控制来跟踪移动台。在一个蜂窝系统中，接收信号最重要的分量是以一个较低的角度传播的。因此，有可能可以预先计算出一组辐射方向图，并通过在移动台移动过程中对辐射方向图的切换。记录天线的权值。这个处理可以看做干扰对消，接收机适当地选择权值以消除所有的干扰信号，如果具有M个单元可以消除M−1个干扰，因此，M个用户可以共享同一个小区。但在实际应用中，由于存在许多来自有用信号和干扰信号的多径分量，提高的性能要比期望的值低一些。为了抑制干扰信号，必须控制所有主要的多径分量。它们到达的角度可能很多，尤其在室内环境中。

在移动通信中，天线模式应该可以调整，使得波束指向移动台，以能够跟踪它的运动。这种技术就是所谓的自适应空分多址，它有以下4个优点。

① 在一个自适应方式所覆盖的范围内，更多的用户可以公用一个频段，载波和频带动态地复用。

② 波束直接对准用户，多径和信道之间的干扰大量减少。

③ 由于波束对准用户减少了电磁污染，能量损耗减小。

④ 直达波束提高了通信的保密性。除非在波束辐射的方向上，否则，通信不可能被截获。

空分多址技术的主要缺点有如下4点。

① 为获得可接受的性能，M个接收机必须精确同步。

② 阵列数目受基站所占场地的限制，一般天线单元之间的距离在半波长到10个波长之间。

③ 天线阵列受信道建模误差、校正误差和天线之间的相关噪声的影响。

④ 软硬件复杂。

2.6 蜂窝覆盖技术

移动通信网络的发展经历了大区制和小区制两个过程，大区制是指一个基站覆盖整个服务区。为了增大通信用户量，大区制通信网只有增多基站的信道数，但这总是有限的。因此，大区制只能适用于小容量的通信网。小区制是指把整个范围区域划分成若干个小区，每个小区分别设置一个基站负责本区的移动电话通信的联络和控制，每个小区使用一组频道，邻近的小区使用不同的频道。由于小区制基站服务区域缩小，所以在整个服务区中，同一组频道

可以多次重复使用，因而大大提高了频率利用率。另外，在区域内可根据用户的多少确定小区的大小。小区发射机发射功率可提供本小区边缘用户的通信需要，小区的半径约为数十公里，小至几百米，在实际中，小区的覆盖不是形状规则的，确切的小区覆盖取决于地势和其他因素。为了设计方便，我们做一些假设，假定覆盖区为规则的多边形，如全向天线小区，覆盖面积近似为圆形，如图 2-6-1 所示。为了实现全覆盖、无盲区，小区面积多为正多边形，如正三角形（a）、正四边形（b）、正六边形（c）。

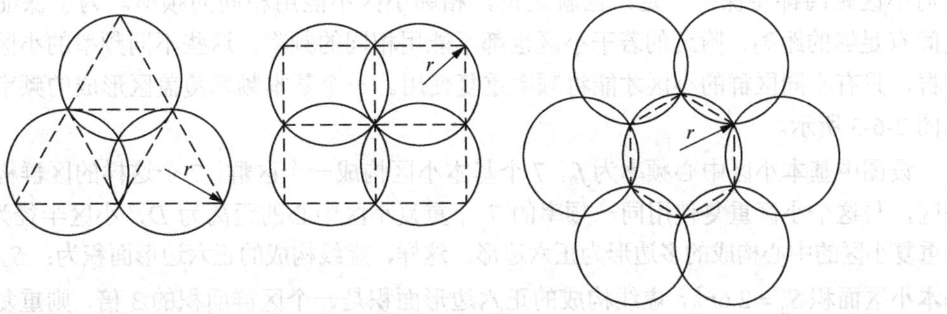

图 2-6-1　移动通信小区的形状

经数学推导，正多边形无盲区、少重叠地覆盖一个平面的区域，可取的形状只有图 2-6-1 所示的 3 种。那么这 3 种形状中哪一种最好呢？在辐射半径 *r* 相同的条件下，3 种形状小区的邻区距离、小区面积、交叠区宽度和交叠区面积如表 2-4 所示。

表 2-4　三种形状小区的比较

小区形状	正三角形	正四边形	正六边形
邻区距离	r	$\sqrt{2}r$	$\sqrt{3}r$
小区面积	$1.3r^2$	$2r^2$	$2.6r^2$
交叠区宽度	r	$0.59r$	$0.27r$
交叠区面积	$1.2\pi r^2$	$0.73\pi r^2$	$0.35\pi r^2$

经过比较可以看出，多个正六边形无缝连接在一起，中间包含的面积最大，相互交叠的面积最小。采用正六边形的覆盖需要较少的小区，相对基站建设减少，投资费用少。

当然，公众陆地移动通信网络有时也需要服务与一些狭长的区域，如江河水道，戈壁或沙漠上的铁路或公路，这就形成了带状覆盖，如图 2-6-2 所示。

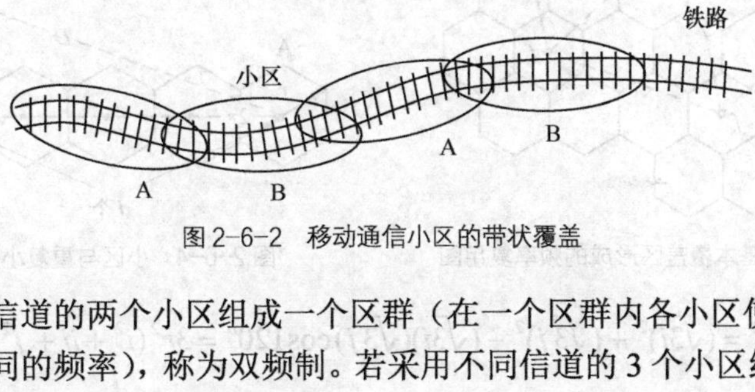

图 2-6-2　移动通信小区的带状覆盖

如果采用不同信道的两个小区组成一个区群（在一个区群内各小区使用不同的频率，不同的区群可使用相同的频率），称为双频制。若采用不同信道的 3 个小区组成一个区群，称为三频制。从造价和频率资源的利用方面而言，当然双频制最好；但从抗同频道干扰方面而言，双频制最差，还应考虑多频制。

2.6.1 区群的组成

多个正六边形无缝连接在一起构成的小区并不是可以任意组合的，小区的基本构成是把某种频率分配给某个小区时不产生同频干扰，而隔开一定距离进行频率复用，而且对于任何小区距离都将保持一定，也就是说，相邻小区不能用相同的频率。为了保证同频小区之间有足够的距离，附近的若干小区也都不能用相同的频率。这些不同频率的小区组成一个区群，只有不同区群的小区才能将频率重复使用。一个基本频率覆盖区形成的频率复用图案如图 2-6-3 所示。

设图中基本小区中心频率为 f_a，7 个基本小区构成一个区群，7 个这样的区群构成一个覆盖区，与这个小区重复使用同一频率的 7 个重复小区中心的距离为 D，小区半径为 r。连接各重复小区的中心构成的多边形为正六边形。这样，虚线构成的正六边形面积为：$S_d = 2.6D^2$，基本小区面积 $S_0 = 2.6r^2$，虚线构成的正六边形面积是一个区群面积的 3 倍，则重复小区数 N 可表示为

$$N = \frac{S_d/3}{S_0} = \frac{2.6D^2/3}{2.6r^2} = \frac{1}{3} \times \frac{D^2}{r^2} \tag{2-6-1}$$

式中，r 为小区半径，D 为重复小区中心间的距离。再根据该小区与其重复小区的相对位置求重复小区数。图 2-6-4 是图 2-6-3 中的一部分，表示小区 A 与其重复小区 B 之间的关系。现假设从小区 A 中心向着正六边形边的方向扩展 i 个小区的中心为 P，从 P 到重复小区 B 中心的小区数为 j。小区与小区之间的距离为 $H = 2 \times \frac{\sqrt{3}}{2} r$，这时 A 区中心到 B 区中心之间距离 D 可表示为

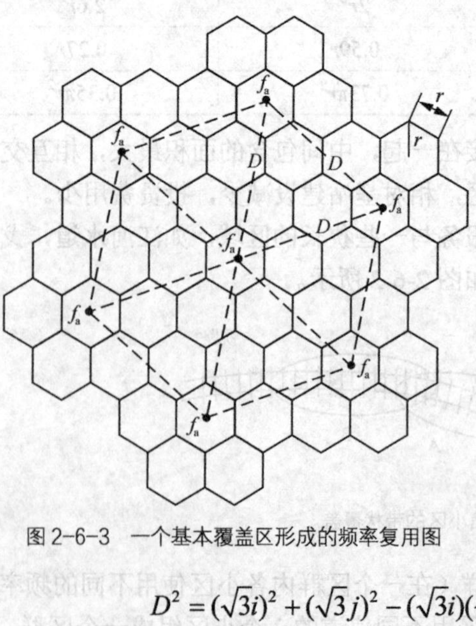

图 2-6-3 一个基本覆盖区形成的频率复用图

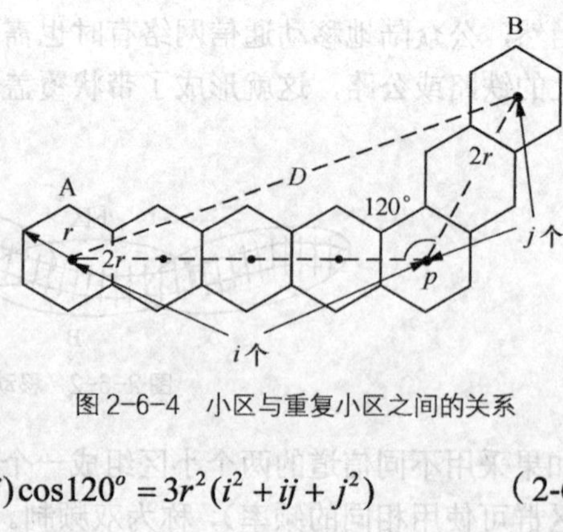

图 2-6-4 小区与重复小区之间的关系

$$D^2 = (\sqrt{3}i)^2 + (\sqrt{3}j)^2 - (\sqrt{3}i)(\sqrt{3}j)\cos 120^o = 3r^2(i^2 + ij + j^2) \tag{2-6-2}$$

根据式（2-6-1）与式（2-6-2），可得

$$N = i^2 + ij + j^2 \tag{2-6-3}$$

式中，i 与 j 为正整数，因此，N 必须取正整数，取满足式（2-6-3）的离散值。可供选择的部分方案如图 2-6-5 所示。

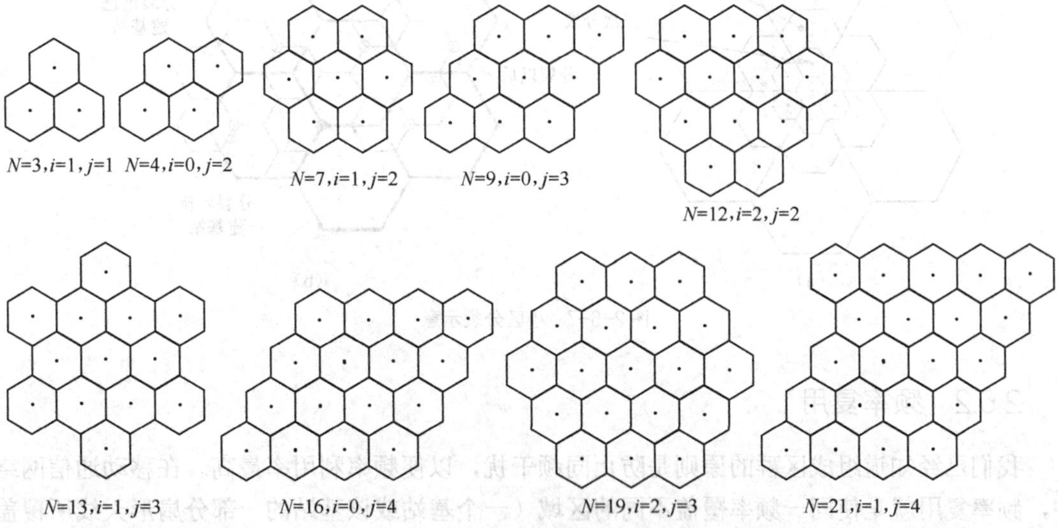

图 2-6-5　部分区群取值方案

在每个小区中，基站可设在小区的中央，用全向天线形成圆形覆盖，这就是所谓的中心激励方式，如图 2-6-6（*a*）所示；也可以设计在每个小区六边形的 3 个顶点上，每个基站采用 3 副 120° 扇形辐射的定向天线，分别覆盖 3 个相邻小区的各 1/3 区域，每个小区由 3 副 120° 扇形天线共同覆盖，这就是所谓的顶点激励方式，如图 2-6-6（b）所示。这也是后来发展起来的扇形小区，在扇形蜂窝系统中，从一个环到下一个环的频率就可复用，只要使工作于相同频率的天线辐射方向相差 120°，即使考虑天线的背向辐射，它们之间仍有足够距离可避免干扰。

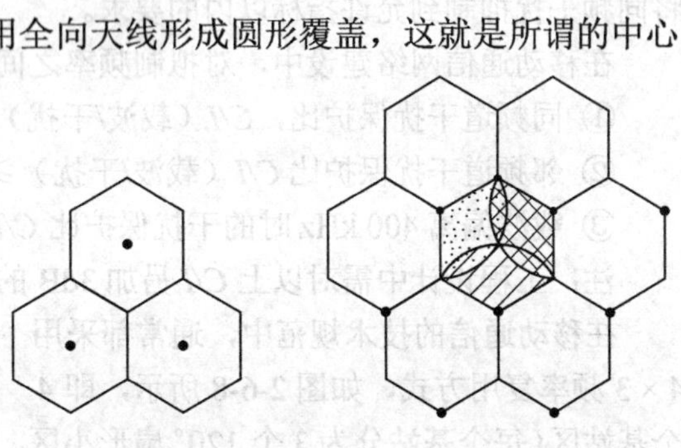

图 2-6-6　中心激励、顶点激励及扇区示意

扇形小区覆盖面积不及六边形大，也不利于分裂，但它更适合业务量分布不均匀的地区。另外，扇形小区结构与圆形小区结构相比，在相同基站情况下，上行结构的小区数多，频率利用率低。对于扇形小区结构，像上述那样，在近距离重复使用同一频率，相当于圆形小区结构重复小区数的区群数少，如果扇形小区结构与圆形小区结构用同一基站配置，在相同基站数的情况下就能经济有效地提高频率利用率。

在整个服务区中，每个小区的大小可以是相同的，这适应用户密度均匀的情况。事实上服务区域内的用户密度是不均匀的，在城市商业区的用户密度相对于居民区和郊区的用户密度要高得多。为了适应这种情况，在用户密度高的市中心区可使小区的面积小一些，在用户密度低的市郊区可使小区的面积大一些，如图 2-6-7 所示。

图 2-6-7（a）描述了原小区经过一次分裂、二次分裂后的小区形状示意。图 2-6-7（b）描述了小区分裂以前和分裂以后的覆盖情况以及基站分布情况。

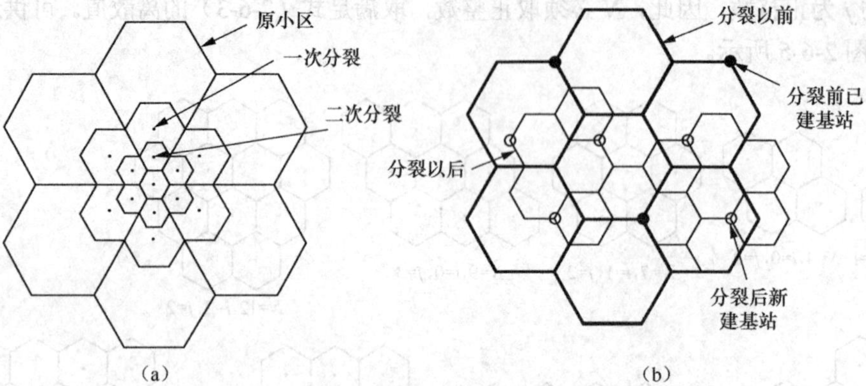

图 2-6-7　小区分裂示意

2.6.2　频率复用

我们已经知道组成区群的原则是防止同频干扰，以便频率利用率最高。在移动通信网络中，频率复用就是使同一频率覆盖不同的区域（一个基站或该基站的一部分扇形天线所覆盖的区域），这些使用同一频率的区域彼此需要相隔一定的距离（称为同频再用距离），以满足将同频干扰抑制到允许指标以内的要求。

在移动通信网络建设中，对拟制频率之间的相互干扰有 3 点明确的要求。

① 同频道干扰保护比，*C/I*（载波/干扰）≥9dB。

② 邻频道干扰保护比 *C/I*（载波/干扰）≥－9dB。

③ 载波偏离 400 kHz 时的干扰保护比 *C/I*（载波/干扰）≥－41dB。

注：工程设计中需对以上 *C/I* 另加 3dB 的余量。

在移动通信的技术规范中，通常都采用 4 × 3 频率复用方式，如图 2-6-8 所示，即 4 个基站区（每个基站分为 3 个 120° 扇形小区或 60° 三叶草形小区），12 个扇形区为一小区群。这种频率复用方式由于同频复用距离大，能够比较可靠地满足 GSM 等体制对同频干扰保护比和邻频干扰保护比的指标要求，使移动网络运行质量好，安全性好。

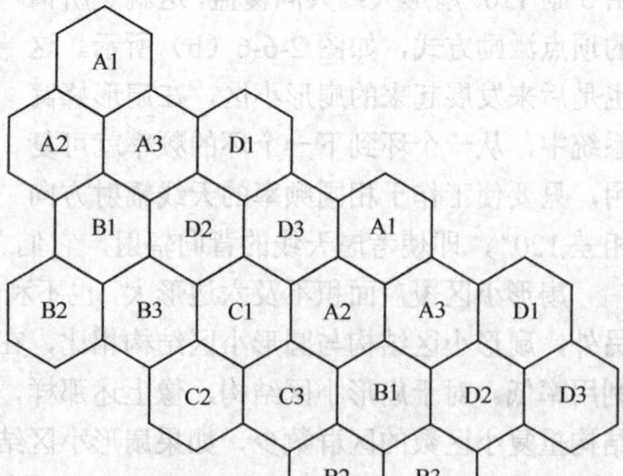

图 2-6-8　4×3 频率复用方式

但是，这种复用方式频率利用率低，满足不了业务量大的地区扩大网络容量的要求。我国城市人口密度很大，GSM 网经过几次大规模扩容后，特大城市和部分大城市的市区宏蜂窝基站平均站距不到 1000m，小区覆盖半径也就是几百米，有些热点地区的站距只有 300m 左右。可见，再靠大规模小区分裂技术来增加网络容量已经不现实了。

因此，对于许多经济发达的城市，为了满足移动用户迅猛增长的需求，一个措施就是采用密化频率复用技术。密化频率复用技术是以减少同频复用距离、降低干扰保护比为代价的。由于在GSM系统中，采取了许多抗干扰技术，如跳频、功率控制、语音不连续传输（DTX）、分集接收等，将这些技术有效应用会进一步提高载波干扰比 C/I，使 C/I 有一定的富余，因此，可通过采用密化频率复用技术进一步增加网络容量，并使网络满足服务质量要求。比较典型的密化频率复用技术主要有 3 × 3、2 × 6、2 × 3、1 × 3 技术。

实际应用中都是将常规的 4 × 3 频率复用技术和密化的 3 × 3、2 × 3、1 × 3 频率复用技术混合采用，由于混合采用的方式不同，也就出现了几种不同的复用模式，如多重复用模式、同心圆技术等。

2.6.3　同频干扰

在全双工制移动通信网络工作方式中，一个无线信道包含一对信道频率，每个方向都用一个频率来发射。在覆盖半径为 r 的地理区域 C_1 内使用特定频率 F_1 呼叫一个小区，也可以在另一个相距 D、覆盖半径也为 r 的小区内重复使用频率 F_1。但是，如果系统设计得不好，就会产生严重的干扰。这种干扰是由于两小区共同使用相同频率造成的，这种干扰称为同频干扰，为避免这种干扰，两基站需要拉开一个特定的距离，就是同频再用距离，其示意如图 2-6-9 所示。

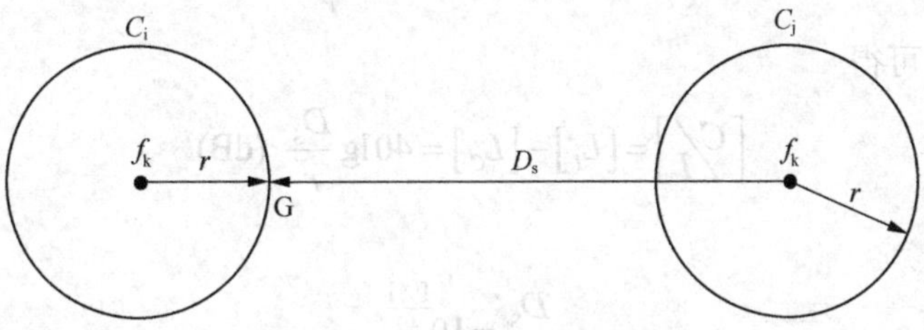

图 2-6-9　同频再用距离示意

我们已经知道，同频道干扰保护比 $C/I \geqslant 9$dB，工程设计中需对以上 C/I 另加 3dB 余量，也就是 $C/I \geqslant 12$dB。由于两个基站使用相同的频率 f_k，干扰信号和有用信号的传播损耗中值分别用 L_I 和 L_C 表示，则用 dB 表示的载干比为

$$\left[C/I\right] = 10\log\frac{C}{I} = 10\log s - 10\log I = \{[P_t]-[L_C]\} - \{[P_t]-[L_I]\} = [L_I]-[L_C] \quad (2\text{-}6\text{-}4)$$

假定各基站与各移动台的设备参数相同，地形条件也是理想的。这样，同频再用距离只与以下诸因素有关。

① 调制制度。

② 电波传播特性：假定传播路径是光滑的地平面，路径损耗 L 由下式近似确定

$$L = d^4 / h_t^2 h_r^2 \quad (2\text{-}6\text{-}5)$$

式中，d 是收、发天线之间的距离；h_t、h_r 分别是发射天线和接收天线的高度。如果 d 以 km 计，h_t、h_r 均以 m 计，则

$$[L] = 120 + 40\log d - 20\log(h_t h_r) \quad (2\text{-}6\text{-}6)$$

③ 基站覆盖范围或小区半径 r。

④ 通信工作方式。

⑤ 要求的可靠通信概率。

假设基站 C_i 和 C_j 使用相同的频道 f_k，移动台 G 正在接收基站 C_i 发射的信号，由于基站天线高度大于移动台天线高度，因此当移动台 G 处于小区的边沿时，易于受到基站 C_j 发射的同频道的干扰。假若输入到移动台接收机的有用信号与同频道干扰之比等于射频防护比，则 C_i 和 C_j 两基站之间的距离即为同频再用距离，记作 D，由图 2-6-9 可得

$$D=D_S+r \tag{2-6-7}$$

通常，定义同频道再用系数为

$$\gamma=\frac{D}{r} \tag{2-6-8}$$

由式（2-6-7）可得同频道再用系数为

$$\gamma=\frac{D}{r}=1+\frac{D_S}{r} \tag{2-6-9}$$

设干扰信号和有用信号的传播损耗中值分别为 L_I 和 L_C，由式（2-6-6）可有

$$[L_I]=120+40\lg D_S-20\lg(h_t h_r) \tag{2-6-10}$$

$$[L_C]=120+40\lg r-20\lg(h_t h_r) \tag{2-6-11}$$

传播损耗之差为

$$[L_I]-[L_C]=40\lg\frac{D_S}{r} \tag{2-6-12}$$

由式（2-6-4）可得

$$\left[C/I\right]=[L_I]-[L_C]=40\lg\frac{D_S}{r}\ (\text{dB}) \tag{2-6-13}$$

继而可得

$$\frac{D_S}{r}=10^{\frac{[C/I]}{40}} \tag{2-6-14}$$

若 C/I=12dB，则 D_s=1.995r，也就是说，在 GSM 这样的全数字移动通信网络方案下，采用多种抗干扰措施，同道再用距离 $D=D_S+r$ 只需要小区半径的 3 倍即可保证通信，也就是说，N=3 的区群结构即能满足通信需求。

2.7 信道配置

移动通信是利用有限的无线频率在空间传递信息，因此，一般不能在同一时间、同一场所、同一方向上使用同一频率。因此，有序地分配无线频率成为移动通信网络必不可少的技术之一。

国际无线电信咨询委员会（CCIR）已制定了无线频率配置的国际标准，根据推荐的标准，对移动通信用的无线信道频率间隔，我国规定在 25～1000MHz 全频段内均为 25 kHz。无线信道的配置如图 2-7-1 所示。

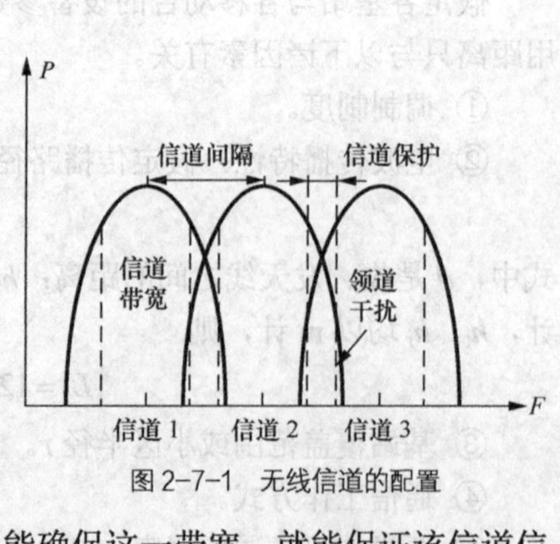

图 2-7-1 无线信道的配置

信道带宽是进行信号传送所必需的频带技术指标，是决定信道间隔的重要因素。在无线信道中，如果能确保这一带宽，就能保证该信道信

号的可靠传输。然而，信道带宽外的频谱功率也不能忽略，因此，为了抑制信号漏泄到外信道，相邻信道之间要有保护带。一般来说，无线信号允许信道带宽是信道间隔的 60%左右。

2.7.1 信道配置方法

1．分区分组配置法

分区分组配置法遵循如下 3 个原则。

① 尽量减小占用的总频段，以提高频段的利用率。

② 同一区群内不能使用相同的信道，以避免同频干扰

③ 小区内采用无三阶互调的相容信道组，以避免互调干扰。

在一个确定的频段内，以等间隔划分信道，按顺序分别标明各信道的号码为 1, 2, 3, …。以 7 个小区为一个区群，若每个小区需 6 个信道，按上述原则进行分配，则可得到

第一组 1， 5， 14， 20， 34， 36
第二组 2， 9， 13， 18， 21， 31
第三组 3， 8， 19， 25， 33， 40
第四组 4， 12，16， 22， 37， 39
第五组 6， 10，27， 30， 32， 41
第六组 7， 11，24， 26， 29， 35
第七组 15，17，23， 28， 38， 42

每一组信道分配给区群的一个小区。这里使用 42 个信道就只占用了 42 个信道的频段，是最佳的分配方案。这种分配的主要出发点是避免三阶互调，但未考虑同一信道组中的频率间隔，可能会出现较大的邻道干扰，这也是这种分配方案的一个缺陷。

2．等频距配置法

等频距配置法是按等频率间隔来配置信道的，只要频距选得足够大，就可以有效地避免邻道干扰。这样的频率配置可能正好满足产生互调的频率关系，但正因为频距大，干扰易于被接收机输入滤波器滤除，而不易作用到非线性器件，所以也就避免了互调的产生。

等频距配置时可根据区群内的小区数 N 来确定同一信道组内各信道之间的频率间隔，例如，第一组用（1, 1+N, 1+2N, 1+3N, …），第二组用（2, 2+N, 2+2N, 2+3N, …）等。若 N=7，则信道的配置为

第一组 1， 8， 15， 22， 29， …
第二组 2， 9， 16， 23， 30， …
第三组 3， 10，17， 24， 31， …
第四组 4， 11，18， 25， 32， …
第五组 5， 12，19， 26， 33， …
第六组 6， 13，20， 27， 34， …
第七组 7， 14，21， 28， 35， …

这样，同一信道组内的信道最小频率间隔为 7 个信道间隔，若信道间隔为 25kHz，则其最小频率间隔可达 175kHz，这样，接收机的输入滤波器便可有效地抑制邻道干扰和互调干扰。

如果采用定向天线进行顶点激励的小区制，每个基站应配置 3 组信道，向 3 个方向辐射。例如 N=7，则每个区群就需有 21 个信道组，整个区群内各基站信道组的分布如图 2-7-2 所示。

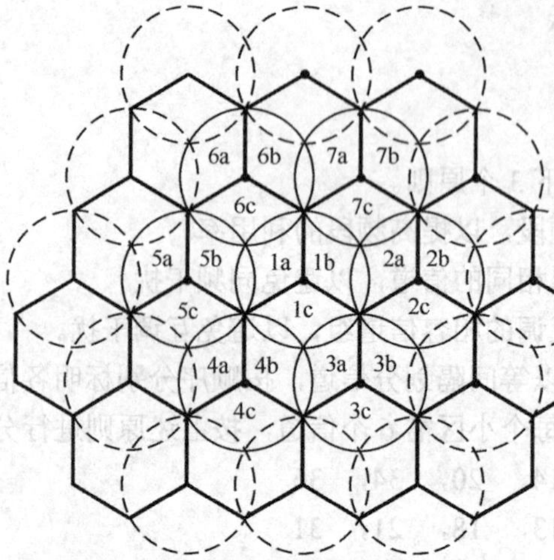

图 2-7-2　整个区群内各基站信道组的分布

$N = 7$ 时，区群内信道配置的数学模型为

$na\{n, n+21, n+2\times21, n+3\times21, n+4\times21, n+5\times21, \cdots\}$

$nb\{n+7, n+7+21, n+7+2\times21, n+7+3\times21, n+7+4\times21, n+7+5\times21, \cdots\}$

$nc\{n+14, n+14+21, n+14+2\times21, n+14+3\times21, n+14+4\times21, n+14+5\times21, \cdots\}$

$n=1, 2, 3, \cdots, 7$

2.7.2　多信道共用技术

移动通信网络在有限的频率资源下为用户服务，当用户数目超过服务小区的信道数时，就会出现呼损。实际的公众蜂窝移动通信网中，其用户数目是远远超出分配给它的信道数目的，除了采用前面介绍过的频率复用技术外，也可采用另一种有效的手段解决这一矛盾，便是多信道共用技术。

多信道共用就是指网内的大量移动用户共同使用若干无线信道，它是相对于独立信道方式而言的。如果一个小区有 N 个信道，对于每个用户分别指定一个信道，不同信道的用户不能互换信道，就是独立信道方式。

在独立信道方式中，如果一个无线小区用户数超过了可用的信道数，一些用户就会被指定在同一个信道上工作。当某一个用户占用了该信道时，则在他通话结束前，属于该信道的其他用户都处于阻塞状态而无法通话。但与此同时，一些其他的信道却可能处于空闲状态。显然，独立信道方式对信道的利用是不充分的。

如果采用多信道共用方式，即一个无线小区内的 N 个信道可被该小区内的所有用户共用，当其中 K（$K<N$）个信道被占用时，其他需要通话的用户可选择任一空闲的信道通话。因为任何一个移动用户选取空闲信道和占用信道的时间都是随机的，所以所有信道被同时占用的概率远小于单个信道被占用的概率。因此，多信道共用可明显提高信道的利用率。在同样多的用户和信道的情况下，多信道共用可使用户的通话阻塞率明显下降。同样，在相同的信道

和同样的阻塞率的情况下，多信道共用可使用户数目显著增加。

在多信道共用系统中，多信道共用的实现必须在基站和移动台的共同控制下实现。对基站而言，必须能自动管理其控制的每个小区内的 N 个信道，即必须具有自动选择这 N 个信道中处于空闲状态信道的能力。信道的自动选择方式有专用呼叫信道方式，循环定位方式，循环不定位方式和循环分散定位方式 4 种。

1．专用呼叫信道方式

专用呼叫信道方式在给定的多个信道中，选择一个信道专门用作呼叫。该专用呼叫信道有两个作用：一是处理呼叫，又分为寻呼信道和接入信道；二是指配语音信道。

平时，移动业务交换中心通过基站在寻呼信道上发空闲信号，而移动台都守候在该呼叫信道上。基站呼叫移动台通过寻呼信道进行，移动台呼叫基站通过接入信道进行。一旦呼叫或接入成功，移动业务交换中心就通过寻呼信道指定可用的通话信道，移动台根据指令转入指定的语音信道进行通话；呼叫信道空出来，可以处理其他用户的呼叫。该方式处理一次呼叫的过程所需时间很短，一般约几百毫秒甚至更短，所以设置一个专用呼叫信道可以处理成百上千个用户。

专用呼叫信道方式一般用于大容量移动通信系统，并采用数字信令，目前蜂窝移动电话系统就采用这种方式。由于专用呼叫信道方式专门需要一个信道用做呼叫信道，减少了通话信道的数目，因此不适合信道数目小于 12 的小容量移动通信系统。

2．循环定位方式

循环定位方式由基站临时指定一个信道作为呼叫信道，并在该临时呼叫信道上发空闲信号。平时所有未通话的移动台都自动对全部信道进行扫描搜索，一旦在哪个信道上收到空闲信号，就停留在该信道上。因此在平时，所有移动台都集中守候在临时呼叫信道上，当某个用户叫通后，就在此信道上通话。此时，基站要另选一个空闲信道作为临时呼叫信道发空闲信号，所有未通话的移动台接收机都自动转到新的临时呼叫信道上守候。

可见，在循环定位方式下，其呼叫信道是临时、不断改变的。一旦临时呼叫信道转为通话信道。基站要重新确定某空闲信道为临时呼叫信道，并发空闲信号。移动台一旦收不到空闲信道，就不断进行信道扫描。

这种方式的信道利用率高（全部信道都可用作通话），接续快。但由于所有不通话的移动台都守候在一临时呼叫信道上，同抢概率大，因此这种方式只适合小容量系统。

3．循环不定位方式

循环不定位方式是在循环定位方式的基础上，为减少同抢概率而出现的一种改进方式。循环不定位方式中的基站在所有不通话的空闲信道上都发出空闲信号，网内移动台自动扫描空闲信道，并随机地依靠在就近的空闲信道上。避免了像循环定位方式那样所有没有通话的移动台都在一个临时呼叫信道上抢占主叫的情况。当基站呼叫用户时，必须选择一个空闲信道先发出时间足够长的召集信号（其他空闲信道停发空闲信号），而后再发出选呼信号。网内移动台由于收不到空闲信号重新进入扫描状态。一旦扫到召集信号就停在该信道上等候被呼。一旦发现自己未被呼中，重新进入不停的信道扫描状态。

从以上分析可以看出，循环不定位方式的优点是减少了同抢概率，但移动台被呼的接续时间比较长，而且系统的全部信道（不管通话与不通话）都处于工作状态。这种多信道的常发状态会引起严重的互调干扰，因此这种方式只适合于信道数较少的系统。

4．循环分散定位方式

循环分散定位方式克服了循环不定位方式的移动台被呼的接续时间比较长的缺点。在这种方式中，基站在全部不通话的空闲信道上都发空闲信号，网内移动台分散停靠在各个空闲信道上，移动台主呼是在各自停靠的空闲信道上进行的，保留了循环不定位方式的优点。基站呼叫移动台时，其呼叫信号在所有的空闲信道上发出，并等待应答信号，提高了接续的速度。

这种方式接续快、效率高、同抢概率小，但当基站呼叫移动台时，必须在所有空闲信道上同时发出选呼信号，因而干扰比较严重。这种方式同样只适合小容量系统。

2.7.3 话务量与呼损

移动通信的频率资源十分紧缺，不可能为每一个移动台预留一个信道，业内用多信道共用技术解决了这个问题。

如上所述，一个基站若有 n 个信道同时为小区内的全部移动用户所共用，当其中的 k（$k<n$）个信道被占用之后，其他要求通信的用户可以按照呼叫的先后次序占用（n-k）个空闲信道中的一个来通信。究竟 n 个信道能为多少用户提供服务呢？共用信道必然会遇到所有信道都被占用，而新的呼叫不能接通，发生这种情况的概率有多大？业内用话务量和呼损率来定义和描述这些问题。

1．话务量

在语音通信中，业务量的大小用话务量来度量。话务量的大小取决于单位时间（1 小时）内平均发生的呼叫次数 λ 和每次呼叫平均占用信道的时间（含通话时间），即

$$A=\lambda\cdot T \qquad (2\text{-}7\text{-}1)$$

式中，λ 的单位是次/小时；T 的单位是小时/次；两者相乘而得到 A 应是一个无量纲的量，用前辈科学家爱尔兰的名字命名，单位为 Erlang。

话务量又分为流入话务量和完成话务量。式（2-7-1）计算所得即为流入话务量。

2．呼损率

在信道共用的情况下，通信网无法保证每个用户的所有呼叫都能成功，必然有少量的呼叫会失败，即发生“呼损”。已知全网用户在单位时间内的平均呼叫次数为 λ，其中有的呼叫成功了，有的呼叫失败了。设单位时间内成功呼叫的次数为 $\lambda_i\,(\lambda_i<\lambda)$，就可算出完成话务量 $A_i=\lambda_i\cdot S$。流入话务量 A 与完成话务量 A_i 之差，即为损失话务量。损失话务量占流入话务量的比率即为呼叫损失的比率，称为“呼损率”，用符号 B 表示，即

$$B=\frac{A-A_i}{A}=\frac{\lambda-\lambda_i}{\lambda} \qquad (2\text{-}7\text{-}2)$$

通常，业内也用每呼叫 100 次损失的次数来描述呼损率，每小时呼叫 100 次，有 98 次成功通话，2 次呼叫失败，则呼损 $B = (100-98)/100 = 2\%$。

显然，呼损率 B 越小，成功呼叫的概率就越大，用户就越满意。因此，呼损率 B 也称为通信网的服务等级（或业务等级）。对于一个通信网来说，要想使呼叫损失小，只有让流入话务量更小，即容纳的用户少些，这又是所不希望的。

3. 话务量的性质与计算

设在观察时间 T 内，全网共完成 C_i 次通话，则每小时完成的呼叫次数为

$$\lambda_0 = \frac{C_i}{T} \tag{2-7-3}$$

若每次呼叫平均占用信道时间（含通话时间）t_s，则完成话务量即为

$$A_0 = t_s \cdot \lambda_s = \frac{1}{T} C_i \cdot t_s \tag{2-7-4}$$

式中，$C_i \cdot t_s$ 即为观察时间 T 内的实际通话时间。这个时间可以从另外一个角度来进行统计。若总的信道数为 n，而在观察时间 T 内有 i $(i<n)$ 个信道同时被占用的时间为 t_i $(t_i<T)$，那么可以算出实际通话时间为

$$\sum_{i=1}^{n} = 1t_i \cdot i = 1 \cdot t_i + 2 \cdot t_i + 3 \cdot t_i + \quad + n \cdot t_n = C_i \cdot t_s \tag{2-7-5}$$

将式（2-7-4）代入式（2-7-5），可得完成话务量

$$A_0 = \frac{1}{T} C_i \cdot t_s = \frac{1}{T} \sum_{i=1}^{n} i \cdot t_i = \sum_{i=1}^{n} i \cdot \frac{t_i}{T} \tag{2-7-6}$$

当观察时间 T 足够长时，t_i/T 就表示在总的 n 个信道中，有 i 个信道同时被占用的概率，可用 P_i 表示，式（2-7-6）可改写为

$$A_0 = \sum_{i=1}^{n} i \cdot P_i \tag{2-7-7}$$

由此可见，完成话务量是被占用信道数的数学期望。因此可以说，完成话务量就是通信网同时被占用信道数的统计平均值，表示了通信网的繁忙程度。

4. 呼损率的计算

对于多信道共用的移动通信网，根据话务理论，呼损率 B、共用信道数 n 和流入话务量 A 的定量关系可用爱尔兰呼损公式表示。爱尔兰呼损公式为

$$B = \frac{A^n/n}{\sum_{i=0}^{n} A^i/i!} \tag{2-7-8}$$

用式（2-7-8）可算出，在给定呼损率 B 的情况下，共用 n 个信道所能承受的流入话务量 A；给定流入话务量 A 的情况下，为达到某一服务等级 B 应取的共用信道数 n；在给定共用信道数 n 的情况下，各种流入话务量 A 时的服务等级 B。呼损率不同的情况下，信道利用率也是不同的。信道利用率 η 可用每小时每信道的完成话务量来计算，即

$$\eta = \frac{A_0}{n} = \frac{A(1-B)}{n} \tag{2-7-9}$$

B、n、A 和 η 的关系如表 2-5 所示。

表 2-5　B、n、A 和 η 的关系

n \ B	1%		2%		5%		10%		20%		25%	
	A	η(%)	A	η(%)	A	η(%)	A	η(%)	A	η(%)	A	η(%)
1	0.0101	1.0	0.020	2.0	0.035	5.0	0.111	10.0	0.25	20.0	0.33	25.0
2	0.1536	7.6	0.224	11.0	0.38	18.1	0.595	26.8	1.00	40.0	1.22	47.75
3	0.456	15.0	0.602	19.7	0.899	28.5	1.271	38.1	1.930	51.47	2.27	56.75
4	0.869	21.5	1.092	26.7	1.525	36.2	2.045	46.0	2.945	53.9	3.48	65.25
5	1.360	26.9	1.637	32.5	2.219	42.2	2.881	51.9	4.010	64.16	4.58	68.70
6	1.909	31.5	2.326	38.3	2.960	46.9	3.758	56.4	5.109	68.12	5.79	72.38
7	2.500	35.4	2.950	41.3	3.738	50.7	4.666	60.0	6.230	71.2	7.02	75.21
8	3.128	38.7	3.649	44.7	4.534	53.9	5.597	63.0	7.369	73.69	8.29	77.72
9	3.783	41.6	4.454	48.5	5.370	56.7	6.546	65.5	8.522	75.75	9.52	79.32
10	4.461	44.2	5.092	49.9	6.216	59.1	7.511	67.6	9.685	77.48	10.78	80.85
11	5.160	46.4	5.825	51.9	7.076	61.1	8.487	69.4	10.85	78.96	12.05	82.16
12	5.876	48.5	6.587	53.8	7.950	62.9	9.474	71.1	12.036	80.24	13.33	83.31
13	6.607	50.3	7.401	55.8	8.835	64.4	10.470	72.5	13.222	81.37	14.62	84.36
14	7.352	52.0	8.200	57.4	9.730	66.0	11.474	73.8	14.413	82.36	15.91	85.35
15	8.108	53.5	9.0009	58.9	10.623	67.2	12.484	74.9	15.608	83.24	17.20	86.00
16	8.875	54.9	9.828	60.1	11.544	68.5	13.500	75.9	16.807	84.03	18.49	86.67
17	9.652	56.2	10.656	61.4	12.461	69.6	14.422	76.9	18.010	84.75	19.79	87.31
18	10.437	75.4	11.491	62.6	13.385	70.6	15.548	77.7	12.216	85.40	21.20	88.33
19	11.230	58.9	12.333	63.6	14.315	71.5	16.579	78.5	20.424	86.00	22.40	88.42
20	12.031	59.5	13.181	64.6	15.249	72.4	17.163	79.3	21.635	86.54	23.71	88.91

结论：在 B 一定的条件下，n 加大，A 增长。n <3 时，A 随 n 的增长接近指数规律；当 n>6 时，A 随 n 的增长接近线性规律。在 B 一定的条件下，η 随着 n 的加大而增长，但在 n>8 之后，增长已很缓慢。因此，同一基站的共用信道数不宜过多。

5．忙时的话务量与用户数

以上是以全网的流入话务量 A 来计算的，那么究竟这些流入话务量可以容纳多少用户的通信业务呢？这就要看每个用户的话务量多少来决定。每个用户在 24 小时内的话务量分布是不均匀的，网络设计应按最忙时的话务量来进行计算。最忙 1 小时内的话务量与全天话务量之比称为集中系数，用 k 表示，一般 k =10%～15%。每个用户的忙时话务量需用统计的办法确定。

设通信网中每一用户每天平均呼叫次数为 C（次/天），每次呼叫的平均占用信道时间为 T（秒/次），集中系数为 k，则每用户的忙时话务量为

$$a = C \cdot T \cdot k \cdot \frac{1}{3600} \tag{2-7-10}$$

国外运营商统计资料表明，公用移动通信网可按 $a = 0.01$ 设计，专业移动通信网可按 $a = 0.05$ 设计。由于电话使用习惯不同，国内的用户忙时话务量一般会超过上述数据不少，建议公用移动通信网按 $a = 0.02\sim0.03$ 设计，专业移动通信网可按 $a = 0.08$ 设计。

在用户的忙时话务量 a 确定之后，每个信道所能容纳的用户数 m 就不难计算，为

$$m=\frac{A/n}{a}=\frac{\frac{A}{n}3600}{C\cdot T\cdot k} \tag{2-7-11}$$

表 2-6 描述了 $a = 0.01$ 时的部分用户数。

表 2-6　a=0.01 时的部分用户数

B \ n (m)	1	2	3	4	5	6	7	8	9	10	11	12
5%	5	19	30	38	44	49	53	57	60	62	64	66
10%	11	30	42	57	58	63	67	70	73	75	77	79
20%	25	50	64	74	80	85	89	92	95	97	99	100

例 2-1　某移动通信系统，每天每个用户平均呼叫 8 次，每次占用信道的平均时间为 120s，呼损率要求 5%，集中系数为 $k = 0.125$，问给定 8 个信道能容纳多少个用户？

解：由题知，$B = 0.05$，$n = 8$，$k = 0.125$，$C = 8$，$T = 120$。

1．查表（2.4）可得总话务量为 A = 4.534Erl。

2．每个用户忙时话务量 a 为

$$a=C\cdot T\cdot k\frac{1}{3600}=8\times120\times0.125\times\frac{1}{3600}=0.033\text{Erl}$$

3．每个信道所能容纳的用户数 m 为

$$m=\frac{A/n}{a}=\frac{\frac{A}{n}3600}{c\cdot t\cdot k}=\frac{4.534\div8}{0.033}=17$$

可得 8 个信道能容纳的用户数为 $M = m\times8 = 136$。

答：给定 8 个信道能容纳 136 个用户。

思考与习题

1．简述移动通信信道中的电波传播方式及其特点。

2．自由空间的电波传播与哪些参数有关？若传输距离增加 1 倍，那么传播损耗怎样变化？

3．接收信号经过多径信道后，其包络满足什么分布？若多径中存在一个起支配作用的直达波，其包络满足什么分布？

4．解释时延扩展和相关带宽的概念。

5．若一基站发射机发射载频为 1850MHz，一辆汽车以 70km/h 的速度运动，计算最大多普勒频移。

6．叙述分集技术的概念及分类。

7．简述显分集的合并方式。

8．为什么说扩频起到了频率分集的作用，而交织编码起到了时间分集的作用？

9．移动信道抗衰落技术中，什么是自适应均衡？什么是盲均衡？

10．Turbo 编码器中，交织器的作用是什么？它对译码器的性能有何影响？

11．简述 MSK 调制与 FSK 调制的区别与联系。

12．设输入序列为 001100101011，试画出其 MSK 相位轨迹图。

13．与 MSK 相比，GMSK 的功率谱为什么可以得到改善？

14．简述 QPSK、OQPSK 和 π/4-DQPSK 的星座图与相位转移图有何异同？

15．简述直接序列扩频与跳频扩频的抗干扰机理。

16．什么是多址方式？常用的多址方式有哪些？简述其各自的工作原理。

17．面状服务区中，无线小区的最佳形状是什么？为什么？

18．什么是区群？单位无线区群的组成应满足什么条件？

19．小区分裂的目的是什么？分裂原则是什么？

20．同频道再用距离由哪些因素决定？

21．移动通信中信道的自动选择方式有哪几种？简述其各自的工作过程及特点。

第3章 GSM系统组网技术

蜂窝移动电话系统早在20世纪70年代末就投入了使用，但由于已部署的不同系统之间的不兼容性，在20世纪80年代中期，欧洲率先推出了泛欧数字移动通信网（Global System for Mobile Communications，GSM）体系。其在1991年7月开始投入商用，历经20年的发展，GSM系统技术取得了极大的成功，已成为陆地移动通信的主要系统之一。

3.1 概述

GSM系统包括GSM 900和DCS 1800（Digital Cellular System at 1800MHz）系统，两系统具有同样的基本功能特性，差别很小。本节主要以GSM900为例简要介绍其技术规范、特点及其提供的主要业务。

3.1.1 GSM系统技术规范及特点

GSM系统技术规范中只对功能和接口制定了详细规范，而未对硬件做出规定。这样做的目的是尽可能减少对设计者的限制，又使各运营者有可能购买不同厂家的设备。GSM系统技术规范系列共分12章，如表3-1所示。

表3-1　GSM技术规范

系　列	内　容	系　列	内　容
01	概述	07	MS的终端适配器
02	业务	08	BS-MSC接口
03	网络	09	网络互通
04	MS-BS接口与协议	10	业务互通
05	无线链路的物理层	11	设备型号认可规范
06	语音编码规范	12	操作和维护

这些系列规范都是由ETSI（European Telecommunication Standards Institute）组建的不同工作组和专家组编写而成的。1988年春天完成第一阶段标准的第一个版本，以支撑当时的投标活动。后来修改过几次，1990年以后除了传真方面的规范外，其他很少有改动，1992年底基本冻结。第二阶段标准到1993年底也基本完成了主要部分，并于1994年底冻结。为了提

高系统的性能，从 1994 年 6 月又开始考虑第 2+阶段有关标准的定义，后并入第二阶段标准，并宣布还会有第三阶段的标准。实际上第 3 代移动通信系统的提出已终止了第三阶段标准。

与第一代系统相比，GSM 系统的主要特点可归结如下。

1．频谱效率

由于采用了高效调制器、信道编码、交织、均衡和语音编码技术等，系统具有高频谱效率。

2．容量

由于每信道传输带宽增加，使同频复用载干比要求降低至 9dB，故 GSM 系统的同频复用模式可缩小至 3/9（模拟系统为 7/21）；再考虑半速率语音编码的引入和自动话务分配以减少越区切换的次数，使 GSM 系统的容量效率（每兆赫每小区的信道数）比 TACS 系统高了 3～5 倍。

3．语音质量

鉴于数字传输技术的特点以及 GSM 规范中有关空中接口和语音编码的定义，在门限值以上时，语音质量总是达到相同的水平而与无线传输质量无关。

4．开放的接口

GSM 标准所提供的开放性接口，不仅限于空中接口，而且包括网络之间以及网络中各设备实体之间，例如 A 接口和 Abis 接口。

5．安全性

通过用户身份鉴权、空中接口业务加密和 TMSI（Temperate Mobile Subscriber Identity）号码的使用，GSM 系统达到安全目的。

6．与 ISDN、PSTN 等的互连

利用现有的标准接口，如 ISUP（Integrated Services Digital Network User Part）或 TUP（Telephone User Part）等，GSM 系统实现了与其他网络的互联。

7．在 SIM 卡基础上实现漫游

漫游是移动通信的重要特征，它意味着用户可以从一个网络自动进入另一个网络。在 GSM 系统中，通过 SIM 卡识别号以及被称为 IMSI（International Mobile Subscriber Identity）的基础上实现了全球漫游。

3.1.2 GSM 系统提供的业务

GSM 系统定义的所有业务是建立在综合业务数字网（Integrated Services Digital Network，ISDN）概念基础上的，并对移动性特点作了必要修改。GSM 系统提供的业务分为基本通信业务和补充业务两大类。基本通信业务根据其在网路中接入的位置又分为电信业务和承载业务，如图3-1-1所示，电信业务提供包括终端设备（Terminal Equipment，TE）功能在内的完整能力的通信，承载业务提供用户接入点（ISDN中称为用户/网络接口）之间传输信号的能力。补充业务是指对基本通信业务的补充，它不能单独向用户提供，而必须与基本业务一起提供。下面着重讨论电信业务的分类及定义。

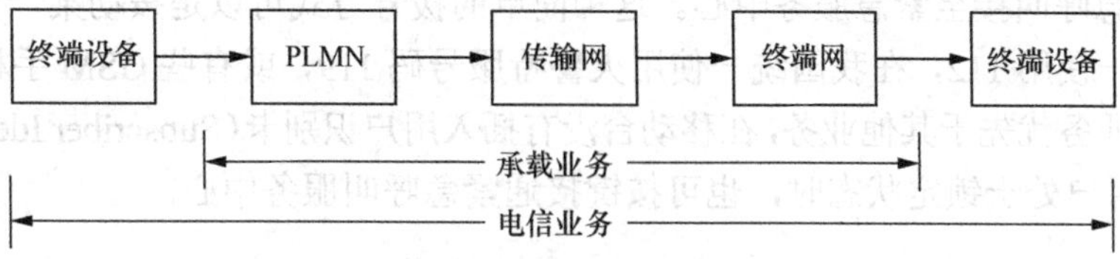

PLMN（Public Lands Mobile Network）：公共陆地移动通信网络

图3-1-1 电信业务和承载业务

电信业务是GSM系统的主要业务，其能提供6类10种电信业务，其业务编号、名称、种类和实现阶段如表3-2所示。

表3-2 电信业务分类

分类号	电信业务类型	编号	电信业务名称		实现阶段
1	语音传输	11	电话		E1
		12	紧急呼叫		E1
2	短消息业务	21	点对点MS终止的短消息业务		E3
		22	点对点MS起始的短消息业务		A
		23	小区广播短消息业务		FS
3	MHS接入	31	先进消息处理系统接入		A
4	可视图文接入	41	可视图文接入子集1		A
		42	可视图文接入子集2		A
		43	可视图文接入子集3		A
5	智能用户电报传送	51	智能用户电报		A
6	传真	61	交替的语音和三类传真	透明	E2
				非透明	A
		62	自动三类传真	透明	FS
				非透明	FS

注：E1——必需项，第一阶段以前提供
E2——必需项，第二阶段以前提供
E3——必需项，第三阶段以前提供
A——附加项
FS——待研究
MHS——消息处理系统

1. 电话业务

电话业务是GSM系统提供的最重要的业务。经过GSM网和固定PSTN（Public Switched

Telephone Network），为移动用户之间或移动用户与固定网用户之间提供实时双向会话通信。

2．紧急呼叫业务

紧急呼叫业务来源于电话业务，它允许移动用户在紧急情况下，通过一种简单的拨号方式，即时将紧急呼叫接至紧急服务中心。这种简单的拨号方式可以是按动某一个紧急服务号码（在欧洲统一使用112，在我国统一使用火警特服号码119，或有些GSM手机具备的SOS键）。紧急呼叫业务优先于其他业务，在移动台没有插入用户识别卡（Subscriber Identity Module，SIM）或移动用户处于锁定状态时，也可按键接通紧急呼叫服务中心。

3．短消息业务

短消息业务包括移动台起始和移动台终止的点对点短消息业务和点对多点的小区广播式短消息业务。

移动台起始的短消息业务能使GSM用户发送短消息给其他GSM点对点用户，点对点移动台终止的短消息业务则可使GSM用户接收由其他GSM用户发送的短消息。点对点的短消息业务是由短消息业务中心完成存储和前转功能的。短消息业务中心是在功能上与GSM网完全分离的独立实体，不仅可服务于GSM用户，也可服务于具备接收短消息业务功能的固定网用户，尤其是把短消息业务与语音信箱业务相结合，更能经济综合地发挥这两种业务的优势。点对点的短消息发送或接收应该在移动台处于呼叫状态或空闲状态下进行。其消息在控制信道内传送时，信息量限制为160个字符（7比特编码）。

小区广播式短消息业务是指在GSM移动通信网某一特定区域内以有规则的间隔向移动台重复广播具有通用意义的短消息，如道路交通信息、天气预报等。移动台连续不断地监视广播消息，并在移动台上向用户显示广播消息。此种短消息也是在控制信道上发送，移动台只有在空闲状态下才可接收，其信息量限制在93个字符。

4．可视图文接入

可视图文接入是一种通过网络完成文本、图形信息检索和电子邮件功能的业务。

5．智能用户电报传送

智能用户电报传送能够提供智能用户电报终端间的文本通信业务。此类终端具有文本信息的编辑、存储、处理等能力。

6．传真

交替的语音和三类传真是指语音与三类传真交替传送的业务。自动3类传真是指能使用户经PLMN（Public Lands Mobile Network）（例如GSM）以传真编码信息文件的形式自动交换各种函件的业务。

3.2 GSM系统网络组成与接口协议

本节将详细介绍GSM系统的网络架构、主要接口以及接口所遵循的协议标准，另外还对GSM系统中的编号计划及各种号码结构进行了叙述。

3.2.1 网络组成

GSM系统的典型网络结构如图3-2-1所示。由图可见，GSM系统主要是由网络子系统（NSS）、基站子系统（BSS）和移动台（MS）3大部分组成。网络子系统由移动业务交换中心（MSC）、原籍位置寄存器（HLR）、拜访位置寄存器（VLR）、鉴权中心（AUC）、移动设备识别寄存器（EIR）和操作维护中心（OMC）等组成；基站子系统由基站收发信机（BTS）和基站控制器（BSC）组成。一般情况下，一个MSC可管理多达几十个BSC，一个BSC最多可控制256个BTS。GSM系统通过MSC可与公用交换电话网（PSTN）、综合业务数字网（ISDN）和公用数据网（PDN）进行互连。

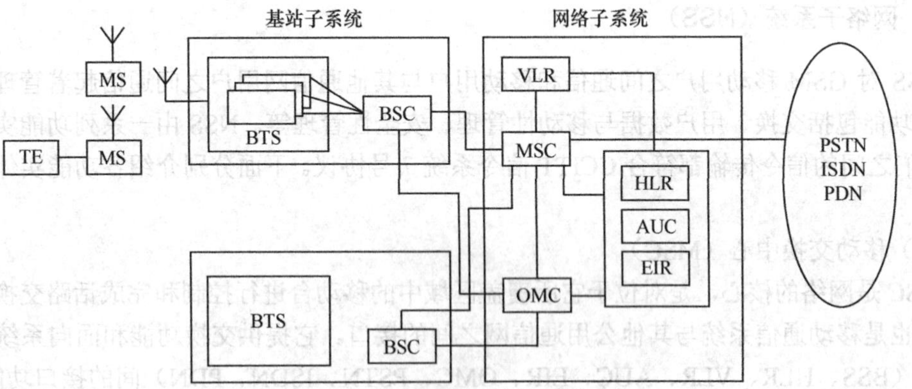

图3-2-1 GSM蜂窝系统的网络结构

1．移动台（MS）

MS是GSM移动通信网中用户使用的设备，它由移动终端和用户识别模块（SIM）两部分组成。移动终端就是“机”，它可完成语音编码、信道编码、信息加密、信息的调制和解调以及信息的发射和接收。SIM卡是一张符合ISO标准的“智慧”磁卡，存有与用户有关的无线接口信息、认证用户身份所需的信息和执行一些与安全保密有关的加密信息。

MS的类型可分为车载台、便携台和手机。其中，手机小巧、轻便、功能强大，使用手机的用户占整个用户的绝大部分。

MS通过无线接口接入GSM系统，具有无线传输和处理功能。此外，MS必须提供与使用者之间的接口，比如为完成通话呼叫所需的话筒、扬声器、显示屏和按键；或者提供与其他一些终端设备（TE）之间的接口，比如与个人计算机或传真机之间的接口。

2．基站子系统（BSS）

BSS是在一定的无线覆盖区中由MSC控制，与MS进行通信的系统设备。一方面，它通过无线接口直接与移动台相接，负责无线发送、接收和无线资源管理等功能；另一方面，BSS与网络子系统（NSS）中的移动交换中心（MSC）相连，实现移动用户之间或移动用户与固定网络用户之间的通信连接。当然，要对BSS部分进行操作维护管理，还要建立BSS

与操作维护中心（OMC）之间的通信连接。

BSS 主要由基站收发信机（BTS）和基站控制器（BSC）构成。根据话务量的需要，一个 BSC 可以控制数十个 BTS。BTS 可以直接与 BSC 相连接，也可以通过基站接口设备（BIE）采用远端控制的连接方式与 BSC 相连接。需要说明的是，为了适应无线与有线系统使用不同的传输速率进行传输，在 BSC 和 MSC 之间需增加码变换器（TC）和相应的复用设备（SM）。

BTS、天线共用器和天线属于 BSS 的无线部分，由 BSC 控制，实现 BTS 与 MS 之间的无线传输及相关控制功能，并完成无线信道与 BSC 之间的转换。BSC 是 BSS 的控制部分，具有对一个或多个 BTS 进行控制的功能，主要负责无线网路资源的管理、小区配置数据管理、功率控制、定位和切换等。

3．网络子系统（NSS）

NSS 对 GSM 移动用户之间通信和移动用户与其他通信网用户之间通信起着管理作用，其主要功能包括交换、用户数据与移动性管理、安全性管理等。NSS 由一系列功能实体所构成，它们之间的信令传输都符合 CCITT 信令系统 7 号协议。下面分别介绍各功能实体的主要功能。

（1）移动交换中心（MSC）

MSC 是网络的核心，是对位于它所覆盖区域中的移动台进行控制和完成话路交换的功能实体，也是移动通信系统与其他公用通信网之间的接口。它提供交换功能和面向系统其他功能实体（BSS、HLR、VLR、AUC、EIR、OMC、PSTN、ISDN、PDN）间的接口功能。

MSC 可从归属位置寄存器（HLR）、拜访位置寄存器（VLR）和鉴权中心（AUC）3 种数据库获取处理用户位置登记和呼叫请求所需的全部数据；反之，MSC 也根据其最新获取的信息请求更新数据库的部分数据。作为网络的核心，MSC 还支持位置更新、越区切换和漫游服务功能。

另外，为了建立至移动台的呼叫路由，每个 MSC 还应能完成入口 MSC（GMSC）的功能，即查询移动用户位置信息的功能。为了建立固定网用户与 GSM 移动用户之间的呼叫，无需知道移动用户所处的位置，此呼叫首先被接入到 GMSC，GMSC 负责获取移动用户位置信息，且把呼叫转接到可向该移动用户提供即时服务的 MSC，称为被访 MSC（VMSC），如图 3-2-2 所示。

图 3-2-2　GMSC 功能示意图

（2）归属位置寄存器（HLR）

归属位置寄存器 HLR 是 GSM 系统的中央数据库，存储着该管辖区域的所有移动用户的相关数据。每个移动用户都应在刚入网时在其归属位置寄存器中注册登记。它主要存储两类数据，一是静态数据，包括移动用户号码、访问能力、用户类别和补充业务等数据；二是动态数据，主要是移动用户实际漫游所在的 MSC 区域的信息（例如 MSC、VLR 地址等），以便建立至移动台的呼叫路由。

（3）拜访位置寄存器（VLR）

拜访位置寄存器是一个动态数据库，存储进入其控制区域内的来访移动用户的相关数据，这些数据是从该移动用户的归属位置寄存器中获取并进行暂存的，一旦移动用户离开控制区域，则临时存储的该移动用户的数据即被删除。实际情况下，拜访位置寄存器的功能总是在每个 MSC 中综合实现。

（4）鉴权中心（AuC）

GSM 系统采取了特别的安全措施，例如对移动用户鉴权以及无线接口上的语音、数据和信令信息进行保密等。因此鉴权中心中存储着鉴权信息和加密密钥，用来防止无权用户接入系统，保证通过无线接口的移动用户的通信安全。实用化的 GSM 系统结构一般把 HLR 与 AUC 综合在同一个物理实体内。

（5）移动设备识别寄存器（EIR）

移动设备识别寄存器中存储着移动设备的国际移动设备识别码（IMEI），通过核查白色、黑色和灰色 3 种表格清单，运营部门可判断出移动设备是属于准许使用的、还是失窃而不准使用、还是由于技术故障或误操作而危及网络正常运行的移动设备，网络根据各种情况都能采取及时的防范措施，确保网络内所使用的移动设备的唯一性和安全性。

（6）操作维护中心（OMC）

作为运营技术人员与 GSM 系统的接口，操作维护中心负责对全网进行监控和操作，通过它实现对 GSM 网内各功能实体的监视、状态报告、故障诊断等功能。例如系统自检、报警与备用设备的激活、系统故障的诊断与处理、话务量的统计和计费数据的记录与传递以及与网络参数有关的数据的收集、分析与显示等。

3.2.2 接口和协议

为了保证运营商能在充满竞争的市场中灵活选择不同设备供应商提供的 GSM 设备，且使不同供应商提供的 GSM 系统设备能够符合统一的 GSM 技术规范而达到互联互通的目的，GSM 系统在制定技术规范时就对其子系统之间及各功能实体之间的接口和协议做了具体的定义。为使 GSM 系统实现国际漫游功能，并在业务上实现面向 ISDN 的数据业务，GSM 系统引入了 7 号信令系统和相关信令网络。

首先，分清“接口”和“协议”两者的区别是十分重要的。“接口”代表两个相邻功能实体之间的连接点，而“协议”是说明两功能实体连接点上交换信息需要遵守的规则。根据开放系统互联（Open System Interconnection，OSI）模型的概念，协议按其功能可分成不同的层，每一层都有各自的协议规约。

1．GSM 网络接口

GSM 系统各部分之间的接口如图 3-2-3 所示。

（1）主要接口

GSM 系统的主要接口是指 A 接口、Abis 接口和 Um 接口。这 3 种接口的定义和标准化保证不同供应商生产的移动台、基站子系统和网络子系统设备能纳入同一个 GSM 系统中运行和使用。

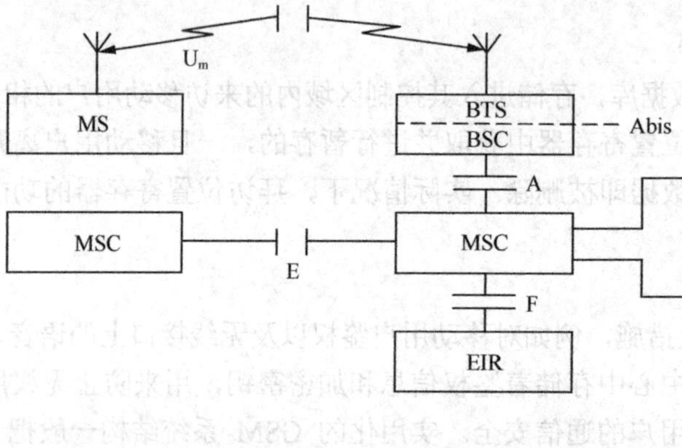

图 3-2-3 GSM 系统的接口

① A 接口：定义为网络子系统（NSS）和基站子系统（BSS）之间的通信接口，从功能实体来说，就是移动交换中心（MSC）和基站控制器（BSC）之间的互联接口，其物理连接通过标准的 2.048Mbit/s PCM 数字传输链路来实现。此接口传递的信息包括移动台管理、基站管理、移动性管理和呼叫接续管理等信息。

② Abis 接口：定义为基站子系统的两个功能实体基站控制器（BSC）和基站收发信机（BTS）之间的通信接口，用于 BTS 与 BSC 之间的远端互联方式，物理连接采用标准的 2.048Mbit/s 或 64kbit/s PCM 数字传输链路来实现。此接口支持所有向用户提供的服务，并支持对 BTS 无线设备的控制和对无线频率的分配。

③ Um 接口：也称为"空中接口"，定义为移动台与基站收发信机（BTS）之间的通信接口，用于移动台与 GSM 系统之间的互通，其物理连接通过无线链路实现。此接口传递的信息包括无线资源管理、移动性管理和接续管理等，其具体内容将在本书的 3.3 节中详细讨论。

（2）网络子系统内部接口

网络子系统由移动交换中心（MSC）、归属位置寄存器（HLR）、拜访位置寄存器（VLR）等功能实体构成，其内部接口包括 B、C、D、E、F、G 接口。

① B 接口：定义为 MSC 和 VLR 之间的接口，用于 MSC 向 VLR 询问有关移动台当前位置的信息或者通知 VLR 有关移动台位置的更新信息等。

② C 接口：定义为 MSC 和 HLR 之间的接口，用于传递路由选择和管理信息。

③ D 接口：定义为 HLR 和 VLR 之间的接口，用于交换有关移动台位置和用户管理的信息，保证移动台在整个服务区内能建立和接收呼叫。

④ E 接口：定义为相邻区域的不同 MSC 之间的接口。当移动台在一个呼叫进行过程中，从一个 MSC 控制的区域移动到相邻 MSC 控制的区域时，利用此接口交换有关信息完成越区切换。

⑤ F 接口：定义为 MSC 和 EIR 之间的接口，用于交换相关的国际移动设备识别码管理信息。

⑥ G 接口：定义为两个 VLR 之间的接口。当采用临时移动用户识别码时，此接口用于向分配 TMSI 码的 VLR 询问此移动用户的国际移动用户识别码的信息。

（3）GSM 系统与其他公用电信网的接口

GSM 系统通过 MSC 与公用电信网（PSTN、ISDN、PDN）互联，一般采用 7 号信令系统接口。其物理连接方式是通过 MSC 与 PSTN 或 ISDN 交换机之间标准 2.048Mbit/s 的 PCM 数字传输链路来实现的。

2．接口协议

GSM 系统各功能实体之间的接口定义明确，同样 GSM 规范对各接口所使用的分层协议也作了详细的定义。协议是各功能实体之间共同的“语言”，通过各接口互相传递有关的消息，为完成 GSM 系统的全部通信和管理功能建立起有效的信息传送通道。GSM 系统各接口采用的分层协议结构符合 OSI 参考模型。分层的目的是允许隔离各组信令协议功能，每层协议在明确的服务接入点对上层协议提供它特定的通信服务。图 3-2-4 给出了 GSM 系统主要接口所采用的协议分层示意。

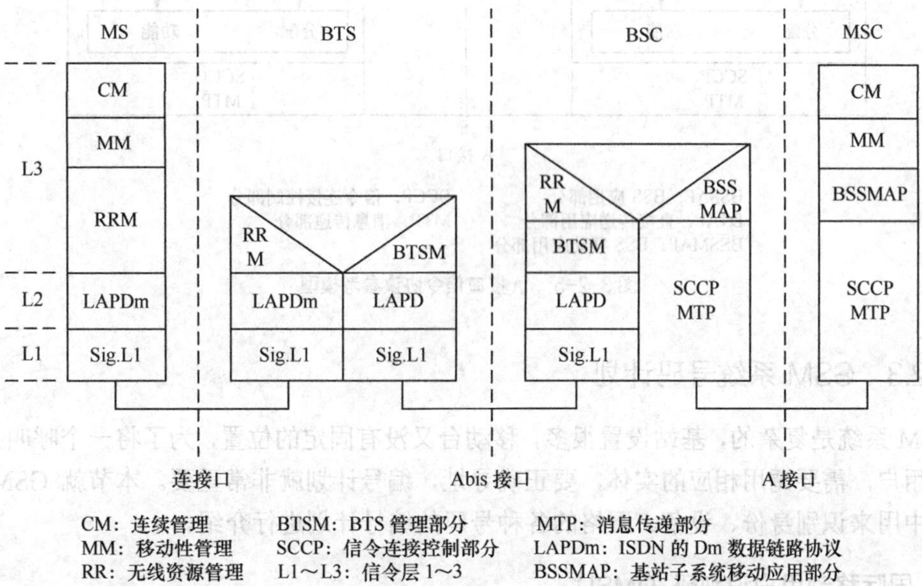

图 3-2-4　GSM 系统主要接口的协议分层示意图

（1）Um 接口上的协议

① L1 层：也称物理层是无线接口的最低层，提供在无线链路上传送比特流所需的全部功能例如频率配置、信道划分、传输定时、比特或时隙同步、调制和解调等；为高层提供各种不同功能的逻辑信道，每个逻辑信道有它自己的服务接入点。

② L2 层：也称数据链路层它向第三层提供服务，同时接受第一层的服务。其主要目的是在移动台和基站之间建立可靠的专用数据链路，L2 层协议基于 ISDN 的 D 信道链路接入协议（LAP-D）做了修改，因此称为 LAP-Dm。

③ L3 层：也称网络层是实际负责控制和管理的协议层，把用户和系统控制过程的特定信息按一定的协议分组安排到指定的逻辑信道上。L3 层包括 3 个子层，即连接管理（CM）子层、移动性管理（MM）子层和无线资源管理（RRM）子层。

（2）A 接口上的协议

在 A 接口，信令协议的参考模型如图 3-2-5 所示。由于基站需完成无线蜂窝控制，所以无线资源管理（RRM）子层在基站控制器（BSC）中终止；而从 MS 发出的连接管理（CM）消息和移动性管理（MM）消息必须传送到 MSC 终止，因此我们把 BSC/MSC 之间的消息类型集合在一起称为 BSSMAP（BSS 移动应用部分），把 MS/MSC 之间的消息类型（例如 CM、MM）集合在一起称为 DTAP（直接传送应用部分），这样基站子系统（BSS）就透明地传递 CM 和 MM 消息，保证 L3 子层协议在各接口之间的互通。为了区分 BSSMAP 和 DTAP，可以在 SCCP 上附加一个分配协议。

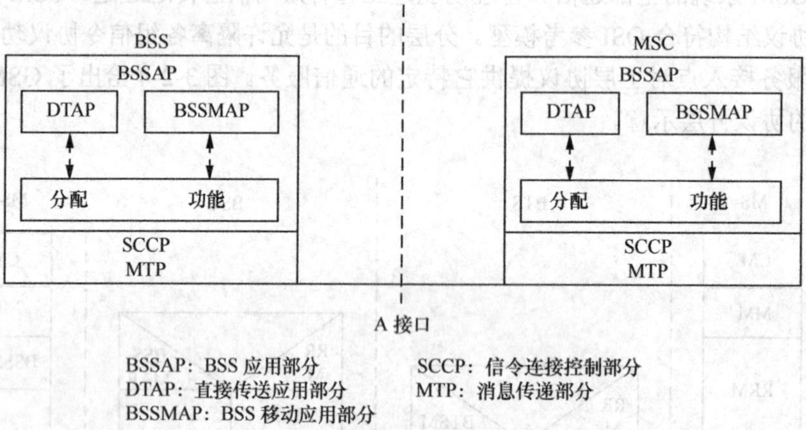

图 3-2-5　A 接口信令协议参考模型

3.2.3　GSM 系统号码计划

GSM 系统是复杂的，基站设置很多，移动台又没有固定的位置，为了将一个呼叫接至某个移动用户，需要调用相应的实体，要正确寻址，编号计划就非常重要。本节就 GSM 移动通信网中用来识别身份、设备、网络的各种号码的编号计划进行介绍。

1．国际移动用户识别码（IMSI）

在 GSM 系统中，对每个移动用户分配一个唯一的国际移动用户识别码，分别存储在用户识别模块（SIM）、HLR、VLR 中。此码在所有位置（包括在漫游区）都有效。通常在呼叫建立和位置更新时。需要使用 IMSI 码。

IMSI 码的组成如图 3-2-6 所示，其总长不超过 15 位数字，每位数字使用 0～9。

图 3-2-6　国际移动用户识别码（IMSI）结构

① MCC：移动用户所属国家代号，由 3 位数字组成。中国的 MCC 规定为 460。

② MNC：移动网号，最多由 2 位数字组成，用于识别移动用户所归属的移动通信网（PLMN）。中国移动 GSM PLMN 网号为 00，中国联通公司 GSM PLMN 网号为 01。

③ MSIN：移动用户识别码，用于识别某一移动通信网中的移动用户。

④ NMSI：国内移动用户识别码，由 MNC 和 MSIN 两部分组成。

2. 临时移动客户识别码（TMSI）

考虑到移动用户识别码的安全性，GSM 系统需要提供安全措施。在每次鉴权成功后，拜访位置寄存器（VLR）可给来访移动用户分配一个唯一的 TMSI 号码代替 IMSI 码。此 TMSI 码只在本 VLR 的管辖区内有效，且与用户的 IMSI 码是对应的，两者之间按一定的算法互相转化。TMSI 码采用 BCD 编码，总长不超过 4 个字节，格式由各运营部门决定。

由此可见，IMSI 码只在起始入网登记时使用，在后续的呼叫中使用 TMSI 码取代 IMSI 码，从而防止窃听者检测用户的通信内容或非法盗用合法用户的 IMSI 码。

3. 移动台国际 ISDN 号码（MSISDN）

MSISDN 是指主叫用户为呼叫 GSM PLMN 中的一个移动用户所需拨的号码，结构如图 3-2-7 所示。

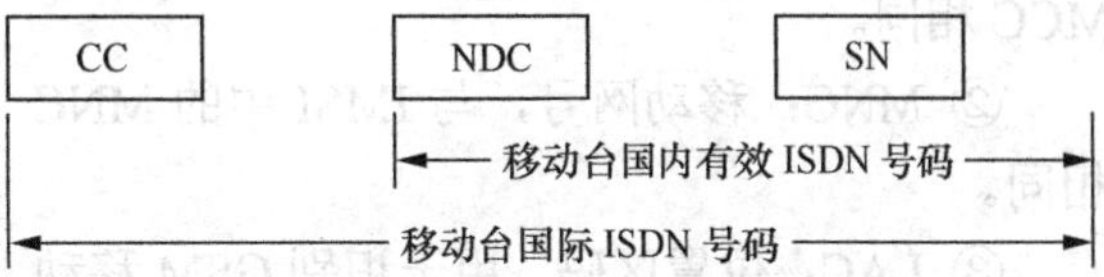

图 3-2-7 移动台国际 ISDN 号码的结构

① CC：国家码，移动台注册登记的国家代码，中国为 86。

② NDC：国内地区码，即网路接入号。每个 PLMN 有一个 NDC，中国移动 GSM 网为 139，中国联通公司 GSM 网为 130。当用户号码容量受限时，可扩充国内地区码。中国移动可启用 138、137 等中国联通公司可启用 131、132 等。

③ SN：移动用户号码，采用等长 8 位编号计划。

NDC 和 SN 两部分可组成国内 ISDN 号码，其长度不超过 13 位数字。国际 ISDN 号码长度不超过 15 位数字。

4. 移动用户漫游号码（MSRN）

当移动台漫游到一个新的服务区时，为使 GSM 移动通信网络能再进行路由选择，即把来话呼叫转移到移动台当前所登记的 MSC，而由 VLR 临时分配给移动台的一个号码即为移动用户漫游号码。每次漫游移动台有来话呼叫时，根据 HLR 的请求，VLR 为移动台分配一个 MSRN，并通知该移动台的 HLR；HLR 收到后再发送给 GMSC，GMSC 根据此号码选择路由，将呼叫接至被叫用户目前正在访问的 VMSC 交换局。路由一旦建立，此号码即可释放。

漫游号码的组成格式与移动台国际（或国内）ISDN 号码相同。

5. 信道切换号码

信道切换号码是用于两个移动业务交换区（MSC 区）之间进行切换时，为建立 MSC 之间的通话链路而临时使用的号码。其构成类似于一个 MSRN 号码。

6. 国际移动台设备识别码（IMEI）

IMEI 是唯一识别一个移动台设备的编码，用于监控被窃或无效的移动设备。IMEI 码为一个 15 位的十进制数数字，其结构如图 3-2-8 所示

① TAC：型号批准码，由欧洲型号批准中心分配。

② FAC：装配厂家号码。

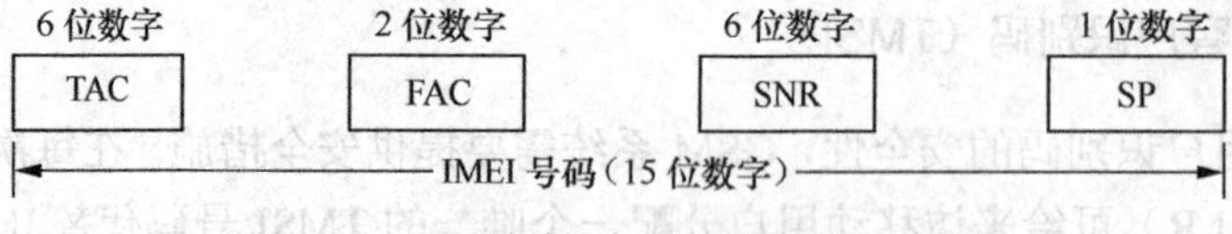

图 3-2-8　国际移动设备识别码（IMEI）的结构

③ SNR：产品序号，用来唯一识别每个 TAC 和 FAC 中的某个设备。

④ SP：备用。

7. 位置区识别码（LAI）

在检测位置更新和信道切换时，要使用位置区识别码（LAI），号码结构如图 3-2-9 所示。

① MCC：移动用户国家码，与 IMSI 中的 MCC 相同。

② MNC：移动网号，与 IMSI 中的 MNC 相同。

③ LAC：位置区码，用于识别 GSM 移动通信网中的一个位置区，最多为一个 2 字节的 16 进制编码，格式由各运营部门自定。

图 3-2-9　位置区识别码（LAI）结构

8. 全球小区识别码（CGI）

CGI 是用来识别 GSM PLMN 中的一个小区的唯一标识，是在位置区识别码（LAI）的基础上再加上小区识别（CI）构成的。CI 是最多为 2 个字节长度的 16 进制编码，格式由各运营部门自定。CGI 的结构如图 3-2-10 所示。

图 3-2-10　全球小区识别码（CGI）结构

9. 基站识别色码（BSIC）

BSIC 是用于移动台识别采用相同载频的不同基站收发信机 BTS 的识别码，特别用于区别在相邻国家的边界地区采用相同载频的相邻基站，为 6bit 编码，其结构如图 3-2-11 所示。

① NCC：PLMN 色码，用来区分相邻的 PLMN 网。

② BCC：BTS 色码，用来识别采用相同载频的不同的相邻 BTS。

图 3-2-11　基站识别色码（BSIC）的结构

下面给出一个典型的呼叫漫游用户的处理流程示例，如图 3-2-12 所示，从中可以简单看到以上各种号码的具体用处。其呼叫过程如图 3-2-12 所示。

① 主叫用户通过 PSTN 网向其 GMSC 发出呼叫初始化信号，包含被叫用户 MSISDN 号。

② GMSC 通过地址翻译过程确定被呼 MT 的 HLR 地址，并向该 HLR 发送位置请求消息。

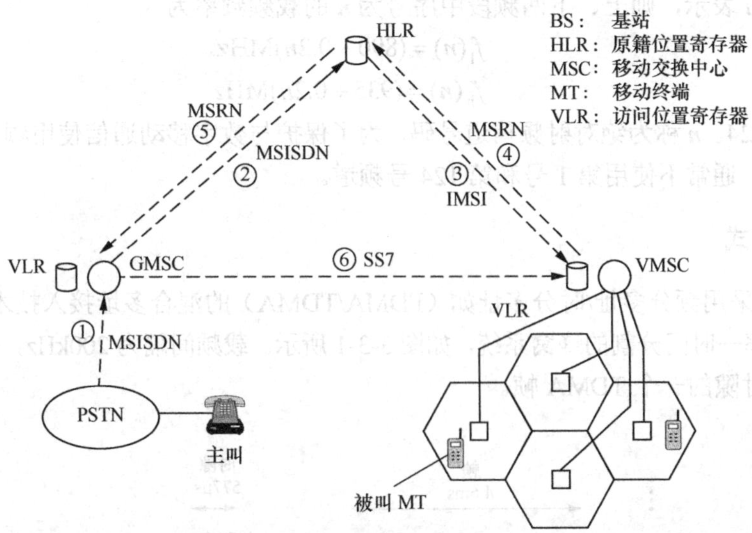

图3-2-12 漫游用户的呼叫处理流程

③ HLR通过位置查询确定为被叫MT服务的VLR，并向该VLR发送路由请求消息（利用用户的IMSI码）；该VLR将该消息中转给为被叫MT服务的VMSC。

④ 被叫VMSC给被叫的MT分配一个漫游号码（MSRN），并向HLR发送一个含有MSRN的应答消息。

⑤ HLR将上述消息中转给为主呼用户服务的GMSC。

⑥ GMSC根据上述信息（MSRN号）通过7号信令网络向被叫VMSC请求呼叫建立。

3.3 GSM系统的无线接口

GSM数字蜂窝网的无线接口即Um接口，也就是通常所称的空中接口（Air Interface），是系统中最重要的接口。本节将重点讨论该系统的无线技术性能及相关技术特征。

3.3.1 GSM系统的无线传输特征

1. 工作频带和载频间隔

GSM系统工作在如下射频频段。

① 上行（移动台发-基站收）：890～915MHz。

② 下行（基站发-移动台收）：935～960MHz。

③ 收发双工间隔：45MHz。

随着业务的发展，可视需要向1.8GHz频段的DCS 1800过渡，即采用1800MHz频段。

① 上行（移动台发-基站收）：1710～1785MHz。

② 下行（基站发-移动台收）：1805～1880MHz。

移动台采用较低频段发射时，传播损耗较低，有利于补偿上、下行功率不平衡的问题。

GSM系统中相邻两频道间隔为200kHz，因此GSM系统整个工作频段分为124对载频，

其频道序号用 n 表示，则上、下两频段中序号为 n 的载频频率为

下频段 $$f_l(n) = (890 + 0.2n)\text{MHz} \quad (3\text{-}3\text{-}1)$$

上频段 $$f_h(n) = (935 + 0.2n)\text{MHz} \quad (3\text{-}3\text{-}2)$$

式中，$n = 1～124$。n 称为绝对射频信道号码。为了保护与数字移动通信使用频段相邻的其他无线通信业务，通常不使用第 1 号和第 124 号频道。

2．多址方式

GSM 系统采用频分多址/时分多址如（FDMA/TDMA）的混合多址接入技术，因此 GSM 系统是一个频率—时间分割的蜂窝系统，如图 3-3-1 所示。载频间隔为 200kHz，每个载频按时间分割成 8 个时隙的一个 TDMA 帧。

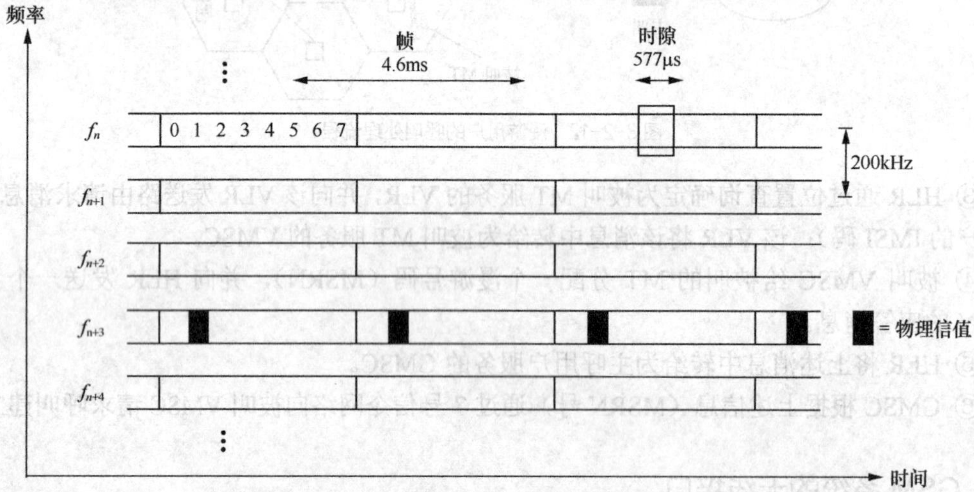

图 3-3-1 FDMA/TDMA 混合接入方式

前已指出 GSM 系统包含 124 对载频，每载频有 8 个时隙，因此 GSM 系统总共有物理信道数为 124 × 8 = 992 个。

3．小区结构和载频复用

GSM 系统中的小区（cell）覆盖半径有大有小。大者，小区覆盖半径可达 35km，适用于农村区域；小者，小区覆盖半径可降至 1km 左右，适用于市区。在高密度业务区，例如市中心，也可采用扇形小区结构。

载波干扰保护比（C/I）是指接收到的有用信号电平与干扰信号电平的比值，此比值与 MS 的瞬时位置有关。GSM 系统规范中规定：同频道干扰保护比 $C/I \geqslant 9$dB，因此系统可采用每个小区具有 3 个扇区（即相当于 9 个小区簇）的载频复用结构。

3.3.2 帧结构、信道分类和时隙格式

1．基本术语简介

GSM 系统采用 FDMA/TDMA 混合多址接入技术，首先在频域将给定的频谱按照 200kHz

的间隔划分为若干个载频，然后又在时域对每个载频划分周期性的帧，每一帧又分为 8 个时隙。在一个时隙上所传输的百来个调制比特称为突发脉冲序列（Burst）。

GSM 系统中特定载频上的一个时隙称为一个物理信道（Physical Channel）；根据 BS 和 MS 之间传送的高层信息的类型不同，例如信令或业务数据，又区分为不同的逻辑信道（Logical Channel）。逻辑信道根据时间复用映射到物理信道上去。

下面就以上概念作进一步阐述。

2．帧结构和帧调整

帧（Frame）通常表示为接连发生的 *i* 个时隙。在 GSM 系统中，采用全速率业务信道时，*i* 取值为 8，即 GSM 系统中一个 TDMA 帧包含 8 个基本的物理信道。图 3-3-2 给出了 GSM 系统中 TDMA 帧的完整结构。由图可见，一个 TDMA 帧分 0～7 共 8 个时隙，帧长度为 4.615ms。每个时隙含 156.25 个码元，占 4.615/8≈0.577ms。

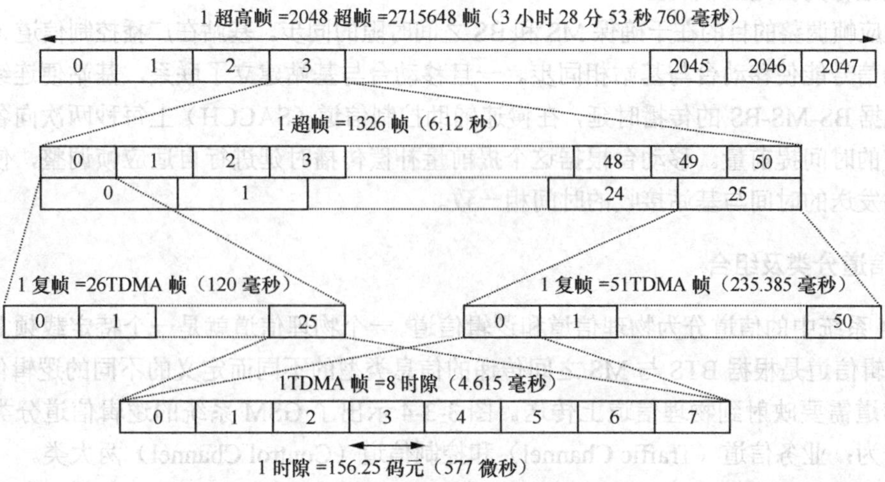

图 3-3-2 GSM 系统 TDMA 帧的完整结构

多个 TDMA 帧可构成复帧（Multiframe）。其结构有两种：一种是由 26 帧组成的复帧，长 120ms，主要用于业务信息的传输，称为业务复帧；另一种是由 51 帧组成的复帧，长 235.285ms，专用于传输控制信息，称为控制复帧。

由 51 个业务复帧或 26 个控制复帧均可组成一个超帧（Super frame），其周期为 1326 个 TDMA 帧，长 $51\times26\times4.615\times10^{-3}\approx6.12\text{s}$。

由 2048 个超帧可组成超高帧（Hyper frame），包含 $2048\times1326=2715648$ 个 TDMA 帧，周期为 12533.76s，即 3 小时 28 分 53 秒 760 毫秒。

帧的编号（FN）用在超高帧中，从 0 到 2715647，在同步信道中传送。GSM 系统中计算加密序列的算法是以 TDMA 帧号为一个输入参数，即帧号作为在空中接口传送的加密语音和数据的加密参数之一；此外，帧号在跳频算法中也是必需的。

GSM 系统上行传输所用的帧号和下行传输所用的帧号相同，但上行帧相对于下行帧在时间上推后了 3 个时隙，如图 3-3-3 所示，这就是通常所称的 TDMA 帧的参差或交错。这样安排，解决了对移动台同时收发的要求，此外还允许移动台在这 3 个时隙的时间内进行帧调整以及对收发信机进行调谐和转换。

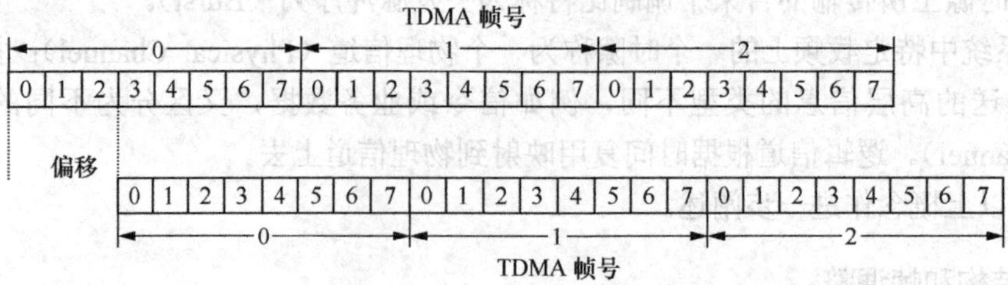

图 3-3-3　TDMA 帧的参差

由于移动台的位置变化，BS 发送的信号到达 MS 时，延迟是变化的。当移动台距离基站比较远时，收发时延的影响将降低传输质量，甚至丢失信息。为了解决此问题，MS 用一个时间值来补偿传播时延，调整其收发间隔，这个值称为时间提前量（Time advance），调节提前量的过程称为自适应帧调整。

自适应帧调整的目的在于确保 MS 和 BS 之间时隙的同步。基站在广播控制信道（BCCH）上送出的信号能使移动台与基站相同步。一旦移动台与基站建立了联系，基站便连续进行测试，并根据 BS-MS-BS 的传播时延，在慢速辅助控制信道（SACCH）上每秒两次向各移动台提供所需的时间提前量。移动台根据这个提前量补偿传播时延进行自适应帧调整，使得移动台向基站发送的时间与基站接收的时间相一致。

3. 信道分类及组合

GSM 系统中的信道分为物理信道和逻辑信道。一个物理信道就是一个特定载频上的一个时隙；逻辑信道是根据 BTS 与 MS 之间传递的信息类型的不同而定义的不同的逻辑信道。这些逻辑信道需要映射到物理信道上传送。图 3-3-4 示出了 GSM 系统的逻辑信道分类，逻辑信道可分为：业务信道（Traffic Channel）和控制信道（Control Channel）两大类。

（1）业务信道（TCH）

业务信道主要用于传送编码后的语音或用户数据，还有少量的随路控制信令。业务信道有全速率业务信道（TCH/F）和半速率业务信道（TCH/H）之分，两者分别载有总速率为 22.8kbit/s 和 11.4kbit/s 的语音信息，即一个载频可提供 8 个全速率或 16 个半速率业务信道。目前使用的是全速率业务信道，将来采用低比特速率语音编码器后可使用半速率业务信道，在信道速率不变的情况下，信道数目可加倍。

在业务信道上，通过不同的速率适配、信道编码和交织等，可支撑 9.6kbit/s、4.8kbit/s、2.4kbit/s 的数据业务。

此外，在业务信道上还可安排慢速辅助控制信道和快速辅助控制信道，它们与业务信道的连接在图中用虚线表示。

（2）控制信道（CCH）

控制信道用于传送信令或同步数据，主要有广播信道（BCH）、公共控制信道（CCCH）和专用控制信道（DCCH）3 种。

① 广播信道（BCH）：一种“一点对多点”的单方向控制信道，用于基站向移动台广播公用的信息，传输的内容主要是移动台入网和呼叫建立所需要的有关信息。

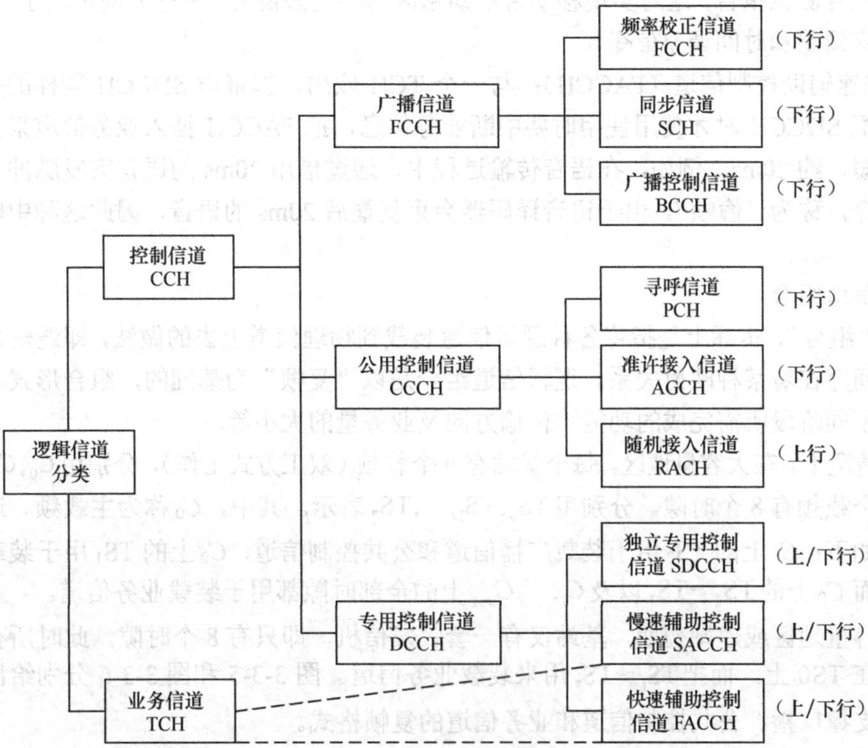

图 3-3-4　GSM 系统逻辑信道分类

- 频率校正信道（FCCH）：传输供 MS 校正其工作频率的信息。
- 同步信道（SCH）：传输供 MS 进行帧同步和对 BTS 进行识别的信息，即该信道包含 TDMA 帧号和基站识别色码（BSIC）。
- 广播控制信道（BCCH）：向移动台广播每个 BTS 的通用信息，例如公共控制信道（CCCH）号码等。

② 公共控制信道（CCCH）：是一种“一点对多点”的双向控制信道，为系统内的移动台所共用，用于呼叫接续阶段传输链路连接所需要的控制信令。

- 寻呼信道（PCH）：下行信道，用于传输 BS 寻呼 MS 的信息。
- 随机接入信道（RACH）：上行信道，用于 MS 随机提出入网申请。MS 通过此信道请求分配一个独立专用控制信道（SDCCH）。
- 准许接入信道（AGCH）：下行信道，用于 BS 对 MS 的入网请求作出应答，即分配一个独立专用控制信道（SDCCH）。

③ 专用控制信道（DCCH）：是一种“点对点”的双向控制信道，其用途是在呼叫接续阶段以及通信进行当中在 MS 和 BS 之间传输必需的控制信息。

- 独立专用控制信道（SDCCH）：用于在分配业务信道（TCH）之前传送相关信令，例如登记、鉴权等信令。
- 慢速辅助控制信道（SACCH）：它与一个 TCH 或一个 SDCCH 联用安排在业务信道时，以 SACCH/T 表示；安排在控制信道时，以 SACCH/C 表示。传送的内容是在传送用户业务信息期间带传的某些特定信息。例如，上行方向传送 MS 接收到的关于服务小区及邻近小区的信号强度测试报告，这对实现移动台辅助越区切换是必需的。下行方向可用于 BS 对 MS 发送的功率调整和时间调整信令。

- 快速辅助控制信道（FACCH）：与一个 TCH 联用，携带与 SDCCH 同样的信息，只有在未分配 SDCCH 时才使用使用时要中断业务信息，把 FACCH 插入业务信道来实现，中断时间很短，约 20ms。例如，在语音传输过程中，通过借用 20ms 的语音突发脉冲来传送越区切换信令，称为“偷帧”。由于语音译码器会重复最后 20ms 的语音，因此这种中断不会被用户觉察。

（3）信道组合

所谓“组合”，实际上是指将各种逻辑信道装载到物理信道上去的做法，即逻辑信道和物理信道之间存在着某种映射关系。逻辑信道组合是以“复帧”为基础的，组合形式取决于通信系统在不同阶段所需完成的功能、传输方向及业务量的大小等。

一般情况下，在大容量地区，每个基站有 n 个载频（双工方式工作），分别用 $C_0,C_1,\ ,C_{n-1}$ 表示，每个载频有 8 个时隙，分别用 $TS_0,TS_1,\ ,TS_7$ 表示。其中，C_0 称为主载频。逻辑信道组合规则如下：C_0 上的 TS_0 用于装载广播信道和公共控制信道，C_0 上的 TS_1 用于装载专用控制信道，而 C_0 上的 TS_2～TS_7 以及 $C_1,\ ,C_{n-1}$ 上的全部时隙都用于装载业务信道。

在小容量地区或建站初期，基站仅有一套收发信机，即只有 8 个时隙，此时所有控制信道都装载在 TS0 上，而把 TS_1～TS_7 用来装载业务信道。图 3-3-5 和图 3-3-6 分别给出了全速率情况下支撑广播、公共控制信道和业务信道的复帧格式。

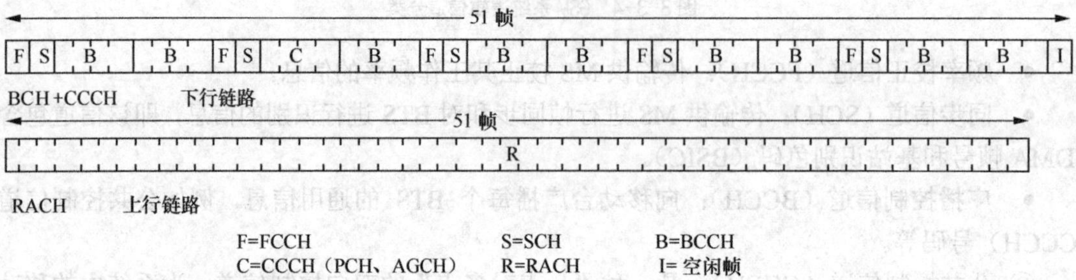

图 3-3-5 BCH、CCCH 在 TS_0 上的复用

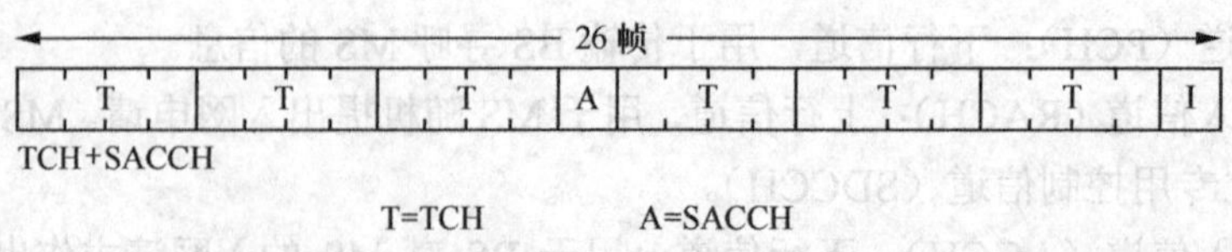

图 3-3-6 TCH 的复用

4．突发脉冲序列

GSM 系统中，每帧含 8 个时隙，时隙的宽度为 0.577ms，包含 156.25bit。突发脉冲序列定义为 TDMA 信道上一个时隙中的信息格式。GSM 规定了 5 种突发脉冲序列，其组成格式如图 3-3-7 所示。

（1）常规突发（Normal Burst，NB）脉冲序列

NB 脉冲序列用于业务信道及专用控制信道，由尾比特、信息比特、偷帧标志、训练序

列和保护时间这几部分构成。

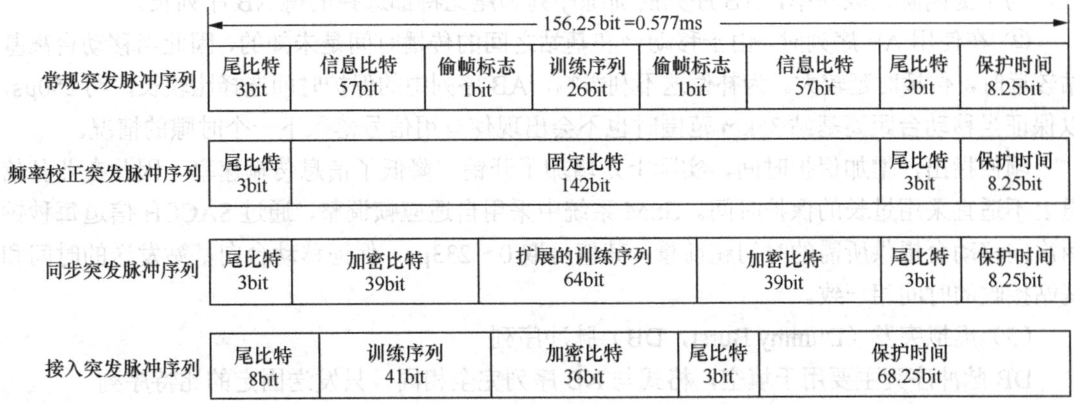

图 3-3-7　突发脉冲序列格式

① 尾比特 TB（000），前后各占 3bit，持续时间约 11μs，用于设置起始时间和结束时间，也称为功率上升时间和拖尾时间，即在无线信道上进行突发传输时，载波电平从最低值上升到额定值及从额定值下降到最低值的时间。

② 信息比特，占 114bit，分成两段，各 57bit，是用户数据或语音。

③ 偷帧标志，前后各 1bit，也称为借用标志，表示此突发脉冲序列是否被 FACCH 信令借用。

④ 训练比特，长 26bit，是一串已知比特，用于供均衡器产生信道模型，消除多径效应产生的码间干扰。GSM 系统共有 8 种训练序列，可分别用于邻近的同频小区，其互相关系数很小，接收端很容易辨别各自所需的训练序列。产生的信道模型作为时延补偿的参照。训练序列放在两段信息的中间位置，是考虑到信道会快速变化，使前后两部分信息比特和训练序列所受信道变化的影响不会有太大的差别。

⑤ 保护时间，占 8.25bit，相当于 30μs，不发送任何信号，作为相邻时隙的防护段，防止不同移动台按时隙突发的信号因传播时延不同而在基站中发生前后交叠现象。

（2）频率校正突发（Frequency Correction Burst，FB）脉冲序列

FB 脉冲序列用于校正移动台的载波频率。其格式最简单，除了尾比特和保护时间与常规突发序列中完全相同外，其余 142bit 均置为 0，相应发送的射频是一个与载频有固定频差的纯正弦波，以便于移动台调整其工作载频。

（3）同步突发（Synchronisation Burst，SB）脉冲序列

SB 脉冲序列用于给定小区中的移动台起始同步的捕获。其格式主要包括 64bit 的扩展训练序列以及两段各 39bit 的加密数据，用于传输 TDMA 帧号和基站识别码（BSIC）。由于 SB 序列是移动台在下行方向需要解调的第一个序列，因此它们的训练序列皆长于 NB 序列的训练序列。

（4）接入突发（Access Burst，AB）脉冲序列

AB 脉冲序列用于上行传输方向，移动台向基站提出入网申请，在 RACH 信道上传送，包括 41bit 训练序列、36bit 加密数据、起始尾比特点 8bit、结束尾比特 3bit 和一个较长的保护时间 68.25bit。

① 当移动台在 RACH 上首次接入时，基站接收机开始接收的状况往往带有一定的偶然性，为了提高解调成功率，AB 序列的训练序列和尾比特都选择的得 NB 序列长。

② 在使用 AB 序列时，由于移动台和基站之间的传播时间是未知的，因此当移动台离基站较远时，传播时延较大。为补偿这不利影响，AB 序列中的保护时间选择比较长，约 250μs，以保证当移动台距离基站 35km 范围时也不会出现使有用信号落入下一个时隙的情况。

顺便指出，增加保护时间，实际上是增加了开销，降低了信息传输速率。因此在业务信道上不适宜采用过长的保护时间。GSM 系统中采用自适应帧调整，通过 SACCH 信道每秒钟两次向移动台提供所需的时间超前量，其值可取 0～233μs，保证移动台向基站发送的时间和基站接收的时间相一致。

（5）虚拟突发（Dummy Burst，DB）脉冲序列

DB 脉冲序列主要用于填空，格式与 NB 序列完全相同，只发送固定的比特序列。

3.3.3 GSM 系统中的语音处理流程

由于 GSM 系统是一种全数字系统，因此在发射端的语音信号需经过若干处理才能成为最终的发射信号；反之，接收端也要进行一系列这样的逆处理才能恢复原始数据。图 3-3-8 示出了 GSM 系统中语音处理的一般过程。

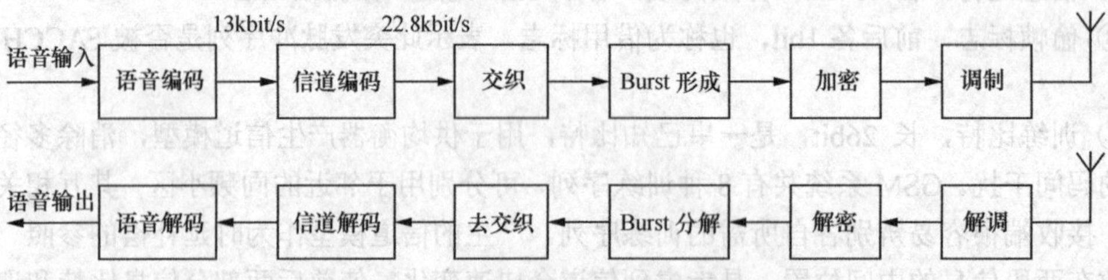

图 3-3-8 GSM 系统中语音处理的一般过程

1. 语音编码

GSM 系统采用的语音编码方案称为“规则脉冲激励长期预测编码（RPE-LTP）”，属于混合编码，其以较低的速率获得较高的语音质量。即它利用人体喉咙所发出的音调和噪声以及口和舌的声学滤波特性为语音编码器建立模型，这些模型参数通过 TCH 信道进行传送。

模拟语音信号数字化后，送入 RPE-LTP 编码器，此编码器每 20ms 取样一次，即对 160 个样值编成 260bit，得到语音信道纯编码速率为 13kbit/s。

语音的传输有两种方式：一种是不管用户是否在讲话，语音流连续编码在 13kbit/s 上（每 20ms 一个语音帧）；另一种是不连续的传输（Discontinuous Transmission），简称为间断传输（缩写为 DTx）技术。

GSM 系统中，为了提高频谱利用率，采用了语音间断传输（DTx）技术。其利用了“语音激活技术”，即采用一种“自适应门限语音检测算法”，在语音激活期进行 13kbit/s 的语音编码，打开发射机正常传输；在语音非激活期关闭发射机，仅传输舒适噪声特性参数。这样做最大的好处有两个：其一是降低空中接口总的干扰电平，提高系统容量；二是节省移动台电源的耗电，提高待机时间。

2. 信道编码

信道编码通过人为增加冗余，以降低传输效率为代价换取传输质量的改善，克服各种干扰因素对信号产生的不良影响。

GSM系统把20ms的语音编码帧中产生的260个比特流按照重要性分成两类分别进行不同的处理，如图3-3-9所示第一类对差错敏感，占182bit，这类比特发生误码将明显影响语音质量，需要对其进行差错控制；第二类是对差错不敏感的，占78bit，这类比特发生误码将不会对语音质量有明显影响，为了提高效率不对其进行任何处理。

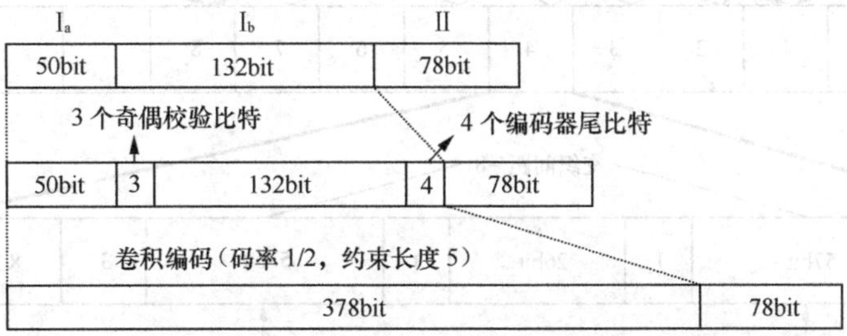

图3-3-9　GSM数字语音的信道编码

由图3-3-9可见，首先对50个最重要比特添加上3个奇偶检验比特（分组编码），这53bit同132个重要比特加上4个尾比特一起进行码率为1/2（输入1bit，输出2bit）、约束长度为5（监督位的生成取决于当前比特和它之前的4bit）的卷积编码，得到378个比特；另外78个不重要比特不予任何保护。经过纠错编码后，共输出456bit，即加差错保护后的编码速率为456bit/20ms=22.8kbit/s。

3. 交织编码

移动通信的传输信道属变参信道，它不仅会引起随机错误，更主要的是会造成突发错误。随机错误的特点是码元间的错误互相独立，即每个码元的错误概率与它前后码元错误与否是无关的。突发错误则不然，一个码元的错误往往影响前后码元的错误概率。或者说，一个码元产生错误，则后面几个码元都可能发生错误。在陆地移动通信这种变参信道上，持续较长的深衰落谷点会影响到相继一串的比特出错。然而，信道编码仅在检测和校正单个差错和不太长的差错串时才有效。为了解决突发错码，把一条消息中的相继错误比特分散开的方法，即一条消息中的相继比特以非相继方式被发送。这样，在传输过程中即使发生了成串差错，恢复成一条相继比特串的消息时，差错也就变成单个（或长度很短），这时再用信道编码纠错功能纠正差错，恢复原消息，这种方法就是交织技术。

在GSM系统中，信道编码后进行交织，交织分为两次，第一次交织为块内交织，第二次交织为块间交织。

① 块内交织：语音编码器和信道编码器将每20ms语音数字化并编码，输出456个比特，将456个比特依次循环分成8组，每组57比特，如图3-3-10所示。

② 块间交织：将连续的两个语音块间再进行一次交织，即块间交织，如图3-3-10所示。即把40ms中的语音比特（2×456＝912bit）中的前20ms的8组之一和后20ms的8组之一

分别插入 8 个突发脉冲序列中进行传输。因此本系统采用的交织深度为 8，每 40ms 的语音需要用 8 帧才能传送完毕。

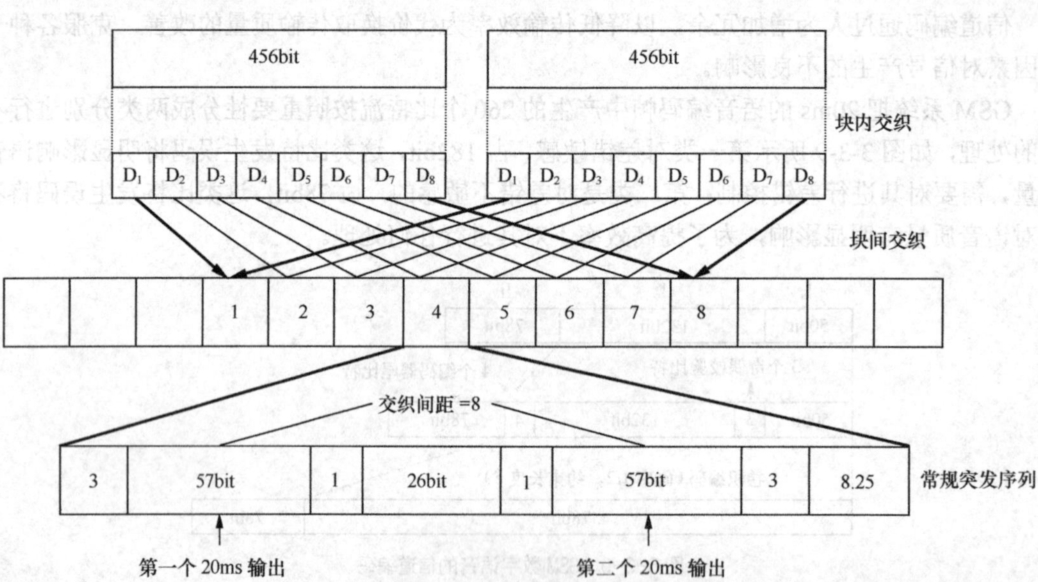

图 3-3-10　GSM 系统交织过程

4．加密

GSM 系统通过加密提供空中接口的保密传输。这种加密可以用于语音、用户数据和信令，只限于在常规突发脉冲序列之上。加密通过一个由加密密钥 Kc 与帧号通过 A5 算法产生的泊松随机序列和常规突发序列之中的 114 个信息比特（57 × 2 = 114）进行异或操作得到。

5．调制

GSM 系统采用的调制方式为高斯滤波最小频移键控（GMSK）方式，即矩形脉冲在进行 MSK 调制之前先通过一个高斯滤波器。这一调制方案通过引入可控的码间干扰改善了频谱特性，从而能满足 CCIR 提出的邻信道功率电平小于−60dB 的要求。高斯滤波器的归一化带宽 $B_bT_b = 0.3$，基于 200kHz 的载频间隔，信道传输速率达到 270.833kbit/s，其频谱利用率为 1.35bit/s • Hz。

3.3.4　跳频技术

跳频技术可以确保通信的抗干扰性能，首先被用于军事通信，后来在 GSM 标准中也被采纳。

所谓跳频，是指载波频率在很宽的频率范围内按照某种图案进行跳变。在 GSM 系统中，其载波频率逐帧受一个序列（称为跳频序列）的控制而跳变，即每隔 4.615ms 跳变一次，跳变速率为 1/4.615=217 跳/秒，如图 3-3-11 所示。GSM 系统在整个突发序列传输期间传送频率不变，属于慢跳频（频率变化低于系统传输速率）。

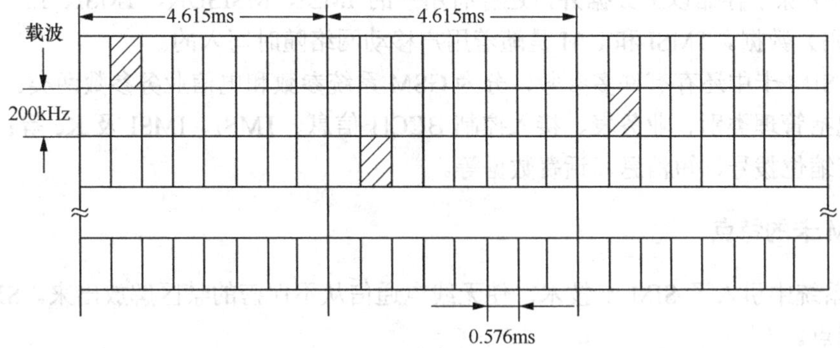

图 3-3-11 GSM 系统跳频示意图

在 GSM 系统中引入跳频，有两个作用，即频率分集和干扰均化。跳频可以减少由于多径传播造成的信号强度变化的影响，其作用等同于频率分集。此外，跳频提供了传输路径上干扰的参差（干扰被均化），使得包含码字一部分的所有突发脉冲序列不会被干扰以同一种方式破坏，通过系统的纠错编码和交织，可以从接收流的其余部分恢复出原始数据。

需要说明的是，BCCH 和 CCCH 信道不采用跳频。

3.4 GSM 系统的接续和管理

与固定网相比，移动系统具有更为复杂的控制和管理。本节将就 GSM 系统中的相关控制和管理过程，比如位置管理、安全性管理、呼叫接续、越区切换等，进行详细的分析；另外还介绍了 SIM 卡的相关内容。

3.4.1 SIM 卡的结构和特点

无线传输比固定传输更易被窃听，如果不提供特别的保护措施，很容易被窃听或被假冒。20 世纪 80 年代的模拟系统深受其害，令用户利益受损，因此 GSM 首先引入了 SIM 卡技术，从而使 GSM 在安全方面得到了极大改进。

1. SIM 卡的结构

SIM 卡是带有微处理器的智能芯片卡，它的构成部分包括 CPU、程序存储器（ROM）、工作存储器（RAM）、数据存储器（EPROM 或 E^2PROM）及串行通信单元模块。这 5 个模块集成在一块集成电路中，保证其安全性，防止通过攻击芯片间的连线来非法存取和盗用 SIM 卡。

SIM 卡中最敏感的数据是保密算法 A3、A8 以及密约信息 Ki、PIN、PUK 和 Kc。其中，A3、A8 算法是在生产 SIM 卡的同时写入的；PIN（个人身份号码）可由用户在手机上自己设定；PUK（个人身份码解钥码）由运营商持有；Kc（加密密钥）是在加密过程中由 Ki 导出的；Ki（用户鉴权钥）需要根据用户的 IMSI 和写卡时用的母钥（Kki），由运营部门提供的一种高级算法 DES 生成，即 Ki = DES(IMSI,Kki)，经写卡机产生并写入 SIM 卡；同时要将 IMSI、Ki 这一对数据送入 GSM 网络功能实体 AuC 中。

SIM 卡中除了存储以上数据外，还存有用户的 IMSI、MSISDN、TMSI、LAI 和 ICCID（SIM 卡号码）数据。TMSI 和 LAI 是随着用户移动网络随时写入的。

另外，SIM 卡中还存有许多参数，分为 GSM 系统参数和电信业务参数两类。GSM 系统参数一般包括管理类别、业务表、接入控制 BCCH 信息、TMSI、IMSI 及 Kc 等；电信业务参数包括有缩位拨号、短消息、话费数据等。

2. SIM 卡的特点

GSM 系统中引入了 SIM 卡技术，使无线电通信从不保密的禁区解放出来。SIM 卡具有如下许多特点。

（1）用户与设备分离（人机分离）

在 GSM 通信中，SIM 卡与移动设备之间设置了一个开放式的公共接口，这样使用者与自己的设备之间没有互相依存的关系，大大方便了用户。

（2）通信安全可靠

在 GSM 系统中，当用户建立呼叫时，首先要输入个人身份号码（PIN），此码由 4～8 位数字组成，由移动台的键盘键入；若连续三次输入不正确的 PIN 码，PIN 码会被锁，通信终止，这是防范那些伪用户盗用通信的方法之一；若有权用户忘记了 PIN 码或一时疏忽输入三次错误，可利用 SIM 卡中存储的 0～9 位数字的个人解锁钥（PUK）来解锁 PIN 码，使之恢复正常。但要特别注意，若输入十次错误的 PUK，整个 SIM 卡就报废了，只有重新购置一个 SIM 卡才能再进行通信。

在呼叫建立过程中 PIN 码正确时，网路开始对用户身份进行鉴权，利用存储在 SIM 卡中的 A3、A8 算法，移动台与网路把计算结果进行比较，如果相同，则鉴权成功，这是防范盗用通信的第二道防线。

鉴权成功之后，为了对用户信息保密，安全传送至被叫，又采用了一套加解密的方法，即采用了 A5 算法，防止非法用户窃密。

（3）成本低

它比电话磁卡的成本低，并且质地结实耐用，易于推广。

3.4.2 位置管理

在移动通信系统中，用户可在系统覆盖范围内任意移动，为了能把一个呼叫传送到移动用户，就必须有一个高效的位置管理系统来跟踪用户的位置变化。GSM 系统采用两层位置数据库：HLR（归属位置寄存器）和 VLR（来访位置寄存器）来管理用户的位置信息。

在 GSM 系统中，由于寻呼信道容量的限制，移动台的寻呼消息不可能整网下发，需引入一个“位置区（LAC）”的概念。位置区由若干小区构成，并以不同的位置区标志（LAI）进行标示。系统对移动台的寻呼是通过对移动台所在位置区的所有小区的寻呼来实现的，因此位置区的大小对系统的正常运行非常重要，是网络规划和网络优化中需要重点考虑的内容之一。

LAI 码在广播控制信道（BCCH）中播送，移动台开机后，通过搜索驻留小区的 BCCH 信道，从中提取所在位置区的信息。如果此位置区信息和它原来的位置区信息不同，则说明移动台已经进入了新的位置区，需要发起位置登记过程来更新其位置。

当一个移动台进入一个新的位置区时，位置登记过程分为3个步骤，首先在管理新位置区（LA）的新的VLR中登记MT；然后修改HLR中记录服务该MT的新VLR的ID；最后将旧的VLR和MSC中的该MT数据注销。

当移动用户被呼时，首先根据HLR和VLR中可用的位置信息来定位移动台在哪个位置区，然后通过“寻呼”过程，即所在位置区的所有小区的寻呼，来确定移动台处于哪个小区。

GSM系统中，根据网络的标识不同，位置更新可分为正常位置更新、周期性位置更新和IMSI码附着。

1. 正常位置更新过程

正常位置更新过程即指跨位置区的位置更新。当MS从一个位置区移动到另一个位置区时，必须进行登记。也就是说，一旦MS发现其存储器中的LAI与接收到的当前小区的LAI不一致，就必须通知网络来更改它所存储的MS的位置信息，这个过程称为“正常位置更新”。

移动台可能在不同情况下申请位置更新。比如，在任一个地区中进行初始位置更新、在同一个VLR服务区中不同位置区的位置更新以及在不同VLR服务区中进行的位置更新等。不同情况下进行位置更新的具体过程有所不同，但基本方法都一样。图3-4-1给出了跨VLR间的位置更新过程，其他情况可依此类推。

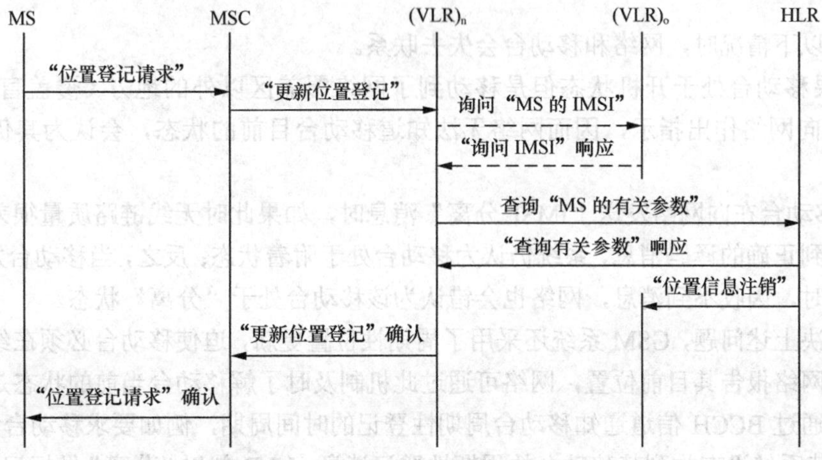

图3-4-1 跨VLR间的位置更新过程

当移动台进入某个访问区需要进行位置登记时，它就向该区的MSC发出“位置登记请求”。若此请求中携带的是“国际移动用户识别码（IMSI）”，新的访问位置寄存器$(VLR)_n$在收到MSC发来的“更新位置登记”指令后，可根据IMSI码直接判断出该MS的原籍位置寄存器（HLR）。$(VLR)_n$向该HLR查询该MS的相关参数，获得成功后，再通过MSC向MS发送“更新位置登记”确认消息。HLR需要修改该MS原来的动态位置参数，还要向该MS原来登记的$(VLR)_0$，发送“位置信息注销”指令。

如果MS利用“临时用户识别码（TMSI）”发起“位置登记请求”，则$(VLR)_n$只能判断出MS原来所在的$(VLR)_0$，TMSI码是由$(VLR)_0$分配的，因此，$(VLR)_n$必须先向$(VLR)_0$询问该用户的IMSI码。若询问操作成功，$(VLR)_n$再给该MS分配一个新的TMSI码，接下来的过程与上面一样。

如果MS因故未收到“确认”消息，则此次申请失败，可以重复发送3次申请，每次间隔至少10s。

2. IMSI码附着和分离过程

移动台可能处激活（开机）状态，也可能处于非激活（关机）状态，系统应该能够区分这两种不同的状态，以便执行不同的操作。在GSM系统中，通过在MSC/VLR中的用户记录上附加一个二进制标志来识别以上两种状态，称为“IMSI码附着和分离”。

当移动台开机时，需将自己已开机的状态通知系统，即通过向网络发送一条“IMSI附着”消息来通知网络它目前的状态。当网络收到此指示时，就会在系统数据中注明当前的用户状态，以便当该移动台的寻呼消息到来时可发起寻呼该移动台的程序。

当移动台关机时，它会通过一个按键触发“IMSI分离”过程，在此过程中，仅有一条非证实指令从移动台发送到MSC/VLR，MSC收到IMSI分离请求后，通知VLR对该IMSI做“分离”标志，而HLR并没有得到该用户已脱离网络的通知。当该用户被寻呼，HLR将向该用户所在的VLR要漫游号码（MSRN），此时VLR通知HLR该用户已脱离网络，此时便不会执行寻呼程序，而直接对该寻呼消息进行相应处理，如放“用户已关机”的录音等。

3. 周期性位置更新过程

当出现以下情况时，网络和移动台会失去联系。

① 如果移动台处于开机状态但是移动到了网络覆盖区以外的地方（覆盖盲区），此时移动台无法向网络作出指示，因而网络无法知道移动台目前的状态，会认为其仍处于附着状态。

② 当移动台在向网络发送“IMSI分离”消息时，如果此时无线链路质量很差，网络就有可能收不到正确的译码消息，系统仍认为移动台处于附着状态；反之，当移动台发送“IMSI附着”消息时，因收不到消息，网络也会错认为该移动台处于“分离”状态。

为了解决上述问题，GSM系统还采用了周期性位置更新，迫使移动台必须在经过一定时间后自动向网络报告其目前位置，网络可通过此机制及时了解移动台当前的状态是否发生了变化。网络通过BCCH信道通知移动台周期性登记的时间周期，例如要求移动台每30分钟登记一次，若系统没有收到某移动台的周期性登记消息，VLR就以“分离”做标记，称为“隐分离”。

周期性位置更新过程与正常位置更新过程是相同的。

3.4.3 安全性管理

空中接口是移动通信中最重要的接口，在空中接口上保护所传递的用户信息和信令信息，防止无权用户的侵犯是GSM系统应采取的关键措施。GSM系统在安全性管理方面设计了许多措施来保证系统的安全，比如通过鉴权来防止未授权的用户接入，保护网络运营者和用户不被假冒的利益；通过对传输加密，可以防止在无线信道上被窃听，从而保护用户的隐私；另外，它以一个临时代号替代用户标识，使第三方无法在无线信道上跟踪GSM用户，而且这些保密机制全由运营者进行控制，用户不必加入更新安全；通过EIR（设备识别中心）可对移动设备进行识别。下面就主要的安全性管理网络功能做进一步叙述。

1. 三参数组

用户的鉴权与加密是通过系统提供的用户三参数组来完成的。用户三参数组的产生是在GSM系统的AUC（鉴权中心）中完成。每个用户在入网签约时，就被分配一个用户电话号码（MSISDN）和用户身份识别码（IMSI）。IMSI通过SIM写卡机写入用户SIM卡，同时在写卡机中又产生一个对应此IMSI的唯一的用户鉴权密钥Ki，它被分别存储在用户SIM卡和系统功能实体AUC中。

根据HLR的请求，AUC按照下列步骤产生三参数组，如图3-4-2所示。

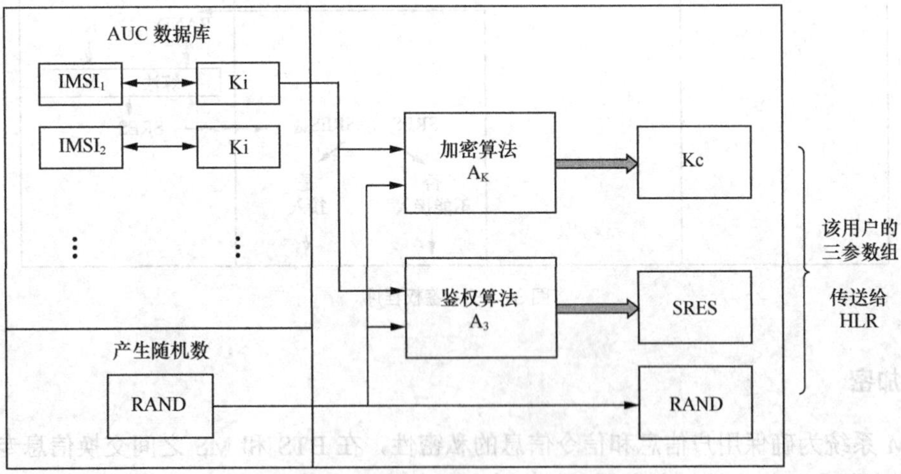

IMSI：国际移动用户识别码； Ki：用户鉴权钥；
Kc：加密密钥； SRES：符号响应； RAND：随机数

图3-4-2 AUC产生的某用户三参数组

首先，AUC中的伪随机码发生器产生一个伪随机数（RAND），然后RAND和Ki经AUC中的A8算法（加密算法）产生一个Kc（密钥），再经A3算法（鉴权算法）产生一个符号响应（SRES），最后RAND、SRES与Kc一起组成该用户的一个三参数组，传送给HLR。

一般情况下，AUC一次产生5组三参数传送给HLR，HLR可存储10组三参数组。当MSC/VLR向HLR请求传送三参数组时，HLR又一次性地向MSC/VLR传5组三参数组；MSC/VLR一组一组地使用，当用到剩2组时，再向HLR请求传送三参数组。

2. 鉴权

鉴权是指GSM网络确定移动台在身份验证过程中在无线接口传输的IMSI码或TMSI码的合法性的过程。其目的是防止无权用户接入GSM系统，同时也防止合法用户的私人信息被非法用户窃取。一般在每次呼叫建立尝试、位置更新以及在补充业务的激活、去活、登记或删除之前均需要鉴权。

鉴权程序如图3-4-3所示，当移动用户开机请求接入网络时，MSC/VLR通过控制信道向MS发送伪随机数RAND；SIM卡收到RAND后，用此RAND与SIM卡存储的用户鉴权钥Ki经同样的A3算法得出一个响应数（SRES）$_{MS}$，然后传送给MSC/VLR；MSC/VLR将收到的（SRES）$_{MS}$与三参数组中的（SRES）$_{AUC}$进行比较，如果相同，就允许接入，否则为非法用户，网路拒绝为此用户服务。

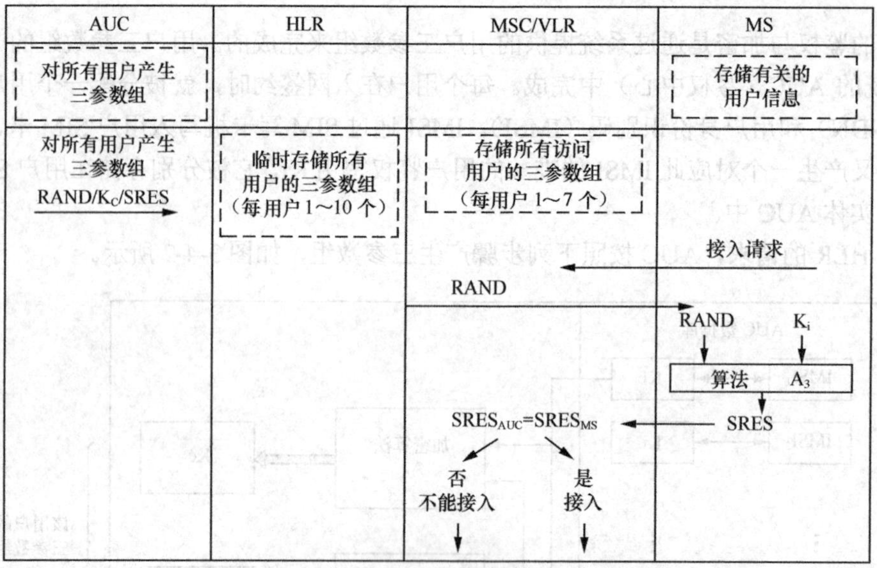

图 3-4-3 鉴权程序

3．加密

GSM 系统为确保用户信息和信令信息的私密性，在 BTS 和 MS 之间交换信息专门采用了一个加密程序，防止第三方窃听。加密流程一般出现在位置更新、业务接入、局间切换等服务请求中。加密程序如图 3-4-4 所示。

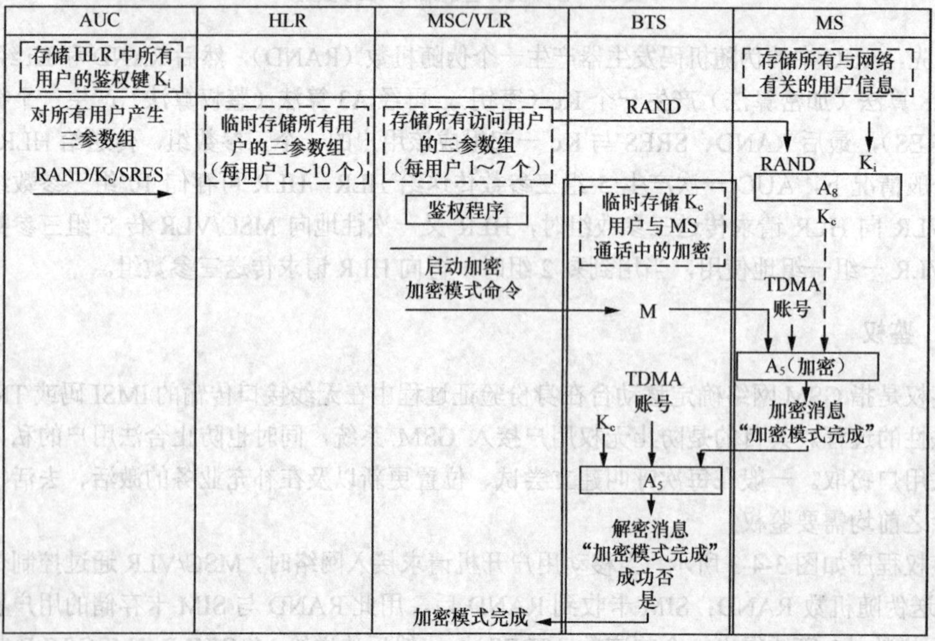

图 3-4-4 加密程序

在鉴权程序中，SIM 卡计算 SRES 时，同时用另一个算法（A_8）计算出加密密钥 Kc。根据 MSC/VLR 发送出的加密命令，BTS 侧和 MS 侧均开始使用 Kc。在 MS 侧，由 Kc、TDAM 帧号和加密命令 M 一起经 A5 算法对用户信息数据流进行加密（也叫扰码），然后在无线路径上传送。在 BTS 侧，把从无线信道上收到的加密信息数据流、TDMA 帧号和 Kc 再经过 A5 算法解密，然后传送到 BSC 和 MSC。

A5 算法利用移动台和网络都统一的 Kc（64bit）值和当前帧号码（22bit）进行计算产生一个 114bit 的加密序列，然后同突发脉冲的 114bit 的信息位进行异或操作。

4．用户识别码的保密

此功能可以防止非法个人或团体通过监听无线链路上的信令而窃得移动用户真实的用户识别码（IMSI）或跟踪移动用户的位置。这是通过在无线链路上使用临时移动用户识别码（TMSI）取代国际移动用户识别码（IMSI）来实现的。TMSI 是由 MSC/VLR 分配，并不断进行更换的，更换周期由网路运营商设置。

5．设备识别

每个移动台设备均有一个唯一的移动设备识别码（IMEI），其存储于设备标识寄存器（EIR）中。设备识别的目的是确保系统中使用的移动台设备不是盗用或非法的。为此，EIR 中存有 3 种设备清单。

① 白名单：合法的移动设备识别码。

② 黑名单：被禁用的移动设备识别码。

③ 灰名单：是否允许使用由网络运营商决定，包括有故障的及未经型号认证的移动设备识别码。

设备识别在呼叫建立尝试阶段进行。例如，当 MS 发起呼叫时，MSC/VLR 向 MS 请求 IMEI，收到后发送给 EIR；EIR 将收到的 IMEI 与自己存储的三种表个清单进行比较，把结果发送给 MSC/VLR，以便 MSC/VLR 决定是否允许该移动台设备进入网络。目前我国大部分省市的 GSM 网络均未配置此设备（EIR），所以此保护措施未启用。

3.4.4 呼叫接续

移动用户主呼和被呼的接续过程是不同的，下面分别讨论移动用户向固定用户发起呼叫（移动用户主呼）和固定用户呼叫移动用户（移动用户被呼）的接续过程。

1．移动用户呼叫固定用户

移动用户向固定用户发起呼叫的接续过程如图 3-4-5 所示。

若 MS 处于激活且空闲的状态，要建立一个呼叫，只需拨被叫用户号码，再按“发送”键，MS 便开始启动呼叫程序。整个呼叫流程分为以下几步。

① MS 进入“初始化”过程。

初始化过程是一个随机接入过程。MS 在 RACH（随机接入信道）上发送一条“信道请求”消息，BTS 收到此消息后通知 BSC，并附上 BTS 对该 MS 到 BTS 传输时延的估算及本次接入原因，BSC 根据接入原因及当前资源情况，选择一条空闲的 SDCCH（专用控制信道）

并通知 BTS 激活它。BTS 完成指定信道的激活后，BSC 在 AGCH（允许接入信道）上发送“立即分配”消息或（称为“初始化分配”消息），其中包含 BSC 分配给 MS 的 SDCCH 信道描述。初始化时间提前量、初始化最大传输功率以及有关参考值。

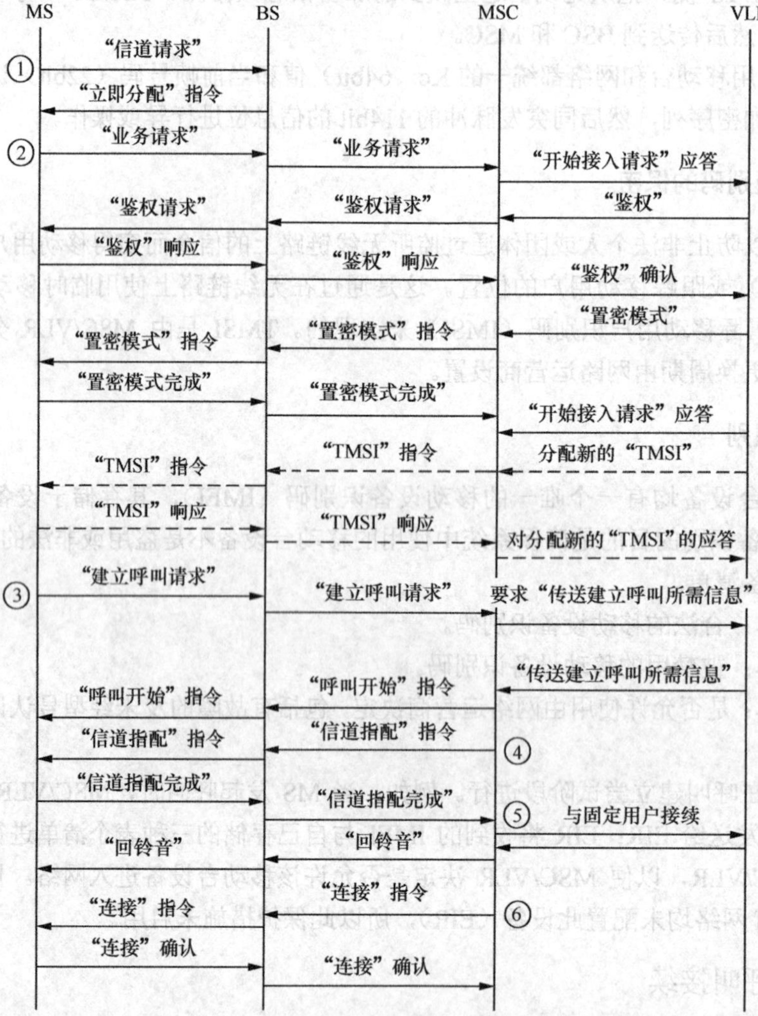

图 3-4-5　移动用户呼叫固定用户的接续过程

② 在移动台 MS 和移动业务交换中心 MSC 之间建立信令链接。

当 MS 正确收到自己的初始分配后，根据信道的描述，把自己调整到该 SDCCH 信道上，与 BS 建立一条传输信令的链路，经 BS 向 MSC 发送“业务请求”信息，其中含有主叫用户的识别码、本次接入的原因、登记和鉴权等内容。网络开始对移动用户识别码进行鉴权，如需要加密，则设置加密模式等。鉴权、置密完成后，为了保护 IMSI 码的安全，VLR 将给 MS 分配一个新的 TMSI 码。

③ 进入呼叫建立起始阶段。

此时 MS 向 MSC 发起“建立呼叫请求”，其包含被叫用户号码。MSC 向 VLR 要求传送建立呼叫所需的信息，如成功，MSC 向 MS 发送“呼叫开始”指令，并向 BS 发出分配无线业务信道信息的“信道指配”指令。

④ 分配业务信道。

如果 BS 有空闲的 TCH（业务信道），就向 MS 发出“信道指配”指令。当 MS 得到业务信道时，向 BS 和 MSC 发送“信道指配完成”指令。

⑤ 建立至被叫用户的呼叫。

MSC 在无线链路和地面有线链路建立后，通过 7 号信令与固定网（PSTN）建立至被叫用户的通路，并向被叫用户振铃，向移动用户回送呼叫接通证实信号（回铃音）。

⑥ 被叫摘机，进入通话阶段。

被叫用户摘机后，向 MS 发送“连接”指令，待 MS 发回“连接”确认后，转入通话阶段，完成 MS 和固定用户的整个接续过程。

2．固定用户呼叫移动用户

固定用户向移动用户发起呼叫的接续过程如图 3-4-6 所示，整个呼叫流程分为以下几步。

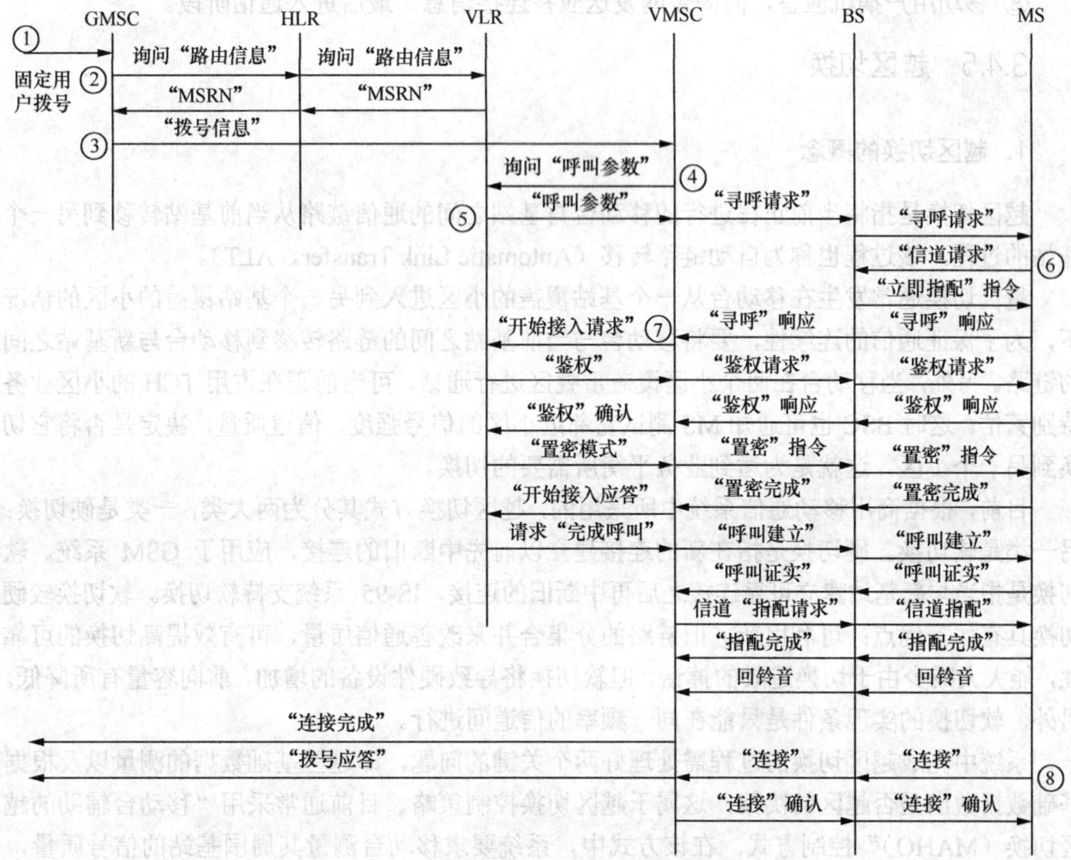

图 3-4-6 固定用户呼叫移动用户的接续过程

① 通过 7 号信令，GMSC（入口 MSC）接受来自固定网（PSTN）的呼叫。

固定用户向移动用户拔出呼叫号码后，固定网络把呼叫接续到就近的移动业务交换中心，称为 GMSC（入口 MSC）。

② GMSC 向 HLR 询问被叫移动用户正在访问的 VMSC 的地址。

GMSC 通过呼叫号码向相应的 HLR 查询路由信息，HLR 根据存储在其数据库中的动态位置信息获知被呼 MS 所在的 VLR 区，并向该区的 VLR 请求该 MS 的 MSRN（漫游号码）。误区的 VLR 为该 MS 分配 MSRN，并通过 HLR 转发给查询路由信息的 GMSC。

③ GMSC 从 HLR 获得 MSRN 后，重新寻找路由建立至被访 VMSC 的通路。

GMSC 根据从 HLR 获得的 MSRN 号将呼叫接续到被呼 MS 所在地的移动交换中心，记为 VMSC。

④ 被访 VMSC 从 VLR 获取被呼 MS 的相关“呼叫参数”。

⑤ MSC 通过位置区内所有基站向 MS 发送寻呼信息。

⑥ 被叫 MS 收到寻呼消息后，执行初始化过程，在 SDCCH 信道上向 VMSC 发回“寻呼响应”消息。

⑦ 执行与前述的出局呼叫流程中相同的过程，直至 MS 振铃，向主叫用户回送呼叫接通证实信号。

⑧ 移动用户摘机应答，向固定网发送应答连接消息，最后进入通话阶段。

3.4.5 越区切换

1. 越区切换的概念

越区切换是指将当前正在进行的移动台与基站之间的通信链路从当前基站转移到另一个基站的过程，该过程也称为自动链路转移（Automatic Link Transfer，ALT）。

越区切换通常发生在移动台从一个基站覆盖的小区进入到另一个基站覆盖的小区的情况下，为了保证通信的连续性，要将移动台与当前基站之间的链路转移到移动台与新基站之间的链路。另外，当移动台在两个小区覆盖重叠区进行通话，可当前正在占用 TCH 的小区业务特别繁忙，这时 BSC 也可通知 MS 测试它邻近小区的信号强度、信道质量，决定是否将它切换到另一个小区，这就是为达到业务平衡所需要的切换。

目前，根据商用移动通信系统中所采用的，越区切换方式其分为两大类，一类是硬切换；另一类是软切换。硬切换是指在新的连接建立以前先中断旧的连接，应用于 GSM 系统。软切换是指当与新基站建立可靠连接之后再中断旧的连接，IS-95 系统支持软切换。软切换较硬切换具有如下优点：可利用新、旧链路的分集合并来改善通信质量，可有效提高切换的可靠性，能大大减少由于切换造成的掉话。但软切换将导致硬件设备的增加，前向容量有所降低。另外，软切换的实现条件是只能在同一频率的信道间进行。

系统中完成越区切换的过程需处理好两个关键的问题，即越区基础数据的测量以及根据基础数据做出是否越区的决策，这属于越区切换控制策略。目前通常采用“移动台辅助的越区切换（MAHO）”控制方式。在该方式中，系统要求移动台测量其周围基站的信号质量，并把结果报告给旧基站，系统根据测试结果决定何时进行越区切换以及切换到哪一个基站。在现有的系统中，GSM 和 IS-95 系统均采用了移动台辅助越区切换。

越区切换时的信道分配问题很重要，即当呼叫要转移到新小区时，新小区如何分配信道，使得越区失败概率尽可能小。常用的做法是在每个小区预留部分信道专门处理越区切换。这种做法的特点是新呼叫时可用信道数减少，导致了呼损率的增加；但好处是减少了由于越区所带来的通话被中断的概率，符合人们的使用习惯。

2．GSM系统中的越区切换

GSM系统采用TDMA技术，将一个帧分为8个时隙，移动台通信时最多占用两个时隙分别进行发射和接收，在其余的时隙，移动台可以对周围基站的广播控制信道（BCCH）进行信号强度的测量。当移动台发现它的接收信号变弱，而又发现周围某个基站的信号很强时，它就可以发出越区切换请求，由此来启动越区切换过程。切换是否能实现还应由MSC根据网内的很多测量报告作出决定。如果不能进行切换，MSC会通过BS向MS发出拒绝切换的指令。根据切换点的位置不同，GSM系统内的切换主要有以下3种不同的情况。

（1）BSC内切换

BSC内切换即同一个BSC控制区内不同小区之间的切换，也包括不同扇区之间的切换，如图3-4-7所示。在这种情况下，BSC需要建立与新BTS间的链路，并在新小区内分配一TCH供MS切换到此小区后使用，而MSC对这种切换不做进一步了解。由于切换后驻留小区发生了变化，MS必须接收新的驻留小区的相关信息。若MS所在的位置区也变了，那么在呼叫完成后还需进行位置更新。

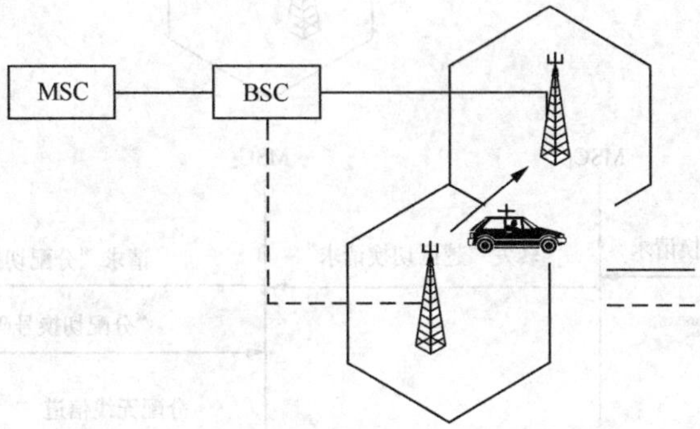

图3-4-7　同BSC的两个BTS间切换

（2）相同MSC/VLR业务区、不同BSC间的切换

在这种情况下，切换由MSC负责，切换示意图和切换流程见图3-4-8所示。

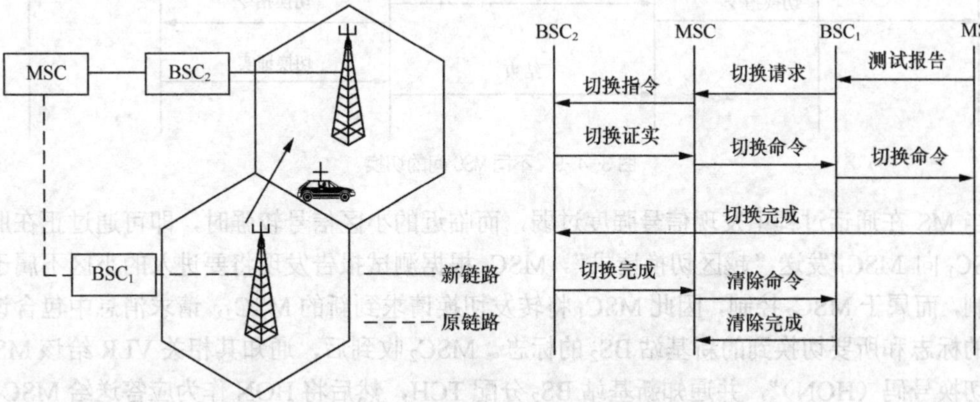

图3-4-8　同MSC/VLR不同BSC间的切换

首先，MS 向 BSC_1 报告测试数据，BSC_1 向 MSC 请求切换，MSC 向 BSC_2 发送“切换指令”，BSC_2 向 MSC 发送“切换证实”消息；然后，MSC 向 BSC1、MS 发送“切换命令”，命令 MS 切换到新频率的新 TCH 上；待切换完成后，MSC 向 BSC1 发送“清除命令”，释放原来占有的信道。此后 MS 需要了解新驻留小区信息，由于位置区发生了变化，在呼叫完成后还需进行位置更新。

（3）不同 MSC/VLR 间的切换

这是一种最复杂的情况，切换中需进行大量的信息传递。这种切换由于涉及两个 MSC，我们称切换前 MS 所处的 MSC 为服务交换机，切换后 MS 所处的 MSC 为目标交换机。图 3-4-9 给出了不同 MSC/VLR 的小区切换示意图和切换流程图。

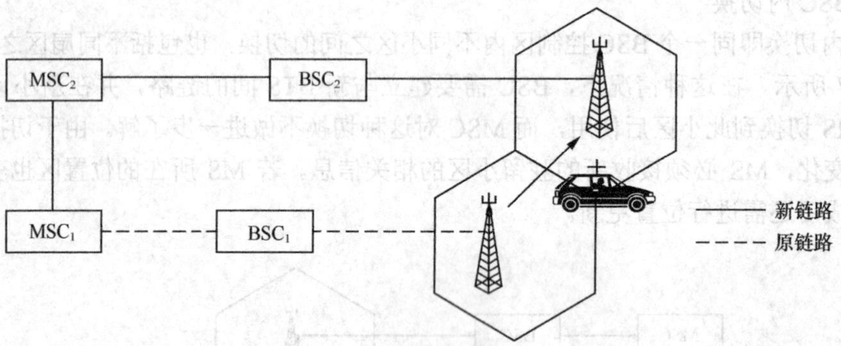

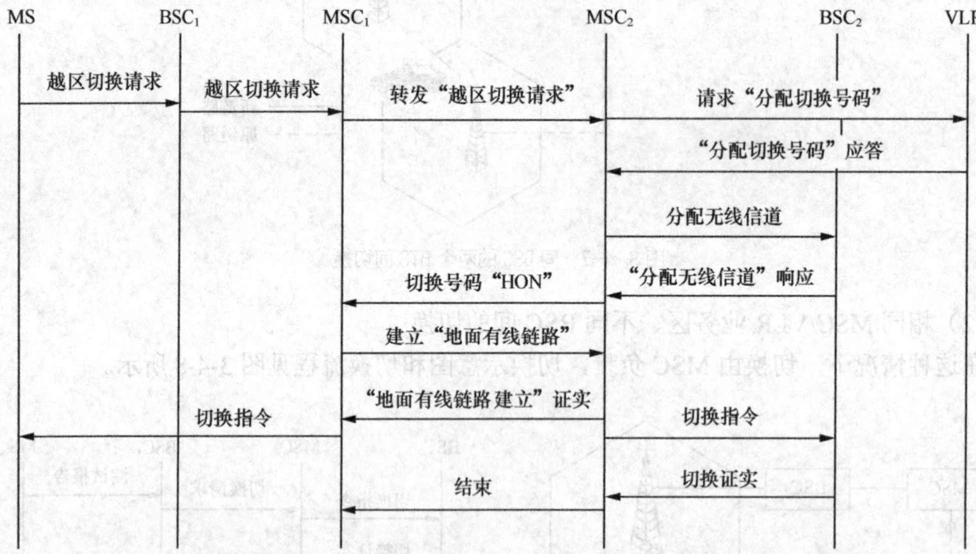

图 3-4-9 不同 MSC 间的切换

当 MS 在通话过程中发现信号强度过弱，而临近的小区信号较强时，即可通过正在服务的 BSC_1 向 MSC_1 发送“越区切换请求”。MSC_1 根据测试报告发现将要进入的小区不属于自己控制，而属于 MSC_2 控制，因此 MSC_1 将转发切换请求到新的 MSC_2，请求消息中包含该移动台的标志和所要切换到的新基站 BS_2 的标志。MSC_2 收到后，通知其相关 VLR 给该 MS 分配“切换号码（HON）”，并通知新基站 BS_2 分配 TCH，然后将 HON 作为应答送给 MSC_1。

MSC_1 收到 HON 后建立两交换机之间的地面通信链路，完成后 MSC_2 向 BS_2 发出“切换指令”，而 MSC_1 也向 MS 发送“切换指令”；MS 收到后切换到新的 TCH 信道上，由新的 BSC_2 向 MSC_2 发送“切换证实”消息，MSC_2 再向 MSC_1 发送“切换完成指令”，MSC_1 收到后通知原 BSC_1 和 BTS 释放原来占用的 TCH。

3.5 通用分组无线业务

通用分组无线业务（General Packet Radio Service，GPRS）是在现有 GSM 移动通信系统的基础上发展起来的一种移动分组数据业务。GPRS 通过在 GSM 移动网络中引入分组交换功能实体来完成用分组方式进行的数据传输。本节将重点介绍 GPRS 技术，包括网络结构、接口和协议、移动性管理、会话管理以及空中接口的相关内容。

3.5.1 概述

1．GPRS 简介

GPRS 是通用分组无线业务的英文简称。GPRS 是由英国 BT Cellnet 公司在 1993 年提出的，是 GSM Phase2.1 规范实现的内容之一，是 GSM 的移动分组数据业务，可以面向用户提供移动分组的 IP 或者 X.25 连接，是 GSM 网络向第 3 代移动通信演进的第一步，故也称为第 2.5 代移动通信。

GPRS 的提出有两点重要意义：一是在 GSM 网络中引入了一个基于 IP 的分组交换网络，可以更为有效地处理具有突发特性的数据业务；二是通过多时隙捆绑技术和 BSS 的统计多路复用将数据传输速率从 GSM 网的 9.6kbit/s 提高到 100kbit/s 以上，允许瞬时速率达到 170kbit/s，巨大的吞吐量改变了 GSM 网原先单一的面向文本的无线数据应用，使得包括图片、语音和视频在内的多媒体业务成为现实。GPRS 手机用户可随时收发电子邮件、发送彩色数码相片以及玩网络游戏等。需要注意的是，170kbit/s 只是 GPRS 的理论速率，实际速率典型值比理论速率慢很多，取值为 14.4～43.2kbit/s。

GPRS 瞬时传输速率的提高取决于以下几个方面。

① 开发新的移动台设备，使之具备在 TDMA 帧多时隙上收发信号的能力。

② 减缩对传输数据的保护。

③ 采用频谱利用率更高的调制方式。

GPRS 采用与 GSM 相同的频段、频带宽度、突发结构、无线调制标准、跳频规则以及相同的 TDMA 帧结构。因此，在 GSM 系统的基础上构建 GPRS 系统时，GSM 系统中的绝大部分部件都不需要作硬件改动，而只需作软件升级。

2．GPRS 的特点

① GPRS 采用分组交换方式，仅在实际传送和接收数据时才占用无线资源；且在一个小区内，多个 GPRS 用户可以共享一条无线信道，大大提高了无线资源的利用率。

② 高传输速率，可支持中、高速率数据传输。GPRS 目前实际上提供的峰值传输速率达到了 53.6kbit/s，GPRS 用户可以快速上网浏览，同时也使一些对传输速率敏感的移动多媒体应用成为可能。

③ GPRS 网络接入速度快，用户只需经历一次“附着”过程（3～5s），便成为网络的服务对象，以后每次使用时只需一个“激活”过程（1～3s），就能马上登录网络。

④ GPRS 具有“永远在线”的特点，即用户可随时与网络保持联系。举个例子，用户访问互联网时点击一个超级链接，手机就在无线信道上发送和接收数据；主页下载到本机后没有数据传送，手机就进入“准休眠”状态，释放所用的无线频道，但网络和用户之间还保持着逻辑上的连接；当用户再次点击，手机立即向网络请求无线频道来传送数据，而不像普通拨号用户那样断线后还得重新拨号才能上网。

⑤ GPRS 服务虽然保持着一直在线，但用户不必担心费用问题，因为 GPRS 是根据用户传输的数据量来计费的，而不是根据用户的上网时间来计费，因此它的费用比按时计费的 WAP 手机更为合理。

⑥ GPRS 支持基于标准数据通信协议的应用，可以和 IP 网、X.25 网互联互通，极大地推动了移动网络和数据网络的融合，并很方便地实现了与高速发展的 IP 网无缝连接。

3．GPRS 的业务

GPRS 可以看做是一个单独的数据网，它使用了 GSM 网的一部分，并可以无线接入。GPRS 提供的业务有两类，即点对点（Point To Point，PTP）业务和点对多点（Point To Multipoint，PTM）业务，它们属于承载业务。在 GPRS 承载业务支持的标准化网络协议的基础上，GPRS 网络管理可以支持一系列的交互式电信业务，包括用户终端业务、补充业务、短消息业务等。这里只简单介绍承载业务和用户终端业务。

（1）承载业务

承载业务支持在用户与网络接入点之间的数据传输能力。

① 点对点业务，是 GPRS 网络在两个用户之间提供的分组传送业务。由业务请求者启动，接收者接收。点到点业务包括点对点面向连接的网络业务（PTP-CONS）和点对点无连接的网络业务（PTP-CLNS）两种，前者属于虚电路型业务，要为两个用户建立逻辑电路（PVC 或 SVC），存在连接建立、数据传送和连接释放的过程，适用于 X.25 协议支持的业务；后者属于数据报业务类型，两用户之间不需要端到端地呼叫建立过程，分组的传送没有逻辑连接和交付确认保证，适用于突发非交互式应用业务，如基于 IP 的网络应用。

② 点对多点业务（PTM），是将单一信息传送到多个用户；包括两种，一种是点对多点多播（PTM-M）业务，向位于同一给定地区的多个用户发送；二是点对多点组呼（PTM-G）业务，向位于不同地理区域的用户组发送。

（2）用户终端业务

用户终端业务可以分为基于 PTP 的用户终端业务和基于 PTM 的用户终端业务。

基于 PTP 的用户终端业务包括如下几种。

① 信息点播业务，如 Internet 网页浏览以及各种信息查询，如股票价格、天气预报、航班信息、娱乐、交通信息等。

② 会话业务，在两个用户之间提供双向实时信息交换。

③ 远程操作业务，如电子银行、电子商务、远程定位等。

④ E-mail 业务。

基于 PTM 的用户终端业务包括实现分配、调度、会议、预定发送及地区选路等业务。

3.5.2 GPRS 网络结构、接口及协议

1. GPRS 网络结构及实体功能

GPRS 网络是通过在现有 GSM 网络中增加 GPRS 服务支持节点（Serving GPRS Support Node，SGSN）和 GPRS 网关支持节点（Gateway GPRS Support Node，GGSN）来实现的，使得用户能够在端到端分组方式下发送和接收数据。GPRS 无线接入仍使用与 GSM 同样的基站，但为了支持数据分组的接收，需要对基站的软、硬件进行升级及更新，使之支持 GPRS 系统。而且 GPRS 和 GSM 网络各实体的接口必须做相应界定。另外，要求移动台提供对 GPRS 业务的支持，其网络结构如图 3-5-1 所示。

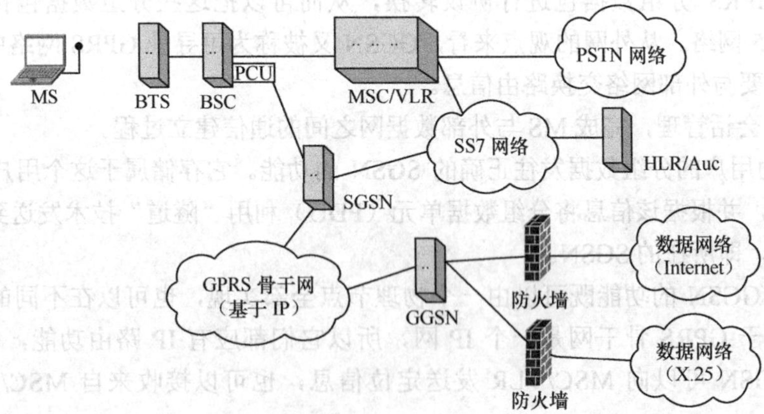

图 3-5-1 GPRS 网络结构

（1）GPRS 移动台

用户通过 GPRS 移动台利用空中接口同 BTS 通信，并可以建立到 SGSN 的逻辑链路。其有如下 3 种类型。

① A 类操作模式：MS 能同时工作于 GPRS（分组交换业务）和 GSM（电路交换业务）。

② B 类操作模式：MS 可同时附着在 GPRS 和 GSM 网络上，但同一时刻只能运行一种业务。

③ C 类操作模式：MS 不能同时附着在 GPRS 网络和 GSM 网络上。

（2）分组控制单元（PCU）

PCU 是基站子系统（BSS）为支持 GPRS 而引入的设备，它的主要功能包括使 BSS 提供数据功能支持分组呼叫控制和分组数据传输及大部分分组无线资源管理功能。

（3）服务 GPRS 支持节点（SGSN）

SGSN 是为移动终端（MS）提供 GPRS 业务的节点。其主要作用是记录移动台的当前位置信息，为本 SGSN 服务区域的 MS 转发分组数据，地位类似于 GSM 电路网中的 VMSC。SGSN 提供如下功能。

① 本 SGSN 区域内的分组数据包的路由与转发功能。

② 加密及鉴权功能。

③ 移动性管理功能。

④ 会话管理功能。

⑤ 逻辑链路管理功能。

另外，SGSN 集成了 GSM 网络中 VLR 的功能，当用户处于“GPRS 附着”状态时，SGSN 中将存储着此 GPRS 分组用户相关的用户信息和位置信息。此大部分信息是在位置更新过程中从 HLR 中获取的。

（4）网关 GPRS 支持节点（GGSN）

GGSN 提供数据包在 GPRS 网络和外部数据网之间的路由和封装。用户选择哪一个 GGSN 作为网关，是在 PDP 上下文激活过程中根据用户的签约信息以及用户请求的接入点名（APN）确定的。GGSN 主要提供以下功能。

① 与外部数据网络的接口功能。GGSN 需要提供 MS 接入外部分组数据网络的关口功能，可以把 GPRS 分组数据包进行协议转换，从而可以把这些分组数据包传送到远端的 TCP/IP 或 X.25 网络。从外网的观点来看，GGSN 又被称为可寻址 GPRS 网络中所有用户的 IP 路由器，需要与外部网络交换路由信息。

② GPRS 会话管理，完成 MS 与外部数据网之间的通信建立过程。

③ 将移动用户的分组数据发往正确的 SGSN 的功能。它存储属于这个用户的 GPRS 业务的路由信息，并根据该信息将分组数据单元（PDU）利用“隧道”技术发送到 MS 的当前的业务接入点，即所在的 SGSN。

SGSN 与 GGSN 的功能既可以由一个物理节点全部实现，也可以在不同的物理节点上分别实现。由于 GPRS 骨干网是一个 IP 网，所以它们都应有 IP 路由功能，并能与 IP 路由器相连。SGSN 可以向 MSC/VLR 发送定位信息，也可以接收来自 MSC/VLR 的寻呼请求。

（5）归属位置寄存器（HLR）

在 HLR 中有 GPRS 用户数据和路由信息，HLR 可根据需要对这些存储信息进行更新，并通知相应的 SGSN。

（6）移动交换中心（MSC）和拜访位置寄存器（VLR）

MSC/VLR 可利用 Gs 接口进行联合的 GPRS 和 GSM 业务，如利用 GPRS 网络实现电路交换业务的寻呼、GPRS 网络与 GSM 网络联合进行位置更新以及 GPRS 网络的 SGSN 节点接收 MSC/VLR 发来的寻呼请求等。在这种情况下，MSC/VLR 不仅存储 MS 的 IMSI 信息，还存储关联的 SGSN 号码。

2．接口及协议

（1）主要接口

GPRS 网络中的各设备实体之间存在着各种接口，通过对这些接口的规范定义，可以确保不同厂家的设备实现互联。GPRS 系统中的主要接口均用字冠 G 来表示，并采用 GSM 中的相关词汇表示，例如，GGSN-HLR 间接口用 Gc 表示，参照接口 GMSC-HLR 就用 C 表示。GPRS 网络的主要接口如图 3-5-2 所示。

① R 参考点：终端设备（TE）和移动终端（MT）之间的参考点，实现 TE 和 MT 的连接，即用户可以通过在 TE 上的操作完成分组数据业务。

② Gb 接口：BSS-SGSN 间的接口，通过此接口，可完成同 MS 之间的分组数据传送、

移动性管理、会话管理等方面的功能。在 GPRS 标准协议中规定此接口采用帧中继作为底层的传输协议。

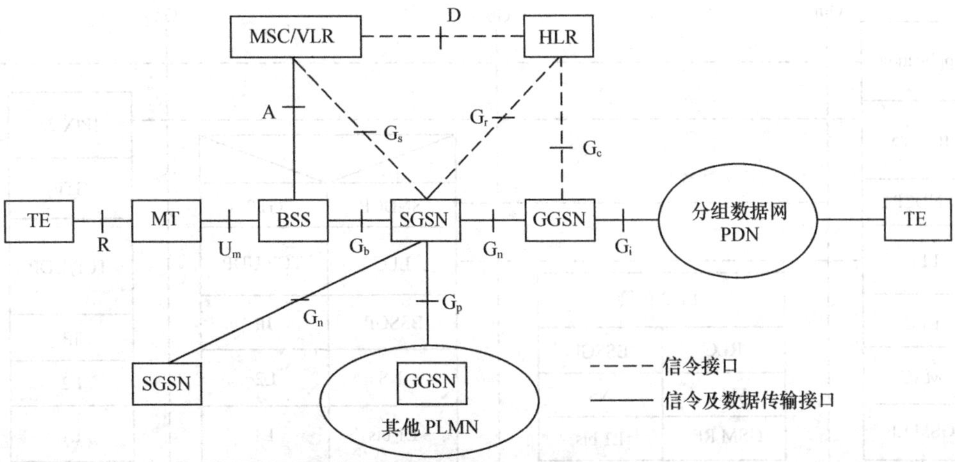

图 3-5-2 GPRS 系统的主要接口

③ Gn 接口：同一个 PLMN 内部 GPRS 支持节点（GSN）之间的接口，包括 SGSN-SGSN 和 SGSN-GGSN 间的接口，分别用于传输漫游管理和 PDP 上下文激活、分组数据内容。该接口采用 IP 协议，在 TCP/UDP 协议之上承载 GTP（GPRS 隧道协议）的方式完成分组数据的传送及移动性管理等。

④ Gs 接口：SGSN-MSC/VLR 间的接口。SGSN 通过此接口与 MSC 配合完成对 MS 的移动性管理，包括联合的“附着/去附着”过程、联合的“位置区/路由区”更新过程、接收从 MSC 来的电路型寻呼信息等。该接口功能采用 7 号信令上承载 BSSAP+协议实现。

⑤ Gr 接口：SGSN-HLR 间的接口。通过此接口，SGSN 可从 HLR 获知相关 MS 的用户数据和路由信息。当发生 SGSN 间路由区更新时，SGSN 会更新 HLR 中的位置信息；反之，当 HLR 中的数据有变化时，也会通知 SGSN 并作出相关处理。该接口功能采用 7 号信令上承载 MAP+协议实现。

⑥ Gc 接口：GGSN-HLR 间的接口，主要用于当网络侧主动发起对手机的业务请求时，由 GGSN 用 IMSI 向 HLR 请求用户当前 SGSN 的地址信息。目前这种情况很少。

⑦ Gi 参考点：GPRS 和外部数据网（PDN）间的接口，在此接口上完成协议的封装/解封装、地址转换、用户接入鉴权和认证等操作。

⑧ Gp 接口：不同 PLMN 网间的 GSN 间的接口，在通信协议上与 Gn 接口相同，但增加了边缘网关（BG）和防火墙。

（2）相关协议

GPRS 网络的数据和信令基于统一的传输平面，即在数据传输经过的几个接口上，对于数据和信令来说，子网依赖汇聚协议（SNDCP）下所有底层协议结构都是相同的。为了在 MS 和 GGSN 之间安排一个通信通道，利用逻辑链路控制协议（LLC）建立了一条链路，且在 SGSN 和 GGSN 之间的传输采用 GPRS 隧道协议（GTP）。GTP 或是依靠传输控制协议（TCP）（传输要计费），或是依靠用户报交换协议（UDP）（传输免计费）。GPRS 骨干网是一个基于 IP 协议的网络，GTP 层的协议数据单元（PDU）被装于 TCP 或 UDP 的 PDU 中，而它们本身又被封装在 IP 数据包中，IP 头部包含了 SGSN 和 GGSN 的在 GPRS 骨干网内部有效的 IP 地址。GPRS 数据传输协议平台如图 3-5-3 所示。

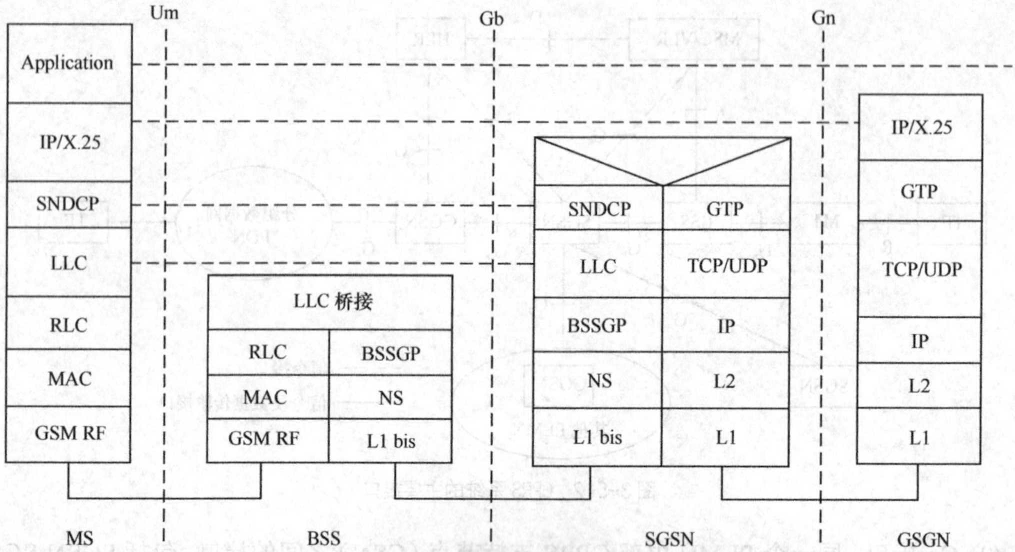

图 3-5-3 GPRS 数据传输协议平台

① 在 Um 接口包含的协议栈如下所述。

- 子网依赖汇聚协议（SNDCP）：此传输功能将网络级特性映射到底层网络特性中去。其主要作用是压缩和解压缩用户数据或协议控制信息，提高信道利用率；完成网络协议单元（N-PDU）分解成逻辑链路控制协议数据单元（LLC-PDU）或反之将 LLC-PDU 组装成 N-PDU；本层还用于不同分组数据协议的合路，确定 TCP/IP 地址和加密方式。
- 逻辑链路控制协议（LLC）：是一种在高速数据链路规程 HDLC 的无线链路协议，可以在 MS 和 SGSN 之间提供安全可靠的逻辑链路，并独立于底层无线接口协议。
- 无线链路控制/媒质接入控制协议（RLC/MAC）：这一层包括两个功能，一是无线链路控制功能，它能提供一条独立于无线解决方案的可靠链路，二是介质访问控制功能，它的主要作用是定义和分配空中接口的 GPRS 逻辑信道，使得这些信道能被不同的移动台共享，以及将 LLC 帧映射到 GSM 的物理信道上去。
- GSM RF：Um 接口的物理层为射频接口部分，满足无线接口规范。

② 在 Gb 接口包含的协议栈如下所述。

- GPRS 基站系统协议（BSSGP）：这个层用来传输在 BSS 和 SGSN 之间与选路和服务质量（QoS）有关的信息，BSSGP 没有纠错功能。
- 网络服务（NS）：这个层在帧中继连接的基础上传输 BSSGP PDU。

③ 在 Gn 接口包含的协议栈。

- GPRS 隧道协议（GTP）：GPRS 骨干网中 GSN 间的用户数据和信令利用 GTP 进行隧道传输。所有的点对点协议数据单元（PDU）都通过 GTP 协议进行封装打包，封装方式为在用户的 PDU 上封装 GTP 字头，其为 20 字节的固定格式，其中后 8 个字节标识特定用户的隧道标识（TID）。
- TCP/UDP：用于传送 GPRS 骨干网内部的 GTP 分组数据单元。TCP 适用于可靠数据传输的面向连接协议；UDP 适用于不需要可靠数据传输的无连接协议。

- IP：GPRS 骨干网协议，用于用户数据和控制信令的路由选择。
- L2、L1：是基于 OSI 第一、二层的协议，为 GPRS 骨干网传输 IP 分组数据单元。

3．数据发送的一般原理

（1）移动台发送数据包到外网用户

当移动台发送数据包到外网固定终端时，不存在什么特别的问题。移动台发送的数据经由 BSS 送到 SGSN，然后通过隧道协议打包封装传送到 GGSN，由 GGSN 去封装从隧道中拿出原始的数据包，根据常规的外网路由机制传送到目的主机，如图 3-5-4 所示。

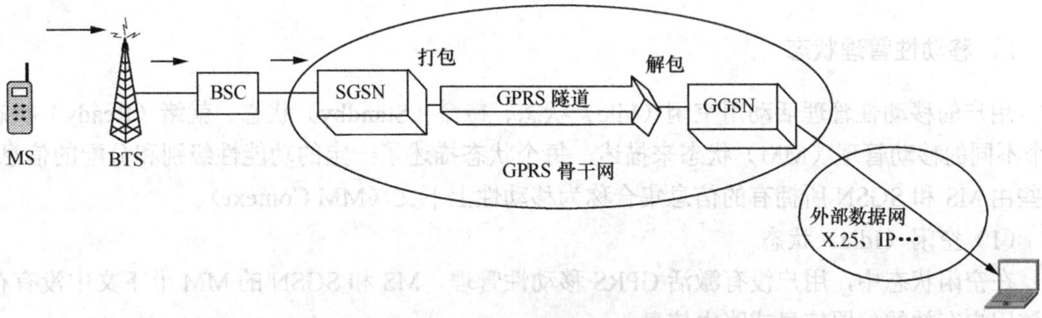

图 3-5-4　移动用户向外网目的主机发送数据包

（2）外网主机向移动台发送数据包

来自外网标识有移动台地址的数据包（如 IP 包），由 GGSN 接收，再转发移动用户相应的 SGSN，继而传送到移动台上。同样 SGSN 和 GGSN 利用 GPRS 隧道协议（GTP）对 IP 或 X.25 分组进行封装，实现二者之间的数据传输，如图 3-5-5 所示。

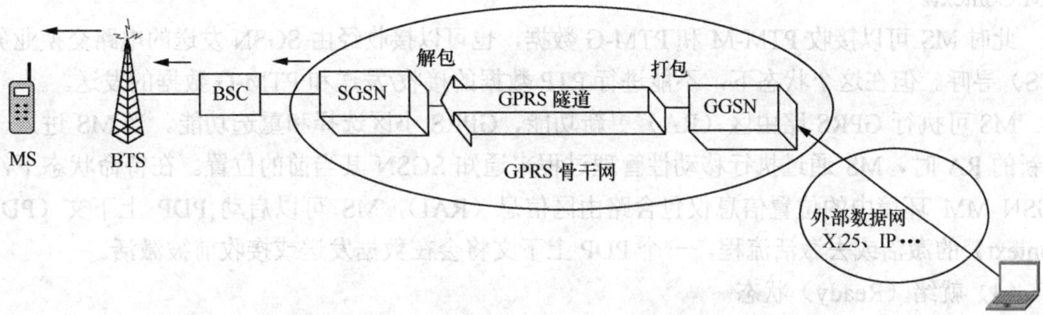

图 3-5-5　外网主机向移动用户发送数据包

3.5.3　GPRS 移动性管理和会话管理

1．GPRS 移动性管理

移动性管理功能用于在 PLMN 中保持对 MS 当前位置的跟踪。在 GPRS 网络中的移动性管理功能与 GSM 系统类似，一个或多个小区构成一个路由区（位置区的子集），一个 SGSN

对几个路由区提供服务。GPRS 通过路由区域的确定来进行更精确的定位，且 GPRS 手机将位置更新信息存储在 SGSN 中。GPRS 手机通过 GPRS 附着过程可以注册到网络，其注册过程类似于 GSM 中的位置更新。

为了更有效地寻呼 GPRS 用户，定义了路由区（Routing Area，RA）。RA 由一个或多个小区组成，可等同于一个位置区或一个位置区的子集。一个路由区由一个 SGSN 控制。路由区由路由区标示（RAI）来标识，RAI 作为一种系统信息在公共控制信道广播。移动台监听 RAI，以确定是否穿越路由区边界。一旦穿越，移动台将启动路由区更新过程。RAI 的结构为

$$RAI = MCC + LAC + RAC$$

其中，MCC 为移动国家号码；LAC 为位置区代码；RAC 为路由区代码。

2．移动性管理状态

用户的移动性管理活动用空闲（Idle）状态、待命（Standby）状态、就绪（Ready）状态 3 个不同的移动管理（MM）状态来描述，每个状态描述了一定的功能性级别和分配的信息。这些由 MS 和 SGSN 所拥有的信息集合称为移动性上下文（MM Context）。

（1）空闲（Idle）状态

在空闲状态中，用户没有激活 GPRS 移动性管理，MS 和 SGSN 的 MM 上下文中没有存储该用户有效的位置信息或路由信息。

在这个状态下，MS 可完成 PLMN 选择、GPRS 选择和重选以及 GPRS 附着过程；MS 可以接收 PTM-M 业务信息，但不能进行 PTP 和 PTM-G 的数据接收或发送；对用户的寻呼等功能也是不可用的。

（2）待命（Standby）状态

在待命状态下，用户附着到 GPRS 网络，MS 和 SGSN 中建立了以该用户 IMSI 标识的 MM Context。

此时 MS 可以接收 PTM-M 和 PTM-G 数据，也可以接收经由 SGSN 发送的电路交换业务（CS）寻呼。但在这个状态下，不能进行 PTP 数据的接收/发送和 PTM-G 数据的发送。

MS 可执行 GPRS 路由区（RA）更新功能、GPRS 小区选择和重选功能。当 MS 进入一个新的 RA 时，MS 通过执行移动性管理过程来通知 SGSN 其当前的位置。在待命状态下，SGSN MM 环境中的位置信息仅包含路由区信息（RAI），MS 可以启动 PDP 上下文（PDP Context）的激活或去激活流程，一个 PDP 上下文将会在数据发送或接收前被激活。

（3）就绪（Ready）状态

在就绪状态下，SGSN 中对应该 MS 的 MM 环境中增加了 MS 所驻留的小区位置信息，这项信息通过 MS 执行 PDP 上下文的激活流程来向网络提供。

在就绪状态下，MS 可以发送和接收 PTP PDU。在此状态下，网络不对 MS 发起分组域（PS）的寻呼，对其他业务的寻呼由 SGSN 来完成。在此状态下，MS 可以激活或去活 PDP 上下文。

（4）移动性管理状态转移

上述 3 种移动性管理状态在一定条件下可以转化，转化的依据是 MS 的当前状态和在该状态下所发生的事件（例如，GPRS 业务接入）。图 3-5-6 描述了 3 种状态的变化。

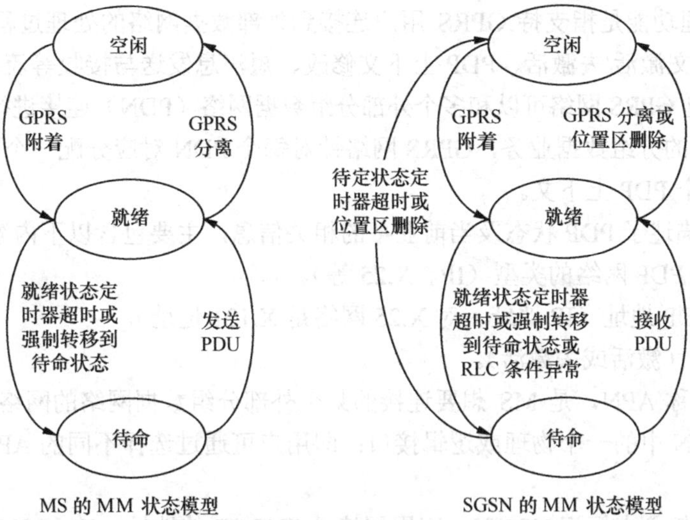

图 3-5-6 移动性管理状态转移模型图

① 从空闲状态转移到就绪状态：MS 请求接入 GPRS 业务，开始建立一个到 SGSN 的逻辑链路，在 MS 和 SGSN 中分别建立了 MM 上下文，此过程也称为 GPRS 附着。

② 从就绪状态转移到等待状态如下所述。

- 就绪状态定时器超时：MS 和 SGSN 中的 MM 环境均返回到待命状态。
- 强制返回待命状态：在就绪状态定时器超时之前，MS 或 SGSN 可能会发出一个返回到待命状态的信号，然后其 MM 环境会立即返回到待命状态。
- RLC 条件异常：为了避免无线接口的发送问题，或防止出现不可恢复的无线传输崩溃，SGSN 的 MM 上下文会返回到待命状态。

③ 从等待状态转移到就绪状态如下所述。

- PDU 的发送：为响应一个呼叫，MS 会向 SGSN 发送一个 LLC PDU。
- PDU 的接收：SGSN 接收来自 MS 的 LLC PDU。

④ 从就绪状态转移到空闲状态如下所述。

- GPRS 业务断开（去附着过程）：MS 请求 SGSN 中的 MM 上下文返回到空闲状态，以及 SGSN 中的 PDP 上下文返回到非激活状态。
- 位置区删除：SGSN 收到一个来自 HLR 的 MAP 定位取消消息，它的 MM 和 PDP 上下文会被删除。

⑤ 从等待状态转移到空闲状态如下所述。

- 等待状态定时器超时：在 MS 和 SGSN 中的 MM 环境和 PDP 上下文均返回到空闲状态即非激活状态。
- 位置区删除：SGSN 收到一个来自 HLR 的 MAP 位置取消消息，它的 MM 和 PDP 上下文会被删除。

3. GPRS 会话管理

GPRS 用户与网络附着后，网络为 MS 分配一个 IP 地址，使其成为外部 IP 网络的一部分，这一过程称为 PDP 上下文激活，属于 GPRS 会话管理（Session Management，SM）过程。

GPRS 的会话管理功能是指支持 GPRS 用户连接到外部数据网络的处理过程。GPRS 会话管理包括 PDP 上下文激活/去激活、PDP 上下文修改、短消息发送与接收等流程。

由于 MS 通过 GPRS 网络可以和多个外部分组数据网络（PDN）连接进行分组数据业务，为区分这些 PDN 的分组数据业务，GPRS 网络针对每个 PDN 对应分配一个 PDP 地址，每个 PDP 地址对应一个 PDP 上下文。

PDP 上下文描述了 PDP 状态及当前业务的相关信息，主要包含以下内容。

① 所采用的 PDP 网络的类型（IP、X.25 等）。

② 终端的 PDP 地址（IP 地址、对 X.25 网络是 X.121 地址）。

③ PDP 状态（激活或去激活）。

④ 接入点名称 APN，是 MS 想要连接的某个外部分组数据网络的网络接口逻辑名称，APN 对应于 GGSN 中的一个物理或逻辑接口；即用户可通过选择不同的 APN 来选择不同的外部网络。

⑤ 网络服务接入点标识 NSAPI，应用层接入 SNDCP 的地址，IP 和 X.25 协议各有自己的 NSAPI。

⑥ 协定的服务质量 QoS。

当 MS 附着到 GPRS 网络后，如果需要开始进行分组数据的传输，则首先要进行 PDP 上下文激活（移动台只有在待命或就绪状态下才能使用 PDP 上下文激活）。在 PDP 上下文激活过程中，通过 QoS 协商，可以对已经建立的临时块流进行资源调整。在数据传输过程中，可以根据当前业务状态进行 PDP 上下文修改。在分组数据业务完成后，通过 PDP 去激活流程完成 MS 和外部数据网连接的去激活。

3.5.4 GPRS 空中接口

1. 无线分组逻辑信道类型

GPRS 空中接口的逻辑信道包括分组数据业务信道、分组广播控制信道、分组公共控制信道和分组专用控制信道 4 种类型。表 3-3 给出了各信道名称、具体功能等内容。

表 3-3　　GPRS 空中接口的逻辑信道

信道类型	信道	具体功能	传输方向
分组数据业务信道（Packet Data Taffic Channel）	分组数据业务信道 PDTCH	数据业务传输 0～22.8kbit/s	MS↔ BSS
分组广播控制信道（Packet Broadcast Control Channel）	分组广播控制信道 PBCCH	广播控制	MS←BSS
分组公共控制信道（Packet Common Control Channel）	分组寻呼信道 PPCH	寻呼 MS	MS←BSS
	分组随机接入信道 PRACH	MS 接入申请	MS→BSS
	分组接入允许信道 PAGCH	允许 MS 接入	MS←BSS
	分组通知信道 PNCH	发送通知信息	MS←BSS
分组专用控制信道（Packet Dedicated Control Channel）	分组辅助控制信道 PACCH	在数据传送过程中传送分组信令	MS↔ BSS
	分组定时控制信道 PTCCH	时间提前控制信息	MS↔ BSS

2. 逻辑信道到物理信道的映射

在 GPRS 中，逻辑信道都可以映射到分组数据信道（PDCH）上。除了 PTCCH 之外，其他信道都占用 4 个时隙。每个无线数据块中的 4 个时隙是由相邻帧的时隙组成，而不是由同一帧的时隙组成的。例如，一个无线数据块由 4 个时隙组成：第 n 帧的第 k 时隙、第 $n+1$ 帧的第 k 时隙、第 $n+2$ 帧的第 k 时隙和第 $n+3$ 帧的第 k 时隙，$k=0,\quad ,7$。

GPRS 分组数据信道（PDCH）采用 52 帧复帧结构，包括 52 个 TDMA 帧，每 4 个帧组成一个无线块（Radio Block），因此一个 PDCH 共分为 12 个无线块、2 个空闲帧和为 PTCCH 保留的 2 帧，其结构如图 3-5-7 所示。

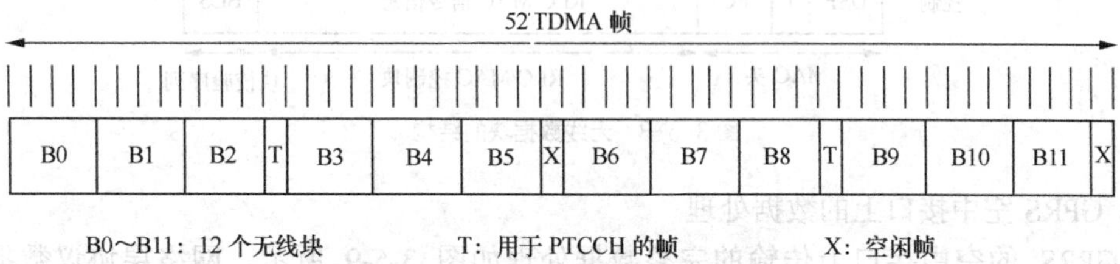

图 3-5-7 PDCH 的复帧结构（52 帧结构）

3. GPRS 数据编码过程

（1）信道编码

GPRS 的一个无线块只能承载 456bit。GPRS 物理层有 4 种信道编码方案 CS1～CS4。

对于 CS1，编码过程中首先将数据比特添加上行链路状态标志（USF），用来指明下一个上行无线数据块的状态。作为信息比特，再添加分组校验序列 BCS 进行纠检错编码，之后添上尾比特，然后所有比特进行 1/2 卷积编码，最终得到 456bit 的信道编码。

对于 CS2 和 CS3，编码过程中首先将数据比特添加 USF。作为信息比特，再添加 BCS 进行纠检错编码，之后对 USF 预编码后添上尾比特，然后所有比特进行 1/2 卷积编码，并采用截短技术最终得到 456bit 的信道编码。

对于 CS4，编码过程中首先将数据比特添加 USF。作为信息比特，再添加 BCS 进行纠检错编码，之后对 USF 预编码，最终得到 456bit 的信道编码。CS4 不采用卷积编码。

GPRS 的 4 种信道编码方案参数如表 3-4 所示。

表 3-4　　4 种编码方案的编码参数

方　案	数据比特	USF	预编码 USF	BCS	尾比特	数据速率（kbit/s）
CS1	181	3	3	40	4	9.05
CS2	268	3	6	16	4	13.4
CS3	312	3	6	16	4	15.6
CS4	428	3	12	16	0	21.4

由上可见，不同的信道编解码方案不同，传送速率不同，对空中无线传输质量的要求也不同。传输速率越高，对无线传输质量的要求越高。在数据传送过程中，BSS 可根据无线质

量的情况动态调整信道编码方案，以充分利用无线资源，在保证传送质量的前提下尽可能提高传送速率。

（2）RLC/MAC 块结构

无线数据块的结构如图 3-5-8 所示，分为用户数据块和控制块。RLC 数据块包括 RLC 头和 RLC 数据。MAC 头包含上行状态标志域（USF）、块类型指示域（T）和功率控制域（PC）。

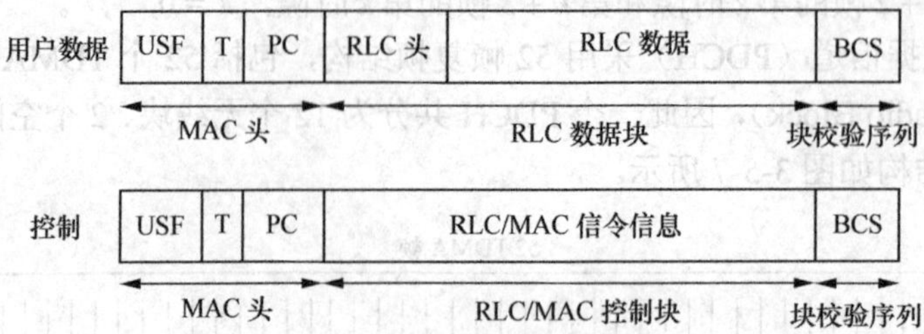

图 3-5-8　无线数据块的结构

（3）GPRS 空中接口上的数据处理

在 GPRS 的空中接口上传输的完整数据处理如图 3-5-9 所示。网络层协议数据单元（N-PDU）在 SNDCP 层进行分段后传给 LLC 层；LLC 添加帧头和帧校验序列后形成 LLC 帧，在 RLC/MAC 再进行分段后，封装成 RLC 块；RLC 块经过卷积编码和截短技术后形成 456bit 的无线数据块；无线数据块再分解成 4 个突发后，在 4 个时隙中传输。

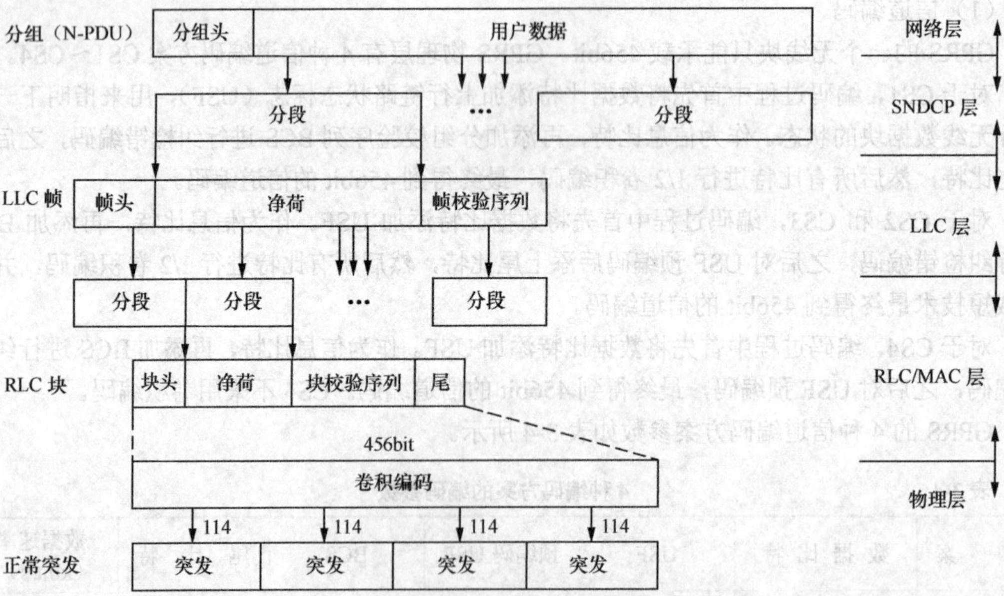

图 3-5-9　GPRS 空中接口上的数据处理

思考与习题

1．画出 GSM 系统的网络结构，并简要说明各功能实体作用？

2．描述 GSM 系统逻辑信道的分类及各信道作用。

3．根据 GSM 系统中的时隙格式，请回答如下问题。

（1）尾比特和保护间隔的作用是什么？

（2）训练序列的作用是什么？将训练序列放在数据的中间位置带来的好处是什么？

（3）接入突发中将训练序列和始端尾比特选择比较长的作用是什么？

（4）为什么接入突发中保护间隔远远大于其他突发中的保护间隔？

4．说明 GSM 系统中采用跳频技术和语音间断传输的好处？

5．GSM 系统在通信安全性方面采取了哪些措施？

6．说明 GSM 系统中用于鉴权和加密的“三参数组”及各参数的含义？

7．试画出 GSM 系统中用于鉴权的流程图。

8．试画出一个移动台呼叫另一个移动台的接续流程。

9．描述“移动台辅助越区切换（MAHO）”的概念。为什么 GSM 系统要采用 MAHO 方式？

10．GPRS 系统在 GSM 系统的基础上增加了哪些功能单元？各有何作用？

11．试画出 GPRS 系统中移动性管理状态转移的模型图。

12．请描述 PDP 上下文的含义。

13．解释 GPRS 隧道协议（GTP）的作用。

第 4 章 CDMA 系统组网技术

移动通信技术在 20 世纪 90 年代呈现出快速发展的趋势。当数字蜂窝网刚刚进入实用阶段之时，新的技术与新的系统不断推出，最具代表性的当属由美国 Qualcomm 公司于 20 世纪 90 年代初推出的窄带码分多址（CDMA）蜂窝移动通信系统。从此，CDMA 这种新的无线接入技术在移动通信领域占据了越来越重要的地位。

4.1 概述

为了克服第一代模拟蜂窝移动通信系统的局限性，满足移动通信网络的发展，欧洲、北美和日本自 20 世纪 80 年代中期相继为第二代数字蜂窝系统制定了欧洲的 GSM、北美的 IS-54 和日本的 JDC 3 种不同的标准。美国蜂窝电信工业公司（CTIA）于 1988 年发布了一个称为“用户性能需求（UPR）”的文件，提出了对第二代蜂窝网通信系统的要求。与此同时，美国 Qualcomm 公司开发的 CDMA 数字蜂窝网系统通过了几项局部现场测试，可以全面满足 CTIA 提出的要求，且具有软容量、软切换等突出优点，1993 年 7 月被正式采纳为北美数字蜂窝网临时标准 IS-95（IS 是 Interim Standard 的缩写）。

CDMA（Code Division Multiple Access）是码分多址的英文缩写，它是在扩频通信技术的基础上发展起来的一种无线多址通信技术，由于它具有容量高、抗干扰能力强、保密性好等优点，且能更充分地利用频谱资源，解决频谱短缺问题，因此被视为实现第 3 代移动通信的首选技术。

4.1.1 CDMA 技术标准化

自从 20 世纪 90 年代以来，CDMA 系统引起了人们的广泛关注，一出现就显示出了强大的优势和广阔的应用前景，许多国家纷纷引入 CDMA 技术进行组网运营。目前 CDMA 数字蜂窝移动通信系统已在许多国家的城市中开通。图 4-1-1 给出了 CDMA 系统技术标准的演进发展过程。

1. IS-95A

IS-95A 是 CDMA 标准系列中第一个投入商用的。1995 年下半年，中国香港地区开通了世界上第一个 IS-95A CDMA 商用网络。IS-95A CDMA 系统工作频段为 800MHz，FDD 模式，系统带宽为1.25MHz，码片速率为1.2288Mc/s。其主要承载语音业务，语音速率采用速率集1（RS1，Rate Set 1），支持9.6kbit/s、4.8kbit/s、2.4kbit/s和1.2kbit/s 4种速率。而且，标准中采用了功率控制、软切换、Rake分集接收等关键技术。

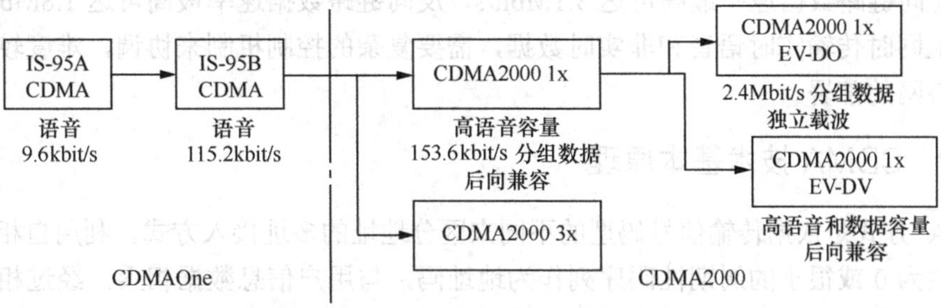

图4-1-1 CDMA系统的演进过程

2. IS-95B

IS-95A商用以后，市场对较高速率数据业务的需求逐渐显现出来。基于这种需求，在IS-95A的基础上产生了IS-95B。IS-95B的核心思想是在不改变IS-95A物理层的前提下通过自适应信道捆绑技术来提供中速数据业务。即最大允许8个业务信道组合在一起给同一用户用于数据业务，其传输速率取决于使用的信道数，最高可达到115.2kbit/s。IS-95B支持高级的数据接入协议，如TCP和ADSL等，为Internet的接入提供高速、灵活、方便的服务。IS-95B工作于800MHz/1900MHz频段，支持速率集1和速率集2（RS2，Rate Set 2），速率集2支持4种速率，即14.4kbit/s、7.2kbit/s、3.6kbit/s和1.8kbit/s。IS-95B实现数据业务需要将8个信道资源分配给一个用户，因此使用成本较高，在全球的商用系统较少。

IS-95A和IS-95B统称为CDMAOne，就是指基于IS-95标准的数字蜂窝网络。

3. CDMA2000 1x

CDMA2000是窄带CDMA系统向第3代移动通信系统过渡的标准。CDMA2000 1x是CDMA2000系统发展的第一个阶段，与现有的IS-95标准后向兼容，并可与IS-95系统的频段共享或重叠。CDMA2000 1x系统载波为1.25MHz，前向链路和反向链路均采用1.2288Mc/s序列扩频的单载波实现。在CDMA2000 1x系统中，语音和低速数据业务在基本信道（Fundamental Channel，FCH）上传输，高速数据业务在补充信道（Supplemental Channel，SCH）上传输。从理论分析来看，如果传送语音业务，CDMA2000 1x系统容量是IS-95系统的2倍；如果传送数据业务，其容量是IS-95系统的3.2倍。

4. CDMA2000 1x EV

由于分组数据业务和语音业务是两种性质完全不同的业务，二者对资源的需求具有截然不同的特点，CDMA2000 1x EV技术可以将这两种业务分别放在不同的载波或是采用同一个载波上来实现。

当采用不同的载波实现数据和语音的传输时，称为CDMA2000 1x EV-DO（Data Only）系统，其前向链路数据速率最高可达2.4Mbit/s，反向链路数据速率最高可达153.6kbit/s。其通过对二者采取不同的传输和控制方法，大大简化了系统设备的结构和资源控制软件，使两种业务分别得到较好的服务质量。

当采用同一个载波实现数据和语音的传输时，称为CDMA2000 1x EV-DV（Data & Voice）系统，其前向链路数据速率最高可达3.1Mbit/s，反向链路数据速率最高可达1.8Mbit/s。其在同一载波上同时传输实时语音和非实时数据，需要复杂的控制机制来协调，难度较大，且会影响到核心网的部署。

4.1.2 CDMA技术基本原理

CDMA 方式是依据传输信号码型的不同来区分地址的多址接入方式。利用自相关性很强而互相关性为0或很小的周期性码序列作为地址码，与用户信息数据相乘，经过相应的信道传输后，在接收端以本地产生的与发端完全一致的地址码为参考对接收信号进行相关检测，从中将有用信号选出，而把不一致的信号去除。其基本工作原理简要叙述如下。

图4-1-2所示为简化的CDMA收发系统示意图。图中，d_1～d_N分别是N个用户的信息数据，其对应的地址码分别是W_1～W_N。其中，S_1～S_N是各用户数据分别与其对应的地址码相乘后的波形，经过接收端解调后输出的波形R将是S_1～S_N的叠加信号（忽略噪声的影响）。

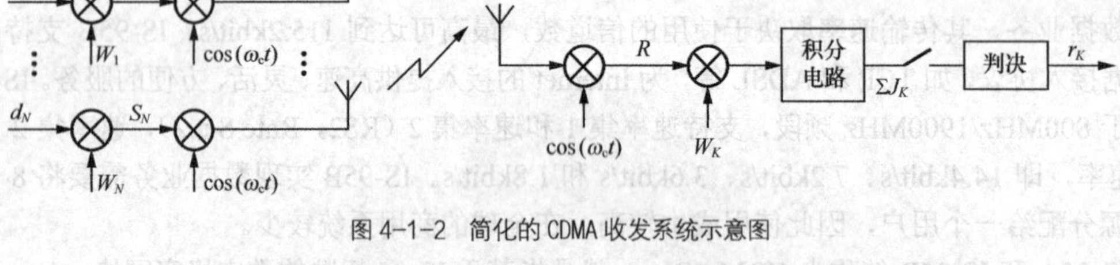

图 4-1-2 简化的CDMA收发系统示意图

为了分析方便，假设系统中有4个用户（$N=4$），各自的地址码分别为

$$W_1 = \{1,1,1,1\}$$

$$W_2 = \{1,-1,1,-1\}$$

$$W_3 = \{1,1,-1,-1\}$$

$$W_4 = \{1,-1,-1,1\}$$

假设在某一时刻用户信息数据分别为

$$d_1 = \{1\}，d_2 = \{-1\}，d_3 = \{-1\}，d_4 = \{1\}$$

如果想接收用户3的信息数据，则本地产生的地址码应该与用户3的发端地址码完全相同，即$W_K = W_3$。在接收端，若系统处于同步状态，且忽略噪声的影响，则图4-1-2中各点所对应的形如图4-1-3所示。

由图4-1-3可见，$S_1 = \{1,1,1,1\}$，$S_2 = \{-1,1,-1,1\}$，$S_3 = \{-1,-1,1,1\}$，$S_4 = \{1,-1,-1,1\}$，解调输出端为$R = S_1 + S_2 + S_3 + S_4$，若本地产生地址码$W_k = W_3$，则经相乘、积分后，产生的波形为

$$\sum J_k = \int R \times W_k \mathrm{d}t = \int (S_1 + S_2 + S_3 + S_4) \times W_3 \mathrm{d}t = J_1 + J_2 + J_3 + J_4$$

式中

$$J_1=\int S_1\times W_3\mathrm{d}t=\int d_1\times W_1\times W_3\mathrm{d}t=1\times1+1\times1+1\times(-1)+1\times(-1)=0$$

$$J_2=\int S_2\times W_3\mathrm{d}t=\int d_2\times W_2\times W_3\mathrm{d}t=(-1)\times1+1\times1+(-1)\times(-1)+1\times(-1)=0$$

$$J_3=\int S_3\times W_3\mathrm{d}t=\int d_3\times W_3\times W_3\mathrm{d}t=(-1)\times1+(-1)\times1+1\times(-1)+1\times(-1)=-4$$

$$J_4=\int S_4\times W_3\mathrm{d}t=\int d_4\times W_4\times W_3\mathrm{d}t=1\times1+(-1)\times1+(-1)\times(-1)+1\times(-1)=0$$

经采样、判决后，输出信号 $r_k=r_3=\{-1\}$，为用户 3 所发送的信息数据。

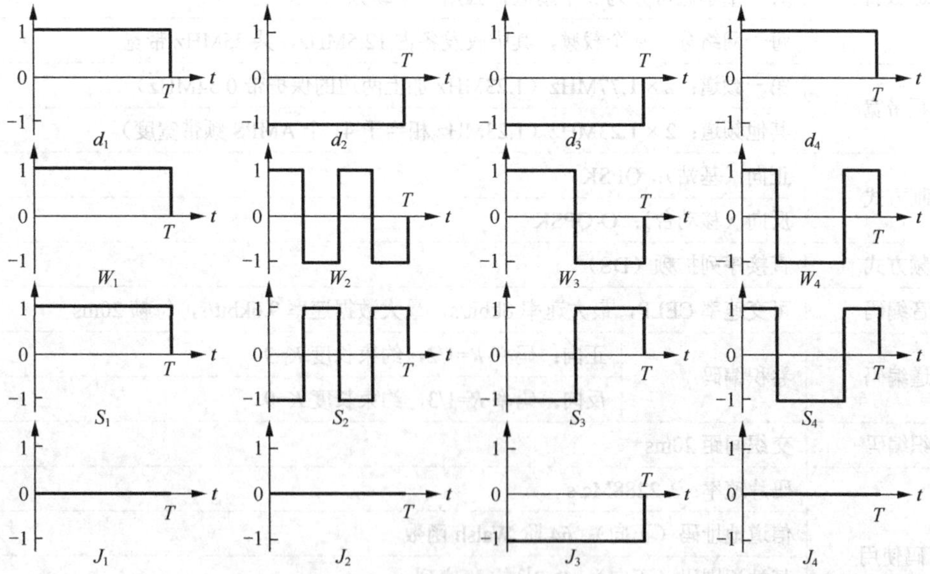

图 4-1-3 简化的 CDMA 工作原理波形示意图

由以上分析可见，尽管解调输出信号是 S_1～S_4 的叠加，但是经过相关检测后，由于码地址之间的完全正交性能，使得用户 1、2、4 所发射的信号加到采样判决电路前的信号为 0，对用户 3 的有用信号的采样判决没有影响。

由此例可见，实现码分多址通信，所需的 3 大关键技术如下所述。

① 为了在系统中容纳更多的用户通信，就要有足够多的地址码，且地址码要有尖锐的自相关特性和处处为零的互相关特性。

② 在 CDMA 系统的接收端进行相关检测时，必须产生与发端完全同步的本地地址码，即要求码型结构一致、相位相同。

③ CDMA 系统必须与扩频系统相结合。由 CDMA 通信系统的特点可知，网内所有用户使用同一载波，各个用户可以同时发送和接收信号，因此在接收机输入端信号干扰功率比将远小于 1，传统的调制解调方式对此将无能为力。为了将各用户之间的相互干扰降到最低，并使各用户在信道传输中占据相同的带宽，CDMA 系统必须与扩展频谱技术相结合，通过扩频系统中处理增益的贡献来获得信噪比门限的降低的增益，使得接收端具备正确分离有用信号的能力。

4.1.3 IS-95 标准

IS-95 公共空中接口是美国电信工业协会（TIA）于 1993 年公布的“双模式（CDMA/AMPS）

宽带扩频蜂窝系统的移动台-基站兼容标准”，简称 IS-95。其空中接口主要参数如表 4-1 所示。

表 4-1　　IS-95 空中接口主要参数

频段	正向（基站→移动台）：869～894MHz	
	反向（移动台→基站）：824～849MHz	
信道数目	64 个码分信道/每一载频	
	每一个小区可分为 3 个扇区，公用一个载频	
	每一网络分为 9 个载频，其中收发各占 12.5MHz，共 25MHz 带宽	
射频带宽	第一频道：2 × 1.77MHz（1.23MHz 加上两边的保护带 0.54MHz）	
	其他频道：2 × 1.23MHz（1.23MHz 相当于 41 个 AMPS 频带宽度）	
调制方式	正向（基站）：QPSK	
	反向（移动台）：O-QPSK	
扩频方式	直接序列扩频（DS）	
语音编码	可变速率 CELP，最大速率 8kbit/s，最大数据速率 9.6kbit/s，每帧 20ms	
信道编码	卷积编码	正向：码率 R=1/2，约束长度 K=9
		反向：码率 R=1/3，约束长度 K=9
交织编码	交织间距 20ms	
PN 码使用	码片速率：1.2288Mc/s	
	信道地址码（正向）：64 阶 Walsh 函数	
	基站识别码（正向）：$P=2^{15}$ 的 m 序列	
	用户识别码（反向）：$P=2^{42}-1$ 的 m 序列（长码截短）	
功率控制	800Hz，周期 1.25ms	
多径利用	Rake 接收，移动台为 3 个（3 条路径），基站为 4 个（4 条路径）	

由于 CDMA 系统与模拟（AMPS）系统相互兼用，因此合理分配频段至关重要。北美第一代模拟蜂窝系统（AMPS）的频道间隔为 30kHz，CDMA 每载频带宽为 1.23MHz，相当于 41 个 AMPS 频道带宽。根据政府关于在同一给定地理区域内注册两个蜂窝供应商的政策，CDMA 频段划分为 A 和 B 两部分，各占 2 × 12.5MHz，如图 4-1-4 所示。系统 A、B 分别为两个不同的经营部门各自组成蜂窝网，最初分配给每个供应商的频带是连续的 10MHz，后来又分别增加了 2.5MHz。

MS 和 BS 的信道编号 n 和中心频率的关系为

$$f_{\text{mobile}}=\begin{cases}825.000\text{MHz}+0.03n,(1\leqslant n\leqslant 799)\\825.000\text{MHz}+0.03\cdot(n-1023),(991\leqslant n\leqslant 1023)\end{cases}\tag{4-1-1}$$

$$f_{\text{base}}=\begin{cases}870.000\text{MHz}+0.03n,(1\leqslant n\leqslant 799)\\870.000\text{MHz}+0.03\cdot(n-1023),(991\leqslant n\leqslant 1023)\end{cases}\tag{4-1-2}$$

例如对于信道 689 来说，正向链路的中心频率是 f_{base}=890.670MHz，反向链路中心频率是 f_{mobile}=845.670MHz。

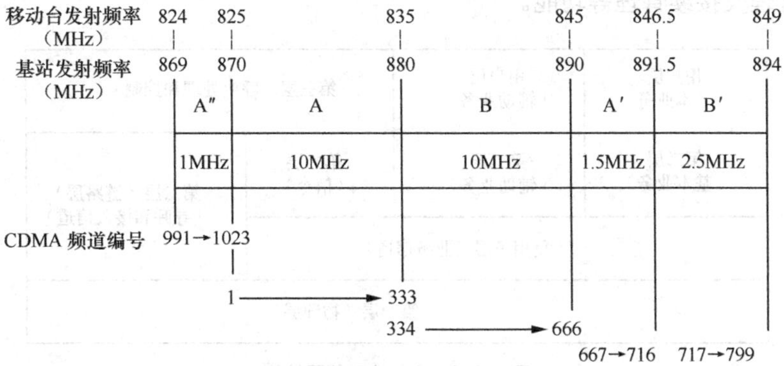

图 4-1-4　CDMA 蜂窝系统频率配置

CDMA 蜂窝系统配备了两种频道，分别称为基本频道和辅助频道。所谓基本频道是指由移动台预先设置，用于接入 CDMA 系统时，移动台首先扫描的频道。A 系统中，基本频道号码为 283（833.49MHz，878.49MHz）；B 系统中，基本频道号码为 384（836.52MHz，881.52MHz）。所谓辅助频道，是指由移动台预先设置，当不能捕获基本频道时，移动台接下来要扫描的频道。A 系统中，辅助频道号码为 691（845.73MHz，890.73MHz）；B 系统中，辅助频道号码为 771（848.13MHz，893.13MHz）。在 CDMA 系统中，为了便于 MS 随机接入，除了要设置一个基本频道外，还要设置一个或几个辅助信道。

4.1.4　网络结构及接口标准

CDMA 蜂窝通信系统的网络结构如图 4-1-5 所示，它与 TDMA 蜂窝系统的网络结构类似，也主要由网络子系统、基站子系统和移动台 3 大部分组成。

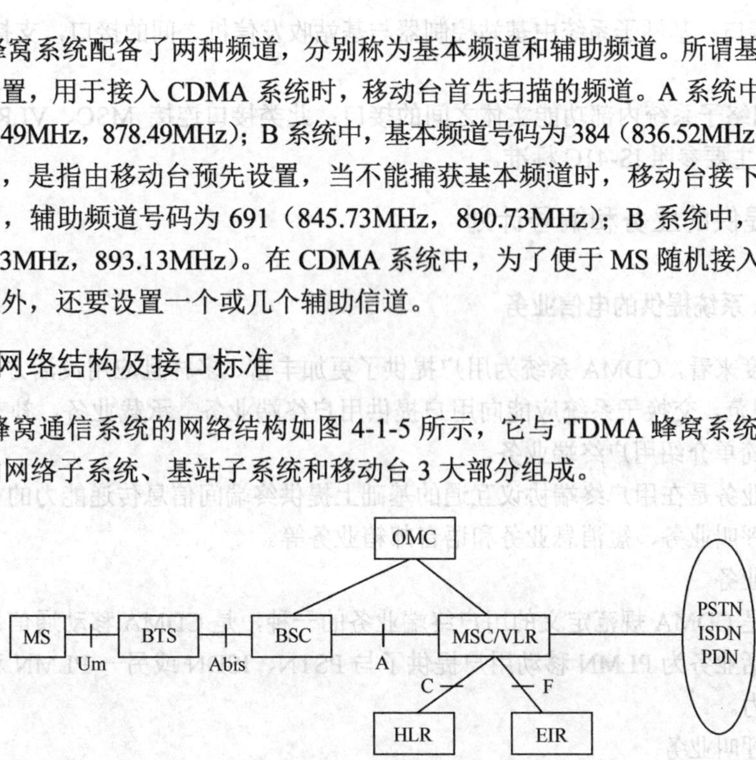

图 4-1-5　CDMA 系统网络结构

实际上，TDMA、CDMA 系统在运行环境、业务要求和控制功能上基本相同，因而网络结构也大同小异，其差异在于无线信道的构成以及与之相关的无线接口和无线设备不同，当然也包括一些特殊的控制功能。因此，其各部分的功能和用途与 GSM 系统中大致一样，这里不再赘述。

在上述 3 大组成部分中存在着如下所述的几个重要接口。

① 空中接口：基站与移动台之间的信号互通接口。此接口遵守 IS-95A 标准，考虑到中国的实际情况，可以不考虑兼容 AMPS 系统的部分，同时参考 J-STD-008、TSB74 标准。空中接口标准的层次结构如图 4-1-6 所示。

② A 接口：基站子系统与交换网络子系统之间的接口，主要传递移动台管理、基站管

理、移动性管理及接续管理等功能。

<table>
<tr><td>用户层
（基本业务）</td><td>用户层
（辅助业务）</td><td colspan="2">第三层（呼叫处理和控制）</td></tr>
<tr><td>第二层
（基本业务）</td><td>第二层
（辅助业务）</td><td>第二层
（信令）</td><td rowspan="2">第二层（链路层）
（寻呼和接入信道）</td></tr>
<tr><td colspan="3">复用子层（业务信道）</td></tr>
<tr><td colspan="4">第一层（物理层）</td></tr>
</table>

图 4-1-6　空中接口的层结构

③ Abis 接口：基站子系统中基站控制器与基站收发信机之间的接口，支持对 BTS 无线设备的控制。

④ 交换网络子系统内部功能实体之间的接口：此类接口连接 MSC、VLR、HLR、EIR 及 AUC，标准主要参照 IS-41C 标准。

4.1.5 提供的业务和编号计划

1．CDMA 系统提供的电信业务

从业务角度来看，CDMA 系统为用户提供了更加丰富、多样且应用灵活方便的业务。按照 CDMA 的规范，交换子系统应能向用户提供用户终端业务、承载业务、补充业务 3 类业务。在这里仅简单介绍用户终端业务。

用户终端业务是在用户终端协议互通的基础上提供终端间信息传递能力的业务，包括电话业务、紧急呼叫业务、短消息业务和语音邮箱业务等。

（1）电话业务

电话业务是 CDMA 规范定义的用户终端业务的一种，是 CDMA 移动通信系统应用最广泛的业务。电话业务为 PLMN 移动用户提供了与 PSTN、ISDN 或另一 PLMN 移动用户进行语音通信的能力。

（2）紧急呼叫业务

紧急呼叫业务是指移动用户发起呼叫到就近的紧急呼叫中心（如急救中心）。紧急呼叫业务类似于电话业务，但建立呼叫相对来说简捷快速。PLMN 运营商可以根据本国和本地区的实际情况来设置紧急呼叫号码。

（3）短消息业务

短消息业务在这里指点到点短消息业务，是目前 CDMA 系统中唯一只利用信令信道即可完成的用户终端业务，它可同时与语音等业务并行。该业务给 CDMA 移动用户提供了一种简单实用、功能丰富的文字信息交互平台，实现了移动台用户之间的双向寻呼功能。

（4）语音邮箱业务

语音邮箱业务为用户提供了语音信息存储和转发功能。当用户忙时，它允许用户将其来话转接到预先设置的语音邮箱。

2．编号计划

在移动通信网中，要正确寻址，编号计划就非常重要。本节将就窄带CDMA移动通信网中用来识别用户、设备、网络的各种号码的编号计划进行介绍。

（1）移动用户电话号码簿号码（DN）

此号码为CDMA网用户作为被叫时，主叫用户所需拨的号码，号长为11位。其号码构成为

$$CC+MAC+H_1H_2H_3H_4+ABCD$$

其中，CC是国家码，中国为86；MAC是移动接入码，窄带CDMA网采用133；$H_1H_2H_3H_4$是归属位置寄存器（HLR）的识别码，由电信总部统一分配到本地网；ABCD是移动用户号，区别归属于同一个HLR下的唯一用户。

（2）国际移动用户识别码（IMSI）

IMSI是数字公用陆地蜂窝通信网中唯一识别一个移动用户的15位十进制数号码，其号码结构如图4-1-7所示。

MCC为国家号码，中国为460；MNC为移动网络号，窄带CDMA网采用03；MSIN为移动用户识别码，号长为10位，结构如图4-1-8所示。其中，XX是分配给我国的移动识别号码（MIN）段，窄带CDMA网为09；$H_1H_2H_3H_4$与DN号码中的$H_1H_2H_3H_4$相同；ABCD为用户号。

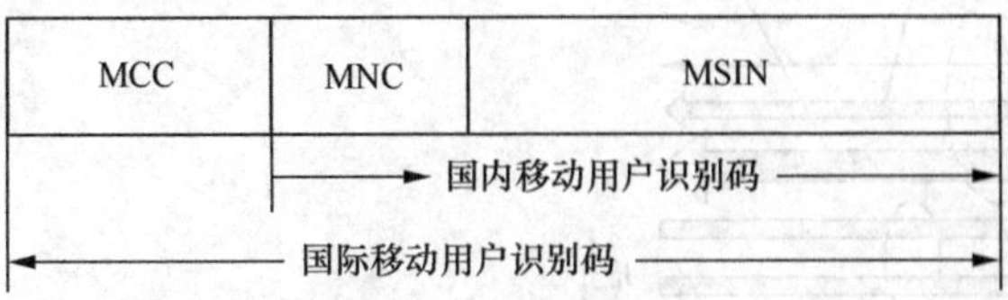

图4-1-7 IMSI码的结构

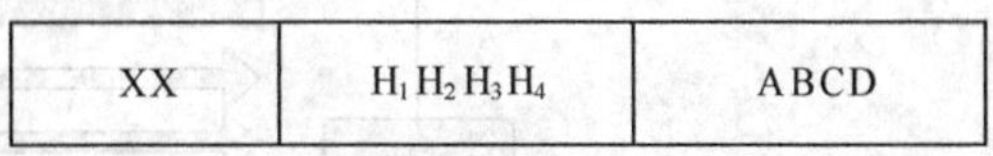

图4-1-8 MSIN的结构

（3）临时本地用户号码（TLDN）

临时本地用户号码是当呼叫一个移动用户时，为使网络进行路由选择，访问位置寄存器（VLR）临时分配给漫游移动用户的一个号码（作用相当于GSM系统中的MSRN号），是移动用户DN号码的一部分。窄带CDMA网定义为13X后第一位为5的号码，其号码结构为

$$CC+MAC+5+H_1H_2H_3H_4+ABC$$

（4）电子序号（ESN）

电子序号用于唯一识别一个移动台设备，每个双模移动台分配有一个唯一的电子序号。它包含32bit，其构成如下。

比特	31…24	23…18	17…0
	厂家编号（8bit）	保留（6bit）	设备序号（18bit）

（5）系统识别码（SID）和网络识别码（NID）

在窄带CDMA中，由一对识别码（SID、NID）共同标识一个移动业务本地网。

①SID：包含15bit，由国家标识比特组和本地系统比特组两部分组成。窄带CDMA网使用的SID为

比特	14…9	8…4	3…0
	110010	国内业务区组识别	组内业务区识别码

其中，比特为 0 的 SID 码暂时保留。

② NID：包含 16bit，其中 0 与 65535 保留。0 作为表示在某个 SID 区中不属于特定的 NID 区的那些基站；65535 表示移动用户可在整个 SID 区中漫游。

（6）登记区识别码（REG-ZONE）

在一个 SID 区或 NID 区中唯一识别一个位置区的号码。它包含 12bit，由各省统一分配。

（7）基站识别码（BSID）

基站识别码是一个 16bit 数，用于唯一识别一个 NID 下属的基站。

4.1.6 系统信道的分类和定时

1. CDMA 系统的逻辑信道

在 CDMA 系统中，除要传输业务信息外，还要传输各种控制信息，CDMA 系统配置了各种逻辑信道，它们均是依据不同的码序列来区分的。在 CDMA 系统中，收发使用不同的载频，即通信方式为 FDD 方式，双工间隔 45MHz。根据传输方向的不同，CDMA 系统的信道分为正向信道和反向信道，示意图如图 4-1-9 所示。

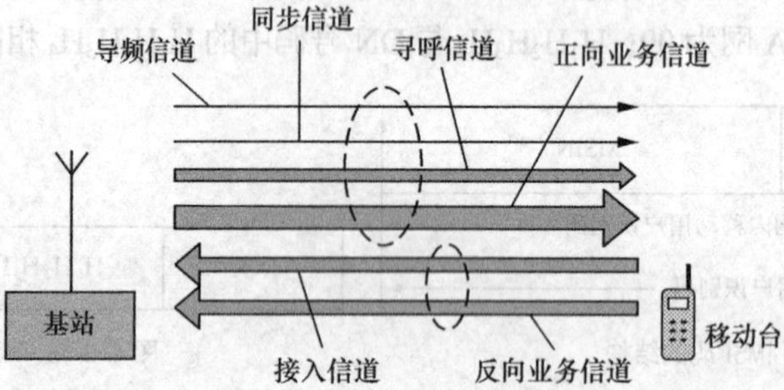

图 4-1-9 CDMA 系统信道分类

（1）正向信道

正向信道是指基站至移动台的下行方向链路，也称为下行链路和前向链路。在 CDMA 系统中，正向传输采用 64 阶 Walsh 函数区分 64 个码分逻辑信道，分别用 $W_0, W_1, \quad, W_{63}$ 表示，包括 1 路导频信道、1 路同步信道、7 路寻呼信道和 55 路正向业务信道，如图 4-1-10 所示。

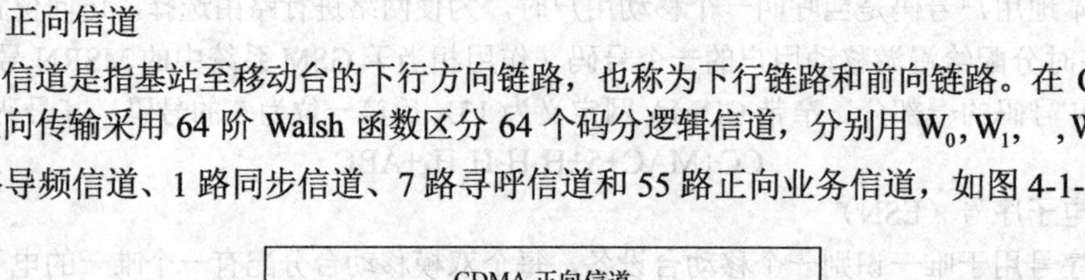

图 4-1-10 CDMA 系统正向传输逻辑信道组成

导频信道（Pilot channel）用于传送导频信息，传输由BS连续不断发送的不包含信息数据的一种直接序列扩频信号，供移动台从中获得信道的定时信息，并提取相干载波进行相干解调。移动台还可通过对导频信道电平进行检测，比较相邻基站的信号强度，并决定是否需要进行越区切换。为保证移动台载波检测和提取的可靠性，导频信道的功率高于其他信道的平均功率。一般导频信道功率占64个信道总功率的12%～20%。

同步信道（Sync. channel）用于传输同步信息。在基站覆盖范围内，移动台利用同步信道信息进行同步捕获。同步信道上载有系统时间和基站引导PN码的偏置系数，以实现移动台的接收解调。同步信道在捕获阶段使用，一旦捕获成功，一般不再使用；同步信道数据速率固定为1200bit/s；同步信道功率占64个信道总功率的1.5%～2%。

寻呼信道（Paging channel）供基站在呼叫建立阶段传输控制信息给MS。每个基站有1个或多个（最多7个）寻呼信道。当有用户呼叫移动用户时，寻呼信道上就发送该移动用户识别码。通常MS在建立同步后，就在首选的寻呼信道 W_1（或在基站指定的寻呼信道上）监听由基站发来的信令，当收到基站分配业务信道的指令后，就转入分配的业务信道中进行信息传输。当小区内需要通信的用户数很多、业务信道不够用时，寻呼信道可临时用作业务信道。寻呼信道上的数据速率是4800bit/s或9600bit/s，由运营者决定；一般情况下，寻呼信道功率占64个信道总功率的5.25%～6%。

业务信道（Traffic channel）主要传输语音编码数据或其他业务数据和少量随路信令（例如功率控制指令、越区切换指令等），共55个，最大可达63个，功率占64个信道总功率的78%左右。业务信道支持：9600bit/s、4800bit/s、2400bit/s、1200bit/s 4种数据速率，速率逐帧（20ms）变化，以动态适应通信者的语音特征。

（2）反向逻辑信道

反向逻辑信道是指移动台至基站的上行方向链路，也称为上行链路和后向链路。CDMA系统反向逻辑信道由接入信道和反向业务信道组成，采用长码PN序列来区分不同的信道，如图4-1-11所示。

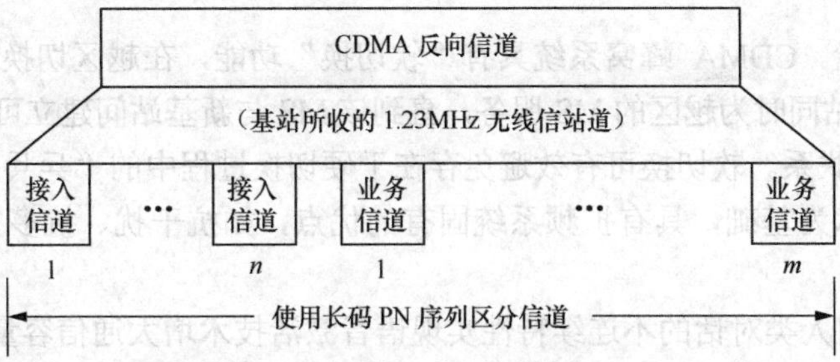

图4-1-11 CDMA系统反向逻辑信道组成

在反向逻辑信道中，接入信道（Access channel）对应于正向信道中的寻呼信道，MS通过它向基站发起呼叫，响应基站发来的寻呼信息以及进行登记注册等。接入信道采用“随机接入协议”，允许多个用户以竞争的方式占用。在反向逻辑信道中，接入信道至少有1个，至多32个，每个接入信道采用不同的接入信道长码序列加以区别。

反向业务信道的特点与作用与正向业务信道基本相同，每个业务信道用不同的用户长码序列加以识别。由于反向传输信道上无导频信号，因此基站接收反向传输信号时只能采用

“非相干解调”。

2. CDMA系统的定时

在CDMA蜂窝系统中，全网必须有统一的时间基准，以保证整个系统有条不紊地进行信息的传输、处理和交换，协调一致地对系统内各种设备进行管理、控制和操作。CDMA蜂窝系统利用的是“全球定位系统（GPS）”的时标，GPS的时间与“世界协调时间（UTC）”是同步的，二者相差秒的整数倍。

在CDMA蜂窝系统中，每个基站都有一个与GPS时间保持同步的时钟，即基站彼此之间是同步的，它们都同步于GPS。小区内的所有移动台均以驻留小区的时间基准作为各移动台的时间基准，从而保证全网的同步。

4.1.7 系统特点

与FDMA和TDMA相比，CDMA蜂窝通信系统具有许多独特的优点，其中一部分是扩频通信系统所固有的，另一部分则是由软切换和功率控制等技术所带来的。归纳起来大概有以下几点。

① 高系统容量。根据理论分析，CDMA蜂窝系统与模拟蜂窝系统或TDMA数字蜂窝系统相比，具有更大的通信容量。

② 软容量特性。CDMA系统中，系统容量与用户数之间存在一种“软”的关系，称为“软容量特性”。CDMA蜂窝通信系统的全部用户共享一个无线信道，用户信号的区分只靠所用码型的不同，因此，当CDMA蜂窝系统负荷满载时，另外增加少数用户，只会引起语音质量的轻微下降，而不会出现阻塞现象。而在FDMA和TDMA蜂窝系统中，当全部频道或时隙被占满之后，哪怕只增加一个用户也不可能。举例来说，如规定可同时工作的用户数为50个，当有52个用户同时通话时，信干比将下降$10\lg(52/50)=0.17\text{dB}$。CDMA系统的软容量特性对于解决通信高峰期时的通信阻塞问题和提高用户过载切换的成功率来说都是有益的。

③ 软切换功能。CDMA蜂窝系统具有“软切换”功能，在越区切换的起始阶段由原小区基站与新小区基站同时为越区的MS服务，直到该MS与新基站间建立可靠的通信链路后，才中断与原基站的联系。软切换可有效避免存在于硬切换过程中的“乒乓效应”问题。

④ 以扩频技术为基础，具有扩频系统固有的优点，如抗干扰、抗多径衰落和保密性优良等。

⑤ 可充分利用人类对话的不连续特性实现语音激活技术增大通信容量。

⑥ 频率分配和管理简单。

⑦ 发射功率低，移动台电池使用寿命长。

⑧ 与窄带系统（模拟系统）共存。因为其发射功率低，对其他系统而言，CDMA信号可作为“人为干扰”来看待。

4.2 IS-95 CDMA码序列

CDMA蜂窝系统中，码序列起着十分重要的作用。为此，我们必须掌握码序列产生、码序列正交等概念。本章着重讨论 CDMA 系统中使用的 m 序列和 Walsh 函数。

4.2.1 m 序列

二进制m序列是一种重要的伪随机序列，在 CDMA 系统中有着广泛的应用，并且在m序列的基础上还能构成其他码序列。因此必须熟悉m序列的产生及主要特性。

1. 伪随机序列的概念

在通信理论中，已知白噪声是一种随机过程，它的瞬时值服从正态分布，其功率谱在很宽的范围内是均匀的。有时我们希望扩频后的信号具有白噪声（或随机序列）的性能，然而产生和复制白噪声或随机序列是不现实的。实际工程中，常采用性能逼近白噪声（或随机序列）的伪随机序列作为扩频码序列。选用白噪声（或随机信号）来传输信息的理由是这样的，在信息传输中各种信号之间的差异性越大越好，这样任意两个信号不容易混淆，即相互之间不易发生干扰，误判可能性小。

（1）伪随机序列的定义

伪随机序列（Pseudorandom Noise，PN）也称为伪随机码（或伪噪声序列），是一种周期性序列，易于产生和复制（伪），但其性能接近于白噪声或随机序列。

理想的传输信息的信号形式应是类似于白噪声的随机信号。已知白噪声是一个理想的宽带随机过程，它的瞬时值服从正态分布，其功率谱在极宽的范围内是均匀的，即白噪声的功率谱密度为

$$P_\xi(\omega) = n_0 / 2(\text{W/Hz}) \tag{4-2-1}$$

由 $R(\tau)\overset{f}{\leftrightarrow}P_\xi(\omega)$ 可知白噪声的自相关函数为

$$R(\tau) = n_0 / 2 \cdot \delta(\tau) \tag{4-2-2}$$

二进制独立随机序列在概率论中一般称为贝努利序列，它由两个元素（0、1）或（+1、−1）组成，序列不同位置的元素取值相互独立，0 或 1 的概率相等，我们称此种序列为随机序列。随机序列具有以下 3 个基本特性。

① 序列中 0 和 1 出现的次数大致相等，出现概率各为 1/2。

② 随机序列的游程特性序列中的连 0 或连 1 称为“游程”，游程中连 0 或连 1 的个数称为游程的长度。序列中长度为 1 的游程数占游程总数的 1/2；长度为 2 的游程数占游程总数的 1/4；长度为 3 的游程数占游程总数的 1/8；长度为 n 的游程数占游程总数的 $1/2^n$（对于所有有限的 n）。

③ 若将给定的随机序列位移任意个元素，则所得序列和原序列中的对应的元素有一半相同、一半不同。此性质相当于说随机序列的自相关函数为单位冲激函数 $\delta(\tau)$。

理论上讲，用随机序列或白噪声去扩展信号的频谱是最理想的，遗憾的是，对随机序列或白噪声的复制、放大、调制、检测、同步、控制等是无法实现的。因此，实际中只能用类似带限白噪声统计特性的伪随机序列来作为扩频码。

（2）伪随机序列的产生

移位寄存器用来产生各种码序列，图 4-2-1（a）为一最简单的由 3 级移位寄存器构成的码序列发生器包括移位寄存器（D 触发器）、模 2 加法器和反馈线。其中 D_1、D_2 和 D_3 组成三

级移位寄存器，D_3作为序列的输出，D_2和D_3的输出加至模 2 加法器，由模 2 加法器的输出反馈至D_1，作为D_1的输入。移位寄存器的作用是移位和寄存数据信息，移位是在时钟脉冲控制下进行的。

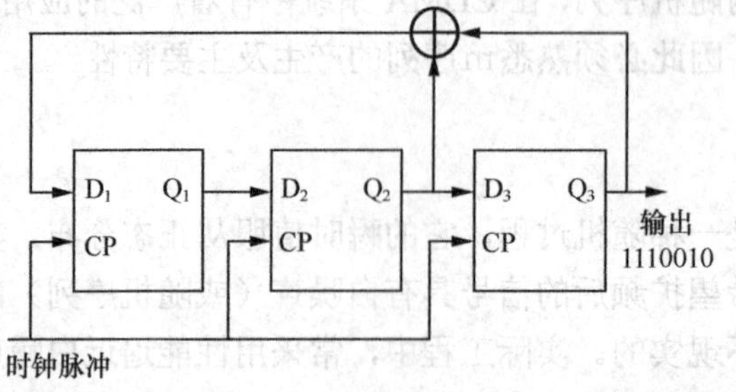

（a）

D_1	D_2	D_3
1	1	1
0	1	1
0	0	1
1	0	0
0	1	0
1	0	1
1	1	0

（b）

图 4-2-1　三级移位寄存器构成的码序列发生器（周期为 7）

假设三级移位寄存器置入初始状态 111，则在时钟脉冲（CP）的控制下，序列发生器的状态变化如图 4-2-1（b）所示。在第一个脉冲（CP）的驱动下，D_1的二进制数 1 移往D_2，D_2先前存储的二进制数 1 移至D_3。D_3先前存储的二进制数 1 输出，同时它还与D_2先前存储的二进制数 1 进行模 2 加（$1\oplus1=0$）送至D_1，使D_1存入 0。同理，在第二个时钟脉冲的作用下，D_1的二进制数 0 移往D_2，使D_2为 0；D_2先前存储的二进制数 1 移至D_3，使D_3为 1。D_3先前存储的二进制数 1 输出，同时它还与D_2先前存储的二进制数 1 进行模 2 加（$1\oplus1=0$），然后送至D_1，使D_1存入 0。可见，第二个时钟脉冲结束后，$D_1D_2D_3$的状态为 001。依此类推，到第 7 个时钟脉冲结束后，$D_1D_2D_3$的状态又回到起始状态 111。以后，在时钟脉冲的不断作用下，输出序列做周期性重复。此码序列输出为周期性的 1110010，一个周期内它共有 7 个元素，也称该码的周期为 7。

为了直观地描述该移位寄存器的状态变换，可用“状态图”来表示。所谓状态图，是指移位寄存器在移位时钟脉冲作用下，各级移位寄存器（$D_1D_2D_3$）的状态变化图。

对于图 4-2-1（a）所示的码序列发生器，由前面的分析可画出状态转移图，如图 4-2-2 所示。图中的箭头表示转移的方向，圆圈表示码系列具有“周期性”。需要说明的是，在前面的讨论中我们假定起始状态为 111。如果起始状态变为 100，那么从状态转移图中可以看到，在第一个移位脉冲的作用下，其状态将变为 010，输出的序列为 0010111，周期仍为 7，只是起始相位发生了变化。对于其他各种初始状态（除去 000)，都能产生周期为 7 的同一个码序列（起始相位不同）。在初始状态 000 下，移位和模 2 加的结果均为 0，即状态无法转换，因此不会产生码序列。所以在生成码序列时，应避开全 0 状态。

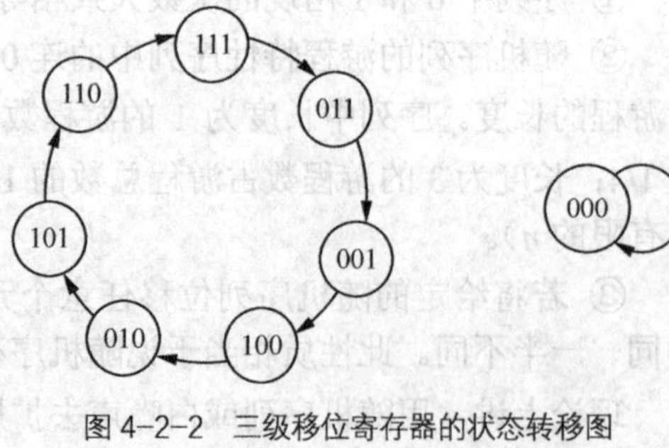

图 4-2-2　三级移位寄存器的状态转移图

上述由三级移位寄存器产生的码序列会将所有的状态全部遍历一遍，只减少了全零状态，因此码序列输出周期为$P=2^3-1=7$；依此类推，由 n 级移位寄存器产生的码序列最长周期

将达到 $P=2^n-1$。

若改变移位寄存器的反馈逻辑，则不一定产生最长周期的码序列。例如对于三级（$n=3$）移位寄存器组成的电路图 4-2-3，D_1、D_2 和 D_3 输出同时加至模 2 加法器，然后模 2 加法器的输出反馈至 D_1，作为 D_1 的输入。当置入初始状态为 111 时，该电路的输出总是 1；当初始状态处于 100 时，该电路的输出是 0011。它们产生的都不是最长周期序列。

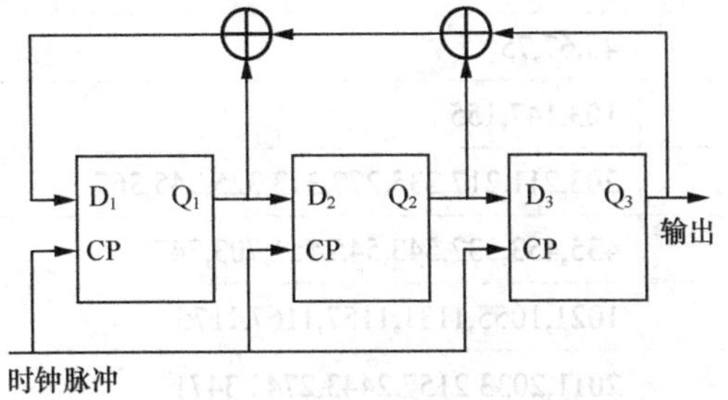

（a）

D_1	D_2	D_3
1	1	1
1	1	1
1	1	1

（b）

D_1	D_2	D_3
1	0	0
1	1	0
0	1	1
0	0	1
1	0	0

（c）

图 4-2-3　三级移位寄存器构成的码序列发生器（周期不为 7）

2．m 序列的产生

（1）m 序列的定义

m 序列是“最长线性移位寄存器序列”的简称；顾名思义，在二进制移位寄存器中，若 n 是移位寄存器的级数，则 m 序列的周期 P 必须满足

$$P=2^n-1 \tag{4-2-3}$$

例如，$n=3$ 时 $P=7$，$n=4$ 是 $P=15$ 等。在 CDMA 蜂窝系统中，使用了两种 m 序列，一种 $n=15$，称为短码 m 序列；另一种 $n=42$，称为长码 m 序列。

（2）m 序列的产生原理

图 4-2-4 给出了由 n 级移位寄存器构成的码序列发生器的模型结构。它由 n 个二元移位寄存器 D_i、模 2 加法器和反馈线组成。图中，$C_0,C_1,\ ,C_n$ 均为反馈线，因为 m 序列是由循环序列发生器产生的，因此 C_0 和 C_n 肯定为 1，即参与反馈。而其他反馈系数 $C_1,\ ,C_{n-1}$ 若为 1，表示参与反馈；若为 0，表示断开反馈线，不参与反馈。

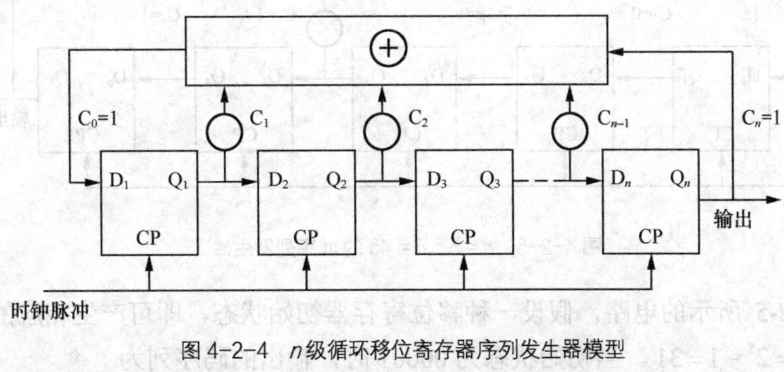

图 4-2-4　n 级循环移位寄存器序列发生器模型

由以上分析可知，为了产生 m 序列，反馈线连接不是随意的，取决于反馈系数 C_i；

表 4-2 给出了部分 m 序列的反馈系数 C_i。

表 4-2　　部分 m 序列反馈系数表

级数 n	周期 P	反馈系数 C_i（八进制）
3	7	13
4	15	23
5	31	45,67,75
6	63	103,147,155
7	127	203,211,217,235,277,313,325,345,367
8	255	435,453,537,543,545,551,703,747
9	511	1021,1055,1131,1157,1167,1175
10	1023	2011,2033,2157,2443,2745,3471
11	2047	4005,4445,5023,5263,6211,7363
12	4095	10123,11417,12515,13505,14127,15053
13	8191	20033,23261,24633,30741,32535,37505
14	16383	42103,51761,55753,60153,71147,67401
15	32765	100003,110013,120265,133663,142305
16	65531	210013,233303,307572,311405,347433
17	131061	400011,411335,444257,527427,646775

使用该表时，首先将每位八进制数写成二进制形式，最左边的 1 就是 C_0，从此向右，依次用二进制数表示 $C_1,C_2,\cdots,C_n$；有了 $C_1,C_2,\cdots$ 的值后，就可构成 m 序列发生器。

例如，表中 $n=5$ 时，反馈系数 $C_i=(45)_8$，将它化为二进制为 100101，即相应的反馈系数依次为 $C_0=1$、$C_1=0$、$C_2=0$、$C_3=1$、$C_4=0$、$C_5=1$。根据反馈系数，可以画出 $n=5$ 的 m 序列发生器的原理框图，如图 4-2-5 所示。

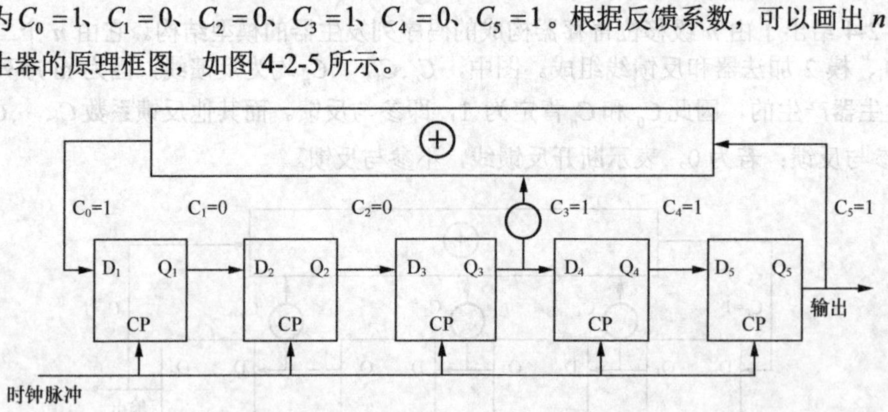

图 4-2-5　$n=5$、$C_i=45$ 的 m 序列发生器

根据图 4-2-5 所示的电路，假设一种移位寄存器初始状态，即可产生相应的码序列，其周期 $P=2^n-1=2^5-1=31$。当初始状态为 00001 时，输出的码序列为

1000010010110011111000110111010

如果反馈逻辑关系不变，若假设另外一种初始状态，产生的序列仍为上述 m 序列，只是

起始相位不同而已。但是，如果移位寄存器的级数 n 相同，反馈逻辑不同，则产生周期相同的不同的 m 序列。例如 5 级移位寄存器、周期为 31 的 m 序列，其反馈逻辑可以是 $C_i = (45)_8, (67)_8$ 或 $(75)_8$，其产生的不同的 m 序列如表 4-3 所示。

表 4-3　不同反馈系数下的 5 级移位寄存器产生的不同的 m 序列

反馈系数 C_i	生成的 m 序列
45	0000100101100111110001101110101
67	0000111001101111101000100010011
75	1100100111110111000101011101000

由以上讨论可知，移位寄存器的反馈逻辑决定着是否产生 m 序列，起始状态仅仅决定序列的起始相位，而不同的反馈系数产生不同的码序列。另外，在码序列发生器中，为避免进入全 0 状态，必须装有全 0 检测电路和启动电路，以防止其输出全部为 0。

3．m 序列的性质

m 序列是一种伪随机序列，具有很多优良的特性，我们感兴趣的主要是它的“随机性”和“相关性”，下面分别进行分析。

（1）m 序列的随机性

① 均衡性。

在一 m 序列中，若周期 $P = 2^n - 1$，则码元 1 出现 2^{n-1} 次，码元 0 出现 $2^{n-1} - 1$ 次，即 0 比 1 少出现一次；这是由于在 m 序列中不允许出现“全 0 状态”的缘故。

例如，$n = 3$，$P = 7$，$C_i = (13)_8 = (1011)_2$，则产生的 m 序列为 1010011。其中码元 1 出现了 4 次，0 出现了 3 次；即 1 与 0 相差一个，且 1 比 0 多 1 个。

又如，$n = 4$，$P = 15$，$C_i = (23)_8 = (10011)_2$，则产生的 m 序列为 111100010011010。其中码元 1 出现了 8 次，0 出现了 7 次，1 与 0 相差一个，1 比 0 多 1 个。

② 游程分布特性。

在 m 序列的每一周期内，共有 2^{n-1} 个元素游程（n 是移位寄存器级数），其中 0 游程和 1 游程数各占一半；并且，对于 $n>2$，当 $1 \leqslant k \leqslant n-2$ 时，长为 k 的游程数占游程总数的 $1/2^k$，其中 0 游程和 1 游程数各占一半。长为 n–1 的游程只有一个，为 0 游程；长为 n 的游程也只有一个，为 1 游程。

为了帮助读者理解 m 序列中的游程分布，表 4-4 列出了周期为 15（$n = 4$）的 m 序列游程分布。

表 4-4　P=15（n=4）的 m 序列（111101011001000）游程分布

游程长度/bit	游 程 数 目		所包含的比特数
	1	0	
1	2	2	4
2	1	1	4
3	0	1	3
4	1	0	4
	游程总数为 8		

③ 移位相加特性。

m 序列$\{x_i\}$与其循环移位序列$\{x_{i-\tau}\}$逐位模 2 相加，得到的序列还是此 m 序列，只是起始相位不同。

例如，原序列$\{x_i\}$=1110100，那么右移 2 位的序列$\{x_{i-2}\}$=0011101，它们逐位模 2 加为

$$\begin{array}{r} \{x_i\} = 1110100 \\ \oplus\{x_{i-2}\} = 0011101 \\ \hline 1101001 \end{array}$$

得到的码序列是原 m 序列$\{x_i\}$右移 6 位的 m 序列$\{x_{i-6}\}$。从中可以看出，相对应的不相同的码元为 1 的有 4 个，相同码元为 0 的是 3 个，即相同码的位数与不同码的位数相差 1 位。

由以上结论不难得出移位相加特性：一个 m 序列与其循环移位序列逐位比较，相同码的位数（相当于 m 序列中 0 的位数）和不同码的位数（相当于 m 序列中 1 的位数）相差 1 位。

（2）m 序列的相关特性

① 码序列的相关性。

在信息传输中，各种信号之间的差异性越大越好，这样任意两个信号不容易混淆，即发生误判的概率小。在数学上，两信号的相似程度可用“相关性”来衡量，最理想的信号就是它们不相关，即正交。

数学上可用自相关函数来表示一个信号与延迟τ后自身信号的相似性。随机信号的自相关函数定义为

$$R_x(\tau) = \lim_{T\to\infty}\int_{-T/2}^{T/2} f(t)\cdot f(t-\tau)\mathrm{d}t \tag{4-2-4}$$

式中，$f(t)$为信号时间函数，τ为时间延迟。

自相关函数只用于表征一个信号与其自身延迟信号之间的相似性，而两个不同信号的相似性则需要用互相关函数来表征。互相关性的概念在 CDMA 通信中尤为重要。在 CDMA 系统中，不同的用户应选用互相关性小的信号作为地址码。两个不同的信号波形$f(t)$与$g(t)$之间的相似性可用互相关函数表示为

$$R_c(\tau) = \lim_{T\to\infty}\int_{-T/2}^{T/2} f(t)\cdot g(t-\tau)\mathrm{d}t \tag{4-2-5}$$

如果为 0，则表明它们的互相关函数为 0，即称它们相互正交；否则为非正交。

对于码序列而言，我们同样可以采用自相关函数和互相关函数来分别表征它们的相关特性。

周期为P的二进制码序列$\{x_i\}$的自相关函数为

$$R_x(\tau) = \sum_{i-1}^{P} x_i\cdot x_{i-\tau} \tag{4-2-6}$$

式中，$\{x_i\}$是周期为P的某一码序列，而$\{x_{i-\tau}\}$是$\{x_i\}$循环移位τ后的码序列。

有时可将自相关函数归一化，即用自相关系数来表示相关性。对式（4-2-6）进行归一化得到自相关系数为

$$\rho_x(\tau) = \frac{1}{P}\sum_{i-1}^{P} x_i\cdot x_{i-\tau} \tag{4-2-7}$$

自相关系数最大不超过 1，即$|\rho_x(\tau)|\leqslant 1$。

两个不同码序列之间的相关性，可用互相关函数（或互相关系数）来表征。对于二进制码序列 $\{x\}$ 和 $\{y\}$，若周期均为 P，则码序列的互相关函数定义为

$$R_c(\tau)=\sum_{i-1}^{P}x_i\cdot y_{i-\tau} \quad (4\text{-}2\text{-}8)$$

互相关系数为

$$\rho_c(\tau)=\frac{1}{P}\sum_{i-1}^{P}x_i\cdot y_{i-\tau} \quad (4\text{-}2\text{-}9)$$

在 CDMA 系统中，希望采用互相关性小的码序列作为地址码，因此理想情况下希望 $\rho_c(\tau)=0$，即两个码序列完全正交。

对于二进制码序列，其相关函数（或相关系数）均可由如下两式求得

$$\text{相关函数：}R(\tau)=A-D \quad (4\text{-}2\text{-}10)$$

$$\text{相关系数：}\rho(\tau)=\frac{A-D}{A+D}=\frac{A-D}{P} \quad (4\text{-}2\text{-}11)$$

其中，A 为对应位码元相同的数目（模 2 加后为 0 的数目），D 为对应位码元不同的数目（模 2 加后为 1 的数目）。

说明：码序列和波形的对应关系可以采用正逻辑或负逻辑描述，如图 4-2-6 所示。所谓正逻辑，是指用正脉冲代表 1，负脉冲代表 0；而负逻辑则正好相反，其用正脉冲代表 0，负脉冲代表 1。

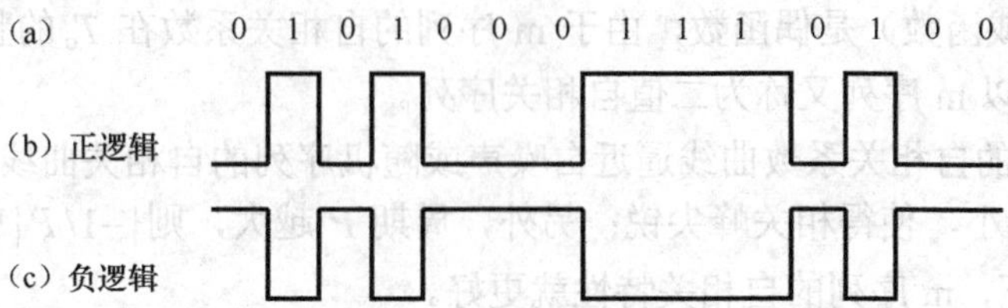

图 4-2-6 码序列与波形的对应关系

当采用负逻辑时，序列的模 2 加与波形相乘是等效的，即它们的关系满足以下等式

$$0\oplus 0=1\Leftrightarrow(+1)\times(+1)=+1$$
$$1\oplus 1=0\Leftrightarrow(-1)\times(-1)=+1$$
$$0\oplus 1=1\Leftrightarrow(+1)\times(-1)=-1$$
$$1\oplus 0=1\Leftrightarrow(-1)\times(+1)=-1$$

② m 序列的相关性。

m 序列的相关性包括自相关和互相关。自相关是指 m 序列与其自身逐位移位后序列的相似程度的一种度量；而互相关是指两个不同 m 序列之间的相似程度的度量。

m 序列的自相关可用“自相关函数”或“自相关系数”来描述。对于 m 序列，由移位相加特性及均衡性可知

$$A=2^{n-1}-1,\ D=2^{n-1} \quad (4\text{-}2\text{-}12)$$

则

$$P=A+D=2^n-1;\ A-D=-1 \quad (4\text{-}2\text{-}13)$$

将式（4-2-12）和式（4-2-13）代入式（4-2-10）和式（4-2-11）中，可得到 m 序列的自

相关函数和自相关系数分别为

$$R(\tau)=\begin{cases}P, & \tau=0\\ -1, & \tau=T_c,2T_c,\quad,(P-1)\cdot T_c\end{cases} \tag{4-2-14}$$

$$\rho(\tau)=\begin{cases}1, & \tau=0\\ -1/P, & \tau=T_c,2T_c,\quad,(P-1)\cdot T_c\end{cases} \tag{4-2-15}$$

式中，T_c为码片宽度。

图 4-2-7 给出了 m 序列的自相关系数曲线图。由图可见，m 序列的自相关系数在 $\tau=0$ 处出现峰值 1；当 τ 偏离 0 时，相关函数曲线很快下降；当$1\leqslant\tau\leqslant P-1$时，相关函数值为$-1/P$；当 $\tau=P$ 时，又出现峰值 1；如此周期重复。

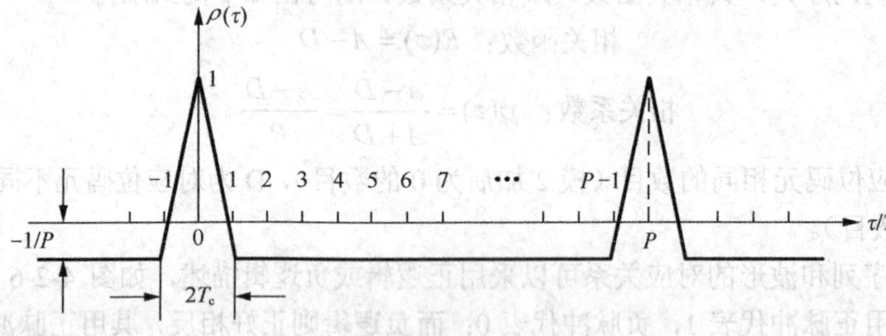

图 4-2-7 m 序列的自相关系数

自相关系数（或函数）是偶函数，由于 m 序列的自相关系数在 T_c 的整数倍处只取 1 和 $-1/P$ 两种取值，所以 m 序列又称为二值自相关序列。

为了使 m 序列的自相关系数曲线逼近白噪声或随机序列的自相关曲线（理想情况下为一冲激），T_c应尽可能小，使得相关峰尖锐；另外，周期 P 越大，则$|-1/P|$就越小，其将逼近于 0，在这种情况下，m 序列的自相关特性就更好。

根据图 4-2-7 可见，只要不同用户使用相移超过一个码片的码字作为地址，两个或多个用户就能够独立工作，窄带 CDMA 系统就是利用这一特性来工作的。这里举一个简单的例子来说明。

例如，m 序列$\{x_i\}$=1110100 作为用户 1 的地址码 C_1，其右移 2 位的序列$\{x_{i-2}\}$=0011101 作为用户 2 的地址码 C_2，经过图 4-2-8 所示的通信系统传输后到达接收端。假设用户 1 和 2 在某一时刻分别传输信息比特 d_1={+1}和 d_2={+1}。

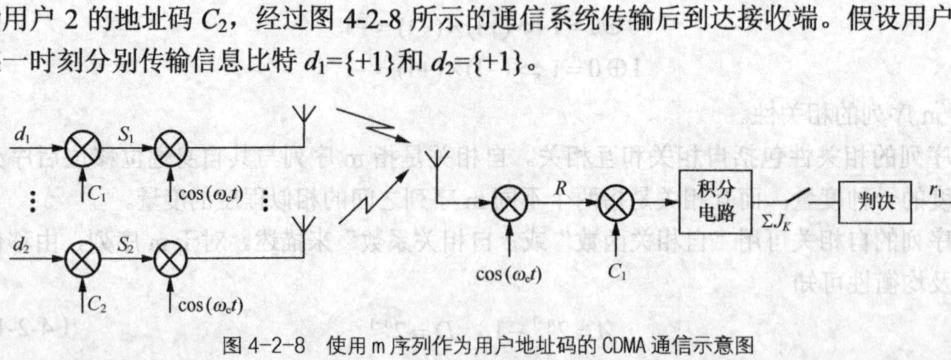

图 4-2-8 使用 m 序列作为用户地址码的 CDMA 通信示意图

如果想接收用户 1 的信息数据，则本地产生的地址码应该与用户 1 的发端地址码完全相同（为 C_1 ）。在接收端，若系统处于同步状态下，且忽略噪声的影响，则解调输出端为

$R = S_1 + S_2$，若本地产生地址码为 C_1，则经相乘、积分后，产生的波形为

$$\sum J_k = \int R \times C_1 \mathrm{d}t = \int (S_1 + S_2) \times C_1 \mathrm{d}t = J_1 + J_2$$

式中

$$J_1 = \int S_1 \times C_1 \mathrm{d}t = \int d_1 \times C_1 \times C_1 \mathrm{d}t = d_1 \times \int C_1^2 \mathrm{d}t = 7 \times d_1 = 7$$

$$J_2 = \int S_2 \times C_1 \mathrm{d}t = \int d_2 \times C_2 \times C_1 \mathrm{d}t = d_2 \times \int C_2 \times C_1 \mathrm{d}t = (-1) \times d_2 = -1$$

经采样、判决后，输出信号 $r_1 = \{+1\}$ 为用户 1 所发送的信息数据。但也能看到，由于它们的地址码之间的相关性等于−1（相移一个码片以上），其不为 0，所以在接收判决时引入了一定的干扰，且随着同时通信的用户数量的增大，这种干扰的影响也越来越大，我们将其称之为"多址干扰"。

所谓"多址干扰"，是指在 CDMA 系统中，所有用户在通信过程中都使用同一载波，占用相同的带宽，即共享同一无线频道，所有其他任一用户的通信均会对某一用户造成的干扰；且同时通话的用户数越多，相互间的干扰越大。

每种系统本身都存在自我干扰，如 FDMA 和 TDMA 蜂窝系统中的共道干扰（同 f 干扰）及 CDMA 系统中的多址干扰等，而这种内部自我干扰则是影响系统容量的主要因素。

经过研究表明，两个周期相同、由不同反馈系数产生的 m 序列，其互相关函数（或互相关系数）没有尖锐的二值特性，是多值的。作为地址码而言，希望互相关函数越小越好，这样便于区分不同用户。

4.2.2 Walsh 码

Walsh 函数是一种非正弦的完备正交函数系，它只有 1 和−1（或 0 和 1）两种取值，比较适合用来表达和处理数字信号。Walsh 函数具有理想的互相关特性，即它们两两之间相互正交，因而在 CDMA 通信系统中用作用户的地址码。

1. Walsh 函数的产生

Walsh 函数可用哈达玛（Hadamard）矩阵 H 表示，利用递推关系可构成 Walsh 函数序列族。这里先简单介绍有关哈达玛矩阵的概念。

哈达玛矩阵 H 是由+1 和−1 元素构成的正交方阵。所谓正交方阵，是指它的任意两行或两列都是相互正交的。我们若把行（或列）看作一个函数，则任意两行或两列的这些函数的对应位相乘之和都等于 0，或者说，它们的相同位（A）和不同位（D）是相等的，即互相关函数为 0。

最低阶的哈达玛矩阵是 2 阶的，如

$$H_2 = \begin{bmatrix} 1 & 1 \\ 1 & -1 \end{bmatrix} \text{或} H_2 = \begin{bmatrix} 0 & 0 \\ 0 & 1 \end{bmatrix} \qquad (4\text{-}2\text{-}16)$$

不难发现，两行（或两列）对应位相乘之和为

$$1 \times 1 + 1 \times (-1) = 0$$

或者直接观察其对应位上相同位 A = 1，不同位 D = 1，因此它们是相互正交的。

阶数为 2 的幂次的哈达玛矩阵可以用下面的递推关系求出，即

$$H_N = H_{N/2} \otimes H_2 \tag{4-2-17}$$

式中，$\otimes$表示直积运算，即将矩阵$H_{N/2}$中的每个元素都用矩阵H_2代替。例如

$$H_4 = H_2 \otimes H_2 = \begin{bmatrix} H_2 & H_2 \\ H_2 & -H_2 \end{bmatrix} = \begin{bmatrix} 1 & 1 & 1 & 1 \\ 1 & -1 & 1 & -1 \\ 1 & 1 & -1 & -1 \\ 1 & -1 & -1 & 1 \end{bmatrix} \text{或} \begin{bmatrix} 0 & 0 & 0 & 0 \\ 0 & 1 & 0 & 1 \\ 0 & 0 & 1 & 1 \\ 0 & 1 & 1 & 0 \end{bmatrix}$$

$$H_8 = H_4 \otimes H_2 = \begin{bmatrix} H_4 & H_4 \\ H_4 & -H_4 \end{bmatrix} = \begin{bmatrix} 0 & 0 & 0 & 0 & 0 & 0 & 0 & 0 \\ 0 & 1 & 0 & 1 & 0 & 1 & 0 & 1 \\ 0 & 0 & 1 & 1 & 0 & 0 & 1 & 1 \\ 0 & 1 & 1 & 0 & 0 & 1 & 1 & 0 \\ 0 & 0 & 0 & 0 & 1 & 1 & 1 & 1 \\ 0 & 1 & 0 & 1 & 1 & 0 & 1 & 0 \\ 0 & 0 & 1 & 1 & 1 & 1 & 0 & 0 \\ 0 & 1 & 1 & 0 & 1 & 0 & 0 & 1 \end{bmatrix}$$

根据式（4-2-17）不难写出H_{16}、H_{32}、H_{64}等高阶 Wlash 函数。在 IS-95 系统中，正向传输信道使用了 64 阶 Walsh 函数。

2. Walsh 函数的性质

① 在同一周期内，Walsh 序列是正交的。若r为非负整数，$m,n = 0,1,2,\ \ ,2^r-1$，则

$$\sum_{i=0}^{2^r-1} W_{2^r}^n(i) \cdot W_{2^r}^m(i) = \begin{cases} 2^r, & m=n \\ 0, & m \neq n \end{cases} \tag{4-2-18}$$

② 除$W_{2^r}^0(i)$外，其他$W_{2^r}^n(i),(n \neq 0)$函数在一个周期内均值为 0。

③ 两个 Walsh 函数相乘，乘积仍是 Walsh 函数，即

$$W_{2^r}^n(i) \cdot W_{2^r}^m(i) = W_{2^r}^{n \oplus m}(i) \tag{4-2-19}$$

$n \oplus m$是n和m的二进制数逐位模 2 加后的十进制数。例如$6 \oplus 5 = 110 \oplus 101 = 011$，对应的十进制数是 3。这一性质表明 Walsh 函数对于乘法是自闭的。

④ Walsh 函数集是完备的，即长度为N的 Walsh 函数有N个。

⑤ Walsh 函数在同步时是完全正交的。当不同步时，其自相关和互相关特性均不理想，并随同步误差值增大，恶化亦十分明显。

⑥ 同长度、不同编号的 Walsh 函数的频带宽度是不一样的，频带宽度决定于其最短游程的宽度（设为T_i），近似等于$1/T_i$。这表明，如果用$W_{2^r}^n(i)$作扩频码，则不同n的扩频增益是不同的。从抗干扰的角度考虑，这是不利的。

4.3 IS-95 CDMA 蜂窝网关键技术

CDMA 系统中的所有用户共用同一载波，占用相同时间发送，码序列的不完全正交性导致系统存在多址干扰。且随着同时通话的用户数的增加，相互间的多址干扰就越来越大，

解调器输入端的信噪比越来越低。由此可见，任何消除干扰的策略都将改善系统的性能。本节将介绍CDMA系统中采用的关键技术，包括功率控制、Rake接收、软切换、扇区划分及语音激活检测技术等。正是由于这些技术的支持，CDMA蜂窝通信才得到了广泛的应用。

4.3.1 功率控制

移动通信中移动用户的位置不断移动，有时靠近基站，有时远离基站。在CDMA蜂窝系统中，所有用户使用相同的频带同时发送信息，当所有用户使用相同的功率时，基站接收到的距离基站近的用户发送的信号比小区边缘的用户发送的信号强度大，因此远端的用户信号就会被近端的用户信号湮没，这就是所谓的“远近效应”。在CDMA蜂窝系统中，为了解决“远近效应”问题，同时避免对其他用户的过大干扰，必须采用严格的功率控制技术。

CDMA蜂窝系统的通信质量和容量主要受限于收到的干扰功率的大小（多址干扰系统）。若基站收到的移动台信号功率太低，则会因误比特率太大而无法保证高质量通信。反之，若基站收到的移动台信号功率太高，虽然该移动台与基站间的通信质量得到了保证，却对其他移动增加了干扰，导致整个系统的质量恶化和容量减小。因此，只有将每个移动台的发射功率控制到基站所需的信噪比门限，通信系统的容量才能达到最大。

功率控制可从不同的角度考虑。若从通信的正向、反向链路的角度来考虑，功率控制一般分为反向链路功率控制和正向链路功率控制；若从功率控制的环路类型来划分，则又可分为开环功控、闭环功控，其中的闭环功控又分为内环功控和外环功控。

1. 反向链路功率控制

反向链路功率控制（反向功控）用来控制各移动台发射功率的大小，即不管移动台离基站远或近，到达基站的信号功率都应该相同，且刚达到所需的信噪比门限。反向功控使各用户之间相互干扰最小，并能有效克服“远近效应”，且可使每个移动台发射功率最合理，可节省能量，延长移动台电池使用寿命，并使系统达到最大容量。反向功控包括开环功率控制和闭环功率控制。

（1）反向开环功率控制

反向链路开环功率控制是移动台的基本实现功能。实现它的前提条件是假设上行与下行传输损耗相同。我们知道，CDMA蜂窝系统中的一个区域内，所有基站都在同样的频率上发送导频信号，每个移动台测试与它相联的基站的导频信号功率电平以及移动台接收到的全部基站导频信号之和的功率电平。即移动台接收并测量基站发来的信号强度，并由此估计正向传输损耗，然后，根据这种估计来调节移动台的反向发射功率，接收信号功率增强，就降低移动台的发射功率；接收信号功率减弱，就增加移动台的移动台发射功率。

反向链路开环功率控制的优点是简单易行，不需要在移动台和基站之间交换控制信息，因而控制速度快且节省开销。反向链路开环功控一般具有约85dB的动态范围，可提供几个微秒级的快速响应；缺点是其功控效果不好，仅对慢衰落较有效，即对车载移动台快速驶入（或驶出）高大建筑物遮蔽区所引起的衰落有效，而对因多径效应引起的瑞利衰落效果不佳。这是由于IS-95标准规定其是一个频分双工系统，全双工无线信道的频率间隔为45MHz，大大超过了信道的相关带宽，即上行和下行信道的多径衰落成为相互独立的过程，即衰落特性不一致。为了解决这个问题，我们可采用闭环功率控制。由此可得到，反向链路开环功控通常提供正确的平均发射功率，但必须对不相关的瑞利衰落采用“闭环”措施进行修正。

（2）反向链路闭环功率控制

所谓闭环功率控制，即由基站解调器检测来自各移动台的信号强度或信噪比，并把它与一要求的阈值相比较，然后在下行信道上形成功率调整指令，通知移动台调整（上升或下降）其发射功率，调整阶距为 0.5dB（或 1dB），调节范围在其开环估算周围 ± 24dB 以内，使得对移动台的开环估算提供快速校正，保持最佳发射功率。经过闭环功控，反向链路达到的功控效果如图 4-3-1 所示。

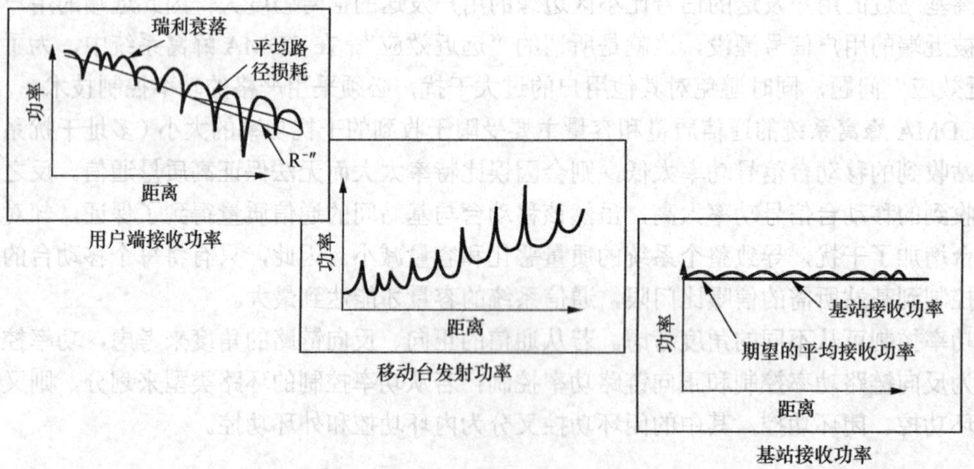

图 4-3-1 反向链路闭环功控效果图

在 IS-95 标准中，闭环功率调整指令每 1.25ms 发送一次，调整速率为 800bit/s。传送速率达到这么高，以允许跟踪上行路径上的瑞利衰落。反向链路功率控制包括内环功率控制和外环功率控制两部分。所谓内环功率控制，是指保持移动台尽可能接近它的预定信号强度或信噪比标准值（阈值）；外环功率控制是为一个给定的移动点调整基站预定的信号强度或信噪比标准值（简称标称功率）的过程，如图 4-3-2 所示。

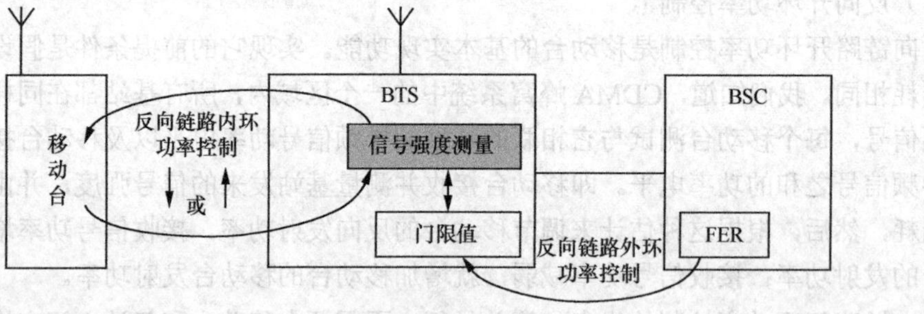

FER：Frame Error Rate

图 4-3-2 反向链路内环和外环功控

2．正向链路功率控制

所谓正向链路功率控制是调整基站向移动台发射的功率，使任一移动台无论处于蜂窝小区的任何位置，收到基站发来的信号电平都恰好达到信干比所要求的门限值。正向功控可以避免基站向距离近的移动台辐射过大的信号功率，也可以防止或减小由于移动台进入传播条件恶劣或背景干扰过强的地区而发生的误码率增大或通信质量下降的现象。

正向功控与反向功控相类似，也由开环功控和闭环功控两部分组成。在开环功控过程中，基站利用接入程序期所接收到的移动台功率，估算正向链路的传输损耗，并调节各业务信道的起始功率；在闭环功率控制过程中，基站和移动台相结合进行动态功率控制，即移动台应监测正向业务信道数据帧的质量，周期性地向基站报告帧质量计算结果。基站根据测试结果与预定阈值相比较，确定分配给该信道的功率是增加还是减少，调整阶距为0.5dB，调节动态范围限制在标称功率±6dB以内；调节速率低于反向链路的功控调节速率，一般逢每个声码器帧调节一次，即按每15～20ms变更一次。这主要是因为在正向信道中采用正交Walsh码代替长PN码区分信道，信道干扰并不是很重要的问题，即慢速测量不会使系统性能降低很多。

同时，基站限定功率动态范围，从而使发射机功率绝不会超过会引起较大干扰的最大值；此外，发射机功率也不会低于保证适当的数据帧质量所需的功率最小值。

总之，功率控制是CDMA蜂窝移动通信系统提高通信质量、增大系统容量的关键技术，也是实现CDMA系统的主要技术难题之一。

4.3.2 分集技术和Rake接收

移动通信系统中的衰落问题非常突出，它是影响通信质量的主要因素，衰落深度可达30dB～40dB。在移动通信系统中，广泛采用分集接收技术来对抗衰落的影响。CDMA系统中采用了多种分集技术，包括宏分集（多基站分集）和多种形式的微分集。下面着重说明减小快衰落的微分集技术，特别对CDMA系统中特有的利用路径分集的Rake接收技术做了详细讨论。

CDMA系统中采用宏分集（多基站分集）减弱慢衰落的影响，即将多个基站设置在不同的地理位置以及不同的方向上，同时和小区内的一个移动台进行通信。显然，只要在各个方向上的信号传播不是同时受到阴影效应或地形的影响而出现严重的慢衰落，则可以很好地抵抗慢衰落的影响，通常采用选择式合并方式，选择信号较强的一个作为接收机输出。CDMA系统的软切换带来了宏分集的好处。

CDMA系统中采取多种分集方式减弱快衰落（瑞利衰落），包括频率分集、时间分集和路径分集（或空间分集）。

CDMA系统采用扩频技术，属于宽带传输；例如CDMA系统中一个载频的宽度约为1.25MHz，远大于移动信道的相关带宽（约几十kHz）；因此频率的选择性衰落对宽带信号的影响很小。换句话说，CDMA系统的宽带传输起到了频率分集的作用。

CDMA系统中采用了交织编码技术，克服了突发性干扰。其工作原理是将连续出现的误码分散开来变成随机差错，再采用纠错编码技术，比如卷积编码等，进而纠正随机差错，从而间接纠正连续的突出性错误。从分集技术而言，这属于隐时间分集。

CDMA系统中还采用了空间分集技术，即路径分集。传输带宽为1.25MHz的CDMA系统很容易采用路径分集技术，每一路径都是同一地址码调制的载有相同信息的不同延时的信号，当来自两个不同路径的信号的时延差大于1μs（≈1/1.25MHz）时，这两个衰落信号即可看成互不相关。CDMA 系统采用 Rake 接收技术进行路径分集，它能有效地克服快衰落的影响，受到了人们关注。

在扩频通信系统中，若多径信号的时延差超过一个伪码的宽度，则在接收端可对这些多径信号进行分离和合并。所谓 Rake 接收机，就是利用伪随机码的相关性对各路径信号进行相关接收，提出不同延时的相关峰，然后进行适当的合并，可有效地克服快衰落的影响（多径效应问题），提高信号质量的接收机。需要特别说明的是，一般的分集技术把多径信号作为干扰来处理，而 Rake 接收机采取了变害为利的策略，即利用多径现象来增强信号。简化的 Rake 接收机模型如图 4-3-3 所示。

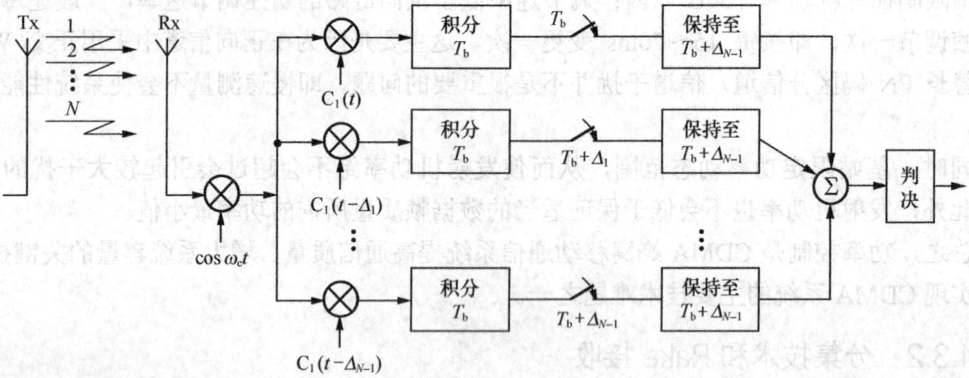

图 4-3-3 简化的 Rake 接收机组成

Rake 中文意思是“靶子”，该接收机因为形状像农用工具“耙子”而得名；Rake 接收中相关器数目的选取是一个复杂问题，它与运行环境、总体考虑等因素有关。一般而言，相关的数目越多，系统获得的增益越大，但复杂度也随之增加。在 IS-95 系统中，基站接收机中 $N=4$，移动台接收机中 $N=3$。

4.3.3 越区切换

任何一种蜂窝网络都采用小区制方式，小区中常常分为若干个扇区（如 3 个），移动台在通信过程中，从一个扇区到另一个扇区，或从一个小区到另一个小区，甚至从一个业务区到另一个业务区，系统都要进行实时控制，完成链路的转移，这个过程称为越区切换。CDMA 系统的特点是工作在同频模式下，利用不同的码序列作为地址区分，因此 CDMA 系统中的越区切换不同于 FDMA 或 TDMA 系统中的越区切换。

CDMA 蜂窝系统支持软切换、更软切换以及硬切换等切换方式。更软切换是指移动台从同一个基站的一个扇区进入另一个具有同一载频的扇区时发生的越区切换，由基站控制完成基站的 Rake 接收机将来自两个扇区分集式天线的语音帧中最好的帧合并为一个业务帧。软切换是指当移动台从一个小区进入相同载频的另一个小区时采用的越区切换技术由移动业务交换中心（MSC）控制完成。硬切换是指移动台穿越工作于不同载频的小区时发生的越区切换。

硬切换需要先中断与原基站的联系，再与新基站取得联系。而软切换是先接后断；软切换较硬切换具有突出的优点。首先，软切换技术可提高“切换的可靠性”，大大减小切换造成的掉话；其次，可防止由于信号波动引起的移动台在两基站间来回重复切换，即“乒乓效应”；此外，软切换为实现“宏分集”提供了条件。

当移动台处在两个或三个小区的交界处进行软切换时，会有两个或三个基站同时向它发送相同的信息，移动台采用 Rake 接收机进行分集合并，即起到了多基站宏分集作用，从而能提高正向业务信道的抗衰落能力，提高了语音质量。

同样，在反向业务信道中，当移动台处于小区交界处进行软切换时，会有两个或三个 BS 同时收到一个移动台发出的信号，这些基站对所收信号进行解调并作质量估计，然后送往 MSC。MSC 采用选择式合并方式，逐帧挑选质量好的，从而实现反向业务信道的分集接收，提高了反向业务信道的抗衰落性能。

4.3.4 降低多址干扰的方法

1. 可变速率声码器+语音激活技术

在 Q-CDMA 系统中，采用的语音编码技术称为可变速率码激励线性预测编码（CELP），属于混合编码，提供 8kbit/s、4kbit/s、2kbit/s 和 4kbit/s 4 种速率，适应不同的传输要求。

众所周知，在双工通信方式中，通话时一方听话期间发送链路基本空闲，即使在讲话期间也有停顿或空闲。统计结果表明，实际链路上传输语音的时间仅占整个通话时间的 35%，称为激活系数。另外 65%的时间处于停顿、倾听或等待状态。

利用数字语音激活技术，可使通信中的用户有语音时才发射信号，没有语音时就停止发射信号，则所有用户均会因背景干扰减少而受益，提高系统容量。

在 CDMA 系统中，相对来讲更便于利用语音激活技术，即将语音激活技术与可变速率语音编码技术相结合，可对抗多址干扰，提高系统容量。即在语音间歇期间采用低速语音编码，降低发射功率；在语音通话期间采用高速语音编码，增大发射功率。

我们知道，CDMA 系统是一个干扰受限系统，其容量与用户产生的干扰密切相关。当系统中一个占用链路的用户在语音间隙对其他用户不造成干扰，背景噪声将降低，接收端信干比会提高，或者表明系统还可以允许新的用户接入，系统容量得到了增加。采用语音激活技术可以使系统容量增加近 3 倍。

2. 扇区划分技术

扇区划分技术是位于蜂窝小区中心的基站利用天线的定向特性把蜂窝小区分成不同的扇区。在 CDMA 蜂窝系统中，采用定向天线进行分区能明显提高系统容量。例如采用120°定向天线把小区划分为 3 个扇区，可把背景干扰减小到原来的 1/3，因而容量可提高 3 倍（实际上考虑到扇区之间有重叠，一般系统容量可以提升到 2.55 倍）。

FDMA 蜂窝系统和 TDMA 蜂窝系统利用同样可以扇形分区技术减小来自同频小区的同频干扰，从而减小同频再用距离，提高系统容量。但是它们都做不到像 CDMA 系统这样容量可以有近 3 倍的增量。

4.4 IS-95 CDMA 正向信道

CDMA 系统中，由基站发往移动台的信道称为 CDMA 正向信道，也称为下行（或前向）信道。它包括正向控制信道和正向业务信道，其中控制信道又分为导频信道、同步信道和寻呼信道。

4.4.1 信道结构

由前述可知，CDMA 系统基站发送的信号带宽约为 1.23MHz，包含相互正交的 64 个逻辑信道。其中导频信道使用 Walsh 函数 0，记作 W_0；同步信道采用 W_{32}，寻呼信道采用 W_1～W_7，其他 Walsh 函数都用于业务信道。

CDMA 系统的正向信道组成方框图如图 4-4-1 所示，图中详细画出了每一个信道的信道组成、信号产生过程及信号的主要参数等。

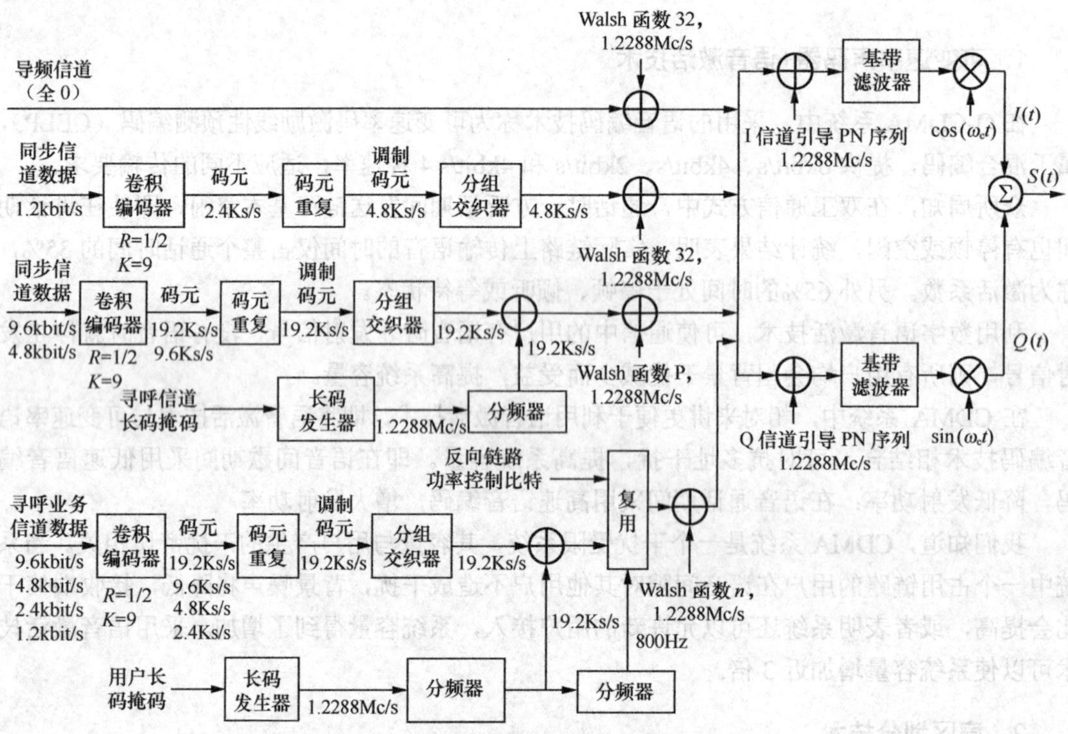

图 4-4-1 正向信道组成方框图

由图可见，每一个逻辑信道都对输入的数据首先经过卷积编码、分组交织和 Walsh 函数正交扩展。由于 Walsh 函数是一正交函数集，互相关为零，所以给各个逻辑信道赋予了正交特性，称为正交扩频（赋予了唯一的地址）。扩频后的信号进行四相扩展，并采用了 QPSK 调制方式。下面将分别就每一逻辑信道进行深入的介绍。

4.4.2 导频信道

导频信道用于基站连续不间断地发送非调制扩频信号，为所有移动台提供定时，进行相干载波提取以及在越区切换时进行信号强度的比较。

由图 4-4-2 可见，导频信道输入全为 0，用 Walsh 函数 0 进行正交扩频后进行四相扩展和四相调制。导频信号在基站工作期间是连续不断发送的，且所占信号功率较大（约占 12%～20%），以保证小区内各个移动台都能进行正确的解调，这也是保证正常通信的前提。

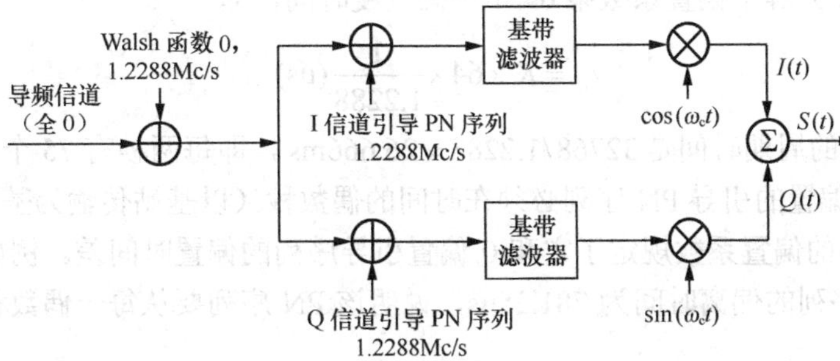

图 4-4-2　导频信道信息处理示意图

1．四相扩展

正交扩频后的信号都要进行四相扩展。在同相支路（I）和正交支路（Q）引入两个互为准正交的 m 序列对，即 I 信道引导 PN 序列和 Q 信道引导 PN 序列。序列周期长度均为 $2^{15}=32768$，其构成是以如下反馈系数为基础的。

$$\text{I 支路：}P_I=(C_0C_1\quad C_{14}C_{15})_2=(1000010111000101)_2 \tag{4-4-1}$$

$$\text{Q 支路：}P_Q=(C_0C_1\quad C_{14}C_{15})_2=(1001111000111001)_2 \tag{4-4-2}$$

按上述反馈逻辑关系生成的是周期为 $2^{15}-1$ 的 m 序列。为了得到周期为 2^{15} 的 I 序列和 Q 序列，在生成的 m 序列中 14 个连 0 出现的地方再从中插入一个 0，使序列中唯一的长度为 14 的 0 游程变成长度为 15 的 0 游程。从而不仅得到了引导序列周期长度为偶数（为 2 的 15 次幂），而且序列中 0 和 1 的个数各占一半，使平衡性更好。

引导 PN 序列的主要作用是给不同基站发出的信号赋以不同的特征，便于移动台识别所需的基站。不同的基站使用相同的 PN 序列，但各基站 PN 序列的起始相位是不同的，即各自采用不同的时间偏置来区分不同的基站（地址识别）。由 m 序列的自相关特性可知，在时间偏移大于一个子码码元宽度后，其自相关系数值接近于 0，因而移动台用相关检测器很容易把不同基站的信号区分开来。但实际上，由于移动台处在运动之中，到达信号的传播时延不同，一个子码宽度的延迟根本不够，导致出现导频混淆现象。因此系统规定时间偏移至少相差 64 个子码，才能作为基站的地址标识。当时间偏移取 64 个子码时，引导 PN 序列刚好分成 512（$2^{15}/64=512$）个不同的时间偏置。

不同的时间偏置用不同的偏置系数表示，IS-95 系统中规定偏置系数共有 512 个，编号从 0 到 511，如图 4-4-3 所示。通常规定序列中出现 15 个连 0 后，后续的 64 个子码的偏置系数 $K=0$。依此类推，$K=1$ 表示再后续的 64 个子码，直到 $K=511$，表示码序列中最末的 64 个子码，它包含周期序列中唯一的 15 个连 0。

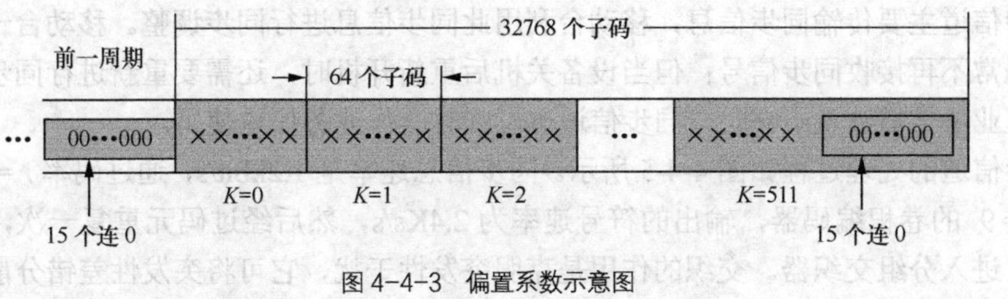

图 4-4-3　偏置系数示意图

偏置时间（t_K）等于偏置系数乘 64 个子码宽度时间，即

$$t_K = K \times 64 \times \frac{1}{1.2288}(\mu s) \tag{4-4-3}$$

引导 PN 序列的周期时间是 $32768/1.2288 = 26.666\text{ms}$，即每两秒有 75 个 PN 序列周期。IS-95 系统规定，偏置的引导 PN 序列必须在时间的偶数秒（以基站传输为基准）起始传输，其他引导 PN 序列的偏置系数规定了它和 0 偏置引导序列的偏置时间差。例如，偏置系数为 15 时，引导 PN 序列的偏离时间为 781.25μs，说明该 PN 序列要从每一偶数秒之后 781.25μs 才开始。

通常，一个基站的 PN 序列在其所有配置的频率上都采用相同的时间偏置，而一个 CDMA 蜂窝系统中，时间偏置可以再用（类似于同频再用）。

2．四相调制

在经过四相扩展后，同相支路（I）和正交支路（Q）经过基带滤波之后分别对余弦载波和正弦载波进行幅度调制得到 QPSK 信号 $S(t)$。两个支路的合成信号具有表 4-5 和图 4-4-4 所示的相位关系。

表 4-5　　正向 CDMA 信号的相位关系

I	Q	相　位
0	0	π/4
1	0	3π/4
1	1	−3π/4
0	1	−π/4

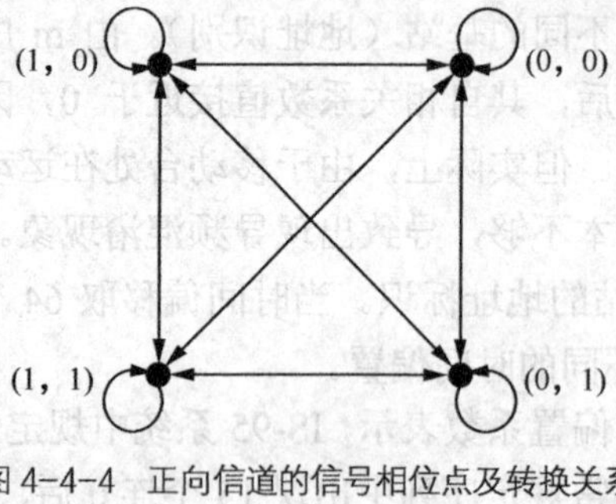

图 4-4-4　正向信道的信号相位点及转换关系

4.4.3　同步信道

同步信道主要传输同步信息，移动台利用此同步信息进行同步调整。移动台一旦同步完成，它通常不再接收同步信号；但当设备关机后重新开机时，还需要重新进行同步。当用户数过多，业务信道数量不够时，同步信道也可临时改作业务信道使用。

同步信道的处理过程如图 4-4-5 所示。同步信息速率是 1.2kbit/s，通过码率 $r = 1/2$、约束长度 $K = 9$ 的卷积编码器，输出的符号速率为 2.4Ks/s，然后经过码元重复一次，速率达到 4.8Ks/s，进入分组交织器。交织的作用是克服突发性干扰，它可将突发性差错分散化，在接

收端由卷积译码器按维特比译码法纠正随机差错，从而间接纠正突发性差错。同步信道使用交织跨度为26.667ms的分组交织，这跨度与128个码元速率为4800s/s的调制字符相对应，交织器组成8行×16列的交织阵列（即128个码元）。

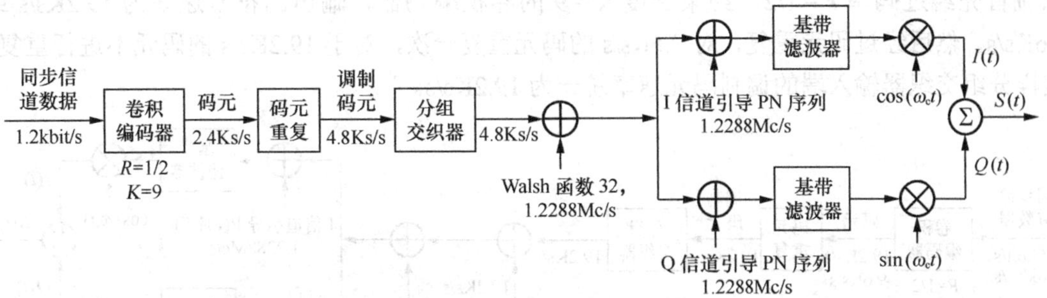

图4-4-5 同步信道处理

经过交织后的调制码元速率为4.8Ks/s，与1.2288Mc/s的Walsh函数32进行模2加，即进行扩频调制，利用64阶Walsh函数的正交性能赋予了唯一的地址。不难算得，每个调制符号包含子码数为$1.2288\times10^6/4800=256$。信息速率为1.2kbit/s，调制码元速率是4.8Ks/s，因此每一信息比特含有的子码数是调制码元含有的子码数的4倍，即每比特的子码数为$4\times256=1024$。

同步信号数据速率为1200bit/s，分帧传输，帧长为26.667ms，与引导PN序列一个周期的时间相同。由3个同步信道帧构成一个超帧（26.667×3＝80ms）。在同步信道上传送消息只能从同步信道超帧的起始点开始。当使用0偏置引导PN序列时，同步信道超帧要在偶数秒的时刻开始，也可以在其后距离为超帧的整数倍的时刻开始；当使用其他引导PN序列时（偏置系数不为0），同步信道超帧将在偶数秒加上引导PN序列偏置时间的时刻开始。

同步信道上传送的同步消息有系统识别码（SID）、网络识别码（NID）、PN序列偏移（PILOT_PN）指数、长伪码状态（LC_STATE）、系统时间（SYS_TIME）、跳秒（LP_SEC）、夏令时间指示符以及寻呼信道数据速率（PRAT）。

4.4.4 寻呼信道

寻呼信道向覆盖区域内的移动台广播系统配置参数，在呼叫接续阶段传输寻呼移动台的信息，向尚未分配业务信道的移动台传送控制信息等。移动台通常在建立同步后，接着就选择一个寻呼信道，或由基站指定一个寻呼信道，在其上监听系统发出的寻呼信息和其他指令。通过寻呼信道，移动台可获得两类消息，第一类是公共开销信息，用于向移动台通知系统的配置参数，例如系统参数消息、邻区列表消息及CDMA信道列表消息等；第二类是针对特定移动台的消息，例如寻呼消息、信道分配消息、鉴权查询消息及共享安全数据（SSD）更新消息等。移动台可以根据第一类消息发起接入、扫描相邻基站及进行切换等。第二类消息是在业务信道尚未建立时基站向移动台发送的专用消息。

每小区或扇区最多可以配置7个寻呼信道，分别采用$W_1,W_2,\ \ ,W_7$进行扩频调制。移动台在建立同步后，就在首选的W_1上或者在基站指定的寻呼信道上监听基站发来的各种信令。当移动台收到基站向其分配业务信道的指令后，就立即转入该业务信道进行信息传输。在需要时，寻呼信道可以改作业务信道使用。

寻呼信道的信息处理过程如图 4-4-6 所示。寻呼信道有 9.6kbit/s 和 4.8kbit/s 两种传输速率，使用哪一种速率由系统规划决定，将在同步信道中广播。由图 4-4-6 可见，寻呼信道信息流首先经过码率 $r = 1/2$、约束长度 $K = 9$ 的卷积编码器，输出的符号速率为 19.2Ks/s 或 9.6Ks/s。然后经过码元重复，对 9.6Ks/s 的码元重复一次，对于 19.2Ks/s 的码元不进行重复，这样分组交织器输入端的调制码元速率统一为 19.2Ks/s。

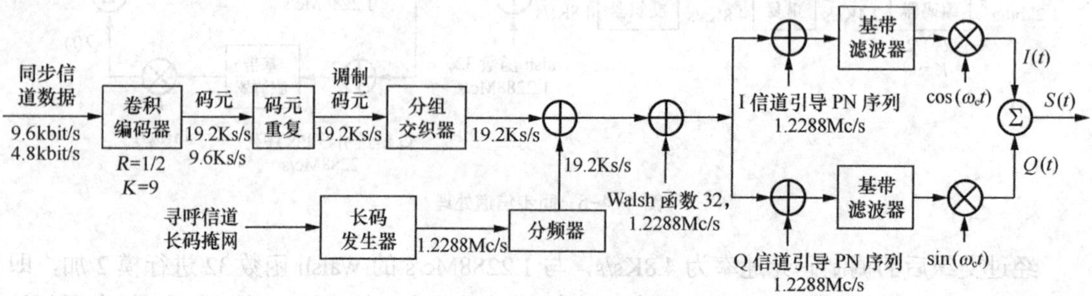

图 4-4-6　寻呼信道信息处理

分组交织器只改变码元的传输顺序，不改变码元的传输速率。寻呼信道中分组交织器的交织跨度为 20ms，相当于码元速率为 19.2Ks/s 时的 384 个调制码元宽度。交织器组成的阵列是 24 行 × 16 列（即 384 个码元）。

通过分组交织的寻呼信道，还要进行数据长码掩蔽。数据掩蔽也称为数据加扰，用于寻呼信道和正向业务信道，其目的是起到保密传输的作用。数据加扰算法很简单，就是将交织器输出的数据与长 PN 码片实施模 2 加，将有顺序的数据变成扰乱的数据再输出。

长码在 IS-95 系统中用于前向链路寻呼信道和业务信道的数据掩蔽，在反向链路中用于区分用户。长码产生器如图 4-4-7 所示。

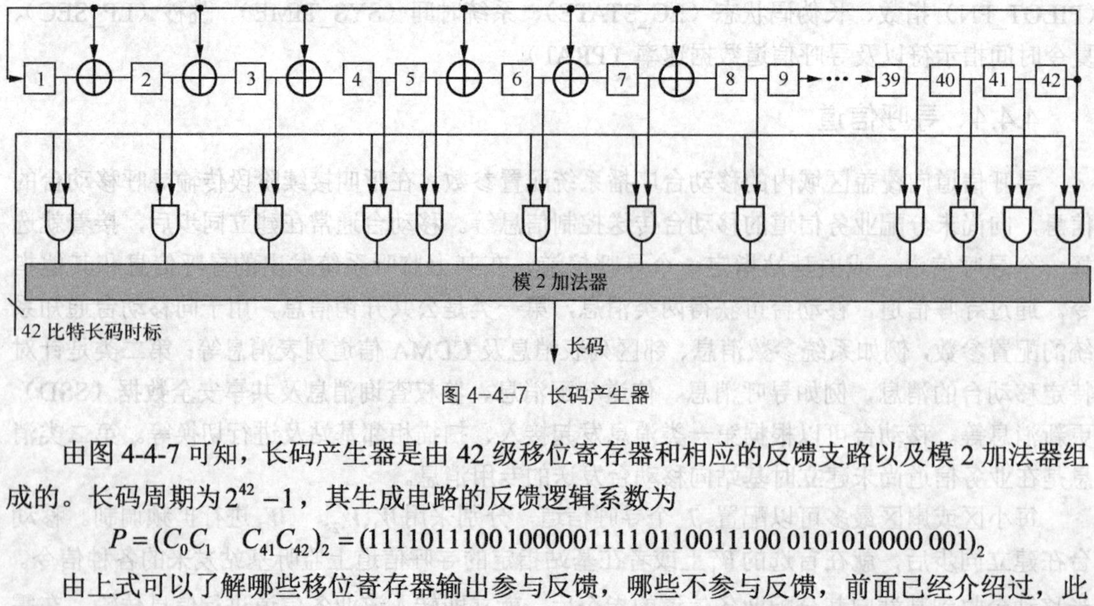

图 4-4-7　长码产生器

由图 4-4-7 可知，长码产生器是由 42 级移位寄存器和相应的反馈支路以及模 2 加法器组成的。长码周期为 $2^{42}-1$，其生成电路的反馈逻辑系数为

$$P=(C_0C_1\quad C_{41}C_{42})_2=(1111011100\,1000001111\,0110011100\,0101010000\,001)_2$$

由上式可以了解哪些移位寄存器输出参与反馈，哪些不参与反馈，前面已经介绍过，此处不再讨论。为了保密安全，长码的各个 PN 子码是用一个 42 位的长码时标和序列发生器的

42 位状态矢量相乘再进行模 2 加而产生的。换句话说，42 位序列组成的长码时标（也称为长码掩码）是长码的唯一标识，且这 42 比特的长码掩码可以确定长 PN 序列的不同起始相位。

长码的时钟工作频率是 1.2288MHz，相应的长码速率是 1.2288Mc/s，其经过 64:1 的分频器后将长码序列的速率变成 19.2Ks/s，再与经过交织处理后的调制码元进行模 2 加，然后才与 Walsh 函数（W_1～W_7）进行正交扩频调制。需要注意的是，由于每一调制码元长度等于 64 个 PN 子码的宽度，因此长码经分频后送入模 2 加法器进行数据掩蔽的是每 64 个 PN 子码中的第 1 个子码在起作用。

寻呼信道用于长码产生器的掩码格式如图 4-4-8 所示。寻呼信道号（PCN）用 3 位二进制比特表示，共有 $2^3=8$ 种可能，可以满足系统中最多 7 个寻呼信道的要求。引导 PN 序列的偏置系数采用 9 位二进制比特表示，共有 $2^9=512$ 种可能，正好满足 0～511（共 512 个）偏置系数的需要。

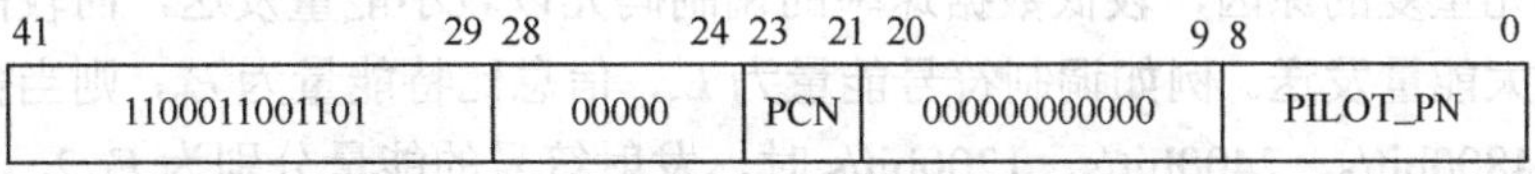

PCN：寻呼信道号；　PILOT_PN：寻呼信道引导 PN 序列的偏置系数

图 4-4-8　寻呼信道的 42 位掩码格式

寻呼信道上的主要消息有系统参数消息、接入参数消息、邻区列表消息、CDMA 信道列表消息、时隙寻呼和寻呼消息、标准的指令消息、信道分配消息、鉴权查询消息、SSD 更新消息以及特定通知消息。

4.4.5　正向业务信道

CDMA 正向业务信道是基站向移动台传送业务信息的信道，此外还需传输必要的随路信令，如功率控制或越区切换指令等。IS-95 系统支持如下两种速率集合

速率集合 1（RS1）：9.6kbit/s、4.8kbit/s、2.4kbit/s、1.2kbit/s；

速率集合 2（RS2）：14.4kbit/s、7.2kbit/s、3.6kbit/s、1.8kbit/s；

所有系统在正向业务信道上都支持 RS1，RS2 在正向业务信道上作为任选项。下面仅以 RS1 为例介绍正向业务信道的整体结构。

正向业务信道的处理过程包括、卷积编码、符号重复、分组交织、长码掩蔽、正交扩频及四相调制等步骤，如图 4-4-9 所示，简化过程如图 4-4-10 所示。

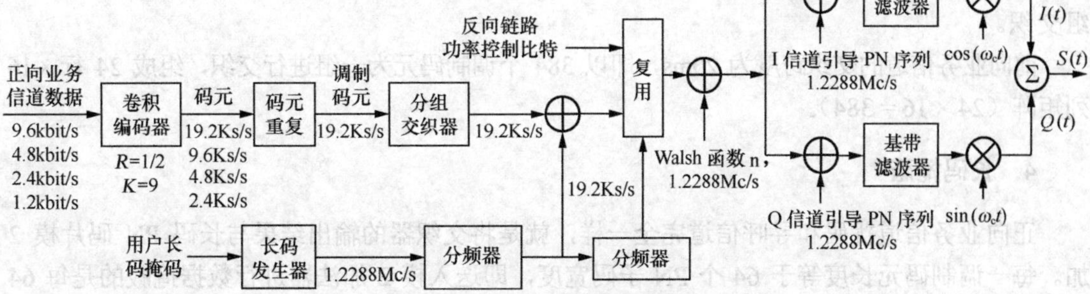

图 4-4-9　正向业务信道的信息处理过程

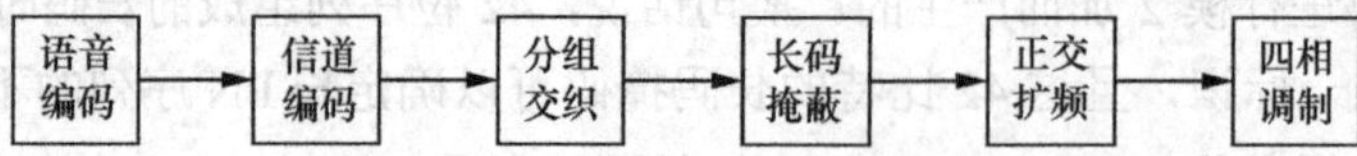

图 4-4-10　简化的正向业务信道信息处理过程

1．语音编码

IS-95 系统的语音编码方案采用“可变速率的码本激励线性预测编码”，根据通信者的语音特征，有 4 种传输速率，分别是 9600bit/s、4800bit/s、2400bit/s、1200bit/s。语音帧的长度是 20ms，业务速率可以逐帧改变（即 20ms 改变一次），以动态适应通话者的语音特征。

虽然业务速率可以逐帧改变，但经过码元重复后采用统一的调制码元速率（19.2Ks/s）传输。由于码元重复的原因，较低数据速率的调制码元以较小能量发送，而较高数据速率的调制码元以较大能量发送。例如调制符号能量为 E_s，信息比特能量为 E_b，则当传输速率分别为 9600bit/s、4800bit/s、2400bit/s、1200bit/s 时，发射符号的能量分别为 $E_b/2$、$E_b/4$、$E_b/8$ 和 $E_b/16$，见表 4-6 所示。

表 4-6　　发送符号能量和数据速率

数 据 速 率	单位调制符号的能量	数 据 速 率	单位调制符号的能量
9600	$E_s = E_b/2$	2400	$E_s = E_b/8$
4800	$E_s = E_b/4$	1200	$E_s = E_b/16$

2．信道编码

信道编码用来纠正码元的随机错误，采用码率为 1/2、约束长度为 9 的卷积编码。经过卷积编码后，符号速率分别为 19200s/s、9600s/s、4800s/s、2400s/s。

3．分组交织

对于前向业务信道，在分组交织之前还要进行码元重复。对于速率为 19.2Ks/s 的数据，码元不重复；对于速率为 9.6Ks/s 的数据，码元重复一次，每个码元连续出现两次；对于速率为 4.8Ks/s 的数据，码元重复 3 次，每个码元连续出现 4 次；对于速率为 2.4Ks/s 的数据，码元重复 7 次，每个码元连续出现 8 次。这样，使各种速率均变成相同的调制码元速率，即每秒 19200 个调制码元，每 20ms 可以有 384 个调制码元，以便实施统一的分组交织。

前向业务信道的交织跨度为 20ms，即以 384 个调制码元为一组进行交织，组成 24 行 × 16 列矩阵（24 × 16 = 384）。

4．长码掩蔽

正向业务信道扰码和寻呼信道完全一样，就是将交织器的输出结果与长码 PN 码片模 2 加。每一调制码元长度等于 64 个 PN 子码宽度，即送入模 2 加法器进行数据掩蔽的是每 64 个子码中的第一个子码起作用。

移动台在业务信道用到两个掩码，一个是公用掩码，在呼叫初始化时使用；另一个是私用掩码。这两个掩码都是该移动台所独有的，在确认完成之前公用掩码不会转向私用掩码。正向业务信道的公用长码掩码格式如图 4-4-11 所示，私有掩码格式由 TIA 规定。ESN 是移动台的电子序列号，变序 ESN 是将 ESN 的顺序打乱，其目的是为了防止和连号 ESN 相对应的长码之间由于两者 ESN 号码太相近而出现过大的相关值，导致信号混淆。

41　　　　　　　　32	31　　　　　　　　　　　0
1100011000	变序 ESN

图 4-4-11　正向业务信道公用长码掩码格式

$$电子序列号\ ESN=(E_{31},E_{30},E_{29},\quad ,E_2,E_1,E_0)$$

$$变序ESN=(E_0,E_{31},E_{22},E_{13},E_4,E_{26},E_{17},E_8,E_{30},E_{21},E_{12},E_3,E_{25},E_{16},E_7,E_{29},E_{20},$$
$$E_{11},E_2,E_{24},E_{15},E_6,E_{28},E_{19},E_{10},E_1,E_{23},E_{14},E_5,E_{27},E_{18},E_9)$$

5. 功率控制子信道

经过扰乱的调制字符和反向链路功率控制比特一起进入复用器。正向业务信道中的功率控制子信道发送反向链路功率控制比特，速率是 800bit/s，即每 1.25ms 发送一个功控比特（0 或 1）。0 或 1 比特分别表示增加或降低移动台的平均输出功率电平。

一个语音帧 20ms，反向链路功率控制每 1.25ms 发送一次，即一个语音帧中包括 20ms/1.25ms = 16 个功率控制组；而正向链路每个 1.25ms 功率控制组含有 1.25ms × 19.2Ks/s = 24 个调制符号。对于反向链路，每 20ms 含有 20ms × 28.8Ks/s ÷ 6 = 96 个调制符号，每个功率控制组含有 96 × 1.25/20 = 6 个调制符号。

基站的反向业务信道接收机在 1.25ms 期间对特定移动台来的信号强度进行估算，来确定功率控制比特值是 0 或者 1，然后跟随相应反向信道上估算信号强度的功控组之后的正向业务信道的第二个功率控制组使用字符收缩（Puncturing）技术来传输功率控制比特。例如在图 4-4-12 所示的示例中，反向业务信道在编号为 5 的功率控制组上接收信号，那么正向业务信道便在功率控制组编号为 5+2 = 7 期间发送相应的功率控制比特。

一个功率控制比特的长度相当于正向业务信道的两个调制字符（即 1.25ms/24 × 2 = 104.167μs）。每个功率控制比特取代 2 个连贯的正向业务信道调制字符，这一技术就是通常所称的“字符收缩”。这样，收缩的调制字符就被功率控制比特所取代。功率控制比特的发送能量不小于正向业务信道上每信息比特的能量 E_b，如图 4-4-13 所示。其中当发送速率分别为 9600bit/s、4800bit/s、2400bit/s、1200bit/s 时，对应的 x 分别取值为 2、4、8 和 16。

如图 4-4-12 所示，功率控制比特有 16 种可能的起动位置，每个位置相当于 1.25ms 期间最初 16 个编码（0～15）的调制字符之一。在每 1.25ms 期间，来自长码、用于扰乱的比特总数为 24，这些比特编号为 0～23，其中 0 位最先被使用，第 23 位最后被使用。图 4-4-12 中比特编号为 23、22、21 和 20 的 4 位二进制数用来确定功率控制比特的开始位置。比特 20 是最低位，比特 23 是最高位。在图 4-4-12 所示的实例中，比特 23、22、21 和 20 的值是 1011（十进制数为 11），则功率控制比特启动位置是 11。图 4-4-13 给出了调制字符（19200s/s）和字符收缩的功率控制子信道（800bit/s）之间的关系。

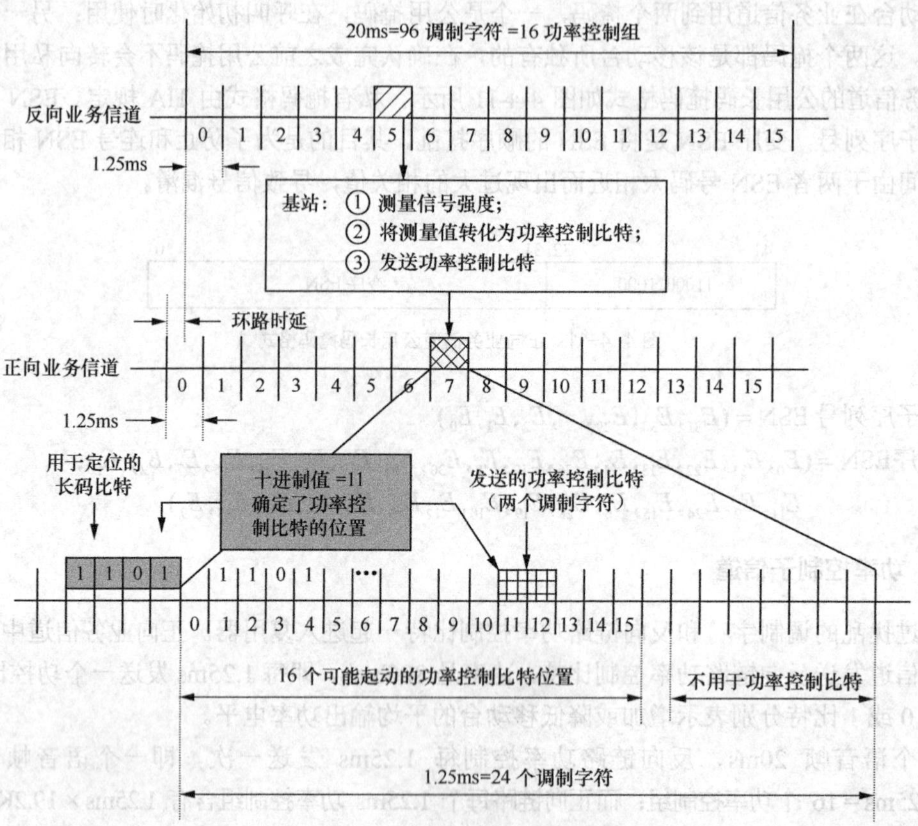

图 4-4-12　功率控制比特位置随机化

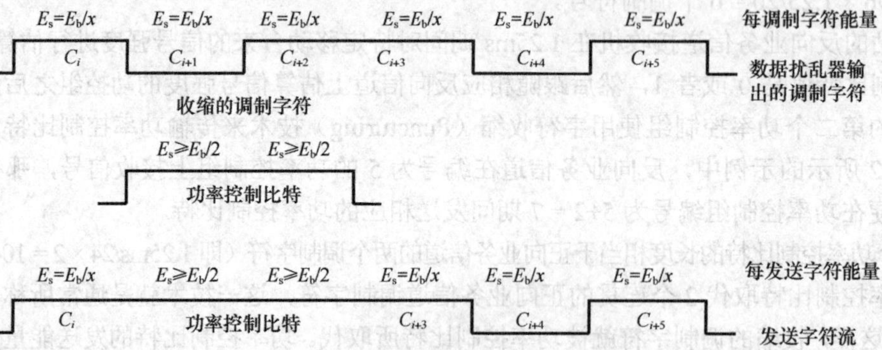

图 4-4-13　功率控制子信道的结构与字符收缩

6．正交扩频

利用 64 阶 Walsh 函数进行正交扩频，一个调制字符的宽度为 1/19.2ks/s = 52.083μs，而 64 阶 Walsh 函数一个周期的宽度也为 64c/(1.2288Mc/s) = 52.083μs，即等于业务信道调制码元宽度。

7．四相扩展和四相调制

四相扩展所用的 PN 引导序列与前面完全相同。信号经基带滤波后进行四相调制，即

QPSK 调制。

4.5 IS-95 CDMA 反向信道

CDMA 系统中，由移动台发往基站的信道称为 CDMA 反向信道，也称为上行（或后向）信道。由前述可知，CDMA 系统反向链路的信号带宽约为 1.23MHz，由长度为 $2^{42}-1$ 的 PN 长码构成，使用长码的不同起始相位来区分不同用户。它包括接入信道和反向业务信道，其中接入信道与正向信道中的寻呼信道相对应，反向业务信道与正向业务信道相对应。反向链路没有导频信道，故基站接收反向链路的信号时，只能使用非相干解调。

4.5.1 接入信道

移动台利用接入信道发起呼叫或对基站寻呼信道的寻呼信号做出响应。接入信道组成如图 4-5-1 所示。

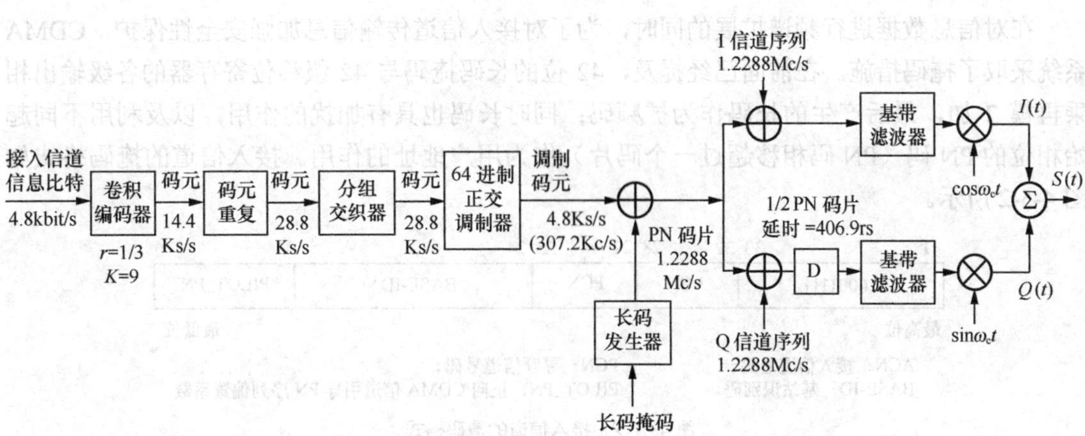

图 4-5-1 CDMA 反向接入信道组成

接入信道输入信息速率是 4.8kbit/s，经码率为 1/3、约束长度为 9 的卷积编码器后，速率变为 14.4Ks/s；码元重复一次，速率提高到 28.8ks/s；进入分组交织器，交织跨度为 20ms（28.8ks/s × 20ms = 576 个码元），组成 32 × 18（576 个单元）阵列实施交织。从交织器输出的序列再进行正交多进制调制、直接序列扩展、四相调制等。其中卷积编码、分组交织等都与正向信道功能类似，这里就不再说明了。下面重点介绍与正向信道处理不同的正交多进制调制、直接序列扩展和四相调制功能。

1. 正交多进制调制

正交多进制调制就是把 CDMA 反向信道中交织器输出的码元每 6 个作为一组，用 $2^6 = 64$ 进制 Walsh 函数之一（称为调制码元）进行传输。换句话说，正交调制器每输入 6 个码元，就输出一个相对应的 64 阶 Walsh 函数，当输入码元速率为 28.8ks/s 时，输出调制码元速率为 28800/6 = 4800 符号/秒，输出的 Walsh 子码的速率为 4800 × 64 = 307.2kc/s。

调制码元可根据调制码元指数进行选择，调制码元指数（MSI）为

$$\text{MSI} = C_0 + 2C_1 + 4C_2 + 8C_3 + 16C_4 + 32C_5 \quad (4\text{-}5\text{-}1)$$

式中，C_i代表输入码元第 i 位的码元值，$0 \leqslant i \leqslant 5$。

例如输入码元为$\{C_0C_1C_2C_3C_4C_5\}=\{110101\}$，则调制码元指数为

$$MSI = 1 + 2 + 8 + 32 = 43$$

即对应着 64 阶 Walsh 函数的第 43 号 Walsh 码。

需要注意的是，CDMA 正向信道和 CDMA 反向信道都使用 64 进制的 Walsh 函数，但二者的使用目的完全不同，前者是为了区分 64 个正交码分信道，后者是对数据进行正交码多进制调制，以提高通信质量。

2. 直接序列扩展

经过正交多进制调制后，码片速率达到 307.2kc/s，再与长码进行模 2 加进行直接序列扩展。长码产生器由 42 级移位寄存器组成，周期为 $2^{42}-1$，码片速率为 1.2288Mc/s，其生成电路的反馈逻辑系数为

$$P=(C_0C_1 \quad C_{41}C_{42})_2=(1111011100100000111101100111000101010000001)_2$$

在对信息数据进行频谱扩展的同时，为了对接入信道传输信息加强安全性保护，CDMA 系统采取了掩码措施。在前面已经提及，42 位的长码掩码与 42 级移位寄存器的各级输出相乘再模 2 加，最后产生的长码作为扩频码；同时长码也具有加扰的作用，以及利用不同起始相位的 PN 码（PN 码相移超过一个码片）作为用户地址的作用。接入信道的掩码格式如图 4-5-2 所示。

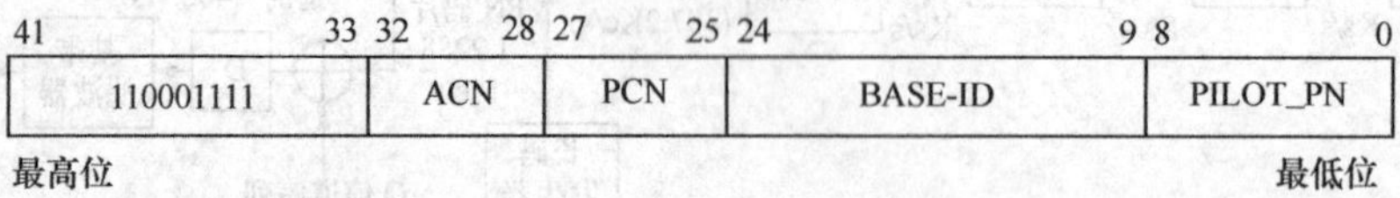

ACN：接入信道号码； PCN：寻呼信道号码；
BASE-ID：基站识别码； PILOT_PN：正向 CDMA 信道引导 PN 序列偏置系数

图 4-5-2 接入信道的掩码格式

由图 4-5-2 可见，用于长码产生器的掩码根据移动台用来传输的信道类型而变，因而通过不同的接入信道时，长码 PN 序列可以对每一个接入信道进行识别。当在接入信道传输时，掩码 M_{41} 到 M_{33} 要置为 110001111，M_{32} 到 M_{28} 要置成选用的接入信道号码，M_{27} 到 M_{25} 要置成对应的寻呼信道号码（范围是 1～7），M_{24} 到 M_9 要置成当前的基站标识，M_8 到 M_0 要置成当前 CDMA 信道的引导 PN 偏置。

3. 四相调制

CDMA 反向信道四相扩展所用的序列就是前面 CDMA 正向信道所用的 I 和 Q 信道引导 PN 序列。I 和 Q 支路信号经过 PN 序列扩展，在送入基带滤波器之后做四相调制（QPSK）之前，Q 支路的信号要经过一个延迟电路，把时间相对于 I 支路信号延迟 1/2 个子码宽度（1/（1228800 × 2）= 406.901ns），因此合成信号的相位点及其转换关系如图 4-5-3 所示。由图 4-5-3 可见，它采用的是交错四相相移键控（O-QPSK）调制策略。由于其去掉了 I 和 Q 支路的码元的同时

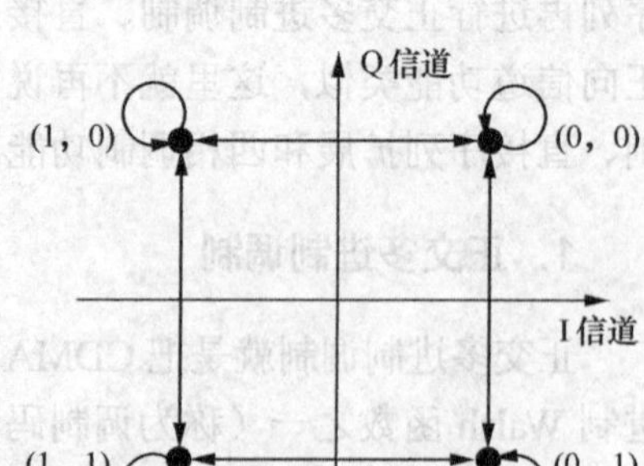

图 4-5-3 CDMA 反向信道的信号相位点及其转换关系

跳变，因此去掉了±π 的相位跳变，与 QPSK 调制相比改善了信号通过带限、非线性信道后的频谱扩散问题。

4.5.2 反向业务信道

CDMA 反向业务信道是移动台向基站传送语音、数据和必要信令信息的信道。反向业务信道上可使用 RS1 速率集合，同时支持任意选项 RS2 速率集合。反向业务信道的信息处理过程如图 4-5-4 所示。

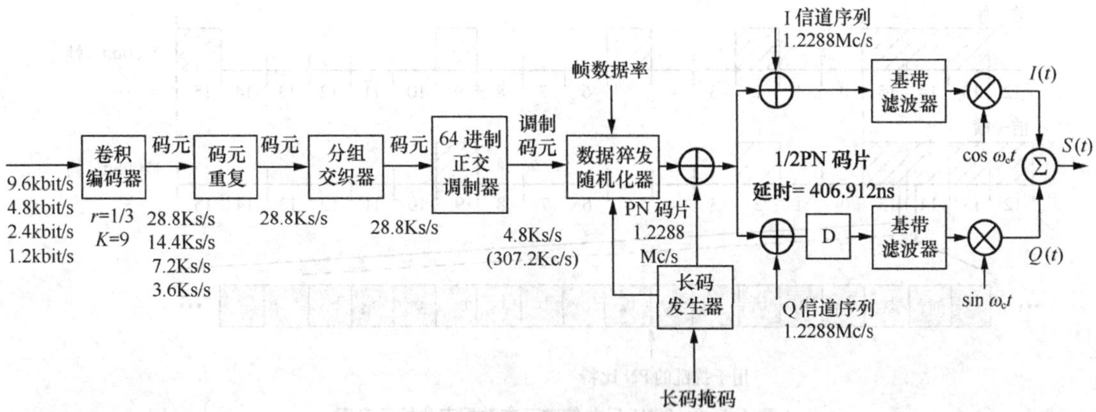

图 4-5-4 CDMA 反向业务信道信息处理过程

9.6kbit/s、4.8kbit/s、2.4kbit/s 和 1.2kbit/s 4 种速率经码率为 1/3、约束长度为 9 的卷积编码器后，速率变为 28.8Ks/s、14.4Ks/s、7.2Ks/s 和 3.6Ks/s；然后经过不同的码元重复，统一成调制码元的速率 28.8Ks/s；再通过分组交织、多进制正交调制、数据猝发、长码 PN 序列扩频、加扰及四相调制后产生反向业务信道信号。其处理简化过程如图 4-5-5 所示。它与接入信道组成类似，重复的地方不再赘述。这里主要说明两者的区别，即变速率传输。

图 4-5-5 反向业务信道信息处理过程简化图

为了减小移动台的功耗，并减小它对 CDMA 系统其他用户产生的干扰，对交织器输出的码元，可利用“数据猝发随机化器”使移动台采用“可变数据率”传输。即用一时间滤波器进行选通，只允许所需码元输出，而删除其他重复的码元，此过程如图 4-5-6 所示。

由图 4-5-6 可见，传输的占空比随传输速率而改变；当数据速率是 9600bit/s 时，选通门允许交织器输出的所有码元进行传输，即占空比为 1；当数据速率是 4800bit/s 时，选通门允许交织器输出的 1/2 码元进行传输，即占空比为 1/2；当数据速率是 2400bit/s 时，选通门允许交织器输出的 1/4 码元进行传输，即占空比为 1/4；当数据速率是 1200bit/s 时，选通门允许交织器输出的 1/8 码元进行传输，即占空比为 1/8。在选通过程中，20ms 的帧分为 16 个等长的功率控制段，每段 1.25ms，编号为 0～15，根据一定的规律，上面的选通要保证进入交织器的重复码元只发送其中一个。

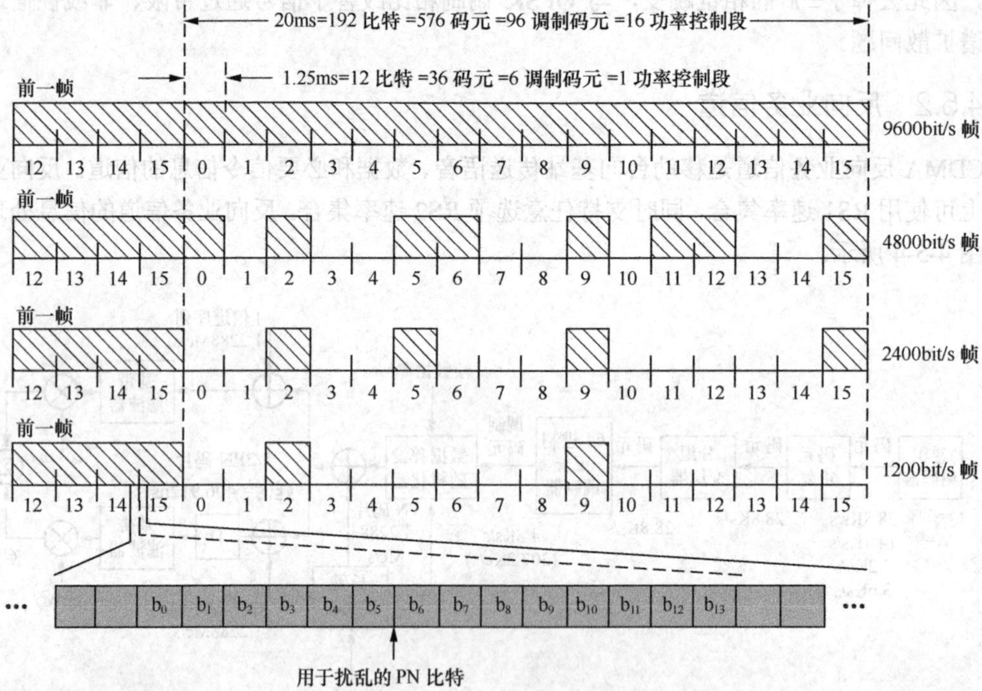

图 4-5-6 CDMA 反向信道可变数据率传输示意图

通过选通门允许发送的码元以猝发的方式工作，它在一帧中占用哪一个位置进行传输是受一 PN 码控制的，此过程称为“数据的猝发随机化”。猝发位置根据前一帧中倒数第二功率控制段内的最末 14 个 PN 码比特进行计算，这 14 个比特表示为

$$b_0b_1b_2b_3b_4b_5b_6b_7b_8b_9b_{10}b_{11}b_{12}b_{13}$$

数据猝发随机化算法如下。

数据率为 9600bit/s 时，所用的功率控制段为

0、1、2、3、4、5、6、7、8、9、10、11、12、13、14、15

数据率为 4800bit/s 时，所用的功率控制段为

b_0、$2+b_1$、$4+b_2$、$6+b_3$、$8+b_4$、$10+b_5$、$12+b_6$、$14+b_7$

数据率为 2400bit/s 时，所用的功率控制段为

b_0 （如 $b_8=0$） 或 $2+b_1$ （如 $b_8=1$）

$4+b_2$ （如 $b_9=0$） 或 $6+b_3$ （如 $b_9=1$）

$8+b_4$ （如 $b_{10}=0$） 或 $10+b_5$ （如 $b_{10}=1$）

$12+b_6$ （如 $b_{11}=0$） 或 $14+b_7$ （如 $b_{11}=1$）

数据率为 1200bit/s 时，所用的功率控制段为

b_0 （如 $b_8=0$ 且 $b_{12}=0$） 或 $2+b_1$ （如 $b_8=1$ 且 $b_{12}=0$）

或 $4+b_2$ （如 $b_9=0$ 且 $b_{12}=1$）

或 $6+b_3$ （如 $b_9=1$ 且 $b_{12}=1$）

$8+b_4$ （如 $b_{10}=0$ 且 $b_{13}=0$） 或 $10+b_5$ （如 $b_{10}=1$ 且 $b_{13}=0$）

或 $12+b_6$ （如 $b_{11}=0$ 且 $b_{13}=0$）

或 $14+b_7$（如 $b_{11}=1$ 且 $b_{13}=1$）

数据猝发随机化器输出的码流与周期为 $2^{42}-1$ 的长码模 2 加后，完成直接序列扩频、加扰和地址识别 3 大功能的同时实现，再进行四相调制（O-QPSK）。

4.6 IS-95 CDMA 系统接续和移动性管理

CDMA 蜂窝通信系统的控制和管理功能与其他蜂窝通信系统相比，大部分是相似的，例如鉴权、加密等，但也有特殊之处。限于篇幅，本节着重对移动台登记注册、呼叫接续和软切换等重要内容作简要说明。

4.6.1 登记注册

登记注册是移动台向基站报告其位置状态、身份标志、时隙周期和其他特征的过程。通过注册，基站可以知道移动台的位置、等级和通信能力，确定移动台在寻呼信道的哪个时隙中监听，并能有效地向移动台发起呼叫等。CDMA 系统支持如下不同形式的注册。

1．开机注册

移动台打开电源时要注册，它从其他服务系统（如模拟系统）切换过来时也要注册。为了防止移动台频繁开关机时多次注册，通常移动台在打开电源后延迟 20s 才注册。

2．关机注册

移动台关机时要注册，但只有它在当前服务的系统中已经注册过后才进行关机注册。以上登记注册过程类似于 GSM 系统中的“IMSI 分离/附着”。

3．周期性注册

为了使移动台按一定的时间间隔进行周期性注册，移动台要设置一种计数器。计数器的最大值受基站控制。当计数器计数到最大时，移动台便进行一次注册。

周期性注册的好处是系统可及时掌握移动台的状态，且当移动台的关机注册没有成功时，系统可自动删除该移动台的注册。

4．基于距离的注册

基于距离的注册是移动台在当前基站与上次注册基站间的距离超过门限时的注册；距离的计算是通过两个基站的经度和纬度之差来计算。

5．基于区域的注册

为了便于对通信进行控制和管理，CDMA 蜂窝系统划分为 3 个层次，即“系统”、“网络”和“区域”。由一组基站组成区域，而一个网络分为若干个区域，一个系统又分为若干个网络。系统通过系统识别号（SID）来标记，网络通过网络识别号（NID）来标记，区域通过区域号来标记。因此系统中的任何网络都可以由系统/网络识别对（SID，NID）来唯一确定。基站和移动台都保存一张供移动台注册用的“区域表格”；当移动台进入一新区，区域表格中没有对它的登记注册，则移动台进行以区域为基础的注册；注册的内容包括区域号与系统/网络标识对（SID，NID）。每次注册成功，基站和移动台都要更新其存储区域的列表，允许移动台的注册的最大数目由 MSC 控制，移动台在其区域表格至少能进行 7 次注册。一旦发现区域表格中注册的数目超过了允许的数目，则移动台会根据计数器的数值把最早（即寿命最长）的注册删除，直到剩下的注册数目不超过允许保存的数目。

为了实现系统和网络间的漫游，移动台要专门建立一种“系统/网络”表格。移动台可在这种表格中存储 4 次注册，每次注册都包括系统/网络识别对（SID，NID）。这种注册有两种类型，一是原籍注册；二是访问注册。若存储的标识对（SID，NID）与原籍标志（SID，NID）不同，则说明移动台是漫游者。漫游有两种形式，一是外来 NID 漫游者，即网络间漫游者，其注册的标识对（SID，NID）与原籍标志（SID，NID）中的 SID 相同；二是外来 SID 漫游者，即系统间漫游者，其注册的标识对（SID，NID）与原籍标志（SID，NID）中的 SID 不同。

6．参数改变注册

当移动台修改其存储的某些参数时，要进行注册。

7．受命注册

基站发送请求指令，通知移动台进行注册为受命注册。

8．默认注册

当移动台成功发送一起动消息或寻呼应答消息时，基站借此可判断出移动台的位置，不涉及任何注册消息的交换，这称为默认注册。

9．业务信道注册

一旦基站得到移动台已被分配到一业务信道的注册消息时，则基站将通知移动台它已被注册。

4.6.2 呼叫处理

如图 4-6-1 所示，移动台呼叫处理过程由以下 4 个状态组成。

① 初始化状态——移动台选择和捕获系统。

② 空闲状态——移动台检测寻呼信道的消息。

③ 系统接入状态——移动台在接入信道上向基站发送消息。

④ 业务信道控制状态——移动台利用正向和反向信道与基站通信。

移动台的呼叫建立过程是在上述 4 种状态中完成的。

1．移动台初始化状态

移动台接通电源，即进入“初始化状态”。在初始化状态，移动台首先确定它要在模拟系统还是数字 CDMA 系统中建立呼叫。若选择模拟系统，则移动台按模拟工作模式处理。如果是 CDMA 系统，它就搜索来自周围基站的导频信号，并使移动台跟踪其中最强的导频信号。

各基站使用相同的引导 PN 序列，但时间偏置（相位）各不相同，移动台只要改变其本地 PN 序列的偏置，很容易即可检测出周围有哪些基站在发送导频。

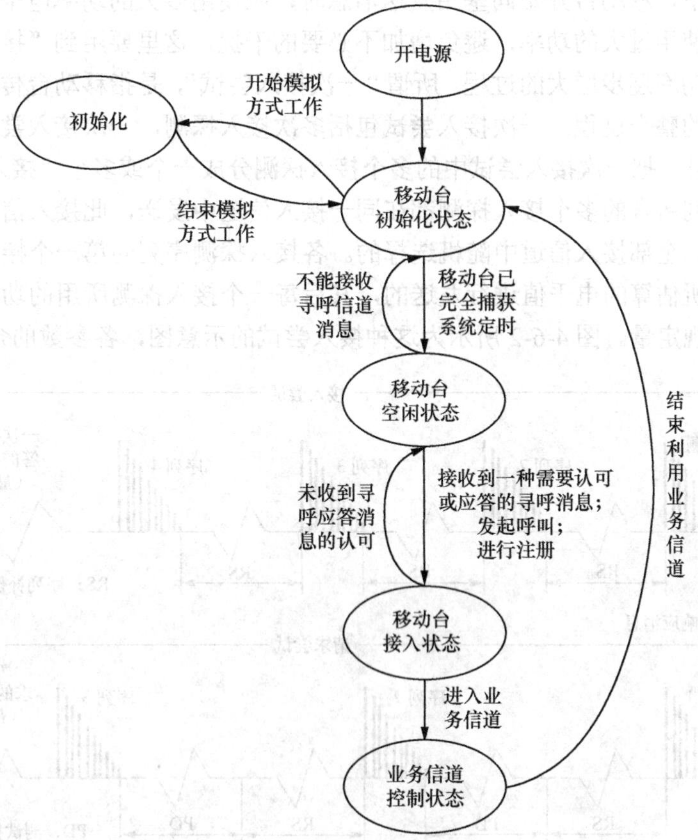

图 4-6-1 移动台呼叫处理状态

在建立导频信道之后，再捕获同步信道，并接收同步信息，例如系统识别码（SID）、网络识别码（NID）、导引 PN 序列的相位偏移值、长 PN 码状态、系统时间及寻呼信道速率等，使移动台的定时完全与系统时基一致，此时移动台即进入空闲状态。

2. 移动台空闲状态

移动台在完成同步和定时后，即由初始化状态进入空闲状态。在空闲状态下，移动台可发起呼叫（主呼），进行登记注册，也可等待被寻呼（被呼）；移动台未发起呼叫时，一直监听寻呼信道。若监听并收到寻呼信道的报文并做出应答时，或当移动台发出呼叫或进行登记注册时，即进入系统接入状态。

在空闲状态下，移动台有两种工作模式：一种是时隙工作模式，即 MS 只需在其指配的时隙中监听寻呼信道，其余时间可关掉接收机（利于节电）；另一种是非时隙工作模式，在这种模式下，移动台一直监听寻呼信道。

3. 系统接入状态

在系统接入状态下，移动台在接入信道上向基站发送连续消息，或移动台在寻呼信道上收到了来自基站的寻呼消息等。当移动台接收到由基站所指配的业务信道信息时，移动台进入“业务信道控制状态”。

在接入状态下，移动台开始向基站发送消息时，应使用多大的功率电平才合适？为防止移动台一开始就使用过大的功率，避免增加不必要的干扰，这里要用到“接入尝试”程序，它实质上是一种功率逐步增大的过程。所谓“一次接入尝试”，是指移动台传送一信息直到收到该信息的认可的整个过程。一次接入尝试包括多次接入探测，一次接入尝试的多次接入探测都传送同一信息。把一次接入尝试中的多个接入探测分成一个或多个“接入探测序列”，同一个接入探测序列所含的多个接入探测都在同一接入信道中发送，此接入信道是在与当前所用寻呼信道对应的全部接入信道中随机选择的。各接入探测序列的第一个接入探测是根据开环功率控制电路所估算的电平值进行发送的，其后每一个接入探测所用的功率均比前一个接入探测提高一个规定量。图 4-6-2 所示为这种接入尝试的示意图，各参数的含义如下所述。

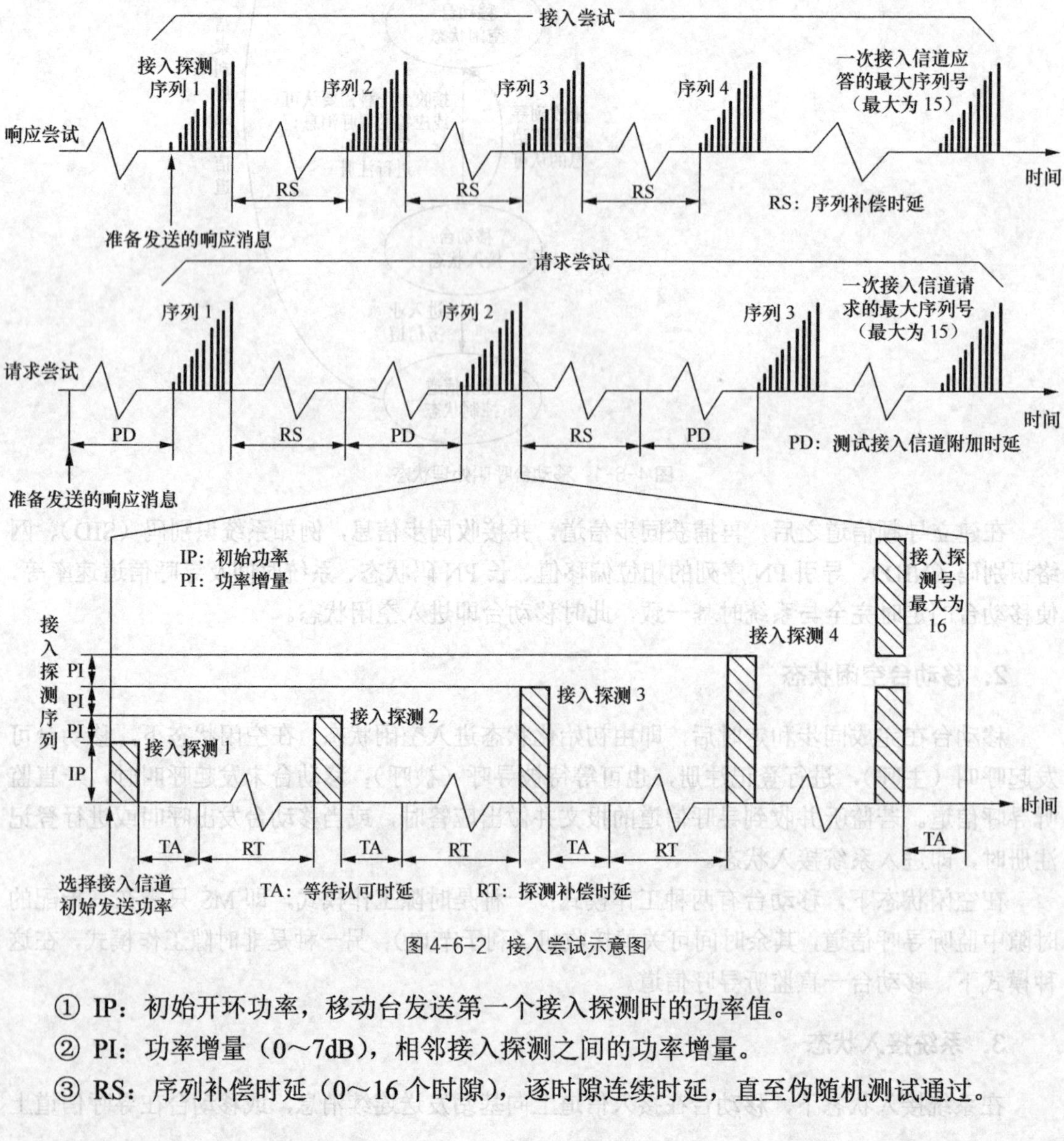

图 4-6-2　接入尝试示意图

① IP：初始开环功率，移动台发送第一个接入探测时的功率值。

② PI：功率增量（0～7dB），相邻接入探测之间的功率增量。

③ RS：序列补偿时延（0～16 个时隙），逐时隙连续时延，直至伪随机测试通过。

④ PD：测试接入信道附加时延，发送接入探测序列前随机等待的时延，以降低和别人冲突的概率。

⑤ RT：探测补偿时延（0～16 个时隙），移动台发送接入探测之前随机等待的时间。

⑥ TA：等待认可时延（160～1360ms），移动台发送一个接入探测后等待的时间。

接入探测和接入探测序列都是分时隙发送的，每次传输探测序列之前，移动台都要产生一个随机数 RS，并把接入探测序列的传输时间延迟 RS 个时隙。如果接入尝试属于接入信道请求，还要增加一附加时延（PD 个时隙），是供移动台测试接入信道的时隙。只有测试通过了，探测序列的第一个接入探测才在那个时隙开始传输，否则要延迟到下一个时隙以后再进行测试。

在传输一个探测之后，移动台要从时隙末端开始等候一规定的时间 TA，以接收基站发来的认可消息。如果收到认可消息，则尝试结束；如果收不到认可消息，则下一个接入探测在延迟 RT 后发送。在发送每个接入探测之间，移动台都要关掉发射机。

4．业务信道控制状态

在此状态下，移动台和基站在业务信道上建立通信。

需要说明的是，为了支持正向业务信道进行功率控制，移动台要向基站报告帧错误率统计数字。如果基站授权它做周期性报告，则移动台在规定的时间间隔内定期向基站报告统计数字；如果基站授权它做门限报告，则移动台只在帧错误率达到规定的门限时才向基站报告统计数字；为此，移动台要连续地对它收到的帧总数和错误帧数进行统计。

无论基站或移动台，都可申请“服务选项”。基站在发送寻呼信息或在业务信道工作时，能申请服务选择。移动台在发起呼叫、向寻呼信道应答或在业务信道上工作时，都能申请服务选择。如果移动台（基站）的服务选择申请是基站（移动台）可以接受的，则它们开始使用新的服务选择。如果移动台（基站）的服务选择申请是基站（移动台）不能接受的，则基站（移动台）拒绝这次服务选择申请，或提出另外的服务选择申请。这种反复的过程称为“服务选择协商”。若它们找到了双方可接受的服务选择或找不到双方可接受的服务选择，这种协商过程就结束了。

基站或移动台使用服务选项申请指令来申请服务选项或建议另一种服务选项，而用服务选项应答指令接受或拒绝服务选择申请。

基站呼叫处理比较简单，具有下列 4 种类型。

（1）导频和同步信道处理

导频信道处理是指基站在导频信道连续发射导频信号，供移动台捕获 CDMA 系统；同步信道处理是指基站在同步信道连续发射同步信号报文，为移动台提供系统结构及定时信息。对应于“移动台初始化状态”。

（2）寻呼信道处理

在此期间，基站发送寻呼信号。对应于移动台“空闲状态”或“系统接入状态”

（3）接入信道处理

在此期间，基站监听接入信道，以接收移动台发来的信息。对应于移动台“系统接入状态”。

（4）业务信道处理

在此期间，BS 利用正向业务信道与 MS 进行通信。对应于移动台“业务信道控制状态”。

4.6.3 软切换

移动台在通信期间，由于位置发生改变，从而改变与网络的连接关系的过程为越区切换，切换过程中通信链路的转移不能影响通话的正常进行。在切换时，根据移动台与原基站和目标基站连接方式的不同，切换方式分为硬切换和软切换，本小节将重点阐述 CDMA 系统中所特有的软切换过程。

1．导频分类

在 CDMA 系统中，导频信道可以通过引导 PN 序列的不同偏置和频率分配来识别，且每一个可用导频要与它同一 CDMA 信道中的正向业务信道相配合才有效。移动台将能接收的导频信道分为 4 类。

（1）有效导频集（激活集）

有效导频集为和分配给移动台的正向业务信道相结合的导频，即与已取得联系的基站相对应的导频信号。IS-95 系统允许有效集合最多有 6 个导频，其中每两个导频共用一个 Rake 分支。

（2）候选导频集（候选集）

候选集未列入激活集，但具有足够的强度，表明它与正向业务信道结合能成功被解调。候选集合中的最大导频数为 6。

（3）邻近导频集（邻域）

邻域为未列入激活集和候选集，但可作为切换的备用导频。导频的邻域都是在邻近地区的扇区/小区。通过寻呼信道的系统参数消息给移动台发送初始邻域列表，邻域集合最大值为 20。

（4）剩余导频集（剩余集）

剩余集为未列入上述 3 组的导频；即在当前系统中、当前频率配置下，除了有效、候选或邻近集合导频之外的所有可能的导频组成的集合。

2．导频搜索与测量

切换的前提是能够识别新的基站，并了解各个基站发射信号到达移动台处的强度。因此，移动台需要对各个基站发出的导频信号不断进行搜索和测量，并将结果报告基站，以便及时发现基站信号强度的变化。

由于移动台和基站之间的传播时延未知，这会使移动台接收到的信号的 PN 码相位有未知的偏差。同时由于多径传播，信号的多径部分比直接到达的部分要晚几个码片。为了克服这些因素的影响，基站对以上各种导频集合分别规定了相应的搜索窗口（PN 码相位偏移范围），移动台在“搜索窗口”范围内搜索导频所有的可用多径分量（即信号足够强，可以被追踪，并且解调时不会引起很高的误码率）。

搜索窗口的尺寸应该足够大，使移动台能够捕获基站所有的可用多径分量；同时又应该尽可能小，以提高搜索速度，使搜索器的性能最佳化。

移动台使用以下 3 种搜索窗口跟踪导频信号。

（1）SRCH_WIN_A

该窗口用于跟踪激活集和候选集中的导频。对于激活集和候选集，移动台的搜索过程是一样的。移动台将这两个导频集中每个导频的搜索窗口的中心设在接收到的第一个多径分量的附近，搜索窗口的大小应根据预测的传播环境来设置。

（2）SRCH_WIN_N

该窗口用于监测相邻集导频的搜索窗口。移动台将搜索窗口的中心设在导频PN序列的相位偏移处，其搜索窗口的大小通常比SRCH_WIN_A要大。该窗口的大小要根据服务基站与相邻基站之间的距离来设置。

（3）SRCH_WIN_R

该窗口用于跟踪剩余集导频的搜索窗口。移动台将搜索窗口的中心设在导频PN序列的相位偏移处在剩余集中仅仅搜索那些PN序列偏置为PILOT_INC整数倍的导频。该窗口的大小至少应该与SRCH_WIN_N一样大。

3．切换参数

软切换过程中主要会用到以下控制参数。

（1）导频检测门限（T_ADD）

该参数是向候选集和激活集中加入导频的门限。此值不能设置太低，否则会使软切换的比例过高，从而造成资源浪费。此值也不能设置太高，以避免造成切换之前语音质量太差。

（2）导频丢失门限（T_DROP）

该参数是从候选集和激活集中删除导频的门限。设置此值时既要及时去掉不可用的导频，又不能很快地删除有用的导频。

（3）门限比较（T_COMP）

该参数是候选集导频与激活集导频的比较门限。当候选集导频与激活集导频相比超过该门限时，会触发导频强度测量消息。

（4）衰减定时器门限（T_TDROP）

移动台的激活集和候选集中的每一个导频都有一个对应的定时器T_TDROP。当该导频的强度降至T_DROP以下时，对应的定时器启动；若导频强度回至T_DROP以上，则定时器复位。T_TDROP的下限值是建立软切换所需要的时间，可以防止由于信号的抖动所产生的频繁切换（乒乓效应）。

4．IS-95系统软切换

当移动台进入一基站服务区后又离开时，移动台收到该基站的导频强度先由弱变强，接着又由强变弱，因而该导频信号可能由邻近组和候选集进入激活集，然后又返回邻近组，如图4-6-3所示。如此期间，移动台和基站之间的信息交换过程如下。

① 移动台不断搜索来自不同基站的所有导频信号，并测量它们的强度。当某个导频强度超过导频检测门限（T_ADD）时，表明该导频强度足够大，可以正确进行解调。移动台向基站发送导频强度测试消息（PSMM），并将该导频转换到候选集。

② 基站将此消息送往MSC，MSC让该导频所属基站安排一个前向业务信道给移动台，且基站发送一条切换引导消息（HDM）指示移动台开始切换。

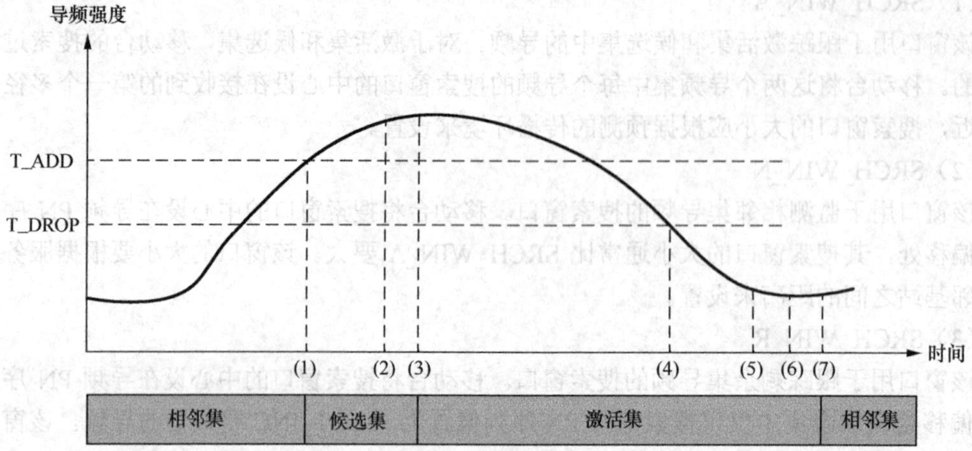

图 4-6-3 软切换过程

③ 当移动台接收到来自基站的切换引导消息（HDM）后，移动台将该基站的导频信道纳入激活集，开始对两个基站的前向业务信道同时进行解调，并向基站发送切换完成消息（HCM）。

④ 随移动台的运动，两基站中某一方的导频强度可能降低到导频丢失门限（T-DROP）以下，这时移动台启动一“切换下降定时器”。

⑤ 定时器不断计时，当定时器满，上述基站的导频强度始终低于 T-DROP，移动台发送导频强度测量消息。

⑥ 两个基站收到该信号后将其送往 MSC，MSC 返回响应切换指示消息，然后基站发送切换指示消息（HDM）给移动台。

⑦ 移动台将计时器满的导频信号从激活集中去除，转移到“邻近集”，同时发一条切换完成消息（HCM）通知基站切换已完成。

移动台对其周围基站的导频测量是不断进行的，能及时发现邻近小区中是否出现导频信号更强的基站。如果邻近基站的导频信号变得比原先呼叫基站的导频信号更强，表明移动台已经进入新的小区，从而可以被引导向新的小区切换。

思考与习题

1．简述码分多址的工作原理？码分多址技术为什么必须与扩频技术相结合？

2．实现码分多址的三大关键技术是什么？

3．某一系统欲传输 $C = 64\text{kbit/s}$ 的数据，设信噪比 $S/N = 15\text{dB}$，所需理论值信道带宽是多少？如果信噪比 $S/N = -10\text{dB}$，则信道带宽又是多少？

4．某扩频通信系统扩频信号带宽 W 与信息带宽 B 分别是 $W = 20\text{MHz}$、$B = 10\text{kHz}$，系统损耗 $LS = 3\text{dB}$，接收机输出信噪比 $(S/N)o \geqslant 10\text{dB}$，则该系统的扩频增益和抗干扰容限各是多少？其表征的物理意义是什么？

5．扩频通信系统的特点有什么？

6．什么是直接序列扩频通信？直接序列扩频通信的抗干扰机理是什么？

7．直接序列扩频通信如何与码分多址结合？

8．什么是跳频？跳频扩频通信系统如何组成？

9．什么是 m 序列？用 4 级移位寄存器生成的 m 序列的周期是多少？共能产生多少个 m 序列？有一个 m 序列的生成多项式为 $G_4(x)=1+x+x^4$，试画出它对应的产生电路，求出此 m 序列，并画出此 m 序列的自相关函数曲线。

10．Walsh 码是什么？试写出 Walsh 码长度为 8 的哈达玛矩阵。

11．什么是语音激活技术和扇区划分技术？CDMA 系统是如何利用它们提高系统容量的？

12．什么是软容量？为什么称 CDMA 系统容量为软容量？

13．什么是软切换？

14．何谓功率控制？CDMA 系统中为何要引入功率控制？CDMA 系统中的功率控制分为哪几类？每一类的控制原理是什么？

15．CDMA 系统有哪些逻辑信道？正向各逻辑信道的作用是什么？反向各逻辑信道的作用是什么？

16．Walsh 码、长 m 序列和短 m 序列在 CDMA 系统正、反向数据传输中的作用分别是什么？

17．Rake 接收机的概念及原理？

18．移动台在初始接入时为什么要进行初始接入尝试？

19．CDMA 系统移动台包括哪些呼叫处理状态？在各状态中完成的功能是什么？

第5章 WCDMA系统组网技术

WCDMA（宽带码分多址，Wideband Code Division Multiple Access）是第3代移动通信系统的3种主流无线传输技术之一，目的是在移动网络的基础上以最大的灵活性提供高速率的数据业务。

5.1 WCDMA移动通信系统的演进过程

WCDMA是通用移动通信系统（UMTS）的空中接口技术，通常也将UMTS系统称为WCDMA移动通信系统，全称为Wideband CDMA，也称为CDMA Direct Spread。这是基于GSM网发展出来的3G技术规范，是欧洲提出的宽带CDMA技术，它与日本提出的宽带CDMA技术基本相同。

5.1.1 WCDMA系统演进

移动通信网络从GSM演进到GPRS/EDGE，再到WCDMA R99，然后到R4、R5、R6和R7（即LTE，Long Term Evolution），R99引入了基于每载频5MHz带宽的CDMA无线接入网络，无线接入网络主要由Node B和RNC组成；同时引入了适于分组数据传输的协议和机制，数据速率可支持144Kbit/s，384Kbit/s，理论上可达2Mbit/s。

向3G的演进主要是核心网的演进，在R 99版本中，采用语音电路业务和数据业务分离的核心网结构，主要是考虑到解决与现有系统的兼容和IP技术对实时业务支持不足的问题。在以后的R4、R5版本中，3G核心网结构采用全IP的核心网络结构。与固定网中PSTN正在同IP骨干网结合的趋势相一致，移动网也将逐步与IP网络融合，IP网将作为用户语音、数据以及信令的统一载体。

图5-1-1所示为3GPP体系的演进过程。

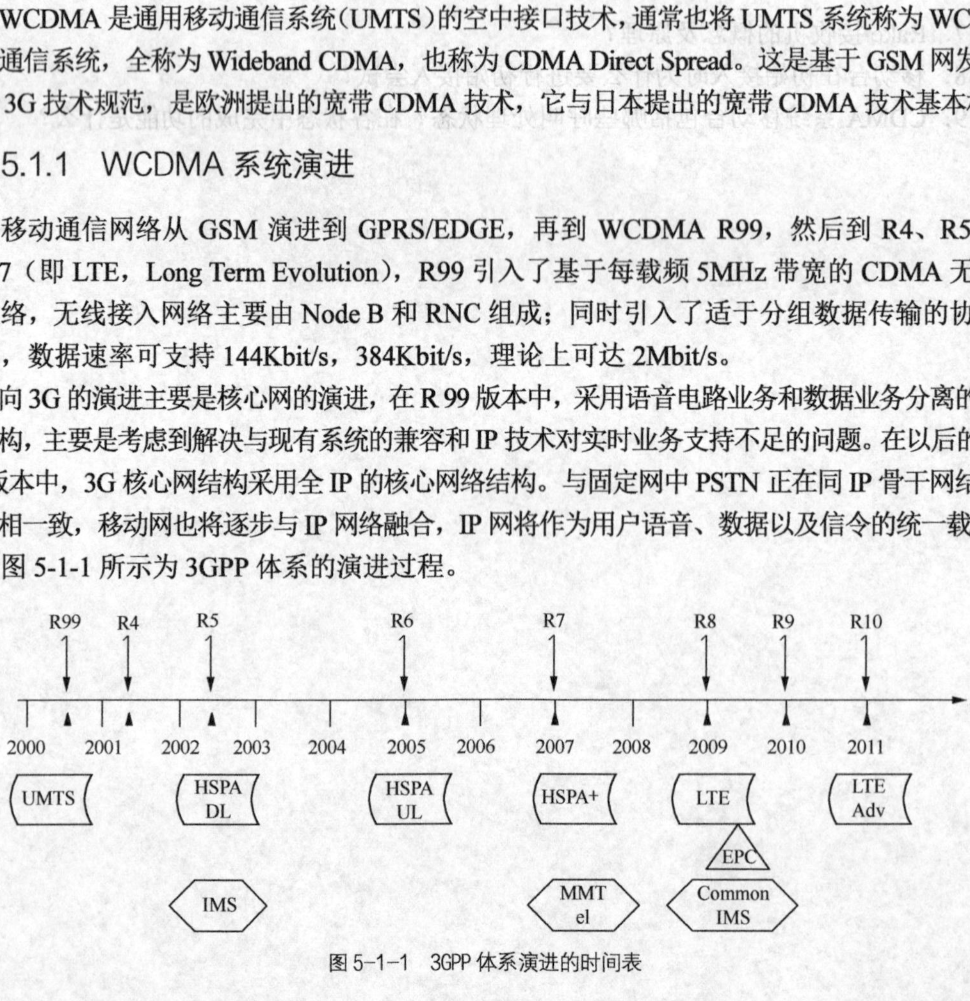

图5-1-1 3GPP体系演进的时间表

5.1.2 WCDMA系统的特点

WCDMA是从GSM/GPRS网络的基础上发展而来的，可以提供更高速率的数据业务。其许多高层协议和GSM/GPRS基本相同，如移动性管理（MM）、连接管理（CM）、会话管理等，WCDMA还具有以下特点。

① WCDMA是一个宽带直接序列扩频码分多址（DS-CDMA）系统，采用了可变扩频因子和多码传输，支持最高速率达2Mbit/s，采用HSDPA技术，下行速率理论上最高可达10～14Mbit/s，平均可提供1～3Mbit/s下行速率。

② 码片速率3.84Mc/s，载波带宽大约为5MHz。WCDMA所固有的较宽的载波带宽使其能支持高的用户数据速率，并且也具有某些性能方面的优势，例如可以采用增强的多径分集能力。

③ WCDMA支持各种可变的用户数据速率。在每个10ms无线帧内，用户数据速率是固定的，但是帧之间的用户速率是可变的。这种快速的无线容量分配由网络层控制，可以达到分组数据业务的最佳吞吐量。

④ WCDMA基站支持异步方式，与IS-95系统不同，其不需要使用一个全局时间参考量，比如GPS。这样室内小区和微小区基站的布站就变得简单了，组网也更灵活。

⑤ WCDMA在上行链路和下行链路中采用基于导频符号或公共导频的相干检测。

⑥ WCDMA系统中采用上下行快速闭环功率控制，功控时间间隔最短以一个时隙为单位，即1500次/秒（1.5kHz），能更快地响应信道的变化，使系统容量最大化。

WCDMA是一种直接序列扩频码分多址（DS-CDMA）系统，其主要参数如表5-1所示。

表5-1　　WCDMA网络主要参数

多址接入方式	DS-CDMA
双工方式	频分双工/时分双工
基站同步	异步方式
码片速率	3.84Mc/s
帧长	10ms
业务复用	将有不同服务要求的业务复用到一个连接中
多速率概念	可变的扩频因子和多码
检测	使用导频符号或公共导频进行相关检测
多用户检测，智能天线	标准支持，应用时可选

5.2 WCDMA系统的网络结构

UMTS是IMT-2000家族的一员，它由CN（核心网）、UTRAN（UMTS陆地无线接入网）和UE（用户设备）组成。UTRAN和UE采用WCDMA无线接入技术。UMTS网络在设计时遵循无线接入网与核心网功能尽量分离的原则。即对无线资源的管理功能集中在无线接入网中完成，而与业务和应用相关的功能在核心网执行。

5.2.1 UMTS 网络结构

UMTS 与第 2 代移动通信系统在逻辑结构上基本相同。如果按功能划分，从功能上，网络单元可以分为无线接入网络（Radio Access Network，RAN）和核心网（Core Network，CN）。其中，无线接入网络用于处理所有与无线有关的功能，而 CN 处理 UMTS 系统内所有的语音呼叫和数据连接与外部网络的交换和路由。上述两个单元与用户设备（User Equipment，UE）一起构成了整个 UMTS 系统，结构如图 5-2-1 所示。

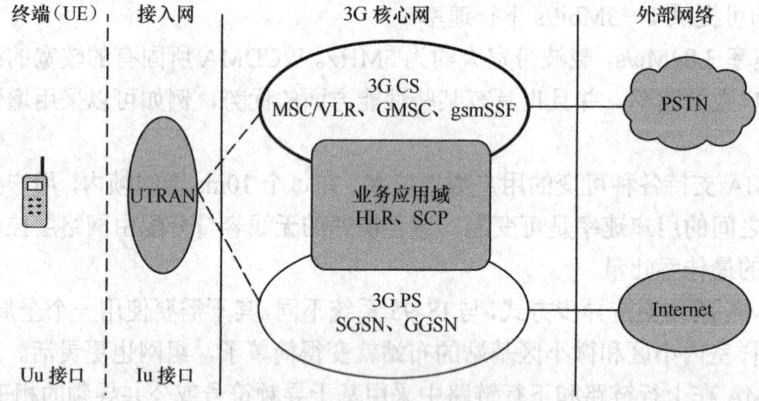

图 5-2-1 UMTS 的系统结构

从 3GPP R99 标准的角度来看，UE 和 UTRAN（UMTS 的陆地无线接入网络）由全新的协议构成，其设计基于 WCDMA 无线技术。而 CN 则采用了 GSM/GPRS 的定义，这样可以实现网络的平滑过渡，并在三代网络建设的初期可以实现全球漫游。

核心网是业务提供者，基本功能就是提供服务，承担各种业务类型的定义，包括用户的描述信息、用户业务的定义还有相应的一些其他过程。UMTS 核心网负责内部所有的语音呼叫、数据连接和交换以及与其他网络的连接和路由选择的实现。

无线接入网（UTRAN）位于两个开放接口 Uu 和 Iu 之间，完成所有与无线有关的功能。UTRAN 主要功能有宏分集处理、移动性管理、系统的接入控制、功率控制、信道编码控制、无线信道的加密与解密、无线资源配置、无线信道的建立和释放等。

用户设备（UE）完成人与网络的交互。通过 Uu 接口与无线接入网相连，与网络进行信令和数据交换 UE 用来识别，用户身份和为用户提供各种业务功能，如普通语音、数据通信、移动多媒体、Internet 应用等。

核心网和无线接入网的发展不同，核心网受有线网络技术发展的影响很大，其从现有的 GSM/GPRS 核心网平台开始，以平滑演进的方式逐步过渡到全 IP 通信网络；而无线接入网的演进是革命性的，目标是提高无线资源利用率（频率效率）和灵活地提供多种业务，这也是第 3 代移动通信系统与第 2 代移动通信系统的主要区别。下面将讨论核心网的演进过程，下一节将介绍无线接入网的接口与协议。

5.2.2 核心网的结构

UMTS 核心网的标准化工作由 3GPP 组织完成。从网络演进的角度看，R99 网络中的核心网完全继承了 GSM/GPRS 的结构，包括电路域和分组域两部分，引入了新的无线接入技术

（WCDMA），兼容 GSM/GPRS 无线终端接入。R4 网络的主要变化是在核心网电路域提出了承载和控制独立的概念，而无线接入网没有太多变化。在 R5 网络中，核心网叠加了 IP 多媒体子系统（IMS），无线接入网引入了 HSDPA 技术，无线接入网和核心网采用全 IP 传输。在 R6 版本往后的网络架构变化不大，考虑更多的是增加了新的功能或对已有功能的增强。目前 R8 版本已于 2008 年 12 月冻结，3GPP 中还有 R9 版本在同时进行研究。

1．R99 网络结构及接口

R99 版本网络结构如图 5-2-2 所示，图中所有功能实体都可作为独立的物理设备，在实际应用中，一些功能可以组合到同一个物理实体中，相应接口变为内部接口。

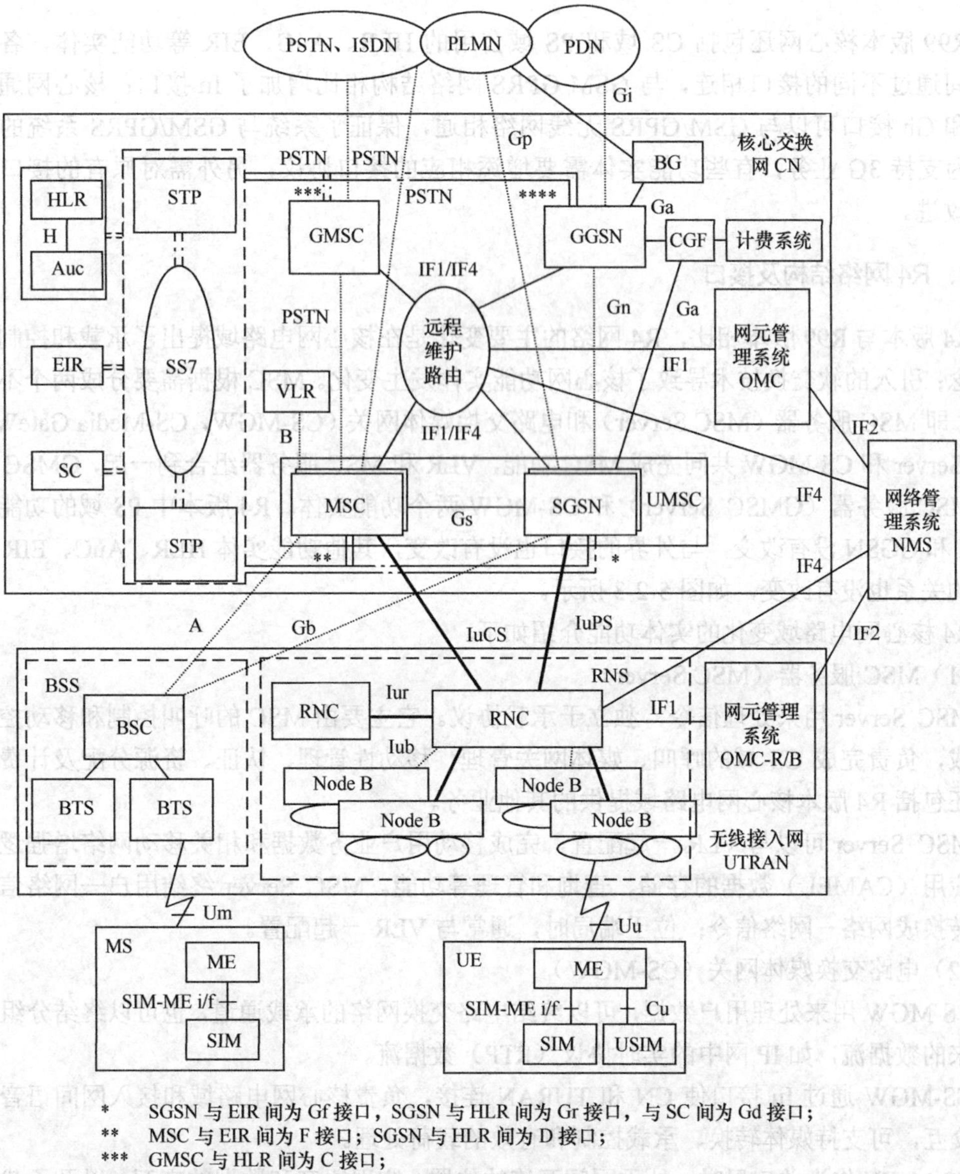

*　SGSN 与 EIR 间为 Gf 接口，SGSN 与 HLR 间为 Gr 接口，与 SC 间为 Gd 接口；
**　MSC 与 EIR 间为 F 接口；SGSN 与 HLR 间为 D 接口；
***　GMSC 与 HLR 间为 C 接口；
****　GGSN 与 HLR 间为 Gc 接口

图 5-2-2　R99 版本网络结构图

从网络结构图中可以看出，WCDMA 系统主要有 USIM 卡和 ME 之间的电气接口 Cu 口、WCDMA 的无线接口 Uu 口、UTRAN 和 CN 之间的接口 Iu 口、RNC 之间的接口 Iur 口以及 Node B 和 RNC 的接口 Iub 口。

R99 版本电路域的功能实体包括 GMSC、MSC、VLR 等。根据需求的不同，可以将 MSC 设置为短消息—交换中心（SMS-GMSC）、短消息—移动交换中心（SMS-IWMSC）等。为实现不同网络间的互通，系统配置了互操作功能（IWF），IWF 通常与 MSC 组合在一起。

R99 版本分组域的功能实体包括服务 GPRS 支持节点（SGSN）和网关 GPRS 支持节点（GGSN），作为无线用户和固定网络之间分组交换业务的桥梁，为用户提供分组数据业务。

R99 版本核心网还包括 CS 域和 PS 域公用的 HLR、AuC、EIR 等功能实体，各功能实体间通过不同的接口相连，与 GSM/GPRS 网络结构相比增加了 Iu 接口；核心网通过 A 接口和 Gb 接口可以与 GSM/GPRS 无线网络相通，保证了系统与 GSM/GPRS 系统的兼容性。为支持 3G 业务，有些功能实体需要增添相应的接口协议，另外需对原有的接口协议进行改进。

2. R4 网络结构及接口

R4 版本与 R99 版本相比，R4 网络的主要变化是在核心网电路域提出了承载和控制独立的概念；引入的软交换技术导致了核心网功能实体发生变化。MSC 根据需要分成两个不同的实体，即 MSC 服务器（MSC Server）和电路交换媒体网关（CS-MGW，CS-Media GateWay）。MSC Server 和 CS-MGW 共同完成 MSC 功能，VLR 和 MSC 服务器组合到一起，GMSC 也分成 GMSC 服务器（GMSC Server）和 CS-MGW 两个功能实体。R4 版本中 PS 域的功能实体 SGSN 和 GGSN 没有改变，与外界的接口也没有改变，其他功能实体 HLR、AuC、EIR 等相互间的关系也没有改变，如图 5-2-3 所示。

R4 核心网电路域变化的实体功能介绍如下。

（1）MSC 服务器（MSC Server）

MSC Server 用来处理信令，独立于承载协议。它主要由 MSC 的呼叫控制和移动控制单元组成，负责完成 CS 域的呼叫、媒体网关管理、移动性管理、认证、资源分配及计费等功能，还包括 R4 版本核心网电路域提供的其他业务。

MSC Server 可以与 VLR 一起配置，完成移动用户业务数据和相关移动网络增强逻辑用户化应用（CAMEL）数据的存储、查询和管理等功能。MSC Server 终结用户—网络信令，将其转换成网络—网络信令；位于端局时，通常与 VLR 一起配置。

（2）电路交换媒体网关（CS-MGW）

CS-MGW 用来处理用户数据，可以终结电路交换网络的承载通道，也可以终结分组交换网络来的数据流，如 IP 网中的实时协议（RTP）数据流。

CS-MGW 通过 Iu 接口使 CN 和 TURAN 连接，负责核心网电路域和接入网间语音和数据的交互，可支持媒体转换、承载控制和有效的载荷处理。

CS-MGW 作为关口局时，处于网间互连的位置，实现语音和数据的交互，以及承载媒体的转换，实现如图 5-2-3 所示与 PSTN 网络的互通。CS-MGW 可以起到汇接局的作用，实现同质数据流和承载媒体类型的汇接，具有语音数据流和承载媒体汇接功能。CS-MGW 还应具有必要的资源来支持 UMTS/GSM 传输媒体。CS-MGW 的承载控制和有效载荷处理能力也用来支持移动性功能。如 SRNS 重分配/切换和定位。

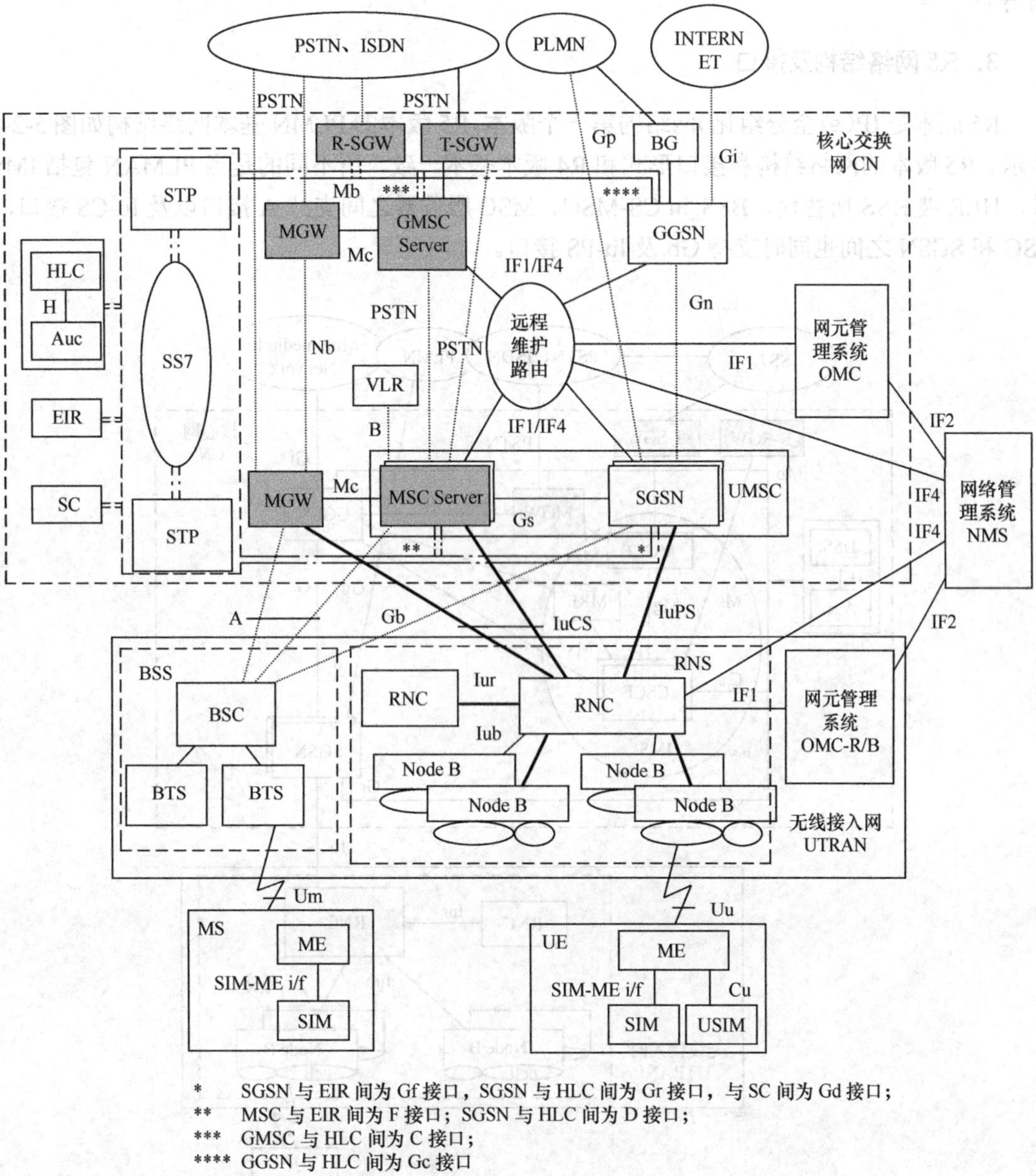

图 5-2-3　R4 版本网络结构图

（3）关口 MSC 服务器（GMSC Server）

GMSC Server 主要由 GMSC 的呼叫控制和移动控制单元组成，负责和其他网络的互通，实现 GMSC 的呼叫管理、路由和移动性管理，控制 MGW 交换等。

R4 版本网络与 R99 版本相比，增加了低码片速率 TDD 模式，即 TD-SCDMA 系统的空中接口标准。

R4 版本网络在无线接入网网络结构方面没有变化，但在无线接入技术方面针对 WCDMA 规范作了改进。比如，增加了 Nobe B 的同步选项，降低了对 TDD 的干扰和网管的实施，规范了直放站的使用，增加了无线承载 QoS 协商，使得无线资源管理效率更高等。

3. R5 网络结构及接口

R5 版本是 IP(或全分组化)网络的第一个版本，R5 版本的 PLMN 基本网络结构如图 5-2-4 所示。R5 版本的网络结构和接口形式和 R4 版本基本一致，所不同的是当 PLMAN 包括 IMS 时，HLR 被 HSS 所替代，BSS 和 CS-MSC、MSC 服务器之间支持 A 接口以及 Iu-CS 接口，BSC 和 SGSN 之间也同时支持 Gb 及 Iu-PS 接口。

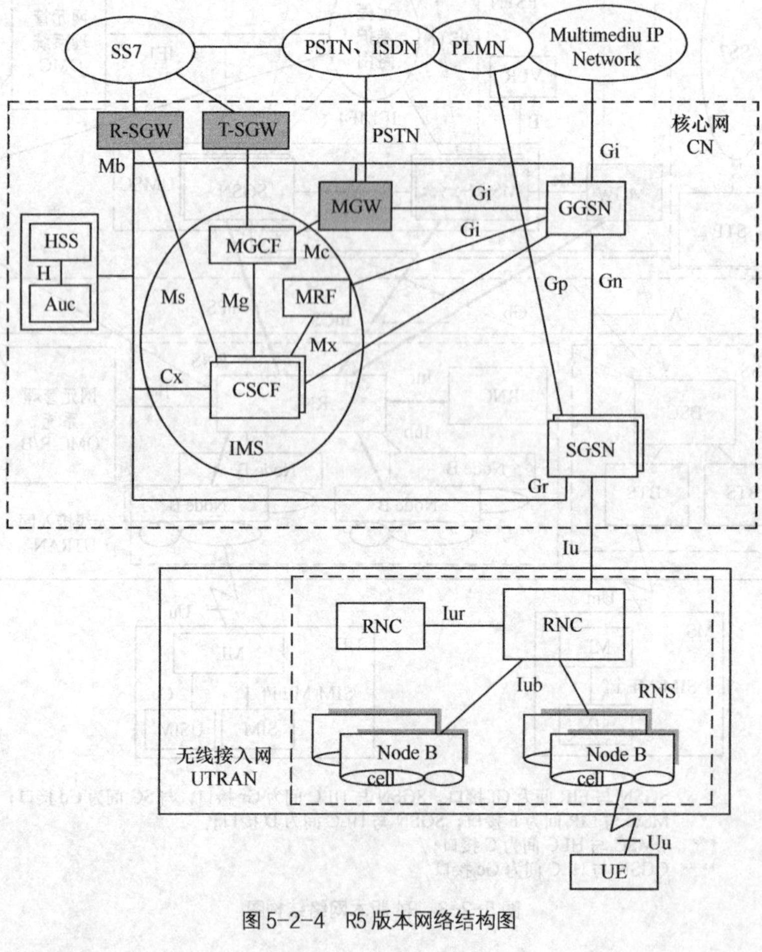

图 5-2-4　R5 版本网络结构图

R5 版本在无线接入网方面的改进如下。

① 提出了高速下行分组接入（HSDPA）技术，使下行数据速率峰值可达 14.4Mbit/s。

② Iu、Iur、Iub 接口增加了基于 IP 的可传输方式，保证了无线接入网实现 IP 化。

如图 5-2-4 所示，R5 版本在核心网方面在 R4 的基础上增加了 IP 多媒体子系统（IMS），它和 PS 域一起实现了实时和非实时的多媒体业务，并可实现与 CS 域的互操作。

4. R6版本网络结构

与R5版本相比，R6网络结构没有太大的改变，主要是对已有功能有所增强，并增加了一些新的功能特性。R6研究的主要内容如下所述。

① 对于PS域与承载无关的网络框架，研究是否在分组域也实行控制和承载的分离，将SGSN和GGSN分为GSN Server和媒体网关的形式。

② 在网络互操作方面，研究IMS与PLMN/PSTN/ISDN等网络的互操作，以实现IMS与其他网络的互联互通；研究WLAN-UMTS网络互通，保证用户使用不同的接入方式时切换不中断业务。

③ 在业务方面，研究多媒体广播/多播业务（MBMS）、Push业务、Presence、PoC业务、网上聊天业务及数字权限管理等。

④ 无线接入方面采用的新技术有正交频分复用调制（OFDM）技术、多天线技术（MIMO）、高阶调制技术和新的信道编码方案等，OFDM和MIMO也是后3G的重点技术。

⑤ R6的高速上行分组接入（HSUPA），理论峰值数据速率可达5.76Mbit/s；R6的高速下行分组接入（HSDPA），理论峰值数据速率可达30Mbit/s。

5.3 WCDMA系统的无线接口与协议规范

WCDMA的无线接口是指UE（用户设备）和UTRAN（UMTS陆地无线接入网）之间的接口，简称Uu（UE-UTRAN）接口。无线接口使用无线传输技术（RTT）将用户设备接入到系统核心网部分。

5.3.1 WCDMA无线接口

UMTS系统由3个部分构成，即由CN（核心网）、UTRAN（无线接入网）和UE（用户装置）组成，此外核心网还可以与外部通信，以提供更丰富的业务，包括许多基于Internet的业务；无线接入网连接到移动用户设备和核心网，实现无线接入和无线资源管理；由于采用了UMTS的陆地无线接入网络技术，所以又称为UMTS陆地无线接入网络（UMTS Terrestrial Radio Access Network，UTRAN）。CN与UTRAN的接口定义为Iu接口，UTRAN与UE的接口定义为Uu接口，如图5-3-1所示。

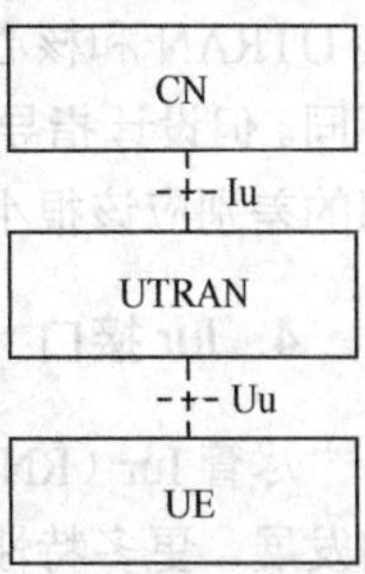

图5-3-1 无线接口

如图5-3-2所示，在UTRAN结构中，Iu、Iur、Iub接口分别为CN与RNC、RNC与RNC、RNC与Node B之间的接口。UTRAN包括许多个RNS，一个RNS包括一个RNC和一个或多个Node B。RNS通过Iu接口连接到核心网，RNC与RNC通过Iur互联，Node B通过Iub接口连接到RNC上，它支持FDD模式与TDD模式或者双模式。Node B包括一个或多个小区。

WCDMA主要的开放接口包括Cu接口、Uu接口、Iu接口、Iur接口和Iub接口。

1. Cu接口

Cu接口是USIM智能卡和ME间的电气接口，它遵循智能卡的标准格式。

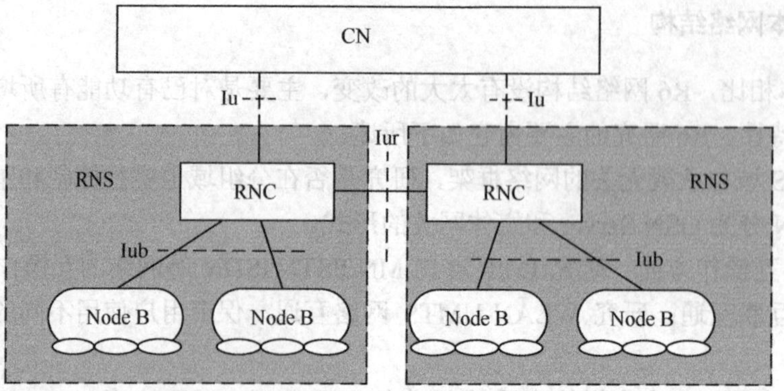

图 5-3-2 Iu 接口

2．Uu 接口

Uu（UE-UTRAN）接口被称为 WCDMA 的空中接口，是指用户设备（UE）和 UMTS 地面无线接入网（UTRAN）之间的接口，通常也被称为无线接口。无线接口使用无线传输技术（RTT）将用户设备接入到系统固定网络部分。

WCDMA 的无线接口是 UMTS 最重要的开放接口，也是 WCDMA 技术的关键所在，其中涉及很多关键技术。所谓接口是开放的，意思是接口的定义允许接口的终端设备可以是由不同厂家生产的，即只要遵从接口的规范，不同的制造商生产的终端设备能够相互通信。制定一个开放的无线接口，有利于不同制造商产品之间的兼容，当然对于不同无线传输技术的产品来说是无法做到相互兼容的。

3．Iu 接口

Iu（UTRAN-CN）接口连接 UTRAN 和 CN，它是一个开放接口，将系统分成专用于无线通信的 UTRAN 和负责处理交换、寻找路由和业务控制的 CN 两部分。Iu 可以有两种主要的不同实体，分别是用于将 UTRAN 连接至电路交换（CS）CN 的 Iu CS（Iu Circuit Switched）和连接至分组交换（PS）CN 的 Iu PS（Iu Packet Switched）。还有一种 Iu 实体称为 Iu BC，连接 UTRAN 和核心网的广播域，用于支持小区广播业务。这样相应的传输网络控制平台也就不同。但设计指导的一个主要原则仍然是用于 Iu CS 和 Iu PS 的控制平面应尽量相同，它们之间的差别应该很小。

4．Iur 接口

尽管 Iur（RNC-RNC）接口最初设计的目的是为了支持 RNC 之间的软切换，但随着标准的发展，更多特性被加了进来，目前 Iur 接口可以提供如下 4 种功能。

① 支持基本的 RNC 之间的移动性。

② 支持专用信道业务。

③ 支持公共信道业务。

④ 支持全局资源管理。

一般来说，根据运营商的需要，在两个无线网络控制器之间可以只实现 4 个 Iur 功能模块中的某些部分。

5. Iub接口

Iub（RNC-Node B）接口信令可以分成公共B接点协议和专用B接点协议两个基本部分。公共B接点协议定义了经由公共信令链路的信令过程，而专用B接点协议则应用于专用信令链路。

5.3.2 UTRAN协议模型

UMTS系统是模块化设计的，模块之间通过网络协议互连。UMTS网络接口采用用户面与控制面分离、无线网络与传输网络层分离的设计原则，以保证层间和逻辑体系上的相互独立性，尽可能满足开放性和可升级性的要求，便于协议的修改和扩充。UTRAN是UMTS系统的无线接入网部分，为UMTS系统设计的主要部分。

UTRAN接口协议通用模型如图5-3-3所示。接口协议分为两层二平面。两层指从水平的分层结构来看，分为无线网络的和传输网络层，二平面指从垂直面来看，每个接口分为控制面和用户面。UTRAN内部的3个接口（Iu、Iur和Iub）都遵循统一的基本协议模型结构。

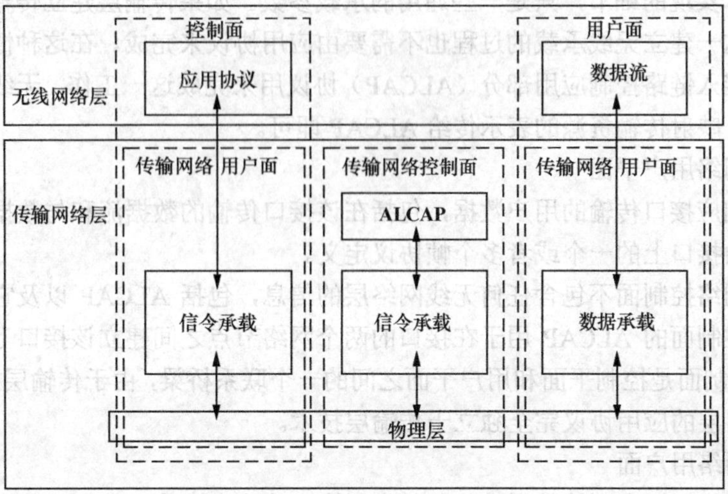

图5-3-3 UTRAN接口的协议栈模型

1. 水平面

从水平的分层结构来看，协议结构分为无线网络层和传输网络层。

（1）无线网络层

无线网络层由控制平面和用户平面组成，处理所有与UTRAN相关的信息。无线网络层控制平面包括应用协议和用于传输这些应用协议的信令承载。无线网络层用户平面包括数据流和用于承载这些数据流的数据承载。

（2）传输网络层

传输网络层是指UTRAN选用的标准传输技术，与UTRAN本身的功能无关，主要是已有的传输技术规范。3GPP并不对传输层的协议进行特殊定义，在R99版本中选用ATM传输技术。如果在传输层需要使用更先进的传输层技术，如 IP 技术，那么仅需要将无线网络层中的传输资源映射到新引入的传输技术就可以了，不需要对无线网络层进行大的修改。

传输网络层由控制平面和用户平面组成。传输网络层控制平面使得无线网络层控制平面应用协议与传输网络层用户平面的数据承载所选用的技术无关。传输网络层用户平面用于用户平面的数据承载和应用协议的信令承载。

2．垂直面

从垂直面来看，每个接口分为控制面和用户面。考虑到处于不同层的功能不同，还分为无线网络控制面、无线网络用户面，传输网络控制面和传输网络用户面。

（1）无线网络控制面

用于处理接口上的控制信令协议，由各种应用协议和传输网络用户面的信令承载组成。应用协议包括 Iu 接口上的无线接入网络应用部分协议（RANAP）、Iur 接口上的无线网络系统应用部分协议（RNSAP）及 Iub 接口上的节点 B 应用部分协议（NBAP）。信令承载资源的建立总是通过操作维护功能来完成的，可以与传输网控制面的信令承载一样，也可以不一样。

控制面应用协议的一个功能就是建立无线网络层的承载，应用协议使用的参数并不需要体现传输层技术实现的细节，只是一些通用的承载参数。如果传输层建立传输承载的过程比较复杂，那么这一建立无线承载的过程也不需要由应用协议来完成。在这种情况下，传输层的控制平面的接入链路控制应用部分（ALCAP）协议用来完成这一工作，无线网络层的控制平面只要将一个映射传输资源的表示传给 ALCAP 即可。

（2）无线网络用户平面

用于处理相应接口传输的用户数据，包括在该接口传输的数据流和与数据流对应的数据承载，数据流由接口上的一个或者多个帧协议定义。

（3）传输网络控制面不包含任何无线网络层的信息，包括 ALCAP 以及它所使用的信令承载。传输层控制面的 ALCAP 用于在接口的两个网络节点之间建立该接口上用户面的传输承载。传输层控制面是控制平面和用户平面之间的一个联系桥梁，由于传输层控制面的引入，才使得无线网络层的应用协议完全独立于传输层技术。

（4）传输网络用户面

包括无线网络层用户面的数据承载以及应用协议的信令承载，数据承载由传输网络控制面实时控制，信令承载由操作维护功能控制完成。

5.3.3 物理层

WCDMA 无线接口由层一、层二、层三组成，分别称为物理层（Physical Layer）、媒体接入控制层（Medium Access Control）和无线资源控制层（Radio Resource Control）。物理层位于空中接口协议模型的最低层，提供了高层所需的数据传输业务。这些业务的存取是依靠经由 MAC 子层的传输信道来进行的。

物理层主要实现以下一些功能。

① 为传输信道进行前向纠错编码/解码。

② 无线特性测量，如误帧率、信干比等，并通知高层。

③ 宏分集合并以及软切换的实现。

④ 在传输信道上进行错误检测，并通知高层。

⑤ 传输信道到物理信道的速率匹配。

⑥ 传输信道至物理信道的映射。

⑦ 物理信道扩频/解扩、调制/解调。

⑧ 频率和时间同步。

⑨ 闭环功率控制。

⑩ RF 处理。

物理层的基本传输单元为无线帧，持续时间为 10ms，长度为 38400chip。无线帧又被划分为 15 个时隙的处理单元，每个时隙有 2560chip，持续时间为 2/3ms。物理层的信息速率随着符号速率的变化而变化，而符号速率则取决于扩频因子。

物理层之间通过物理信道进行对等实体之间的通信，物理层通过传输信道向 MAC 层提供服务，传输信道用来描述怎样传输数据以及数据的特征是什么。

1．物理信道

物理信道是物理层的承载信道，对等实体之间的通信通过物理信道来完成，包括下列信道。

① 物理专用信道：上下行通用。

上行专用物理信道包括上行专用物理数据信道（DPDCH）和上行专用物理控制信道（PDCCH），其中上行控制信息和数据信息通过正交调制进行复用。

下行链路只有一种专用物理信道，即专用物理信道（DPCH），用于传送物理层的控制信息和用户数据。下行链路无线帧帧长及每帧中的时隙数与上行链路相同，但下行链路中的 DPDCH 和 DPCCH 是串行传输，而非上行链路中的并行传输，即 DPDCH 和 DPCCH 采用时分的方式复用在一帧中进行传输。对于下行提供的是可变速率业务承载信道。

② 公用导频信道 CPICH：用于区分扇区，下行。

③ 公用控制信道 CCPCH：有主控制信道和辅控制信道两种。主控制信道用于传送广播信息；辅控制信道完成信道接入控制和寻呼，下行。

④ 下行物理共享信道 PDSCH：主要传送非实时的突发业务，可以通过正交码由多用户共享，下行。

⑤ 寻呼指示信道 PICH：用于寻呼控制，下行。

⑥ 分配指示信道：与上行物理随机接入信道一起完成终端接入过程，下行。

⑦ 同步信道 SCH：用于小区搜索过程的同步，下行。

⑧ 物理随机接入信道 PRACH：用于终端的接入，上行。

⑨ 物理公共分组信道 PCPCH：作为数据传送的补充，主要用于突发的数据，上行。

2．传输信道

上述物理信道通过传输信道向 MAC 层提供服务，传输信道有专用信道和公用信道两种类型。公用信道资源可由小区内的所有用户或一组用户共同分配使用，而专用信道仅仅是为单个用户预留的，并在某个特定的速率采用特定的编码加以识别。

（1）专用传输信道

专用传输信道只存在一种类型，即专用信道，在 UTRA 规范的 25 系列中用 DCH 表示。

专用传输信道用于发送既定用户物理层以上的所有信息，包括实际业务的数据以及高层控制信息。由于 DCH 上发送的信息内容对物理层是不可见的，因此，高层控制信息和用户数据采用相同的处理方式。当然，UTRAN 对控制信息和数据设置的物理层参数设定不同。

专用传输信道的主要特征包括快速功率控制、逐帧快速数据速率变化以及通过改变自适应天线系统的天线权值来实现对某小区或某扇区的特定部分区域的发射等。专用传输信道支持软切换。

（2）公用传输信道

UTRA Release99 中定义的公用传输信道有 6 种，如下所述。

① 广播信道（BCH），用来发送 UTRA 网络特定的信息或某一给定的特定信息。每个网络最典型的数据是小区内的可用随机接入码和接入时隙，或该小区中与其他信道一起使用的发送分集方式。如果对广播信道的译码不正确，将导致终端不能进行小区注册，因此，广播信道需要用相对较高的功率进行发送，从而使覆盖范围内的所有用户能接收到该信息。

② 寻呼信道（PCH），是下行链路传输信道，用于发送与寻呼工程相关的数据，也就是用于网络与终端开始通信时的初始化工作。比如，网络向终端发起语音呼叫的过程就是使用终端所在区域内各小区的寻呼信道向终端发送寻呼信息。终端必须在整个小区范围内都能收到寻呼信息，因此，寻呼信道的设计影响到终端在待机模式下的功耗，终端调整接收机监听的寻呼次数越少，在待机模式下终端电池的持续时间就越长。

③ 前向接入信道（FACH），是下行链路传输信道，用于向处于给定小区的终端发送控制信息，即该信道用于基站接收到随机接入消息之后。FACH 不使用快速功率控制，且发送的消息中必须包括带内标识信息来确保正确接收。

④ 随机接入信道（RACH），是上行链路传输信道，用来发送来自终端的控制信息，如请求建立连接。随机接入信道也可以用来发送终端到网络的少量分组数据。系统正常工作时，整个小区覆盖范围内都期望能接收到随机接入消息，因此，实际速率必须足够低，至少对于系统初始化接入和其他控制过程应该如此。

⑤上行链路公共分组信道（CPCH），是 RACH 的扩展，用来在上行链路方向发送基于分组方式的用户数据。在上行链路方向上与之成对出现的信道是 RACH。CPCH 和 RACH 在物理层上的主要区别在于前者使用快速功率控制，采用基于物理层的碰撞检测机制和 CPCH 状态检测过程，且上行链路 CPCH 的传输可能会持续几个帧，而 RACH 可能只占用一个或者两个帧。

⑥ 下行链路共享信道（DSCH），是用来发送专用用户数据和/或控制信息的传输信道，它可以由几个用户共享。DSCH 在很多方面与前向接入信道相似，不过共享信道支持使用快速功率控制和逐帧可变比特速度。DSCH 不要求能在整个小区范围内接收到，可以采用与之相关的下行链路 DCH 的发送天线分集技术。DSCH 总是与一个下行链路 DCH 相关联。

5.3.4 数据链路层

数据链路层使用物理层提供的服务，并向第三层提供服务。数据链路层划分为媒体接入控制（MAC）子层、无线链路控制（RLC）子层、分组数据汇聚协议（PDCP）子层和广播、多播控制（BMC）子层。其中，MAC 和 RLC 由控制面与用户面共用，PDCP 和 BMC 仅用于用户面。

1．媒体接入控制子层

媒体接入控制（MAC）子层位于物理层之上，向高层提供无确认的数据传送、无线资源重分配和测量等服务，通过物理层提供的传输信道借助逻辑信道上与上层交换数据，完成的主要功能如下。

① 逻辑信道与传输信道间的映射。

② 根据瞬时源速率为每个传输信道选择适当的传输格式（TF），保证高的传输效率。

③ 通过选择高比特速率或低比特速率的传输格式，实现一个UE的数据流之间优先级的处理。

④ 通过动态跳度为不同的UE间进行优先级处理。

⑤ 把高层来的协议数据单元（PDU）复用成传输块后发送给物理层，或者把从物理层来的传输块解复用成高层的PDU。PDU是对等协议层之间进行交流的基本数据单元。

⑥ 测量逻辑信道业务量，并向RRC报告。此测量报告有可能引发对无线承载或传输信道参数的重新配置。

⑦ 在RRC层的命令下，子层执行传输信道类型转换。

⑧ 为在RLC层使用透明模式传输的数据进行加密。

⑨ 为RACH和CPCH选择接入类别和等级。

MAC子层通过逻辑信道与高层进行数据交互，在逻辑信道上提供不同类型的数据传输业务。MAC子层通过逻辑信道向RLC子层提供数据传输业务，表述承载的任务和类型。逻辑信道根据不同的数据传输业务定义逻辑信道的类型。逻辑信道通常分为控制信道和业务信道两类：控制信道用来传输控制平面信息；业务信道用来传输用户平面信息。

（1）控制信道

控制信道通常用来传输控制平面信息。控制信道包括：广播控制信道（BCCH）、寻呼控制信道（PCCH）、专用控制信道（DCCH）和公共控制信道（CCCH）。

① 广播控制信道：传输广播系统控制信息的下行链路信道。

② 寻呼控制信道：传输寻呼信息的下行链路信道。

③ 专用控制信道：在UE和RNC之间传送专用控制信息的点对点双向信道，在RPC连接建立过程中建立此信道。

④ 公共控制信道：在网络和UE之间发送控制信息的双向信道，这个逻辑信道总是映射到传输信道RACH/FACH。

（2）业务信道

业务信道用来传输用户平面信息，业务信道包括：专用业务信道（DTCH）和公共业务信道（CTCH）。

① 专用业务信道：专为一个UE传输用户信息的专用点对点信道，该信道在上行链路和下行链路都存在。

② 公共业务信道：向全部或者一组特定UE传输专用用户信息的点对多点的下行链路信道。

2．无线链路控制子层

（1）RLC子层主要功能

① 数据分段和重组。

② 级联和填充。

③ 用户数据传输和纠错。

④ 高层 PDU 顺序传输和复制检测。

⑤ 流量控制。

⑥ 序列检查。

⑦ 协议错误检测与恢复。

⑧ 加密。

（2）RLC 子层传输模式

RLC 子层支持 3 种传输模式：透明模式（TM）、非确认模式（UM）和确认模式（AM）。透明模式和非确认模式的实体是单向实体，可以配置为发送实体或者接收实体；确认模式实体是双向实体，包含发送侧和接收侧，可同时进行收发。

各种传输模式的特点如下。

① 透明模式不为高层数据增加任何开销，错误的 PDU 将被标记或丢弃，不保证数据的正确传输；在特殊的情况下，也可以具有有限的分段/重组功能，但需要在无线承载建立过程中进行协商。

② 非确认模式下发送的 PDU 添加了 RLC 的头，并含有序列号，收端可以根据这个序列号判断数据的完整性；错误的 PDU 将根据配置被丢弃或者标记，因为没有使用重传机制，无法保证数据的正确传输。小区广播和基于 IP 的语音业务一般采用非确认模式。

③ 确认模式使用自动重传请求机制来保证数据的传输，纠错、按顺序传送、重复检测、流控制是确认模式所特有的功能。确认模式是分组业务标准的 RLC 模式，如网页浏览、电子邮件下载一般采用确认模式。

3. 分组数据汇聚协议子层

分组数据汇聚协议子层仅存在于用户平面，提供分组域业务。分组数据汇聚协议主要功能如下所述。

① 分别在接收与发送实体对 IP 数据流执行头压缩和解压缩功能，头压缩协议专用于特定的网络层、传输层或高层协议的组合，如 TCP/IP 和 RTP/UDP/IP 等；依靠网络层协议的引入独立于 UTRAN 协议。

② 用户数据传输，是非接入层送来的 PDCP-SDU 与 RLC 实体间的互相转发。

③ 为无线承载提供一个序列号，支持无损的 SRNC 重定位。

5.3.5 无线资源管理层

RRC 属于控制平面，UE 和 UTRAN 间的控制信令主要是无线资源控制（RRC）层消息，实现控制接口管理和对低层协议实体的配置，主要完成的功能有接入层控制、系统信息广播、RRC 连接管理、无线承载管理、RRC 移动性管理、无线资源管理寻呼和通知、高层信息路由功能、加密和完整性保护、功率控制以及测量控制和报告等。

RRC 层通过业务接入点向高层提供业务。在 UE 侧，高层协议使用 RRC 提供的业务；在 UTRAN 侧，Iu 接口上的无线接入网络应用部分（RANAP）使用 RRC 提供的业务。所有高层信令都被压缩成 RRC 消息在空中接口传送。UE 侧 RRC 模型的结构如图 5-3-4 所示。

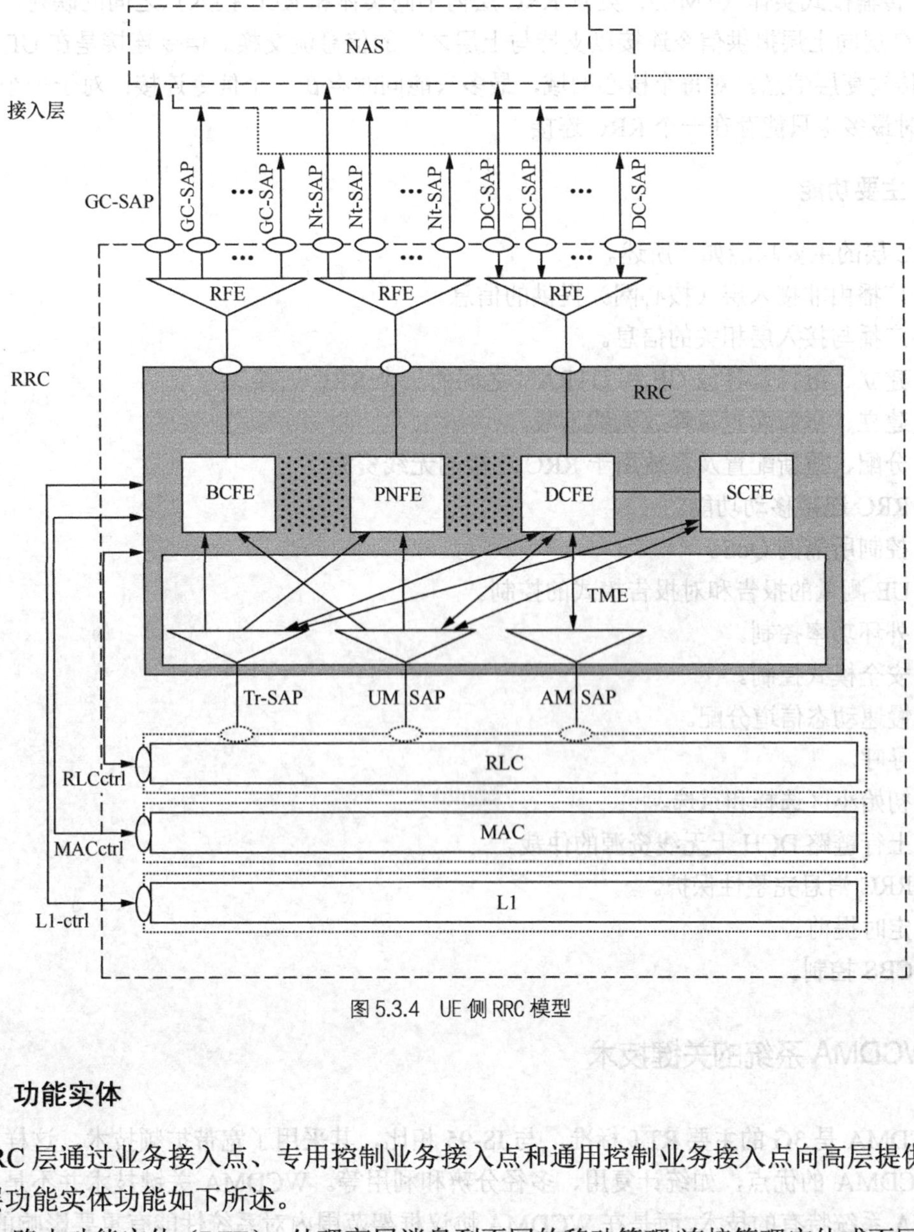

图 5.3.4 UE 侧 RRC 模型

1. 功能实体

RRC 层通过业务接入点、专用控制业务接入点和通用控制业务接入点向高层提供服务。RRC 层功能实体功能如下所述。

① 路由功能实体（RFE）：处理高层消息到不同的移动管理/连接管理实体或不同核心网络域的路由选择。

② 广播控制功能实体（BCFE）：处理系统信息的广播。在 RNC 中，每个小区至少有一个 BCFE。

③ 寻呼及通告功能实体（PNFE）：控制对还未建立 RRC 连接的 UE 的寻呼。在 RNC 中，由这个 RNC 控制的小区都至少有一个 PNFE 实体。

④ 专用控制功能实体（DCFE）：处理一个特定 UE 的所有功能和信令。SRNC 中，对每个与这个 RNC 连接的 UE 都有一个 DCFE 实体与之相对应。

⑤ 共享控制功能实体（SCFE）：控制 PDSCH 和 PUSCH 的分配，用于 TDD 模式。

⑥ 传输模式实体（TME）：处理 RRC 层内不同实体和 RLC 接入点之间的映射。

RRC 层向上层提供信令连接以支持与上层之间的信息流交换。信令连接是在 UE 和核心网之间传输高层信息。对每个核心网域，最多只能同时存在一个信令连接；对于一个 UE 而言，同时最多也只能存在一个 RRC 连接。

2. 主要功能

RRC 层的主要功能如下所述。

① 广播由非接入层（核心网）提供的信息。

② 广播与接入层相关的信息。

③ 建立、维持及释放 UE 和 UTRAN 之间的一个 RRC 连接。

④ 建立、重新配置及释放无线承载。

⑤ 分配、重新配置及释放用于 RRC 连接的无线资源。

⑥ RRC 连接移动功能。

⑦ 控制所需的 QoS。

⑧ UE 测量的报告和对报告模式的控制。

⑨ 外环功率控制。

⑩ 安全模式控制。

⑪ 慢速动态信道分配。

⑫ 寻呼。

⑬ 初始小区选择和重选。

⑭ 上行链路 DCH 上无线资源的仲裁。

⑮ RRC 消息完整性保护。

⑯ 定时提前。

⑰ CBS 控制。

5.4 WCDMA 系统的关键技术

WCDMA 是 3G 的主要 RTT 标准，与 IS-95 相比，其采用了宽带扩频技术，这样能更好地利用 CDMA 的优点，如统计复用、多径分辨和利用等。WCDMA 关键技术并不是相比其他 CDMA 系统特有的技术，而是在 WCDMA 协议框架范围内对系统性能有重要影响的技术，包括 RAKE 接收、功率控制、多用户检测、软切换及系统安全等。

5.4.1 多径无线信道和 Rake 接收

Rake 接收不同于传统的空间、频率与时间分集技术，它是一种典型的利用信号统计与信号处理技术将分集的作用隐含在被传输的信号之中的技术，因此又称为隐分集或带内分集。

由于移动通信传播中多径原因会引起信号时延功率谱的扩散，导致信号能量的扩散，而 Rake 接收就是设法将被扩散的信号能量充分利用起来，其主要手段就是扩频信号设计与 Rake 接收的信号处理。由于多径信号中含有可以利用的信息，所以接收机可以通过合并多径信号来改善接收信号的信噪比。其实 Rake 接收机所做的就是通过多个相关检测器接收多径信号中的各路信号，并把它们合并在一起。Rake 接收机既可以接收来自同一天线的多径，也可以接收来自不同天线的多径，但是多天线会增加信号处理的复杂度。

5.4.2 功率控制

快速、准确的功率控制是保证 WCDMA 系统性能的基本要求，尤其是在上行链路中，如果没有功率控制，超功率发射的移动台就会堵塞整个小区。

在 WCDMA 系统中采用的功率控制方案是快速闭环功率控制，在上行链路的功率控制中，基站要频繁地估计接收到的信干比（*S/R*）值，并把它同目标 *S/R* 值相比较。如果测得的 S/R 高于目标 *S/R*，基站就命令移动台降低功率；如果测得的 *S/R* 要比目标值低得多，基站命令移动台提高功率。快速功率控制的周期为 1.5kHz，比任何较明显的路径耗损的变化都快，这样的闭环功率控制就能防止在基站接收的所有上行链路信号中出现功率不平衡的现象。

下行链路中采用的同样是闭环功率控制技术，但是目的不一样。下行链路基站对多个移动台发送信号，但是处于小区边缘的用户受到其他小区的干扰较大，需要提高功率来克服干扰，这就是下行的闭环功率控制。

为了配合移动台不同的移动速度和传播环境，WCDMA 中还采用了外环功率控制；根据各个单独的无线链路的需要来调整目标 *S/R* 的设定值，其目标是获得恒定的链路质量，通常定义为误码率（BER）和误块率（BLER）。

5.4.3 软切换

WCDMA 系统中使用了软切换和更软切换，其中软切换指切换过程中和两个或多个基站同时通过不同的空中接口信道进行通信的切换方式。更软切换是指在切换过程中，移动台和基站同时通过两条空中接口信道进行通信。

在软切换期间，移动台处于属于不同基站的两个扇区覆盖的重叠部分，和两个基站同时通过不同的空中接口进行通信。在下行链路方向，移动台采用 Rake 接收机通过最大比例合并接收两个信道（信号）。在切换期间，每次接续的两个功率控制环路都是激活的，每个基站各用一个。

在更软切换时，移动台位于一个基站的两个相临扇区的小区覆盖重叠区域，移动台和基站通过两条空中接口信道通信，每个扇区各有一条。更软切换在下行链路方向与软切换类似，这样下行链路方向需要使用两个不同的扩频码，移动台可以区分这些信号。移动台通过 Rake 接收处理这两个信号，这个过程类似于多径接收，差别在于为了能正确解扩，需要为每个扇区产生各自的解扩码。

在上行链路上，软切换和更软切换的差别很大，两个基站接收移动台的码分信道，但接收到的数据被发送到 RNC 进行合并。这样做是因为在 RNC 中要使用提供给外环功率控制的帧可靠性指示符选择这两个候选帧中更好的帧。

5.4.4 多用户检测

多用户检测技术（MUD）通过取消小区间干扰来改进性能，增加系统容量。实际容量的增加取决于算法的有效性、无线环境和系统负载，除了系统的改进，还可以有效缓解远近效应。信道的非正交性和不同用户扩频码字的非正交性导致用户间存在相互干扰，多用户检测的作用就是去除多用户之间的相互干扰。也就是根据多用户检测算法，对经过非正交信道和非正交的扩频码字，重新定义用户判决的分界线，在这种新的分界线上，可以得到更好的判决效果，去除用户之间的相互干扰。

通过在上行链路中使用短扰码，WCDMA 系统可以使用自适应接收机，但在下行链路中，扩频码在一个持续时间为 10ns 的无线帧上是周期的，这个周期过长，以至于无法应用常规的自适应接收机。引入码片均衡器可以克服这个问题，码片均衡是在码片持续时间内对频率选择性多径信道的影响进行均衡，它抑制了信号路径间的干扰，并且保持一个小区内用户扩频码的正交性。也就是说，通过均衡器可以补救下行链路中由于多径传播导致的多址干扰。

高级的接收机算法可以在 WCDMA 终端中应用，可以提高终端用户的数据速率和系统容量；能够删除干扰，比如干扰抵消技术（SQ-PIC），它是一个具有前景的改善基站接收机性能、系统容量和覆盖的方法。在上行链路中，当数据速率峰值高于 1Mbit/s 时，即采用高速上行链路分组接入技术（HSUPA），应用上行链路干扰抵消技术可以给终端用户的吞吐量带来进一步的增益。

5.4.5 系统安全

WCDMA 系统的安全机制继承了 GSM 系统的安全框架，同时对 GSM 的安全机制进行了改进。WCDMA 系统的接入安全主要包含以下几个方面。

① 临时身份标识（TMSI）的使用。

② 系统中用户与网络的相互鉴权。

③ 空中接口信令数据的完整性保护。

④ 空中接口数据的加密。

1. 鉴权过程

WCDMA 中的安全认证过程完全是双向的，这样做使整个安全认证过程更加严密，提高了系统的可靠性。空中接口加密和完整性保护相应算法所需要的加密键和完整性保护键是在安全认证过程中产生的，这样使空中接口的加密和安全性保护过程建立在成功安全认证的基础上，从而使整个安全机制更加合理和严密。

当用户在网络中第一次注册时，网络方必须触发一个鉴权过程，以实现网络用户和用户的双向身份认证。在呼叫处理过程中，位置更新、GPRS 的附着、GPRS 去附着等过程中也可以触发鉴权过程。

鉴权过程具有如下功能。

① 网络方检查移动台发送的身份标识是否合法。

② 提供鉴权参数五元组中的随机数数组。

③ 向移动台提供新的加密键。

④ 向移动台提供新的完整性保护键。

⑤ 允许移动台验证网络方的合法性。

⑥ 信令和数据业务的加密。

WCDMA 在空中接口无线链路的加密主要包括以下内容：

① 加密键的生成。

② 加密算法的实现。

③ 用户数据的加密。

④ 信令的加密。

根据传输模式的不同，信令和业务数据的加密功能可以在RLC子层或MAC子层来完成。如果无线承载使用非透明的RLC模式，加密在RLC子层完成；如果无线承载使用透明RLC模式，则加密在MAC子层完成。

2．数据完整性保护

数据的完整性保护是指在数据的接收端和发送端之间检验数据是否正确传输的一种机制。通常在发送端根据数据的完整性保护算法将完整性检查的信息加入到数据中进行发送，接收端根据接收到的数据中含有的完整性保护信息对接收到的数据进行检查。

WCDMA系统在用户端和网络间传输的多数控制信息需要数据完整性保护，并且数据完整性保护过程是双向的，即在用户端和网络端都需要进行完整性保护。根据3GPP的规定，只对信令数据进行完整性保护。完整性保护主要包含以下内容。

① 完整性保护键的生成。

② 完整性保护算法的实现。

完整性保护键的生成是在鉴权过程中完成的，完整性保护算法的实现是通过安全模式协商信令过程来完成的。

作为WCDMA系统安全性的一部分，UE和SRNC需要对空中接口的RRC消息实行完整性保护（仅限于信令消息，对于业务数据，不需要进行完整性保护）。

5.5 WCDMA系统的信号处理流程

与固定通信不同，移动通信中通信终端的位置不是固定的，为了建立一次呼叫，核心网通过Iu接口向UTRAN发送寻呼消息，UTRAN则将CN寻呼消息通过Uu接口上的寻呼过程发送给UE，进而使得被寻呼的UE发起与CN的信令连接。

5.5.1 基本工作过程

1．同步过程

（1）小区搜索

在小区搜索过程中，UE 搜索到一个小区，并确定该小区的下行扰码和其公共信道的帧同步。小区搜索一般分为如下所述的3步。

步骤一：时隙同步。UE使用SCH的基本同步码去获得该小区的时隙同步。典型的案例是使用一个匹配滤波器来匹配对所有小区都为公共的基本同步码，小区的时隙定时可由检测匹配滤波器输出的波峰值得到。

步骤二：帧同步和码组识别。UE使用SCH的辅助同步码去找到帧同步，并对第一步中找到的小区的码组进行识别，并标识出最大相关值。这是通过对收到的信号与所有可能的辅助同步码序列进行相关得到的。由于序列的周期移位是唯一的，因此码组与帧同步一样可以被确定下来。

步骤三：扰码识别。UE 确定找到的小区所使用的确切的基本扰码。基本扰码是通过在 CPICH 上对识别的码组内的所有的码按符号相关而得到的。在基本扰码被识别后，则可检测到基本 CCPCH，系统和小区特定的 BCH 信息也就可以读取出来了。

如果 UE 已经收到了有关扰码的信息，那么步骤二和步骤三可以简化。

（2）公共信道同步

所有公共物理信道的无线帧定时都可以在小区搜索完成之后确定。在小区搜索过程中可以得到 P-CCPCH 的无线帧定时，然后根据给出的其他公共物理信道与 P-CCPCH 的相对定时关系确定这些信道的定时。

（3）专用信道同步

公共信道同步完成后，在业务建立及其他相关过程中，UE 可以根据相应的协议规则完成上行和下行的专用信道同步。

2. 寻呼过程

终端注册到网络之后，就会分配到一个寻呼组中，如果有寻呼信息要发送给任何属于该寻呼组的终端时，寻呼指示（PI）就会周期性地在寻呼指示信道（PICH）中出现。

终端检测到 PI 后，会对在 S-CCPCH 中发送的下一个 PCH 帧进行译码，以查看是否有发送给它的寻呼信息。当 PI 接收指示判决可靠性较低时，终端也需要对 PCH 进行译码。寻呼的间隔如图 5-5-1 所示。

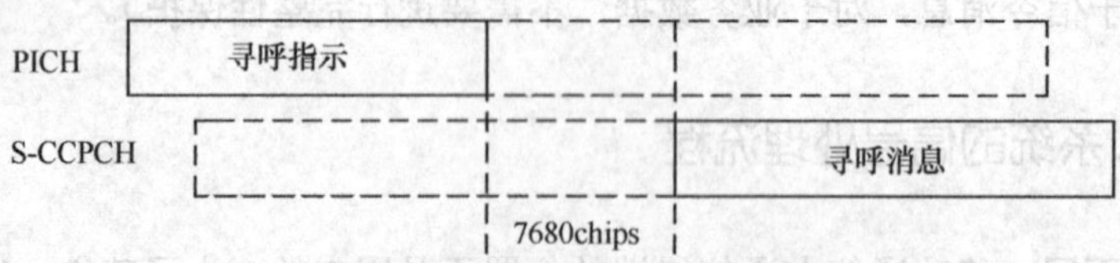

图 5-5-1 PICH 和 PCH 的关系

PI 出现得越少，将终端从冬眠模式中唤醒的次数就越少，电池的寿命就越长，显然，折中方案在于对网络产生的呼叫的响应时间。但是寻呼指示的间隔增长，并不会使电池的寿命无限增长，因为终端在空闲模式时还有其他的任务需要处理。

3. 随机接入过程

CDMA 系统的随机接入过程必须要克服远近效应的问题，因为在初始化传输时并不知道发送所需要的功率值；而且利用开环功率控制的原理，根据接收功率测量得到的绝对功率来设定发射功率的值会有很大的不确定性。UTRA 的 RACH 具有以下操作过程。

① 终端对 BCH 进行解码，找出可用的 RACH 子信道及扰码和特征符号。

② 终端从可用的接入组中随机选择一个 RACH 子信道，终端还要从可用的特征符号中随机选择一个特征符号。

③ 终端测量下行链路的功率电平，根据开环功率控制算法设定上行的 RACH 初始功率电平。

④ 在接入前导（Preamble）中发送选择的特征码。

⑤ 终端对 AICH 进行解码，按基站给的 1dB 的倍数步长增加前导的发射功率，前导将在下一个可用的接入时隙中重新发送。

⑥ 当检测到基站的 AICH 时，终端开始发送 RACH 传输的 10ms 或 20ms 的消息部分。

RACH 过程如图 5-5-2 所示，其中终端一直发送前导，直到接收到 AICH 中的确认，接着终端开始发送消息部分。

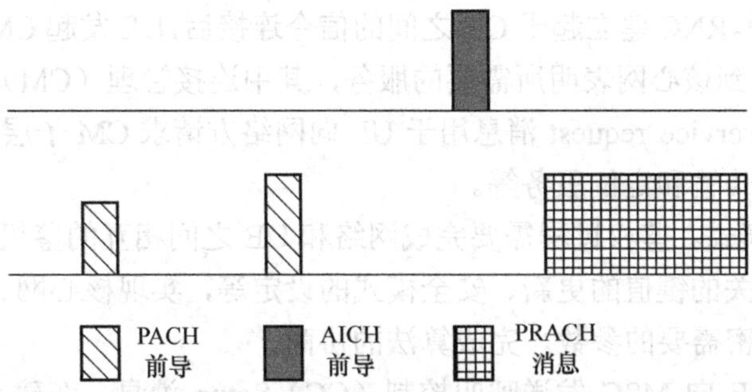

图 5-5-2 PRACH 前导的功率变化与消息的传输

在 RACH 传输数据时，扩频因子和数据速率在帧之间是可变的，这由 PRACH 中控制部分上的 TFCI 所指示。可用的扩频因子可以从 256 到 32，因此，RACH 中单帧可以有 1200 个信道符号，根据信道编码，这些符号可映射为 600 或 400 个比特。对于最大的比特数目，可达到的覆盖范围小于以最小速率传输可达到的覆盖范围，尤其当 RACH 没有在专用信道中使用宏分集时。

5.5.2 电路域呼叫流程

1. 电路域语音呼叫过程

（1）移动用户主叫

移动用户 AMR 语音业务主叫过程如图 5-5-3 所示，主要过程如下所述。

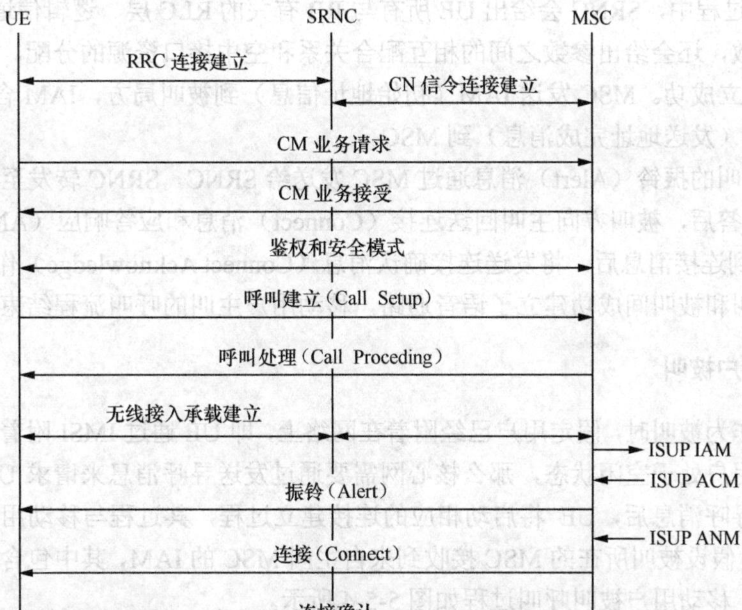

图 5-5-3 移动用户主叫过程

① RRC 连接建立。为了成功进行呼叫，UE 将发起 RRC 连接建立过程，建立起与 RNC 之间的信令连接。对于 NAS 协议，因为是终结于核心网，所以 RNC 不对 RRC 消息中承载的 NAS 消息进行解析。RRC 连接可以建立在 FACH 或 DCH 上。

② CM 业务处理。RNC 建立起于 CN 之间的信令连接后，UE 发起 CM 业务接入请求（CM service request）消息到核心网表明所需要的服务，其中连接管理（CM）为 UMTS 电路域非接入层的子层。CM service request 消息用于 UE 向网络方请求 CM 子层的服务，包括 CS 域连接的建立、短消息传输和定位服务等。

③ 鉴权和安全模式。鉴权过程需要完成网络和 UE 之间相互的鉴权认证、UE 和核心网之间和安全性算法相关的键值的更新、安全模式的设定等，实现核心网、SRNC、UE 间有关系统完整性保护，加密需要的参数，完成算法的协商。

④ 呼叫控制。UE 向 MSC 发送呼叫控制（CC）Setup 消息，在建立消息中主要包括主叫号码信息、被叫号码信息、呼叫需要的传输承载资源信息等。核心网向 UE 回送呼叫处理信息，用于指示核心网已经确认 UE 发出的被叫号码正确与否，如果正确，核心网将按照 UE 的呼叫请求进行路由处理。

⑤ 无线接入承载（RAB）建立。CN 响应 UE 的业务请求，要求 RNC 建立相应的无线接入承载（RAB），以提供业务所需要的 QoS 和用户面信息。

- CN 向 UTRAN 发送 RAB 建立请求消息，请求建立 RAB。
- SRNC 收到 RAB 建立请求后，发起建立 Iu 接口（ALCAP 建立）与 Iub 接口的数据传输承载。
- SRNC 向 UE 发起 RB 建立请求消息，UE 完成 RB 建立后，向 SRNC 返回 RB 建立完成的消息。
- SRNC 向 CN 返回 RAB 指配响应消息，结束 RAB 的建立过程。

RAB 建立过程中，SRNC 会给出 UE 所有与 RB 有关的 RLC 层、逻辑信道、传输信道、物理层等的参数，还会给出参数之间的相互配合关系和空中接口资源的分配。

⑥ 呼叫建立成功。MSC 发送 IAM（初始地址信息）到被叫局方，IAM 含被叫号码等。对方分配 ACM（发送地址完成消息）到 MSC。

- 来自被叫的振铃（Alert）消息通过 MSC 发送给 SRNC，SRNC 转发至 UE。
- 对方应答后，被叫方向主叫回送连接（Connect）消息和应答响应（ANM）。
- UE 收到连接消息后，将发送连接确认消息（Connect Acknowledge）作为应答。

至此，主叫和被叫间成功建立了语音通路，移动用户主叫的呼叫流程结束。

2．移动用户被叫

移动用户作为被叫时，假定用户已经附着在网络上，即 UE 通过 IMSI 附着过程完成了注册过程，移动用户处于空闲状态，那么核心网需要通过发送寻呼消息来请求 UE 建立相应的链接。接收到寻呼消息后，UE 将启动相应的连接建立过程，其过程与移动用户作为主叫的流程大致类似。假设被叫所在的 MSC 接收到来自主叫 MSC 的 IAM，其中包含被叫移动用户的号码等信息，移动用户被叫呼叫过程如图 5-5-4 所示。

① 寻呼过程。由于 UE 处于空闲模式，所以 MSC 需要通过 RANAP 寻呼（Paging）消息，由 UTRAN 发起寻呼过程。Paging 消息中包括 CN 域指示、NAS UE 号以及可选参数，

如临时UE号码、寻呼区域、寻呼原因、DRX周期长度系数等。UE在不同的RRC状态下，具有不同的寻呼过程。

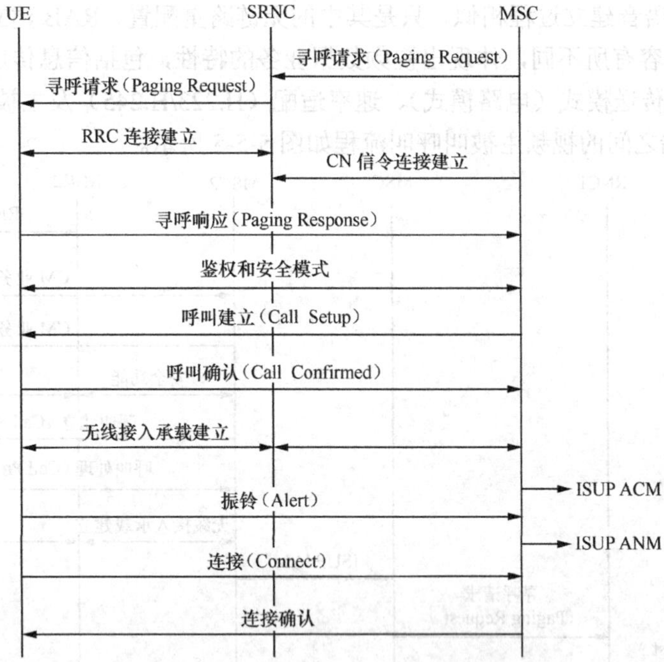

图5-5-4 移动用户被叫过程

② RRC的连接。如果不存在RRC连接，UE需要首先发起RRC连接建立过程。RRC连接建立完成后，UE发送寻呼响应消息到MSC，此时Iu信令建立完成，如果存在NAS UE号，则MSC将发送Common ID消息。此过程用于在RNC中创建UE号与UE所使用的RRC连接之间的关系，以便协调CS或PS域的寻呼信息。

③ 鉴权和安全模式。实现核心网、SRNC、UE间有关系统完整性保护、加密需要的参数、算法的协商。

④ 呼叫控制。MSC向UE发送呼叫控制Setup消息，在Setup消息中主要包括承载特性、进程指示、振铃、优先权等。UE向MSC回送呼叫确认消息，消息中主要包括承载特性、流标识SI（用于进行RAB与话务信道之间的关联）等。接收到Call Confirmed消息后，MSC将启动RAB建立过程。

⑤ RAB建立。RAB建立过程同于移动用户主叫过程。

⑥ 呼叫成功。如果Setup消息中包含振铃（Alerting）单元，则话务信道分配完成后，UE发送振铃消息。MSC收到振铃消息后，发送地址完成消息（Address Complete Message，ACM）到主叫MSC。UE发送连接（Connect）消息，表示可以接收呼叫。

接收到连接消息，话务信道设定和连接完成后，MSC发送连接确认消息（Connect Acknowledge）到UE，发送应答（Answer Message，ANM）到主叫MSC。

至此，主叫和被叫间成功建立了语音通信。

3. 电路域视频呼叫过程

3G-324M终端是采用H.324协议修改版的终端或其他各种类型的终端，3GPP无线电路交换网络可以提供实时视频、语音、数据业务或这几种业务的组合形式。3G-324M 终端间可以提供单向或双向通信，也可进行与其他多媒体电话终端之间的通信。3G-324M 终端之间的呼叫过程与 AMR 语音建立过程相似，只是其中的无链路重配置、RAB 建立、呼叫建立等过程中的消息具体内容有所不同，体现出视频数据业务的特性，包括信息传送特性、信息传送速率（64Kbit/s）、传送模式（电路模式）、速率适配（H.223/H.245）及主被叫号码等。

3G-324M 终端之间的视频主被叫呼叫流程如图 5-5-5 所示。

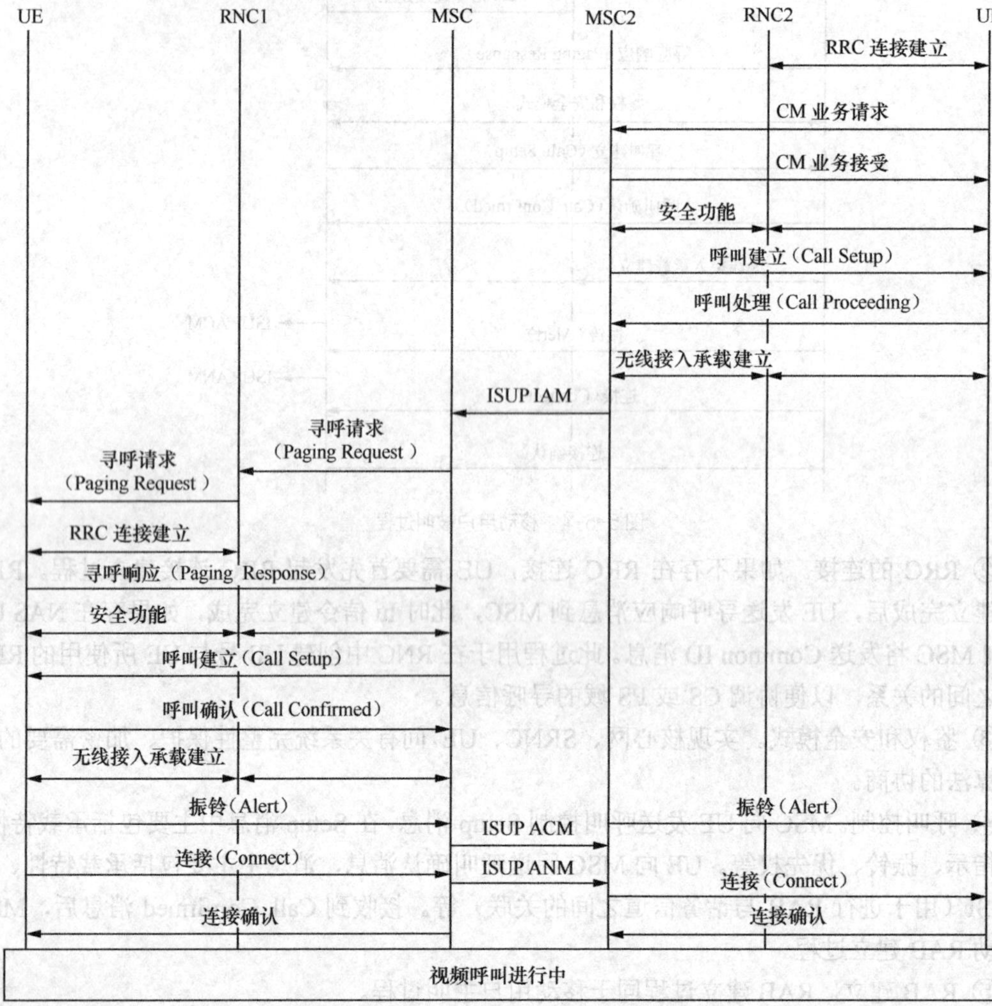

图 5-5-5　电路域视频呼叫过程

5.5.3　分组域呼叫流程

分组域呼叫过程主要包括如下子过程。

① RRC 连接建立。

② GPRS 附着/业务请求过程。

③ 鉴权和安全模式。

④ PDP 上下文激活过程。

⑤ 无线接入承载（RAB）建立。

RRC连接建立、鉴权和安全模式、无线接入承载（RAB）建立的应用在电路域呼叫过程中已经进行了分析，GPRS附着/业务请求过程、PDP上下文激活过程为分组域呼叫过程中新增的子过程。

1. GPRS附着/业务请求过程

（1）GPRS附着过程

移动台进行GPRS附着后才能获得GPRS业务的使用权。在附着过程中，移动台将提供身份标识、所在区域的路由区标识以及附着类型。GPRS附着完成后，移动台进入PMM状态，并在移动台和GSGN中建立起MM上下文，然后才可以发起PDP上下文激活过程。

终端在未进行附着之前脱离UMTS网络，处于PMM空闲，不能处理数据业务；附着之后进入PMM连接状态，可以进行PDP上下文激活过程以及IP地址的申请。

（2）业务请求过程

业务请求过程可以用处于PMM-Idle状态的3G SGSN之间的安全连接，也可以用处于PMM-Connected状态的3G UE为激活的PDP上下文预留专用资源。当业务类别指示为数据时，在移动用户和SGSN之间建立信令连接，且分配激活PDP上下文所需的资源。当业务类别为信令时，在MS和SGSN之间建立信令连接，用于发送上层信令信息，如激活PDP上下文请求等，激活PDP上下文所需要的资源不予分配。

2. PDP上下文激活过程

PDP上下文保存了用户面进行隧道转发的所有信息以及与某个接入网络（APN）相关的地址映射和路由信息，包括RNC/GGSN的用户面IP地址、隧道标识符等。移动用户通过激活PDP上下文得到动态地址，以随时通过GGSN接入特定的数据网络。

PDP上下文激活是指网络为移动台分配IP地址，使移动台成为IP网络的一部分，数据传送完成后，再删除该地址。PDP上下文激活过程可以由用户发起，也可由网络发起。

移动台收到激活PDP上下文接受消息后，即进入PDP激活状态，表明UE和GGSN间可以进行分组数据传输。

3. 分组域呼叫建立过程

WCDMA分组域呼叫建立过程如图5-5-6所示。

（1）RRC连接的建立

如果RRC连接不存在，则首先需要建立RRC连接。

（2）GPRS附着过程/业务请求过程

UE可以通过初始UE消息发送NAS Service Request 消息到SGSN，也可通过GPRS附着过程接入分组域核心网，进而发起PDP上下文激活过程。

（3）鉴权和安全模式

完成核心网与UE之间的鉴权过程，在分组核心网、SRNC、UE间实现键值与安全模式的协商。

（4）PDP上下文激活请求

如果网络在PMM-Connected模式，UE将发送PDP上下文激活请求消息到SGSN，包括请求的 NSAPI、QOS、PDP 地址、APN 消息协议配置选项等。

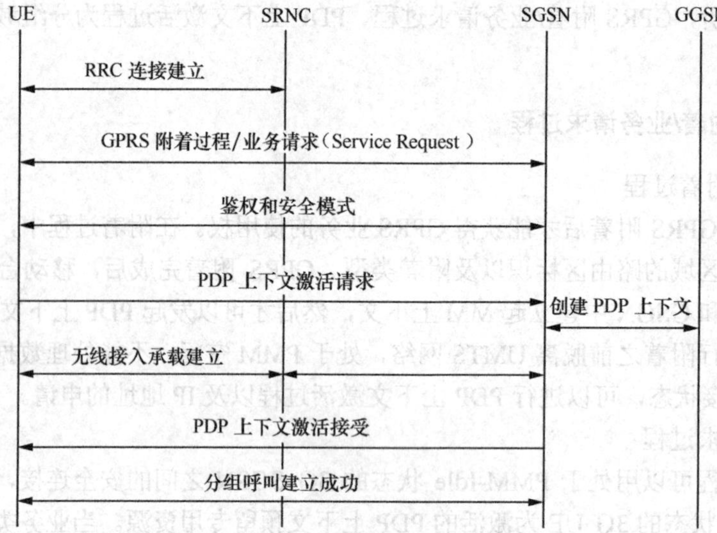

图 5-5-6　分组域呼叫建立过程

（5）创建 PDP 上下文

GGSN 检查 UE 的 PDP 上下文是否已经存在，并根据 APN 信息为用户分配 IP 地址，或执行可选的网络鉴权过程。如果所请求的 QOS 不支持，GGSN 可以拒绝 PDP 上下文激活请求。

（6）无线接入承载（RAB）建立

SGSN 还将发送 RAB 建立请求消息对每个激活的 PDP 上下文重新建立 RAB，包括 NSAPI、RAB 号、TEID、QOS 特性及 SGSN 地址等。

（7）激活 PDP 上下文接受

SGSN 发送 Activate PDP Context Accept 消息到 UE。UE 收到后，如果网络协商后的 QOS 不同，则 UE 可以接受此 QOS，也可以重新发起 PDP 激活过程。如果 UE 接受网络侧的 QOS，则 PDP 激活过程完成，UE 即可以进行数据收发。

思考与习题

1．简要叙述 3GPP 演进过程。

2．简述 WCDMA 系统的主要特点。

3．画出 WCDMA 的系统网络结构图，说明 R99、R4、R5、R6 之不同。

4．说明 WCDMA 无线接口包括那些。

5．说明 Uu 接口的主要功能以及 Iu，Iur，Iub 接口的主要功能。

6．画出 UTRAN 接口协议模型，说明其结构特点。

7．简述 WCDMA 物理信道的作用及分类。

8．说明 WCDMA 数据链路层的功能，它又可以分为哪几个子层？分别有什么作用？

9．描述 WCDMA 系统中电路域移动用户语音呼叫的主叫建立过程。

10．描述 WCDMA 系统中分组域移动用户主叫建立过程。

11．简述 WCDMA 系统中的关键技术。

第6章 CDMA2000系统组网技术

CDMA2000（Code Division Multiple Access 2000）也称为 CDMA Multi-Carrier，是第 3 代移动通信技术的主流标准之一。它提供了与 IS-95B 的后向兼容，同时又满足国际电信联盟 ITU 关于第 3 代移动通信基本性能的要求。

6.1 CDMA2000 移动通信系统演进过程

CDMA2000 体制标准化制定工作是由 3GPP2 来完成的，其电路域继承了 2G 的 IS-95 CDMA 网络，分组域是基于 Mobile IP 技术的分组网络。

6.1.1 CDMA2000 系统的演进

CDMA2000 技术是由 CDMAOne（属于第 2 代移动通信）演进而来，而 IS-95 是 CDMAOne 的基础。CDMA2000 系统经过了各个阶段的演化过程，这些过程主要包括 CDMA2000 1x、CDMA2000 1x EV-DO、CDMA2000 1x EV-DV、CDMA2000 3x 以及面向 CDMA2000 标准长期演进的 3GPP2 空中接口演进，如图 6-1-1 所示。

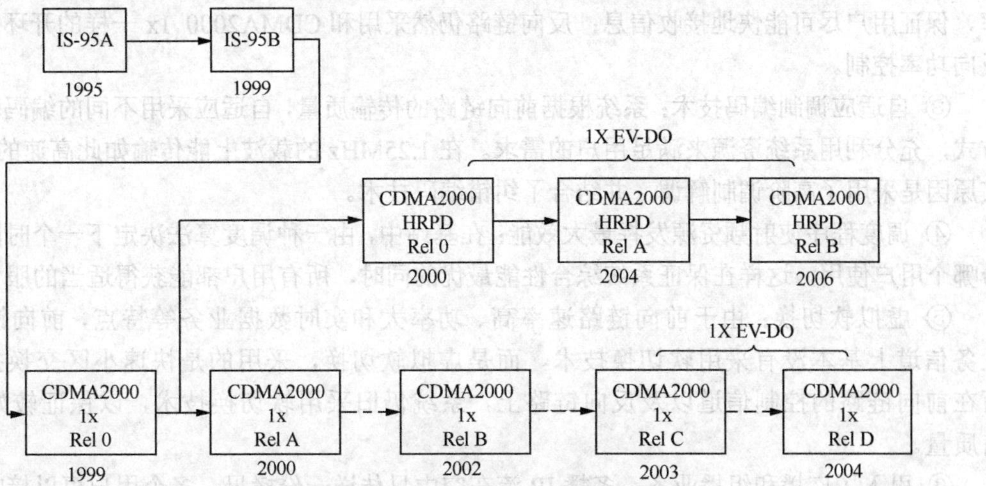

图 6-1-1　CDMA2000 标准演进

目前，CDMA2000 1x 已经发展出 CDMA2000 Release 0、Release A、Release B、Release C 和 Release D 等 5 个版本，商用较多的是 Release 0 版本；部分运营网络引入了 Release A 的一些功能特性；Release B 作为中间版本被跨越；1X EV-DV 对应于 CDMA2000 Release C 和 Release D。其中，Release C 增加了前向高速分组传送功能；Release D 增加了反向高速分组传送功能。

1X EV-DO 是一种专为高速分组数据（HRPD）传送而优化设计的 CDMA2000 空中接口技术，已经发展出 Rev 0、Rev A 和 Rev B 等版本。其中，Rev 0 版本可以支持非实时、非对称的高速分组数据业务；Rev A 版本可以同时支持实时、对称的高速分组数据业务传送。而 Rev B 相对 Rev A 显著提高了用户的前向及反向速率。

CDMA2000 1x 是 CDMA2000 移动通信系统发展的第一阶段，它完全后向兼容 IS-95，并可以与 IS-95B 系统的频段共享或重叠。其核心网部分增加了分组域以及支持较高速率的分组数据业务，目的是改善无线传送质量，提高频谱效率及系统容量。

CDMA2000 1x 系统已经可以承载中等速率的数据业务，但是在提供高速率分组业务方面，能力还是有限的。为了能提供更高速率的分组数据业务，提出了 CDMA2000 1x EV-DO 技术。CDMA2000 1x EV-DO 利用独立的载波提供高速分组数据业务，它可以单独组网，也可以与 CDMA2000 1x 混合组网来弥补后者在高速分组数据业务提供能力上的不足。本章将重点讨论 CDMA2000 1x EV-DO 技术。

与 CDMA2000 1x 相比，CDMA2000 1x EV-DO 系统具有峰值速率高、平均吞吐量大的优势，其具体特点如下所述。

① 前向链路采用时分复用：1X EV-DO 的开发充分利用了数据通信业务的不对称性和数据业务对实时性要求不高的特征，前向链路设计为时分复用（TDM）信道。对于前向链路，在给定的某一瞬间，某一用户将得到 1X EV-DO 载波的全部功率。另外，不管是传输控制信息还是传输业务信息，1X EV-DO 的载波总是以全功率发射。而 CDMA2000 1x 前反向均采用码分多址（CDMA）技术。

② 速率控制：前向链路的发射功率不变，即没有功率控制机制，而采用速率控制。CDMA2000 1x EV-DO 采用了自适应的速率控制，根据用户的不同环境快速调整数据发送速率，保证用户尽可能快地接收信息；反向链路仍然采用和 CDMA2000 1x 一样的开环、闭环反向功率控制。

③ 自适应调制编码技术：系统根据前向链路的传输质量，自适应采用不同的编码和调制方式，充分利用系统资源来满足用户的需求。在 1.25MHz 的载波上能传输如此高速的数据，其原因是采用了高阶调制解调，并结合了纠错编码技术。

④ 调度程序使射频资源发挥最大效能：在基站中，由一种调度算法决定下一个时隙分配给哪个用户使用，这样在保证系统综合性能最优的同时，所有用户都能获得适当的服务。

⑤ 虚拟软切换：由于前向链路速率高、功率大和实时数据业务等特点，前向链路的业务信道上基本没有采用软切换技术，而是虚拟软切换，采用的是快速小区交换技术。而在前向链路的控制信道以及反向链路上，系统仍旧采用软切换技术，以保证较好的通信质量。

⑥ 引入了广播和组播业务：多播 IP 流在空中只传送一份拷贝，多个用户可以接收，这样就节省了空中链路资源，有效地提高了服务质量和整体吞吐量，同时也降低了用户费用。

⑦ 继承性：CDMA2000 1x EV-DO 能平滑地从 CDMA2000 1x 升级，最大限度地保护了运营商的现有投资。

⑧ 核心网采用 IP：IS-95A 和 CDMA2000 1x 均基于 ANSI-41 网络结构，而 CDMA2000 1x EV-DO 基于无线 IP 网络结构，并支持和 1X 之间的切换。

基于以上优点，CDMA2000 1x 向 1X EV-DO 的演进有利于快速部署网络，降低了设备投资和网络运行维护成本。

目前，1X EV-DO Rev.0 技术在日本、韩国及美国等多个国家获得了成功，其发展前景良好，Rev.A 技术标准也取得了大规模的商用。目前的多数 CDMA2000 的运营商未来将选择从 EV-DO 直接演进到 LTE，中国电信目前运营的 CDMA2000 采用的就是 1X EV-DO Rev A 技术。近来，中国电信由于天翼用户数的快速增长，正在考虑是否升级至 Rev.B。

6.1.2 CDMA2000 特点

CDMA2000 是 1998 年美国向 ITU 提出的第 3 代移动通信空中接口标准的建议，是 IS-95 标准向第 3 代演进的技术体制方案。

CDMA2000 是 IS-95 标准的演进和发展。按使用的载波数划分，CDMA2000 技术有 1X（单载波）、3X（三载波）等工作方式。目前国际上商用的 CDMA2000 系统都采用 CDMA2000 1x 技术。与 IS-95 相比，CDMA2000 1x 增加了反向导频信道，提高了反向链路容量；前向链路采用快速功率控制和发射分集技术，降低了前向链路的干扰，提高了信道的抗衰落能力；引入的快速寻呼信道提高了移动台的待机时间；数据业务信道采用 Turbo 编码。这些 CDMA2000 1x 系统的容量比 IS-95 有很大提高，在相同的条件下，对普通的语音业务而言，CDMA2000 1x 的容量大致为 IS-95 系统的 2 倍。

作为一种宽带技术，CDMA2000 数据速率在室外车辆环境下为 144kbit/s，在室外步行环境下为 384kbit/s，在室内环境下为 2Mbit/s。

如下所述是 CDMA2000 的主要技术特征。

① 兼容 IS-95A/B。

② 双工模式：FDD。

③ 前反向同时采用导频辅助相干解调。

④ 前向发射分集：OTD、STS。

⑤ 快速前向和反向功率控制。

⑥ 信道编码：卷积码和 Turbo 码，CDMA2000 1x 最高业务速率达到 433.5kbit/s（一个基本信道和两个补充信道），CDMA2000 1x EV-DO 支持最高业务速率为 2.4Mbit/s，CDMA2000 3x 最高支持 2Mbit/s 业务速率。

⑦ 可变帧长：5ms、10ms、20ms、40ms、80ms。

⑧ 支持 F-QPCH（前向快速寻呼信道），延长手机待机时间。

⑨ 核心网基于 ANSI-41 网络的演进，并保持与 ANSI-41 网络的兼容性。

⑩ 网络采用 GPS 同步，给组网带来一定的复杂性。

⑪ 支持软切换和更软切换。

随着全球信息化进程的加快以及人们对信息交换需求的增加和用户数量的猛增，CDMA2000 也在不断地进行发展和完善。

6.1.3 从 CDMA2000 1x 向 1x EV-DO 演进

从技术特点上看，1x EV-DO 前向链路采用了多种优化措施，以提高前向数据吞吐量和频谱利用率，前向链路峰值速率可以达到 2.4Mbit/s；反向链路设计与 CDMA2000 1x 有许多共同点，反向链路速率与 CDMA2000 1x 相同。

从网络结构上看，1x EV-DO 与 CDMA2000 1x 的无线接入网在逻辑功能上是相互独立的，分组核心网可以共用，这样既实现了高速分组数据业务的重点覆盖，又不会对 CDMA2000 1x 网络和业务造成明显影响。

从系统覆盖上看，CDMA2000 1x 前反向链路是对称的，1x EV-DO 虽然前反向速率不对称，但是其前反向链路预算与 CDMA2000 1x 相差不多，CDMA2000 1x 系统覆盖的许多特性可以作为 1x EV-DO 网络规划优化的参考。

从网络规划上看，1x EV-DO 与 CDMA2000 1x 可以共站址、天线和天馈系统；在天馈设计、PN 规划、邻区规划方面，1x EV-DO 与 CDMA2000 1x 基本一致；1x EV-DO 利用独立的载频提供高速分组数据业务，有助于降低与 CDMA2000 1x 网络之间的互干扰。

从业务互补性看，1x EV-DO 可以作为高速分组数据业务的专用网，1x 提供语音和中低速分组数据业务；同时，利用 CDMA2000 1x 网络的广域覆盖特性，可以弥补 1x EV-DO 网络建设初期在覆盖上的不足。

由于存在技术特点、网络结构、网络规划、业务互补性等多方面的相容性，从 CDMA2000 1x 向 1x EV-DO 演进，有利于快速部署网络，降低设备投资和网络运行维护成本。

6.2 CDMA2000 系统网络结构

3G 服务要求网络具有较高的数据吞吐量，能够提供高速的数据服务。1x EV-DO 可以支持 CDMA2000 1x 提供的所有分组数据业务，且对于速率和 QoS 要求严格的业务，能够提供更好的服务和用户体验。本节将介绍 1x EV-DO 的网络结构。

6.2.1 网络结构

CDMA2000 1x EV-DO 网络可以看作多个逻辑实体及其相关接口的组合。逻辑实体表示某种功能或功能集合，与实现方式无关。不同逻辑实体之间通过接口相连，并通过接口协议进行通信；接口协议定义了与之相连的逻辑实体之间进行通信的规则和信令集合。

CDMA2000 1x EV-DO 网络参考模型如图 6-2-1 所示，由分组核心网（Packet Core Network，PCN）、无线接入网（Radio Access Network，RAN）和接入终端（Access Terminal，AT）3 部分组成。PCN 通过 Pi 接口与外部 IP 网络（如因特网）相连；RAN 通过 A 接口与 PCN 相连，AT 通过空中接口或 Um 接口与 RAN 相连。

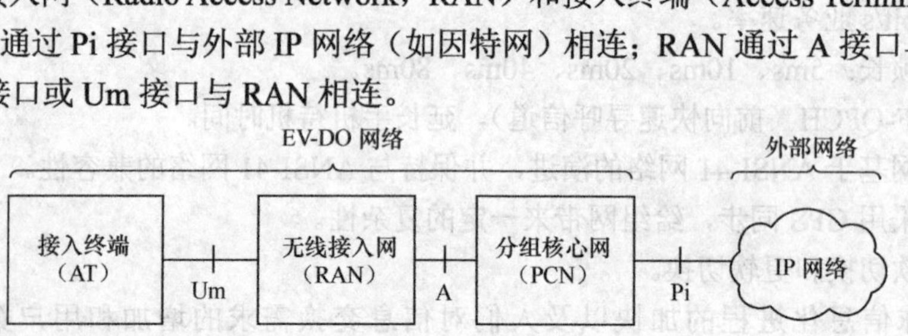

图 6-2-1　CDMA20001x EV-DO 网络结构模型

下面结合 CDMA2000 1x EV-DO 网络结构，分别介绍各个逻辑实体的功能、接口及其相关协议。

6.2.2 接入终端

接入终端是为用户提供数据连接的设备，可以与计算设备（如个人电脑）连接，或自身为一个独立的数据设备（如手机）。接入终端包括移动设备（Mobile Equipment，ME）和用户识别模块（User Identity Module，UIM）两部分，ME 由终端设备 2（Terminal Equipment 2，TE2）和移动终端 2（Mobile Terminal 2，MT2）组成。接入终端的组成如图 6-2-2 所示。

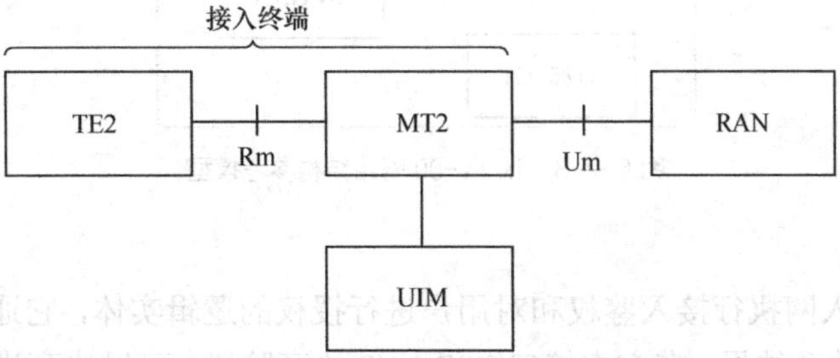

图 6-2-2 接入终端结构参考模型

（1）UIM

UIM 作为用户数据和签约信息的存储及处理模块，通过 UIM-MT2 接口与 MT2 相连。该接口作为接入终端的内部接口，取决于设备实现。

（2）MT2

MT2 作为网络通信设备，可以是手机等移动终端，通过 Um 接口与 RAN 相连。Um 接口在 IS-856 标准中定义。

（3）TE2

TE2 作为数据终端处理设备，可以是手机或便携机，通过 Rm 接口与 MT2 相连。

6.2.3 无线接入网

RAN 主要负责无线信道的建立、维护及释放，进行无线资源管理和移动性管理；提供 PCN 与 AT 之间的无线承载，传送用户数据和非接入层面的信令消息，AT 通过这些信令消息与 PCN 进行业务信息的交互。

RAN 参考模型如图 6-2-3 所示，主要包括接入网（Access Network，AN）、分组控制功能（Packet Control Function，PCF）和接入网鉴权/授权/计费（AN-Authentication，Authorization and Accounting，AN-AAA）等功能实体。

（1）AT

AT 是为用户提供数据连接的设备，它可以与计算设备（如个人电脑）连接，或自身为一个独立的数据设备（如手机）。即上一小节所述的接入终端。

（2）AN

AN 是在分组网（主要为因特网）和接入终端之间提供数据连接的网络设备，完成基站收发、呼叫控制及移动性管理等功能。AN 类似于 CDMA2000 1x 系统中的基站，可以由基站控制器 BSC 和基站收发信机 BTS 组成，通常，BTS 完成 Um 接口物理层协议功能；BSC 完成Um接口其他协议层功能、呼叫控制及移动性管理功能。A8/A9、A12、A13接口在AN的附着点是BSC；BSC与BTS之间通过Abis接口相连。Abis接口是非标准接口，在CDMA2000相关规范中未规定其协议层结构。

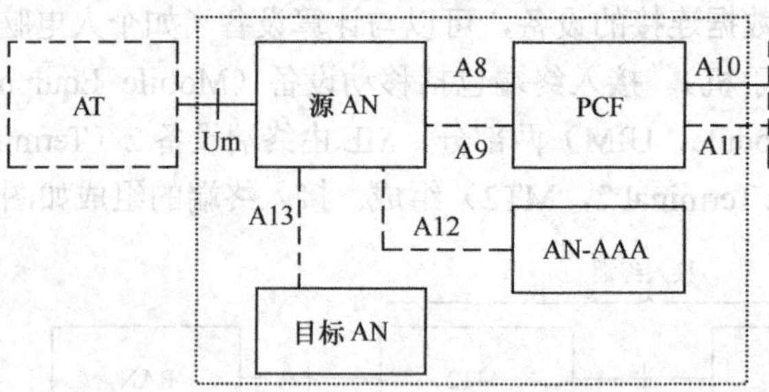

图6-2-3 1x EV-DO网络结构参考模型

（3）AN-AAA

AN-AAA是接入网执行接入鉴权和对用户进行授权的逻辑实体，它通过A12接口与AN交换接入鉴权的参数及结果。在空中接口PPP-LCP协商阶段，可以协商进行CHAP鉴权。在AT与AN之间完成CHAP查询-响应（Challenge-Response）信令交互后，AN向AN-AAA发送A12接入请求消息，请求AN-AAA对该消息所指示的用户进行鉴权；AN-AAA根据所收到的鉴权参数和保存的鉴权算法计算鉴权结果，并返回鉴权成功或失败指示。若鉴权成功，则同时返回用户标识MNID（或IMSI），用作建立R-P会话时的用户标识。

（4）PCF

PCF与AN配合完成与分组数据业务有关的无线信道控制功能，在具体实现时，PCF可以与AN合设，此时A8/A9接口变成AN/PCF的内部接口，PCF通过A10/A11接口与PDSN进行通信，1x EV-DO的PCF与CDMA2000 1x的PCF功能相同。

无线接入网连接各个逻辑实体之间的接口功能描述如表6-1所示。

表6-1 接口功能

接 口 名	描 述
A8	用于承载AN和PCF之间的数据传输
A9	用于承载AN和PCF之间的信令传输，维护AN到PCF之间的A8数据连接
A10	用于承载PCF和PDSN之间的数据传输
A11	用于承载PCF和PDSN之间的信令，维护PDSN到PCF之间的A10数据连接
A12	连接AN与AN-AAA，只传送信令。该接口主要完成AN级的AT终端接入认证功能，并在MS/AT成功接入认证后，由AN-AAA向AN返回MNID，用于A8/A9与A10/A11接口。A12接口采用RADIUS（Remote Authentication Dial-In User Service）协议
A13	用于支持源AN与目的AN在AT漫游发生时相互之间交换有关该AT的信息

6.2.4 分组核心网

1x EV-DO的分组核心网（PCN）构成与CDMA2000 1x类似，取决于其终端接入Internet的方式。当使用简单IP时，PCN主要包含PDSN及AAA等功能实体；当使用移动IP时，

PCN 还应增加外地代理（Foreign Agent，FA）和归属代理（Home Agen，HA）等功能实体。

PCN 逻辑实体主要包括 PDSN 与 AAA。AAA 可以分为归属地 AAA（Home AAA，HAAA）、拜访地 AAA（Visited AAA，VAAA）及代理 AAA（Broker AAA，BAAA）3 类。PCN 通过 A10/A11 接口或 R-P 接口与 RAN 进行通信，主要用于 AT 接入到 Internet。为了接入 Internet，AT 必须获得一个 IP 地址，PCN 提供了两种接入方法，为简单 IP 接入和移动 IP 接入，两者之间的主要区别是 AT 获得 IP 地址及其数据分组路由转发的方法不同。如果支持 Always-On，在停止分组数据呼叫后，仍然保持 AT 与 PDSN 之间的 PPP 连接，而且 AT 仍然保留其 IP 地址，这样在发起新的分组数据呼叫时，不需要重新分配 IP 地址和建立 PPP 连接。

采用简单 IP 接入时，接入业务提供者（Access Service Provider，ASP）在事先设定的网络域为 AT 统一分配 IP 地址。如果支持 Always-On，那么 AT 可以保留已分配的 IP 地址，并在指定的网络域生效。如果 AT 离开该网络域，则在新的网络域中必须重新分配 IP 地址，才能进行分组数据会话。在简单 IP 接入情况下，PCN 的协议参考模型如图 6-2-4 所示。其中，P-P 是相邻 PDSN 之间的接口，Pi 是 PCN 与 Interent 之间的接口。

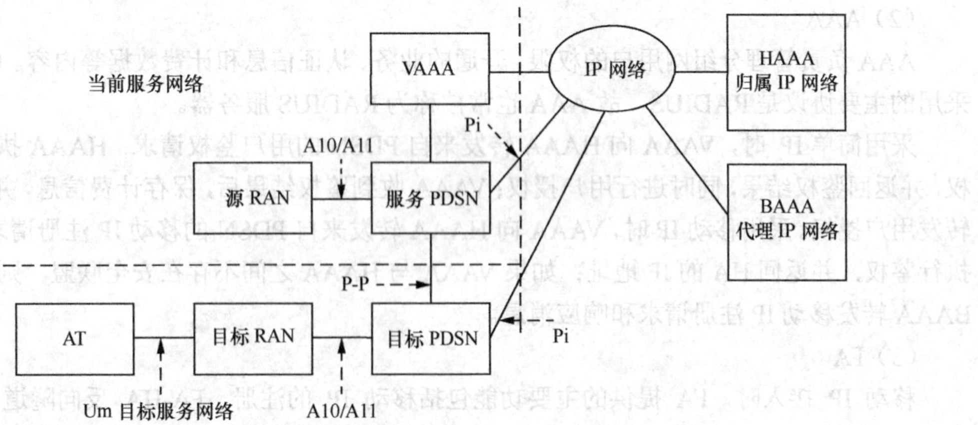

图 6-2-4 简单 IP 时 PCN 协议参考模型

当采用移动 IP 接入时，AT 在全网保持固定的 IP 地址，由归属网络而非 ASP 为其分配 IP 地址。在移动 IP 接入情况下，PCN 的协议参考模型如图 6-2-5 所示。其中，FA 和 HA 分别执行外部代理和归属代理的功能，FA 功能可以由拜访地 PDSN 提供。

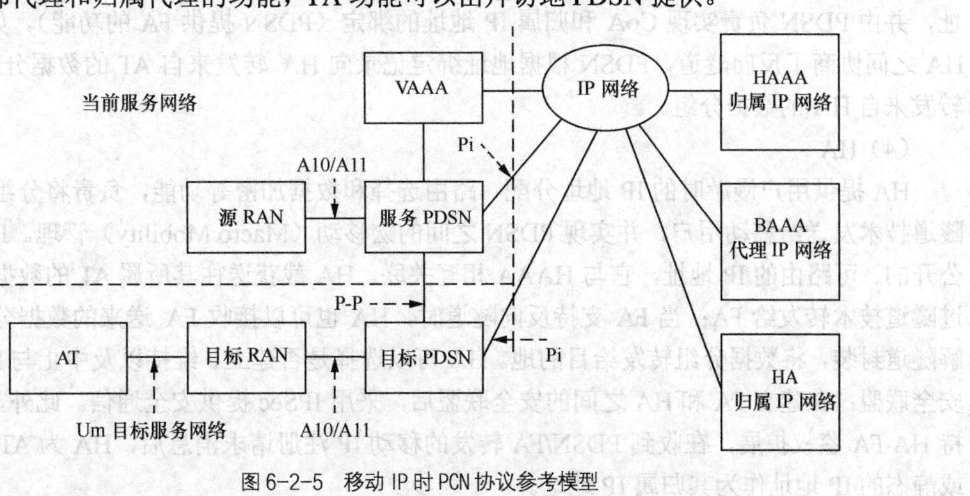

图 6-2-5 移动 IP 时 PCN 协议参考模型

（1）PDSN

在 1X EV-DO 网络中，PDSN 作为网络接入服务器（Network Access Server，NAS），主要完成以下 3 个方面的功能。

① 负责建立、维持和释放与 AT 之间的 PPP 连接。

② 负责完成移动 IP 接入时的代理注册。当 PDSN 收到 AT 的鉴权及注册请求时，协助 HAAA 完成对用户的鉴权及注册功能，并根据 HAAA 的鉴权结果允许或拒绝 AT 的分组数据业务接入请求。

③ 转发来自 AT 或 Interent 的业务数据。对于 AT 发起的分组数据业务，PDSN 在收到的数据分组包头中添加 DSCP（Differential Service Code Point）标识，指示该数据业务的优先级或 QoS 要求，Interent 根据 DSCP 标识进行路由选择，执行流量控制等。

在采用简单 IP 接入时，PDSN 作为 NAS 使用，负责为 AT 分配 IP 地址。在采用移动 IP 接入时，HA 为 AT 分配 IP 地址，PDSN 作为 FA 使用，负责实现 HA-IP 与 FA 的转交地址（Care of Address，CoA）之间的绑定。

（2）AAA

AAA 负责管理分组网用户的权限、开通的业务、认证信息和计费数据等内容。由于 AAA 采用的主要协议是 RADIUS，故 AAA 也常被称为 RADIUS 服务器。

采用简单 IP 时，VAAA 向 HAAA 转发来自 PDSN 的用户鉴权请求；HAAA 执行用户鉴权，并返回鉴权结果，同时进行用户授权；VAAA 收到鉴权结果后，保存计费信息，并向 PDSN 转发用户授权。采用移动 IP 时，VAAA 向 HAAA 转发来自 PDSN 的移动 IP 注册请求；HAAA 执行鉴权，并返回 HA 的 IP 地址；如果 VAAA 与 HAAA 之间不存在安全联盟，则可以通过 BAAA 转发移动 IP 注册请求和响应消息。

（3）FA

移动 IP 接入时，FA 提供的主要功能包括移动 IP 的注册、FA-HA 反向隧道（Reverse Tunneling）的协商以及数据分组的转发等。为了保证 FA 与 HA 之间的通信安全，FA 可以选择采用 Internet 密钥交换（Internet Key Exchange，IKE）协议建立与 HA 之间的安全联盟（Security Association，SA）后，并通过 IPSec 提供它们之间的信息安全保护。FA 通过 HA-FA 鉴权扩展支持移动 IP 注册，FA 为 AT 分配动态的转交地址 CoA，HA 为 AT 分配归属 IP 地址，并由 PDSN 负责实现 CoA 和归属 IP 地址的绑定（PDSN 提供 FA 的功能）。如果 FA 与 HA 之间协商了反向隧道，PDSN 根据地址绑定记录向 HA 转发来自 AT 的数据分组或向 AT 转发来自 HA 的数据分组。

（4）HA

HA 提供用户漫游时的 IP 地址分配、路由选择和数据加密等功能，负责将分组数据通过隧道技术发送给移动用户，并实现 PDSN 之间的宏移动（Macro Mobility）管理。HA 有一个公开的、可路由的 IP 地址，它与 HAAA 相互关联。HA 截获送往其所属 AT 的数据分组后通过隧道技术转发给 FA；当 FA 支持反向隧道时，HA 也可以接收 FA 送来的数据分组，然后解隧道封装，将数据分组转发给目的地。HA 可以选择是否建立、维持以及中止与 FA 之间的安全联盟；在建立 FA 和 HA 之间的安全联盟后，采用 IPSec 提供安全通信。此外，HA 也支持 HA-FA 鉴权扩展，在收到 PDSN/FA 转发的移动 IP 注册请求消息后，HA 为 AT 分配动态或静态的 IP 地址作为其归属 IP 地址。

6.3 CDMA2000系统的无线接口

CDMA2000系列标准是为了满足3G无线通信系统的要求而提出的，其无线接口采用了码分多址扩频技术。无线接口分为物理层、链路层和高层。其中链路层又分为媒体接入控制子层（MAC）和链路接入控制子层（LAC），本节将讨论物理层和链路层。

6.3.1 无线接口协议

CDMA2000 1x EV-DO由于是针对数据业务，因此空中接口协议有所不同，其结构如图6-3-1所示。它由7个协议层组成，从下到上依次为物理层、MAC层、安全层、连接层、会话层、流层和应用层。各协议层按功能划分，而非按承载划分，各层之间没有严格的上下层承载关系：在时间上，各层协议可以同时存在，不存在严格的先后关系；在数据封装上，业务数据自上而下进行封装，可以跨越部分协议层。

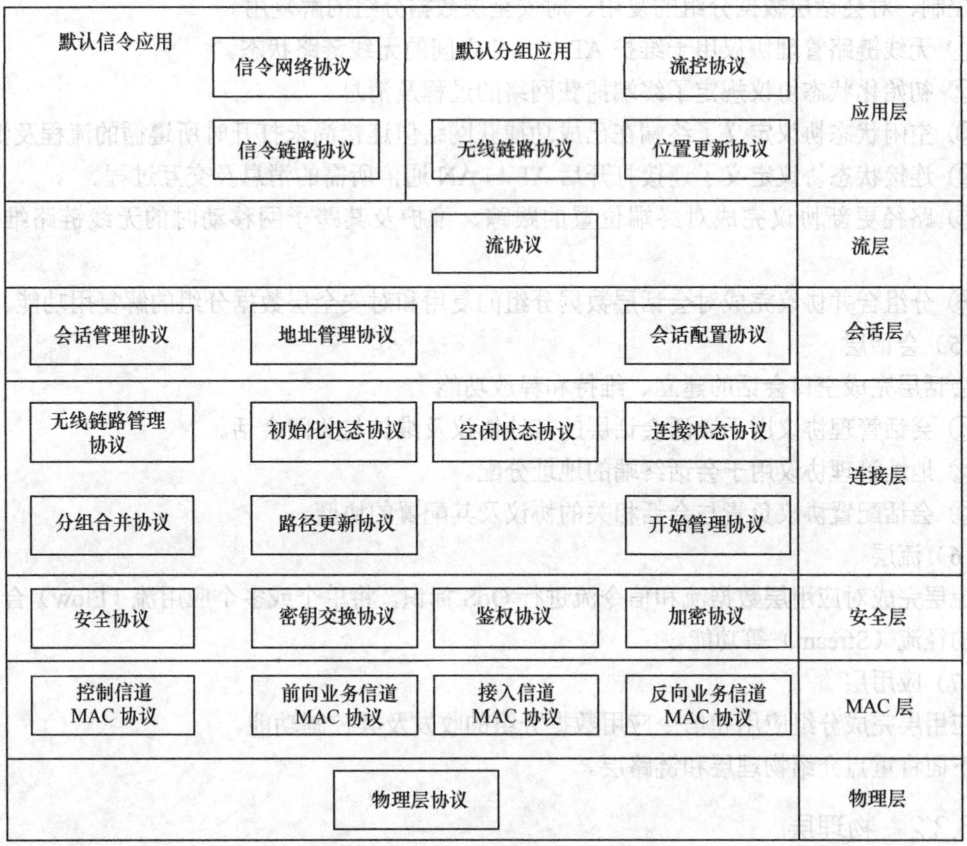

图6-3-1 1X EV-DO空中接口协议栈结构

（1）物理层

物理层规定了前反向物理信道的结构、输出功率、数据封装、基带及射频处理和工作频点等。

（2）MAC层

MAC层完成对物理信道的访问控制功能。

① 控制信道 MAC 协议规定了控制信道的传送方式和时序要求。

② 接入信道 MAC 协议规定了终端接入系统的方式和长码（Long Code）生成方式。

③ 前向业务信道 MAC 协议规定了前向业务信道的速率控制和复用/解复用方式。

④ 反向业务信道 MAC 协议规定了反向业务信道的捕获和速率选择机制。

（3）安全层

安全层完成 CryptoSync 的生成、密钥交换、数据加密和空口鉴权等功能。

① 安全协议用于生成鉴权协议和加密协议所需要的 CryptoSync 和时戳等变量。

② 密钥交换协议生成空口鉴权和数据加密所需要的密钥。

③ 鉴权协议完成安全层数据分组消息的完整性保护功能，可以用于检验终端是否为某空口会话的合法拥有者。

④ 加密协议完成空口数据的加密。

（4）连接层

连接层完成的功能有系统的捕获、连接的建立/维持/释放、连接状态下的移动性管理和链路控制、对会话层数据分组的复用、对安全层数据分组的解复用。

① 无线链路管理协议用于维护 AT 与 AN 之间的无线链路状态。

② 初始化状态协议规定了终端捕获网络的过程及消息。

③ 空闲状态协议定义了终端在已成功捕获网络但连接尚未打开时所遵循的流程及消息。

④ 连接状态协议定义了连接打开后 AT 与 AN 通信所需的消息及交互过程。

⑤ 路径更新协议完成对终端位置的跟踪、维护及其跨子网移动时的无线链路维护等功能。

⑥ 分组合并协议完成对会话层数据分组的复用和对安全层数据分组的解复用功能。

（5）会话层

会话层完成空口会话的建立、维持和释放功能

① 会话管理协议用于激活会话层的其他协议及维护与关闭会话。

② 地址管理协议用于会话终端的地址分配。

③ 会话配置协议负责与会话相关的协议及其配置的协商。

（6）流层

流层完成对应用层数据流和信令流进行 QoS 标识，将单个或多个应用流（Flow）合成为流层的径流（Stream）等功能。

（7）应用层

应用层完成分组应用和信令应用数据分组的收发及其控制功能。

下面将重点介绍物理层和链路层。

6.3.2 物理层

CDMA2000 的物理层处于其体系结构的最底层，完成高层信息与空中无线信号间的相互转换，几乎 CDMA2000 的所有特点和优点都通过它来保证并体现，它是这种无线通信系统的基础。为了满足 3G 业务的需求，并实现从现有 IS-95 的 CDMA 技术的平滑演进，CDMA2000 相比于 IS-95 有许多相同的空中接口特征；同时为了支持高速数据业务，它又有许多新的特征。

1. CDMA2000 1x前向物理信道

（1）前向导频信道

导频信道包括F-PICH、F-TDPICH、F-APICH和F-ATDPICH。它们都是未经调制的扩谱信号。基站发射它们的目的是使在其覆盖范围内的移动台能够获得基本的同步信息，也就是各基站的PN短码相位的信息，并根据它们进行信道估计和相干解调。

（2）同步信道

在基站覆盖区使开机状态的移动台获得初始的时间同步。同步信道在发射前经过卷积编码、码符号重复、交织、扩谱和调制等步骤。

（3）寻呼信道

寻呼信道F-PCH是经过编码、交织、扰码、扩谱和调制的信号。移动台可以通过它获得系统参数、接入参数、邻区列表等系统配置参数，这些属于公共开销信息。

（4）广播控制信道

广播控制信道F-BCCH是经过编码、交织、扰码、扩谱和调制的信号。基站用它来发送系统开销信息（例如原来在F-PCH上发送的开销信息）以及需要广播的消息（例如短消息）。

（5）快速寻呼信道

快速寻呼信道F-QPCH是未编码的、扩谱的开关键控（OOK）调制的信号。基站用它来通知在覆盖范围内的、工作于时隙模式且处于空闲状态的移动台是否应该在下一个F-CCCH或F-PCH的时隙上接收F-CCCH或F-PCH。使用F-QPCH的目的，最主要的是使移动台不必长时间监听F-PCH，从而达到延长移动台待机时间的目的。

（6）公共功率控制信道

公共功率控制信道F-CPCCH的目的是对多个反向公共控制信道R-CCCH和增强接入信道R-EACH进行功控。基站可以支持一个或多个F-CPCCH，每个F-CPCCH又分为多个功控子信道（每个子信道一个比特，相互间时分复用），每个功控子信道控制一个R-CCCH或R-EACH。

（7）公共指配信道

公共指配信道F-CACH专门用来发送对反向信道快速响应的指配信息，提供对反向信道随机接入分组传输的支持。F-CACH在预留接入模式中控制R-CCCH和相关的F-CPCCH子信道，并且在功率受控接入模式下提供快速的证实，还有拥塞控制的功能。

（8）前向公共控制信道

前向公共控制信道F-CCCH是经过编码、交织、扰码、扩谱和调制的信号，基站用它来发送给指定移动台的消息。

（9）前向专用控制信道

前向专用控制信道F-DCCH用来在通话（包括数据业务）过程中向特定的移动台传送用户信息和信令信息。每个前向业务信道可以包括最多1个F-DCCH，基站必须能够在F-DCCH上以固定的速率发送（当数据速率选定的情况下）。F-DCCH的帧长为5ms或20ms。F-DCCH必须支持非连续的发送方式，断续的基本单位为帧。在F-DCCH上，允许附带一个前向功控子信道。

（10）前向基本信道

前向基本信道F-FCH用来在通话（可包括数据业务）过程中向特定的移动台传送用户信

息和信令信息。每个前向业务信道可以包括最多 1 个 F-FCH。

（11）前向辅助码分信道

前向辅助码分信道 F-SCCH 用来在通话（可包括数据业务）过程中向特定的移动台传送用户信息。

（12）前向辅助信道

前向辅助信道 F-SCH 用来在通话（可包括数据业务）过程中向特定的移动台传送用户信息。

2. CDMA2000 1x 反向物理信道

（1）反向导频信道

反向导频信道 R-PICH 是未经调制的扩谱信号。基站利用它来帮助检测移动台的发射，进行相干解调。

（2）接入信道

接入信道 R-ACH 属于 CDMA2000 中的后向兼容信道。它用来发起同基站的通信或响应寻呼信道消息。R-ACH 采用了随机接入协议，每个接入试探（probe）包括接入前缀和后面的接入信道数据帧。CDMA 反向信道最多可包含 32 个 R-ACH，编号为 0～31。对于 CDMA 前向信道中的每个 F-PCH，在相应的反向 CDMA 信道上至少有 1 个 R-ACH。每个 R-ACH 与单一的 F-PCH 相关联。R-ACH 的前缀是由 96 个 0 组成的帧。

（3）增强接入信道

增强接入信道 R-EACH 用于移动台发起同基站的通信或响应专门发给移动台的消息。R-EACH 采用了随机接入协议，可用于基本接入模式、功率受控模式和预留接入模式 3 种接入模式。前一种模式工作在单独的 R-EACH 上，后两种模式可以工作在同一个 R-EACH 上。

（4）反向公共控制信道

反向公共控制信道 R-CCCH 用于在没有使用反向业务信道时向基站发送用户和信令信息。

（5）反向专用控制信道

反向专用控制信道 R-DCCH 用于在通话中向基站发送用户和信令信息。反向业务信道中可包括最多 1 个 R-DCCH。R-DCCH 的帧长为 5ms 或 20ms。移动台应支持在 R-DCCH 上的非连续发送，断续的基本单位为帧。

（6）反向基本信道

反向基本信道 R-FCH 用于在通话中向基站发送用户和信令信息。反向业务信道中可包括最多 1 个 R-FCH。RC1 和 RC2 的 R-FCH 为后向兼容方式，其帧长为 20ms。

（7）反向辅助码分信道

反向辅助码分信道 R-SCCH 用于在通话中向基站发送用户信息，反向业务信道中可包括最多 7 个 R-SCCH。

（8）反向辅助信道

反向辅助信道 R-SCH 用于在通话中向基站发送用户信息。它只适用于 RC3 到 RC6。反向业务信道中可包括最多 2 个 R-SCH。R-SCH 可以支持多种速率，当它工作在某一允许的 RC 下，并且分配了单一的数据速率时，则它固定在这个速率上工作；而如果分配了多个数据速率，R-SCH 则能够以可变速率发送。R-SCH 必须支持 20ms 的帧长，它也可以支持 40ms 或 80ms。

3．1x EV-DO 前向物理信道

1x EV-DO 前向物理信道结构如图 6-3-2 所示，它由导频信道、MAC 信道、业务信道和控制信道组成；MAC 信道又分为反向激活信道、反向功率控制信道及数据速率控制锁定信道。

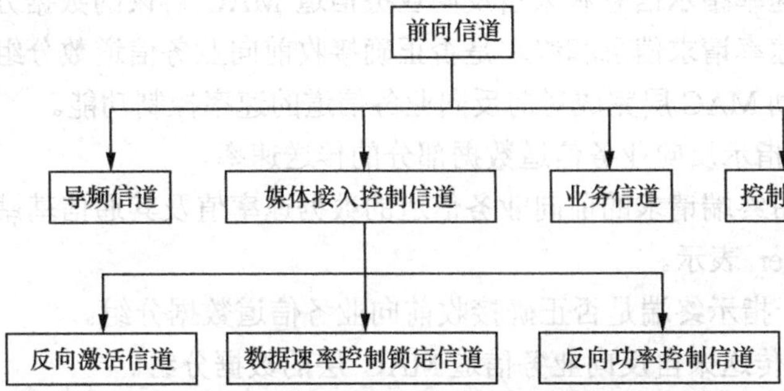

图 6-3-2 CDMA2000 1x EV-DO 前向链路的物理信道

① 导频信道用于系统捕获、相干解调和链路质量测量。

② 反向激活（RA）信道用于传送系统的反向负载指示。

③ 反向功率控制（RPC）信道用于传送反向业务信道的功率控制信息。

④ 数据速率控制锁定（DRCLock）子信道用于传送系统是否正确接收 DRC 信道的指示信息。

⑤ 控制信道用于传送系统控制消息。

⑥ 业务信道则用于传送物理层数据分组。

1x EV-DO 前向物理信道以时分为主，以码分为辅，导频信道、MAC 信道及业务/控制信道之间时分复用；RPC 信道与 DRCLock 信道之间时分复用；不同用户的 RPC/DRCLock 信道与 RA 信道码分复用。

4．1x EV-DO 反向物理信道

1x EV-DO 反向物理信道结构如图 6-3-3 所示，它包括接入信道和反向业务信道。

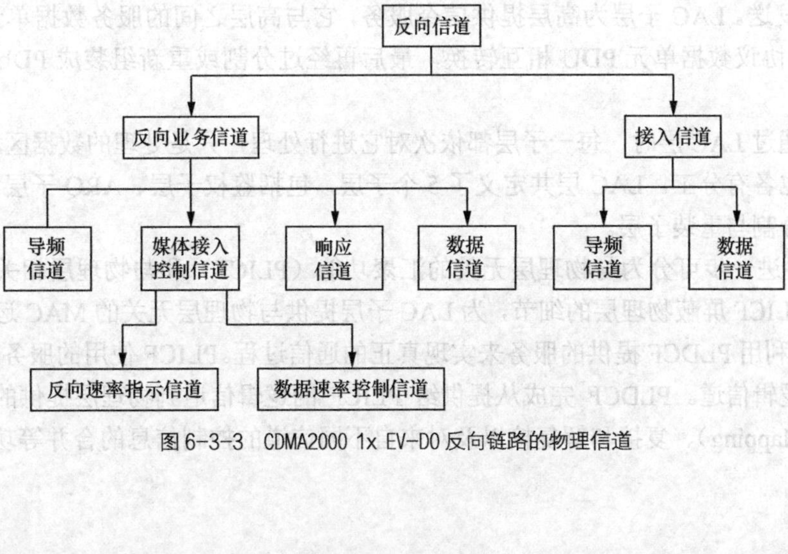

图 6-3-3 CDMA2000 1x EV-DO 反向链路的物理信道

接入信道由导频信道和数据信道组成，接入信道用于传送基站对终端的捕获信息。其导频部分用于反向链路的相干解调和定时同步，以便于系统捕获接入终端，数据部分携带基站对终端的捕获信息。

反向业务信道由导频信道、MAC 信道、响应（ACK）信道及数据信道组成。其中，MAC 信道又分为反向速率指示（RRI）信道和数据速率控制（DRC）子信道。反向业务信道用于传送反向业务信道的速率指示信息和来自反向业务信道 MAC 协议的数据分组，同时用于传送对前向业务信道的速率请求信息和终端是否正确接收前向业务信道数分组的指示信息。

① MAC 信道辅助 MAC 层完成对前反向业务信道的速率控制功能。

② RRI 信道用于指示反向业务信道数据部分的传送速率。

③ DRC 信道携带终端请求的前向业务信道的数据速率值及其通信基站的标识，分别用 DRCValue 和 DRCCover 表示。

④ ACK 信道用于指示终端是否正确接收前向业务信道数据分组。

⑤ 数据信道用于传送来自反向业务信道 MAC 层的数据分组。

⑥ 导频信道除了用于连接状态下对反向链路的相干解调和定时进行控制外，还可以用于链路质量估计，系统由此计算反向业务信道的闭环功率控制信息。

6.3.3 链路层

IS-2000 引入 MAC 层是为了适应更多的带宽以及处理更多种类型业务的需要，他支持一个通用的多媒体业务模型，在空中接口容量范围内允许语音、分组数据和电路数据业务的组合且同时工作。CDMA2000 还采用了 QoS 控制机制来平衡并发的多个业务的不同 QoS 要求。MAC 层与物理层的定时是同步的，MAC 层必须按照物理层信道的定时要求及时向物理层特定信道发送数据或从那里接收数据。

IS-2000 的 MAC 层主要有以下两个针对逻辑信道的重要功能。

① 尽力传送（Best Effort Delivery）：由无线链路协议 RLP 提供尽力级别的可靠性，在无线链路上适度可靠地传输。

② 复用和 QoS 控制：通过协调由竞争业务产生的有冲突的请求以及为接入请求安排合适的优先级，来确保实施协商好的 QoS 级别。

LAC 层主要与信令信息有关，其主要是为高层的信令提供在 CDMA2000 无线信道上的正确传输和发送。LAC 子层为高层提供信令服务，它与高层之间的服务数据单元 SDU 在它内部和 LAC 协议数据单元 PDU 相互转换，最后再经过分割或重新组装成 PDU 与 MAC 层交换。

当信令通过 LAC 层时，每一子层都依次对它进行处理，只是处理的数据区域各有不同，所起的作用也各有分工。LAC 层共定义了 5 个子层，包括鉴权子层、ARQ 子层、寻址子层、功能子层和分割与重装子层。

MAC 层进一步可分为与物理层无关的汇聚功能（PLICF）和与物理层相关的汇聚功能（PLDCF）。PLICF 屏蔽物理层的细节，为 LAC 子层提供与物理层无关的 MAC 运行的步骤和功能。PLICF 利用 PLDCF 提供的服务来实现真正的通信过程。PLICF 使用的服务就是 PLDCF 提供的一组逻辑信道。PLDCF 完成从提供给 PLICF 的逻辑信道到物理层提供的逻辑信道之间的映射（Mapping）、复接和解复接以及对来自不同信道的控制信息的合并等功能，并提供实现 QoS 的能力。

CDMA2000 定义了如下 4 种特定的 PLDCF ARQ 方式。

① 无线链路协议（Radio Link Protocol，RLP）。该协议利用“尽力而为”的服务方式为两个对等的 PLICF 实体提供高效的数据流服务。RLP 提供透明和不透明两种工作模式。在不透明工作模式中，采用 ARQ 协议来重传物理层未正确传输的数据分段，该方式中可能会引入时延。在透明工作模式中，RLP 不重传丢失的数据分段，但维持收发之间的字节同步，并通知接收节点数据流中丢失的部分。RLP 的透明工作模式不会引入任何传输时延，这对通过 RLP 来传输语音业务是非常有用的。

② 无线突发协议（Radio Burst Protocol，RBP）。该协议利用“尽力而为”的服务方式通过一个共享的接入公共业务信道（CTCH）为较短的数据段提供传输服务机制。他用于传输少量的数据，而不会引入建立专用业务信道（DTCH）的开销。

③ 信令无线链路协议（Signaling Radio Link Protocol，SRLP）。该协议所提供的服务类似于 RLP 为信令信息提供的“尽力而为”的数据流服务，但对专用信令信道是最佳的。

④ 信令无线突发协议（Signaling Radio Burst Protocol，SRBP）。该协议类似于 RBP 利用“尽力而为”服务方式为信令信息提供的传输服务机制，但信令信息和公用信令信道是最佳的。

6.4 CDMA2000 系统的关键技术

CDMA2000 移动通信系统采用的关键技术包括功率控制、Rake 接收、智能天线、多用户检测等，这一节将重点讨论关于 1x 和 1x EV-DO 中对性能有重要影响的一些关键技术。特别要提到的是软切换，在 CDMA2000 中处理与 IS-95 有所不同。

软切换的过程中，移动台不断地搜索着激活类、候选类、临近类和剩余类各个导频的强度，并且根据强度维护各个类，当移动台靠近切换区时，移动台会开始进行相关的操作。

由于前面第 4 章我们已经了解到 CDMA 系统的软切换，在此再就 IS-95 和 CDMA2000 中的软切换进行比较。如前所述，CDMA 系统中的软切换技术具有切换中断率低、可靠性高等优点，但是由于移动台在软切换过程中支持宏分集，所以移动台在切换区同时和两个 BTS 保持通信，这在一定程度上影响了基站的无线信道利用率。尤其是在基站较忙时，这种切换方式反而会影响系统的切换成功率。由于移动台在切换区中逗留的时间与移动台的速度大小、方向和切换区的大小等因素有密切关系，所以这个问题的处理方法比较复杂。IS-95 和 CDMA2000 对这个问题的处理有些区别。

首先，移动台在靠近切换区时，在 IS-95 中移动台搜索到邻区导频强度大于 T-ADD-s 时，立即把这个导频加入候选类，同时向基站报告导频强度，准备在接收基站的切换指示消息后开始宏分集。但是在 CDMA2000 中，当移动台搜索到邻区导频强度大于 T-ADD 时，移动台只是把这个导频加入候选类，直到移动台认为其搜索到的强度足够大时才开始向基站发导频报告，准备宏分集。

其次，移动台准备离开切换区时，判断的门限也有很大的不同。在 IS-95 中，移动台直到原 BTS 导频的强度低于 T-DROP-s 时才开始启动下降定时器，所以其判断的尺度比较单一。但是在 CDMA2000 中，移动台对参与宏分集的基站的导频不断地按照大小排队，然后判断最小的几个有没有达到下降门限。

由此可以看出，CDMA2000在保持与IS-95兼容性的同时，大大增加了灵活性，针对IS-95软切换造成的信道利用率低的不足，CDMA2000采用了更为有效的相对门限判断方法。

6.4.1 CDMA2000 1x关键技术

1．前向快速功率控制技术

CDMA2000 采用快速功率控制方法。移动台测量收到业务信道的 E_b/N_t，并与门限值比较，根据比较结果向基站发出调整基站发射功率的指令，功率控制速率可以达到800bit/s。

使用快速功率控制可以减少基站发射功率、减少总干扰电平，从而能够降低移动台信噪比要求，最终可以增大系统容量。

2．前向快速寻呼信道技术

此技术有如下所述两个用途。

（1）寻呼或睡眠状态的选择

基站使用快速寻呼信道向移动台发出指令，决定移动台是处于监听寻呼信道还是处于低功耗状态的睡眠状态，这样移动台便不必长时间连续监听前向寻呼信道，可减少激活移动台激活时间，节省移动台功耗。

（2）配置改变

通过前向快速寻呼信道，基站向移动台发出最近几分钟内的系统参数消息，使移动台根据此新消息作相应的设置处理。

3．前向链路发射分集技术

CDMA2000 1x采用直接扩频发射分集技术，它有如下所述两种方式。

（1）正交发射分集方式

先分离数据流，再用不同的正交Walsh码对两个数据流进行扩频，并通过两个发射天线发射。

使用前向链路发射分集技术可以减少发射功率，抗瑞利衰落，增大系统容量。

（2）空时扩展分集方式

使用空间两根分离天线发射已交织的数据，使用相同原始Walsh码信道。

4．反向相干解调

基站利用反向导频信道发出扩频信号捕获移动台的发射，再用Rake接收机实现相干解调，与IS-95采用非相干解调相比，提高了反向链路性能，降低了移动台发射功率，提高了系统容量。

5．连续的反向空中接口波形

在反向链路中，数据采用连续导频，使信道上的数据波形连续，此措施可减少外界电磁干扰，改善搜索性能，支持前向功率快速控制以及反向功率控制连续监控。

6. Turbo 编码

Turbo 码具有优异的纠错性能，适于高速率但对译码时延要求不高的数据传输业务，并可降低对发射功率的要求，增加系统容量。在 CDMA2000 1x 中，Turbo 码仅用于前向补充信道和反向补充信道中。

Turbo 编码器由两个 RSC 编码器（卷积码的一种）、交织器和删除器组成。每个 RSC 有两路校验位输出，两个输出经删除复用后形成 Turbo 码。

Turbo 译码器由两个软输入、软输出的译码器、交织器、去交织器构成，经对输入信号交替译码软输出多轮译码，过零判决后得到译码输出。

7. 灵活的帧长

与 IS-95 不同，CDMA2000 1x 支持 5ms、10ms、20ms、40ms、80ms 和 160ms 多种帧长，不同类型的信道分别支持不同的帧长。前向基本信道、前向专用控制信道、反向基本信道、反向专用控制信道采用 5ms 或 20ms 帧，前向补充信道、反向补充信道采用 20ms、40ms 或 80ms 帧，语音信道采用 20ms 帧。

较短帧可以减少时延，但解调性能较低；较长帧可降低对发射功率的要求。

8. 增强的媒体接入控制功能

媒体接入控制子层控制多种业务接入物理层，保证多媒体的实现。它实现语音、分组数据和电路数据业务，同时处理、提供发送、复用和 QoS 控制，提供接入程序。与 IS-95 相比，CDMA2000 可以满足更宽带和更多业务的要求。

6.4.2 CDMA2000 1x EV-DO 关键技术

1x EV-DO 是以数据业务为主要目标的，主要是针对具有非对称性、突发性和较高带宽要求的无线 Internet 业务而设计的，设计优化的主要目标是在保证可靠的无线传送的前提下，获得较高的系统容量和频谱效率。为了满足上述要求，1x EV-DO 前向链路采用了时分复用、自适应调制编码、HARQ、多用户调度、功率分配和虚拟软切换等关键技术，1x EV-DO 反向链路采用了速率控制和功率控制机制。

1. 前向时分复用

在 1x EV-DO 中，前向信道作为一个“宽通道”，供所有的用户时分共享，最小分配单位是时隙（Slot）。一个时隙有可能分配给某个用户传送数据或是分配给开销消息，称为 Active Slot；也有可能处于空闲状态，不发送任何数据，称为 Idle Slot，如图 6-4-1 所示。

针对分组业务的突发性特点，前向链路采用时分复用方式，避免了码分复用方式导致的同扇区多用户干扰和低速用户分享系统功率导致的资源利用率下降等问题。1x EV-DO 前向链路的时分复用体现在如下所述两个方面。

① 不同的前向信道分时共享每个时隙，每种信道满功率发射。

② 不同用户分享系统的时隙资源，在每个时隙内，系统只为特定的用户服务，前向链路调度准则的选择取决于前向链路的优化目标。

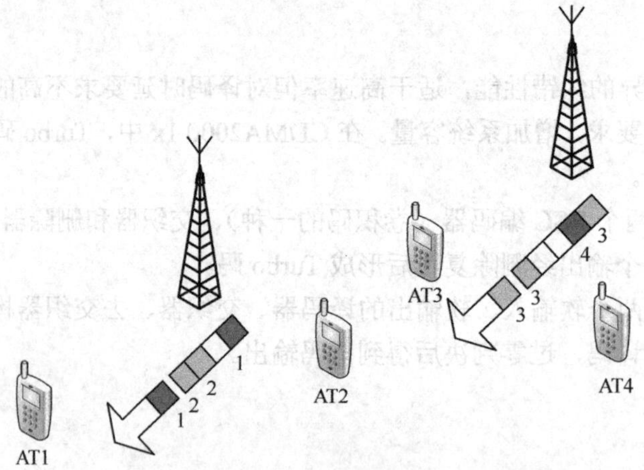

图 6-4-1 前向信道时分复用

2. 前向自适应调制和编码技术

1x EV-DO 自适应调制编码技术的实现方法表现为终端测量当前时隙前向导频的 SINR，预测下一时隙内前向链路所能支持的最大传送速率，并通过 DRC 信道上报给基站；基站根据调度算法选择被服务用户，并按照该用户请求的数据速率选择调制和编码方式。影响自适应调制编码性能的主要因素包括如下两个。

① 前向链路质量估计不准确。若对前向导频 SINR 估计过高，则对会应的 DRC 请求速率会较高，基站以该速率发送数据时，由于实际信道无法支持该速率，从而会导致重传比率上升；若对前向导频 SINR 估计过低，则对应的 DRC 请求速率较低，从而导致无线信道资源的浪费。

② 多时隙分组传送时，前向链路质量发生变化。多时隙传送期间，传送速率与前向链路实际支持的速率失配，将会导致无线资源的浪费。

3. 前向 HARQ

传统的 ARQ 技术（如停止等待 ARQ、后退 N 步 ARQ 和选择重传 ARQ 等）都有一个共同缺点，即只对错误帧进行重传，本身没有纠错功能。为了节约系统资源，1x EV-DO 系统采用了信道编码的检纠错功能与传统 ARQ 重传功能相融合的 HARQ 技术。

在 1x EV-DO 系统中，为了获得小的 PER，DRC 请求的速率通常比较保守，特别是在快速变化的信道条件下，DRC 请求速率通常低于前向链路实际所能支持的最大传送速率，从而导致前向链路资源的浪费。HARQ 机制部分解决了这个问题，具体实现过程如下所述。

① 1x EV-DO 前向链路采用 Turbo 编码，编码器输出码流由被编码的原始信息码流及其校验码流组成。

② 在多时隙传送情况下，基站先发送原始信息码流，若终端正确译码，则提前中止传送后续码流。

③ 否则，终端返回 NAK，系统收到 NAK 后，重传其后续校验码流。

④ 终端继而对之前收到的原始信息码流与已收到的校验码流进行合并译码。

4. 前向链路调度算法

在 1x EV-DO 系统中，采用先进的前向链路调度技术，可以获得较高的多用户分集增益，并提高系统的吞吐量。在 1x EV-DO 系统中，前向链路是采用 TDM 的方式服务所有 AT 的，链路被划分为 1.66ms 的时隙，每一个时隙在同一时刻只能服务一个用户。网络侧的调度程序根据收集到的各种信息，如手机反馈来的下一时隙最高可接收速率（DRC），决定下一时隙该服务哪个手机。调度策略的实现将对系统的性能有很大影响。

常用的调度策略有两种，最简单的调度策略可以采用 Round robin（轮询）方式，即所有需要服务的 AT 按次序逐个接受服务，最公平；另一种方式是 DRC 值最大的手机在下一个时隙被服务，这样做的好处是可以使整个扇区的吞吐量达到最大，但后果是信道环境不好的手机可能永远得不到服务，严重不公平。

实际的算法一般是要把几个方面的因素综合起来考虑，兼顾效率和公平。

下面介绍 Proportional Fair 调度算法和 G-fair 调度算法两种常用的调度算法。

（1）Proportional Fair 调度算法

该算法下，每个 AT 被服务的机会与 AT 所要求的 DRC 成正比，与 AT 最近一段时间所接收的数据量成反比，这样达到一个相对的公平。

调度算法对每一个用户维持一个变量，并且在每个时隙对它进行更新，整个算法可描述为调度和更新两个主要过程。

（2）G-Fair 调度算法

G-Fair 调度算法是 Proportional Fair 调度算法的进一步发展。

在 Proportional Fair 调度算法中，公平体现在调度算法分配给每个用户的吞吐量大致与用户的 DRC 要求成正比；而在实际应用中，我们可能需要使用别的公平准则，以平衡公平与效率的关系。

G-Fair 调度算法给运营商提供了更多的控制能力。

5. 前向快速扇区选择和切换

前向快速扇区选择和切换也称为前向虚拟软切换，是 1x EV-DO 系统中采用的一种特殊类型的切换，它的定义是：在 DO 系统中，任何一个时刻对同一个 AT 最多只有一个扇区在给该 AT 发送数据，AT 根据前向信道的好坏决定谁是当前的服务扇区。AT 选择服务扇区的过程就称为前向快速扇区选择和切换。

1x EV-DO 系统的设计目标之一是为了支持非对称的高速突发分组业务。在设计 1x EV-DO 系统时，一方面要保证突发数据传送所需要的较高的瞬时带宽；另一方面要通过多个用户分时共享基站发射的全功率，以提高系统容量。因此，在综合平衡系统容量和降低信令开销等性能要求后，1x EV-DO 系统采用了前向快速扇区选择和切换。

前向快速扇区选择和切换的原理如下所述。

① 在每个时隙内，终端连续测量激活集内所有导频的信噪比，从中选择信噪比最大的基站作为自己的当前服务基站。

② 终端发送 DRC 信道，该 DRC 信道由所选定服务基站的标识 DRCCover 调制，激活

集中的所有基站从中获悉终端的当前服务基站信息。

③ 在每个时隙内，终端只能与当前服务基站进行数据通信，但是它与导频激活集内的所有基站之间都存在控制通路。

与软/更软切换相比，前向快速扇区选择和切换降低了切换信令开销，但无法提供与软切换/更软切换类似的宏分集增益。

6. 速率控制

速率控制技术是 1x EV-DO 所特有的关键技术之一。速率控制是指采用一定的机制来控制 AN 前向或 AT 反向的发射速率。根据速率控制的对象不同，速率控制可分为前向速率控制和反向速率控制。

1x EV-DO 前向链路优化的目标是使得系统吞吐量最大化，前向链路采用时分复用和多用户调度技术，而分组传送速率是多用户调度的一个关键参数，所以如何根据无线链路质量和系统资源状况进行前向速率控制，就成为系统吞吐量性能改善所面临的重要问题。

1x EV-DO 反向链路优化的目标是使得当前服务扇区内所有用户的平均分组缓存队列长度尽量小，根据系统负载和终端缓存队列长度等因素，反向速率控制有助于提高反向链路无线资源的利用率 1x EV-DO 反向链路速率控制结合功率控制机制，可以更好地保证多用户接入和系统吞吐量等方面的需求。

1x EV-DO Rev 0 版本可以支持非实时、非对称的高速分组数据业务，Rev A 版本可以同时支持实时、对称的高速分组数据业务传送。原因是 3GPP2 在 1x EV-DO Rev A 中以下几个方面做了改进。

① 通过在反向链路采用自适应调制方式、HARQ 机制等方面做出改进，使得 1x EV-DO Rev A 中反向链路支持的峰值速率达到 1.8Mbit/s，提高了反向链路吞吐量。

② 前向业务信道的速率等级扩展为 14 种速率等级，并且可以支持更长或更短的包长，可根据前向信道质量进行快速调整，提高了空口的利用效率。

③ 为了支持 QoS，物理层、MAC 层以及更高层都进行了改进。前向链路增加了对更小数据包的支持，利于延迟敏感的小包传送；前向多用户可同时发送，减小了等待时间，并且 RLP 和 MAC 支持多流的分类。反向链路采用子分组发送，降低了平均发送时延；MAC 层采用 T2P，可有效减小时延敏感业务的时延和抖动。

④ 为了得到电路域的信息，在 1x EV-DO 系统与 1x 的电路网络之间建立联系，1x EV-DO Rev A 系统的网络侧结构进行了改动，使得 EVDO 的 BSC 支持 1x 系统的 IOSA1 接口，可以接收 1x MSC 发送的寻呼消息、短信息消息等电路域消息；并在应用层新增了多模能力检测协议，以支持终端和手机能力的协商，使得网络了解到手机的情况，如双模终端、单模终端、双收双发或双收单发等，从而系统侧根据协商的结果做出相关的策略。

6.5 CDMA2000 数据业务流程

CDMA2000 移动通信系统的语音业务流程与 IS-95 基本相同，这里不再赘述，这一节将讨论 CDMA2000 1x EV-DO 的数据业务流程。

6.5.1 用户状态

CDMA2000 1x EV-DO 是高速分组数据传输系统，本节主要介绍 CDMA2000 1x EV-DO 的数据业务流程。

在 CDMA2000 1x EV-DO 的数据业务流程中，无线数据用户存在如下所述 3 种状态。

① 激活态（Active）。AT 和 AN 之间存在空中业务信道，两边可以发送数据，A8、A10 连接保持。

② 休眠状态（Dormant）。AT 和 AN 站之间不存在空中业务信道，AT 与 PDSN 之间存在 PPP 链接，A8 连接释放，A10 连接保持。

③ 空闲状态（NULL）。AT 和 AN 之间不存在空中业务信道，AT 与 PDSN 之间也不存在 PPP 链接，A8、A10 连接释放。

在数据业务进行过程中，AT 可在各种状态之间切换。

6.5.2 1x EV-DO 数据业务流程

这里介绍鉴权成功的情况下，AT 发起的数据业务始呼流程如图 6-5-1 所示，说明如下。

① AT 向 AN 发送 Connection Request 消息和 Route Update 消息，请求建立连接。

② AN 构造 Traffic Channel Assignment 消息，发送给 AT。

③ AT 在反向导频和 Data Rate Control 信道上发送消息。

④ AT 发送 Traffic Channel Complete 消息，确认空中接口连接已经建立。

⑤ AT 与 AN 协商和交互接入流数据。

⑥ AT 与 AN 发起 PPP 连接及用于接入认证的 LCP（Link Control Protocol）协商。

⑦ AN 通过 CHAP（Challenge Handshake Authentication Protocol）消息向 AT 发起随机查询，AT 向 AN 发送 CHAP 响应消息。

⑧ AN 通过 A12 接口向 AN-AAA 发送 A12 Access Request 消息，请求接入。

⑨ AN-AAA 通过 A12 接口返回 A12 Access-Accept 消息，接受接入。

⑩ AN 向 AT 发送接入成功指示。

⑪ AN 向 AT 发送 Location Request 消息发起位置更新。

⑫ AT 发送 Location Notification 消息给 AN。

⑬ AN 向 AT 发送 Location Assignment 消息，更新 ANID（Access Network Identifiers）。

⑭ AT 返回 Location Complete 消息，完成位置更新过程。

⑮ AT 通知 AN 可以交换业务流数据。

⑯ AN 向 PCF 发送 A9-Setup-A8 消息，请求建立 A8 连接。

⑰ PCF 向 PDSN 发送 A11 Registration Request 消息，请求建立 A10 连接。

⑱ PDSN 返回 A11 Registration Response 消息。

⑲ PCF 向 AN 返回 A9-Connect-A8 消息，A8 与 A10 连接建立成功。

⑳ AT 与 PDSN 之间协商建立 PPP 连接，Mobile IP 接入方式还要建立 Mobile IP 连接。

㉑ PPP 连接建立完成后，数据业务进入连接状态。

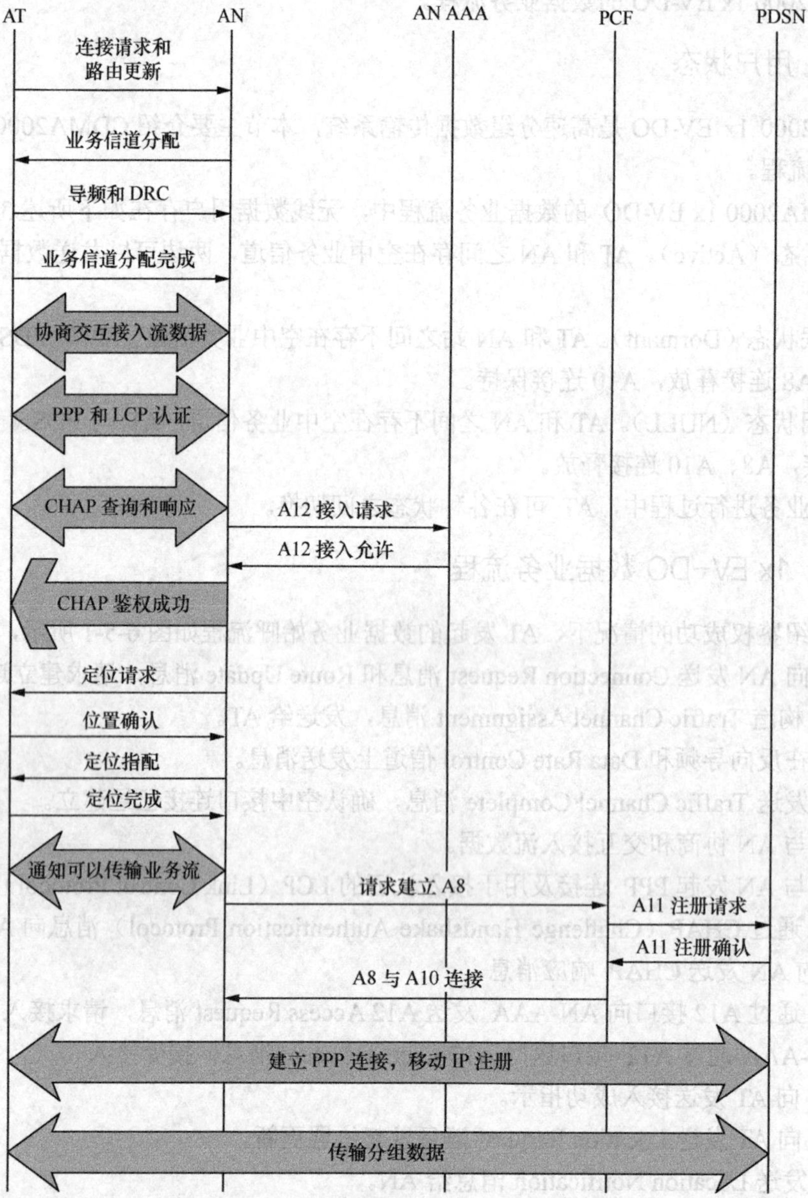

图 6-5-1　AT 发起的数据业务始呼流程

思考与习题

1. 简要叙述 CDMA2000 的演进过程。
2. 简述 CDMA2000 系统有哪些主要的技术特征。
3. 比较 CDMA2000 1x 与 1x EV-DO 的主要异同。
4. 试画出 CDMA2000 1x EV-DO 网络结构协议模型。
5. 叙述 CDMA2000 1x EV-DO 有哪些网络单元，并简要描述各单元的作用，

6．试画出 CDMA2000 空中接口体系结构。

7．叙述 CDMA2000 1x 前向信道和反向信道各有哪些？

8．叙述 1X EV-DO 前向信道和反向信道各有哪些？

9．简述 CDMA2000 1x 有哪些关键技术？

10．试叙述 CDMA2000 1x EV-DO 有哪些关键技术？

11．叙述 1x EV-DO 在数据业务流程中有哪几种用户状态？

第7章 TD-SCDMA系统组网技术

时分同步码分多址（Time Division Synchronous CDMA，TD-SCDMA）是第3代移动通信系统采用的3大主流技术标准之一。TD-SCDMA核心网与WCDMA核心网基本相同，所不同的地方在于无线接入网络部分。

7.1 概述

TD-SCDMA标准是中国提出的第三代移动通信标准，简称3G，自1998年正式向ITU提交以来，已经历十多年的时间，完成了标准的专家组评估、ITU认可并发布、与3GPP（第3代伙伴项目）体系的融合以及新技术特性的引入等一系列的国际标准化工作，从而使TD-SCDMA标准成为第一个由中国提出的、被国际上广泛接受和认可的无线通信国际标准。

7.1.1 TD-SCDMA提出的背景与演进过程

现代电信技术的发展，尤其是近十多年来移动通信技术的发展过程告诉我们，标准是现代技术发展的核心。谁拥有了标准，掌握了大量的专利权，谁就赢得了主动权，占领了高科技的制高点。由于种种原因，我国在移动通信技术方面错过了第一代移动通信发展的机遇，而在第二代时期仅仅赶上了个“末班车”，为外国产品进行散件组装，从而使我国80%以上的市场被外企所占有。实践证明，市场之争归根到底是技术之争、标准之争。

从ITU向全世界征求IMT-2000 RTT方案开始，我国开始意识到对第3代移动通信技术标准研究的重要性，积极参与了3G标准的研究和制订。

TD-SCDMA标准是信息产业部电信科学技术研究院（现大唐移动通信设备有限公司）在国家主管部门的支持下，根据多年的研究提出的具有一定特色的3G通信标准。它是中国百年通信史上第一个具有完全自主知识产权的国际通信标准，在我国通信发展史上具有里程碑的意义，并将产生深远影响，是整个中国通信业的重大突破，同时得到了中国移动、中国电信、中国联通等公司的大力支持和帮助。该标准文件在我国无线通信标准组（CWTS）最终修改完成后，经原邮电部批准，于1998年6月代表我国提交到ITU（国际电信联盟）和相关国际标准组织。

TD-SCDMA标准公开之后，在国际上引起强烈的反响，得到西门子等许多著名公司的重视和支持。1999年11月，在芬兰赫尔辛基召开的国际电信联盟会议上，TD-SCDMA被列入

ITU 建议 ITU-R M.1457，成为 ITU 认可的第 3 代移动通信 RTT 主流技术之一。2000 年 5 月，世界无线电行政大会正式接纳 TD-SCDMA 为第 3 代移动通信国际标准，从而使 TD-SCDMA 与欧洲国家及日本提出的 WCDMA、美国提出的 CDMA2000 并列为 3 大主流标准之一。这是百年来中国电信史上的重大突破，标志着我国在移动通信技术方面进入了世界先进行列。图 7-1-1 展示了 TD-SCDMA 标准的发展历程。

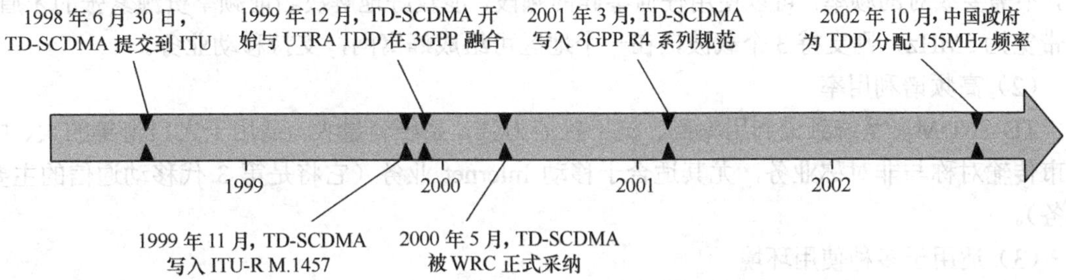

图 7-1-1 TD-SCDMA 标准发展历程

虽然 ITU 在第 3 代移动通信标准的发展过程中起着积极的推动作用，但是 ITU 的建议并不是完整的规范，上述标准的技术细节主要由 3GPP 和 3GPP2 两个国际标准组织再根据 ITU 建议进一步完成的。其中，以欧洲为主体的 3GPP 主要制定基于 GSM MAP 核心网的第 3 代移动通信系统标准，其无线接入网标准则基于 DS-CDMA（即 WCDMA FDD 模式）和 CDMA TDD（UTRA TDD 和 TD-SCDMA）；而以美国为主体的 3GPP2 制订基于美国 IS-41 核心网的第 3 代移动通信标准，其无线接入网标准基于 MC-CDMA（即 CDMA2000 FDD 模式）。

中国无线通信标准组（CWTS）是国际电联承认的标准化组织，也是上述两个国际组织的成员。TD-SCDMA 为 ITU 正式接纳后，1999 年 12 月在 3GPP RAN 会议上确定了 TD-SCDMA 与 UTRA TDD 标准融合的原则；经过一年的工作，2001 年 3 月 16 日，在美国加利福尼亚州举行的 3GPP TSG RAN 第 11 次全会上，TD-SCDMA 被列为 3G 标准之一，包含在 3GPP 版本 4（Release 4）中。这是 TD-SCDMA 已经成为全球 3G 标准的一个重要里程碑，表明该标准已经被世界众多的移动通信运营商和生产厂家所接受。这也是 TD-SCDMA 的完全可商用版本的标准，在这之后，TD-SCDMA 标准进入了稳定并进行相应改进和发展的阶段。2009 年 1 月 7 日，中国政府正式向中国移动颁发了 TD-SCDMA 业务的经营许可，中国移动也已经开始在中国的 28 个直辖市、省会城市和计划单列市进行 TD-SCDMA 的二期网络建设。同时，3 大运营商分别获得了相应的 3G 频段，中国电信获得的频段是 1920～1935MHz 和 2110～2125MHz，其 3G 制式基于 FDD 模式；中国联通获得的频段是 1940～1955MHz 和 2130～2145MHz，3G 标准也基于 FDD 模式；中国移动获得的频段是 1880～1900MHz 和 2010～2025MHz，其 3G 标准基于 TDD 模式，获得了 35MHz 频谱资源。

7.1.2 TD-SCDMA 系统的特点

TD-SCDMA 系统全面满足 IMT-2000 的基本要求，采用不需配对频率的 TDD（时分双工）工作方式，以及 FDMA/TDMA/CDMA 相结合的多址接入方式；同时使用 1.28Mc/s 的低码片速率，扩频带宽为 1.6MHz。

TD-SCDMA 系统还采用了智能天线、联合检测、同步 CDMA、接力切换及自适应功率控制等诸多先进技术，与其他 3G 系统相比具有较为明显的优势，主要体现在如下几个方面。

（1）频谱灵活性和支持蜂窝网的能力

TD-SCDMA 采用 TDD 方式，仅需要 1.6MHz（单载波）的最小带宽。因此频率安排灵活，不需要成对的频率，可以使用任何零碎的频段，能较好地解决当前频率资源紧张的矛盾。若带宽为 5MHz，则支持 3 个载波，在一个地区可组成蜂窝网，支持移动业务。

（2）高频谱利用率

TD-SCDMA 系统频谱利用率高，抗干扰能力强，系统容量大，适用于人口密集的大、中城市传输对称与非对称业务，尤其适合于移动 Internet 业务（它将是第 3 代移动通信的主要业务）。

（3）适用于多种使用环境

TD-SCDMA 系统全面满足 ITU 的要求，适用于多种环境。

（4）设备成本低

TD-SCDMA 系统设备成本低，系统性能价格比高，具有我国自主的知识产权，在网络规划、系统设计、工程建设以及为国内运营商提供长期技术支持和技术服务等方面带来方便，可大大节省系统建设投资和运营的成本。

表 7-1 对 WCDMA、TD-SCDMA 和 CDMA2000 3 种主流标准的主要技术性能进行了比较，仅有 TD-SCDMA 方式使用了智能天线、联合检测和同步 CDMA 等先进技术，所以在系统容量、频谱利用率和抗干扰能力方面具有突出的优势。

表 7-1　　3 种主流标准的主要参数

标准 性能	WCDMA	TD-SCDMA	CDMA2000
载波间隔	5MHz	1.6MHz	1.25MHz
码片速率	3.84Mc/s	1.28Mc/s	1.2288Mc/s
帧长	10ms	10ms（两个子帧）	20ms
基站同步	不需要	需要	需要， 典型方法是 GPS
功率控制	快速功控： 上、下行 1500Hz	0～200Hz	反向：800Hz； 前向：慢速、快速功控
下行发射分集	支持	支持	支持
频率间切换	支持，可用压缩 模式进行测量	支持，可用空闲 时隙进行测量	支持
检测方式	相干解调	联合检测	相干解调
信道估计	公共导频	DwPCH　UpPCHMidamble	前向、反向导频
编码方式	卷积码 Turbo 码	卷积码 Turbo 码	卷积码 Turbo 码

7.2 TD-SCDMA系统的无线接口

TD-SCDMA的核心网络是基于GSM/GPRS网络的演进，并保持与它们的兼容性。由于TS-SCDMA标准源于3GPP标准，其高层结构及功能与WCDMA相同，包括核心网络结构及Iu、Iub、Iur等多种接口，相关内容在第5章已经全面叙述。而TD-SCDMA的空中接口物理层与WCDMA不一致，本节将重点介绍TD-SCDMA多址方式、空中接口的物理层和传输信道编码与复用。

7.2.1 概述

空中接口是指终端（UE）和接入网（UTRAN）之间的接口，简称Uu接口，通常我们也称之为无线接口。无线接口协议主要是用来建立、重配置和释放各种3G无线承载业务的，不同的空中接口协议使用各自的无线传输技术（RTT）。现行的3G系统主要包括TD-SCDMA、WCDMA和CDMA2000，它们的主要区别体现在空中接口的无线传输技术上。

和Iu接口一样，空中接口也是一个完全开放的接口，只要遵守接口的规范，不同制造商生产的设备能够相互通信。一般说来，生产终端厂家的数目比网络制造商多得多，一个完全开放的空中接口不仅有利于不同厂家设备的兼容，而且使得只生产终端的厂家也能够参与竞争。

3G系统几种主流标准无线传输技术的主要区别在于物理层。由于对高层设计时尽量考虑了不同标准的兼容，区别并不十分明显，只是表现在描述物理信道相关的消息（message）和信息元素（Information Element，IE）上。所以，本节将主要介绍TD-SCDMA的物理层技术。

7.2.2 TD-SCDMA系统的多址技术

WCDMA和CDMA2000都是采用FDD模式的技术，而TDD技术由于本身固有的特点突破了FDD技术的很多限制，如上下行工作于同一频段，不需要大段的连续对称频段，在频率资源日紧张的今天，这一点尤显重要；这样，基站端的发射机可以根据在上行链路获得的信号来估计下行链路的多径信道的特性，便于使用智能天线等先进技术；同时能够简单方便地适应于3G传输上下行非对称数据业务的需要，提高系统频谱利用率；这些优势都是FDD系统难以实现的。因此，随着技术的发展，国际上对使用TDD的CDMA技术日益关注。

TD-SCDMA也就是在这种环境下诞生的，它综合TDD和CDMA的所有技术优势，具有灵活的空中接口，并采用了智能天线、联合检测等先进技术（这些在后面的章节中将陆续有阐述），使得TD-SCDMA具有相当高的技术先进性，并且在3个标准中具有最高的频谱效率。随着对大范围覆盖和高速移动等问题的逐步解决，TD-SCDMA将可以用最经济的成本获得令人满意的3G解决方案。

图7-2-1和图7-2-2分别表示了TD-SCDMA和WCDMA的多址方式结构。可以看出，TD-SCDMA方式采用了TDMA技术，有利于传输非对称数据业务。TD-SCDMA的多址接入方案是直接序列扩频码分多址（DS-CDMA），码片速率为1.28Mc/s，扩频带宽约为1.6MHz，采用不需配对频率的TDD（时分双工）工作方式。它的下行（前向链路）和上行（反向链路）信息是在同一载频的不同时隙上进行传送的。

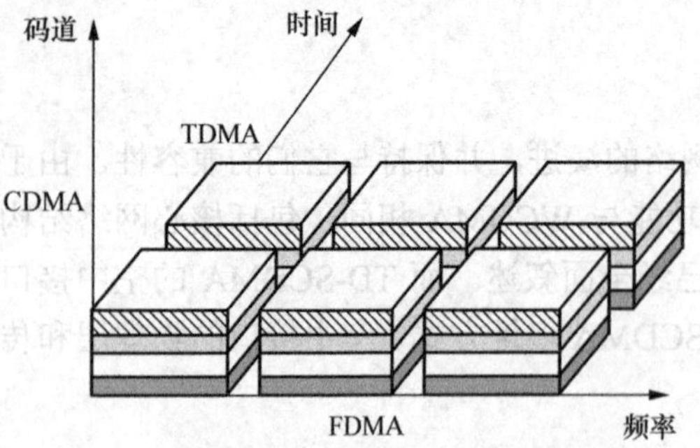

图 7-2-1　TD-SCDMA 多址方式结构示意图

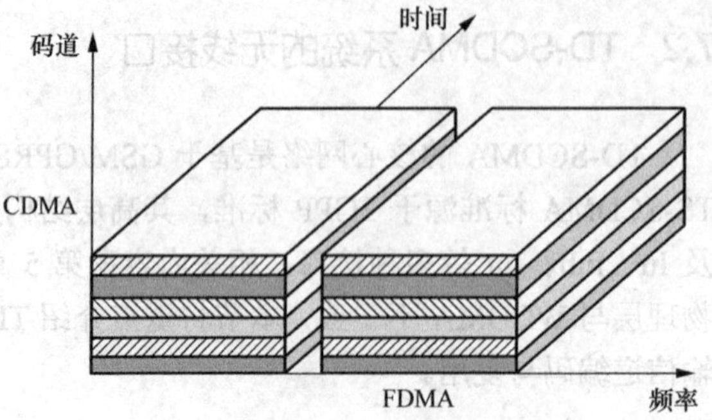

图 7-2-2　WCDMA 多址方式结构示意图

在 TD-SCDMA 系统中，其多址接入方式除具有 DS-CDMA 特性外，还具有 TDMA 的特点。因此 TD-SCDMA 的接入方式也可以表示为 TDMA/CDMA。

7.2.3　物理信道

TD-SCDMA 的基本物理信道特性由频率、码和时隙决定。信道的信息速率与符号速率有关，符号速率由 1.28Mc/s 的码速率和扩频因子所决定，上下行的扩频因子在 1～16 之间，因此各自调制符号速率的变化范围为 80.0K 符号/秒～1.28M 符号/秒。

1．物理信道分层

TD-SCDMA 的物理信道采用 4 层结构，包括超帧（系统帧）、无线帧、子帧和时隙/码。时隙用于在时域和码域上区分不同的用户信号，具有 TDMA 的特性。一个超帧长 720ms，由 72 个无线帧组成，每个无线帧长 10ms；TD-SCDMA 的帧结构将 10ms 的无线帧分成 2 个 5ms 子帧，每个子帧中有 7 个常规时隙和 3 个特殊时隙。图 7-2-3 给出了物理信道的分层结构。

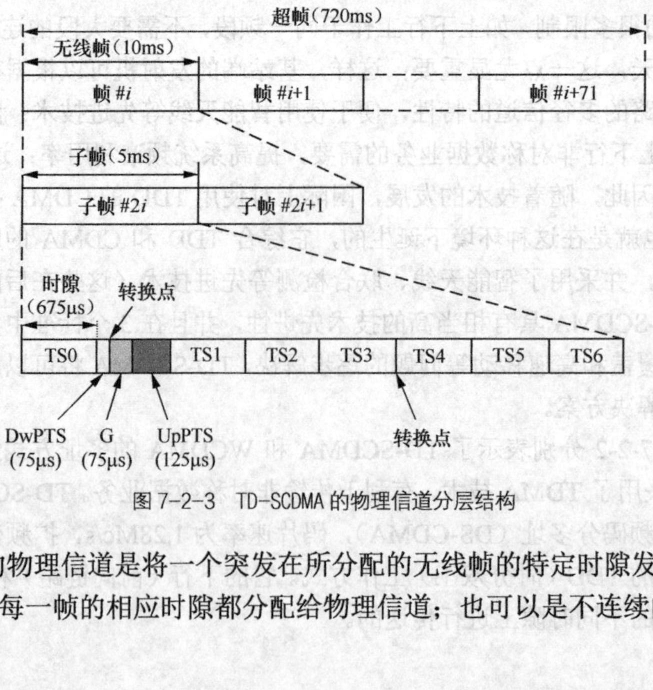

图 7-2-3　TD-SCDMA 的物理信道分层结构

TDD 模式下的物理信道是将一个突发在所分配的无线帧的特定时隙发射。无线帧的分配可以是连续的，即每一帧的相应时隙都分配给物理信道；也可以是不连续的分配，即将部分无线帧中的相应时隙分配给该物理信道。

如图 7-2-4 所示，一个突发由数据部分、Midamble 部分和保护间隔组成。midamble 码是 TD-SCDMA 系统物理信道突发结构中的训练序列。突发的持续时间是一个时隙。发射机可以同时发射几个突发，在这种情况下，几个突发的数据部分必须使用不同 OVSF 的信道码，但应使用相同的扰码。midamble 码部分必须使用同一个基本 midamble 码，但可使用不同的偏移码（midamble shift）。突发的数据部分由信道码和扰码共同扩频。信道码是一个 OVSF 码，扩频因子可以取 1、2、4、8 或 16，物理信道的数据速率取决于使用的 OVSF 码所采用的扩频因子。

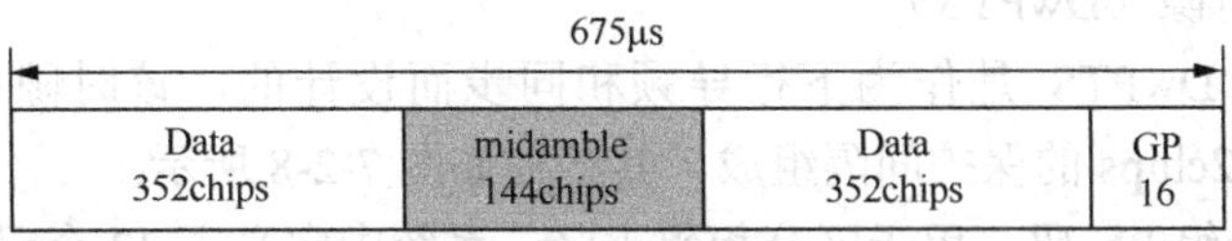

图 7-2-4 常规突发结构

因此，物理信道是由频率、时隙、信道码和无线帧分配来定义的。小区使用的扰码和基本 midamble 码是广播的，而且可以是不变的。建立一个物理信道的同时，也就给出了它的起始帧号。物理信道的持续时间可以无限长，也可以定义资源分配的持续时间。

2. TD-SCDMA 系统的帧结构

TD-SCDMA 系统帧结构的设计考虑到了对智能天线、上行同步等新技术的支持。一个 TDMA 帧长为 10ms，分成两个 5ms 子帧，这两个子帧的结构完全相同。

如图 7-2-5 所示，每一子帧又分成长度为 675us 的 7 个常规时隙和 3 个特殊时隙。这 3 个特殊时隙分别为 DwPTS（下行导频时隙）、G（保护时隙）和 UpPTS（上行导频时隙）。在 7 个常规时隙中，TS0 总是分配给下行链路，而 TS1 总是分配给上行链路，上行时隙和下行时隙之间由转换点分开。在 TD-SCDMA 系统中，每个 5ms 的子帧有两个转换点（UL 到 DL 和 DL 到 UL）。通过灵活地配置上下行时隙的个数，使得 TD-SCDMA 适用于上下行对称及非对称的业务模式。图 7-2-6 和图 7-2-7 分别给出了 TD-SCDMA 子帧对称分配和不对称分配的示意图。

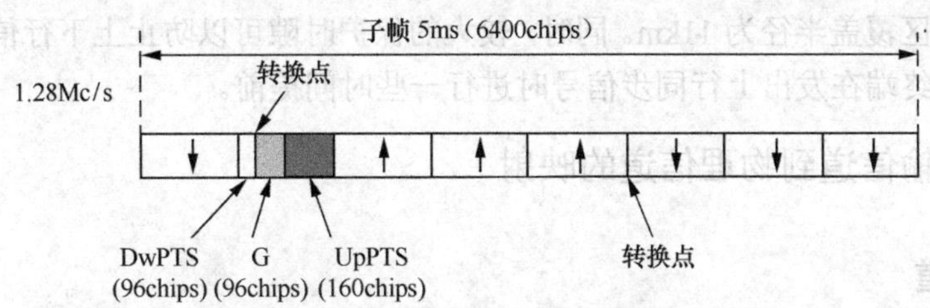

图 7-2-5 TD-SCDMA 子帧结构

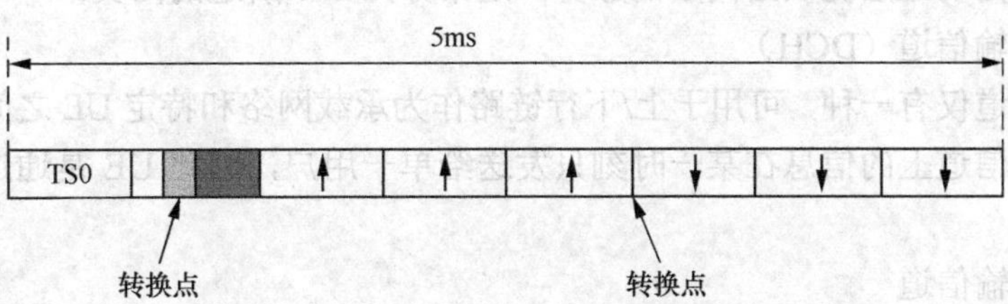

图 7-2-6 TD-SCDMA 子帧对称分配

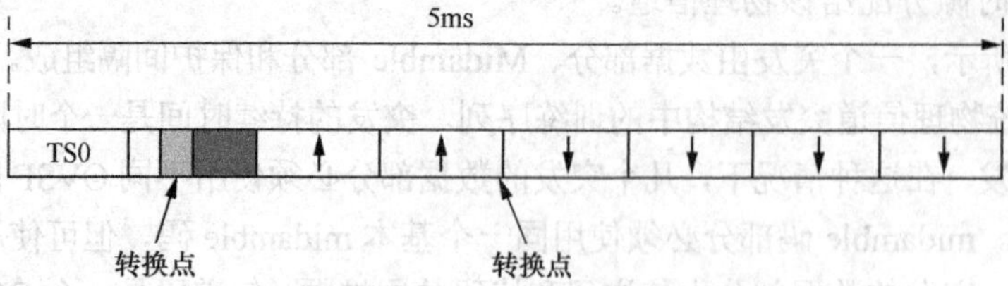

图 7-2-7 TD-CDMA 子帧不对称分配

（1）下行导频时隙（DwPTS）

每个子帧中的 DwPTS 是作为下行导频和同步而设计的。该时隙由长为 64chips 的 SYNC_DL 序列和 32chips 的保护间隔组成，其结构如图 7-2-8 所示。

SYNC_DL 是一组 PN 码，用于区分相邻小区，系统中定义了 32 个码组，每组对应一个 SYNC-DL 序列，SYNC-DL PN 码集在蜂窝网络中可以复用。有关码组的内容将在后文介绍。DwPTS 的发射要满足覆盖整个区域的要求，因此不采用智能天线赋形。将 DwPTS 放在单独的时隙，一方面可以便于下行同步的迅速获取，再者也可以减小对其他下行信号的干扰。

（2）上行导频时隙（UpPTS）

每个子帧中的 UpPTS 是为建立上行同步而设计的。当 UE 处于空中登记和随机接入状态时，它将首先发射 UpPTS，得到网络的应答后发送 RACH。这个时隙由长为 128chips 的 SYNC_UL 序列和 32chips 的保护间隔组成，其结构如图 7-2-9 所示。

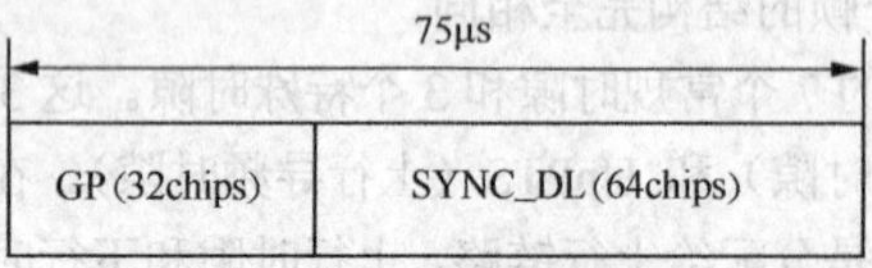

图 7-2-8 DwPTS 的突发结构

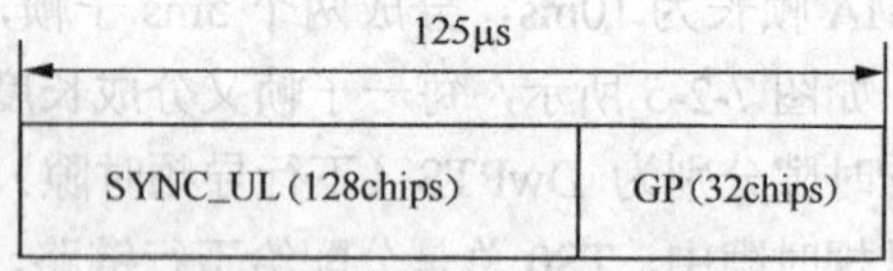

图 7-2-9 UpPTS 的突发结构

SYNC_UL 是一组 PN 码，用于在接入过程中区分不同的 UE。

（3）保护时隙（GP）

在 Node B 侧，由发射向接收转换的保护间隔为保护时隙，时长为 75us（96chips），可用于确定基本的小区覆盖半径为 11km。同时，较大的保护时隙可以防止上下行信号互相之间干扰，还可以允许终端在发出上行同步信号时进行一些时间提前。

7.2.4 传输信道到物理信道的映射

1. 传输信道

传输信道作为物理层提供给高层的服务，通常分为如下所述的两类。

（1）专用传输信道（DCH）

专用传输信道仅有一种，可用于上/下行链路作为承载网络和特定 UE 之间的用户信息或控制信息。此类信道上的信息在某一时刻只发送给单一用户，因此 UE 是通过物理信道来识别的。

（2）公共传输信道

通常此类信道上的信息是发送给所有用户或一组用户的，但是在某一时刻，该信道上的信息也可以针对单一用户，这时需要用UE ID进行识别。公共传输信道有BCH、PCH、FACH、RACH、USCH和DSCH 6类。其主要特性如下所述。

① BCH（广播信道）是下行传输信道，用于广播系统和小区的特有信息。

② PCH（寻呼信道）是下行传输信道，当系统不知道移动台所在的小区时，用于发送给移动台的控制信息。

③ FACH（前向接入信道）是下行传输信道，当系统知道移动台所在的小区时，用于发送给移动台的控制信息。FACH也可以承载一些短的用户信息数据包。

④ RACH（随机接入信道）是上行传输信道，用于承载来自移动台的控制信息。RACH也可以承载一些短的用户信息数据包。

⑤ USCH（上行共享信道）是几个UE共享的上行传输信道，用于承载专用控制数据或业务数据。

⑥ DSCH（下行共享信道）是几个UE共享的下行传输信道，用于承载专用控制数据或业务数据。

2．物理信道

物理信道分为专用物理信道和公共物理信道两大类。

DCH映射到专用物理信道DPCH。专用物理信道采用7.2.3小节中介绍的突发结构，由于支持上下行数据传输，下行通常采用智能天线进行波束赋形。

公共物理信道分为以下几种。

① 主公共控制物理信道（P-CCPCH）：传输信道BCH在物理层映射到P-CCPCH。在TD-SCDMA中，P-CCPCH的位置（时隙/码）是固定的（TS0）。P-CCPCH需要覆盖整个区域，不进行波束赋形。

② 辅助公共控制物理信道（S-CCPCH）：PCH和FACH可以映射到一个或多个辅助公共控制物理信道（S-CCPCH），这种方法使PCH和FACH的数量可以满足不同的需要。S-CCPCH的配置即所使用的码和时隙在小区系统信息中广播。

③ 物理随机接入信道（PRACH）：RACH映射到一个或多个物理随机接入信道，可以根据运营者的需要，灵活确定RACH容量。其配置使用的时隙和码道通过小区系统信息广播。

④ 快速物理接入信道（FPACH）：这个物理信道是TD-SCDMA系统所独有的，它作为对UE发出的UpPTS信号的应答，用于支持建立上行同步。

⑤ 物理上行共享信道（PUSCH）：USCH映射到物理上行共享信道。UE使用PUSCH进行发送是由高层信令选择的。

⑥ 物理下行共享信道（PDSCH）：DSCH映射到物理下行共享信道（PDSCH）。当PDSCH使用网络分配给UE的midamble码时，则用户将对PDSCH进行解码。

⑦ 寻呼指示信道（PICH），用来承载寻呼指示信息。PICH的配置在小区系统信息中广播。

3．传输信道到物理信道的映射

传输信道到物理信道的映射方式如表7-2所示。

表 7-2　　传输信道到物理信道的映射

传输信道	物理信道
DCH	专用物理信道（DPCH）
BCH	基本公共控制物理信道（P-CCPCH）
PCH	辅助公共控制物理信道（S-CCPCH）
FACH	辅助公共控制物理信道（S-CCPCH）
RACH	物理随机接入信道（PRACH）
USCH	物理上行共享信道（PUSCH）
DSCH	物理下行共享信道（PDSCH）
	下行导频信道（DwPCH）
	上行导频信道（UpPCH）
	寻呼指示信道（PICH）
	快速物理接入信道 FPACH

值得注意的是 DwPCH、UpPTCH、PICH、FPACH 几个物理信道没有对应的传输信道。

7.2.5　传输信道编码与复用

为了保证数据在无线链路上的可靠传输，物理层需要对来自 MAC 和高层的数据流进行编码/复用后发送。同时，物理层对接收自无线链路上的数据需要进行解码/解复用，再传送给 MAC 和高层。

到达编码/复用单元的数据以传送块集的形式，在每个传送时间间隔（TTI）传输一次。如图 7-2-10 所示为编码/复用的步骤。

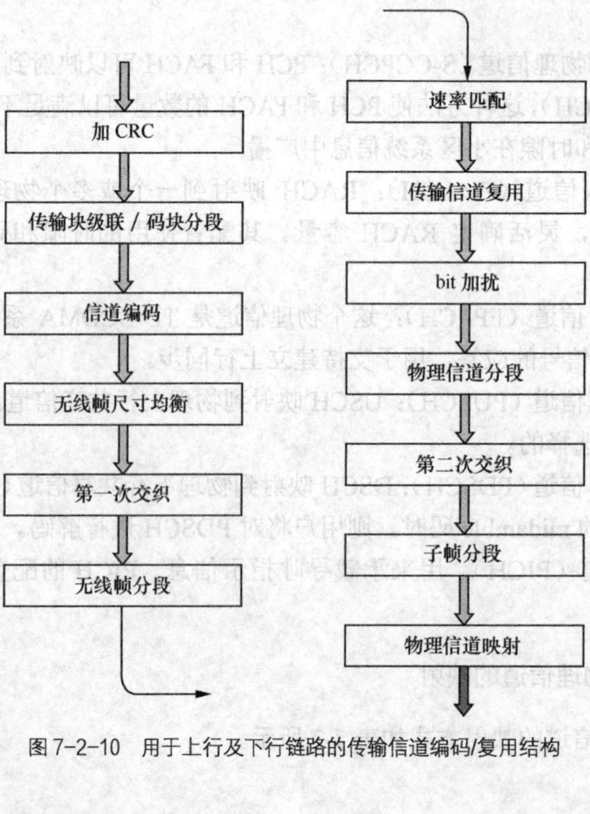

图 7-2-10　用于上行及下行链路的传输信道编码/复用结构

由编码和复用模块输出的单个数据流用编码组合传输信道(CCTrCH)表示，一个 CCTrCH 可以映射到一个或多个物理信道。而对于一个物理信道而言，其数据 bit 只能来自于同一个 CCTrCH。

一般来说，传输信道可按上述方法进行复用，即一个数据流映射到一个或多个物理信道。但是，也可以同时使用多个 CCTrCH（编码复合传输信道），它们对应几个并行的如图 7-2-10 所示的复用链，因而就有几个数据流，每一个这样的数据流都可映射到一个或多个物理信道。

在相应的每个传输时间间隔（Transmission Time Interval，TTI），数据以传输块的形式到达 CRC 单元。这里的 TTI 允许的取值间隔是 10ms、20ms、40ms、80ms（5ms 的 TTI 可应用于 RACH）。对于每个传输块，需要进行的基带处理步骤如下所述。

（1）差错检测

差错检测功能是通过传送块上的循环冗余校验（Cyclic Redundancy Check，CRC）来实现的。CRC 长度为 24、16、12、8 或 0 比特，每个传输信道使用的 CRC 长度由高层信令给出，每个传送块的 CRC 校验比特由整个传送块计算得到。

（2）传送块的级联和码块分段

在每一个传输块附加上 CRC 比特后，把一个传输时间间隔 TTI 内的传输块顺序级联起来，如果级联后的比特序列长度大于最大编码块长度 Z，则需要进行码块分割，分割后的码块具有相同的大小。码块的最大尺寸将取决于 TrCH 采用的编码方式，其具体尺寸为

卷积编码：$Z = 504$；

Turbo 编码：$Z = 5114$；

无编码：Z = unlimited。

（3）信道编码

信道编码是为了接收机能够检测和纠正因传输媒介带来的信号误差，在原数据流中加入适当冗余信息，从而提高数据传输的可靠性。TD-SCDMA 中，传输信道可采用的信道编码方案有卷积编码、Turbo 编码、无信道编码，不同类型的传输信道 TrCH 使用不同的编码方案和码率。

表 7-3 纠错编码参数

传输信道类型	编码方式	编码率
BCH	卷积编码	1/3
PCH		1/3，1/2
RACH		1/2
DCH, DSCH, FACH, USCH		1/3，1/2
	Turbo 编码	1/3
	无编码	

（4）无线帧尺寸分段和均衡

如果传输时间间隔大于 10ms，那么输入比特序列将分段，并映射到连续的无线帧上。无线帧尺寸均衡是指对输入比特序列进行填充，以保证输出可以分割成具有相同大小设为 F 的数据段，作用是保证输入比特序列可以平均分配到相应的无线帧上。

（5）交织

交织的作用是克服突发性的错误。交织过程有两步，第一次交织在无线帧分段前，是对无线帧尺寸均衡后的数据流进行的；第二次交织在物理帧分割后进行，一般有基于帧和基于时隙的两种方案，前者是对 CCTrCH 映射的无线帧上的所有数据 bit 进行的，后者则对映射到每一时隙的数据 bit 进行，具体采用哪种方案由高层指示。

（6）速率匹配

速率匹配是指传输信道上的比特被重复或打孔。一个传输信道中的比特数在不同的 TTI 可以发生变化，而所配置的物理信道容量（或承载比特数）却是固定的。因而，当不同 TTI 的数据比特发生改变时，为了匹配物理信道的承载能力，输入序列中的一些比特将被重复或打孔，以确保在传输信道复用后总的比特率与所配置的物理信道承载能力相一致。高层将为每一个传输信道配置一个速率匹配特性，这个特性是半静态的，而且只能通过高层信令来改变。速率匹配特性用于计算重发或打孔的比特数量。

（7）TrCH 复用，

每 10ms 间隔，来自每个 TrCH 的无线帧被送到 TrCH 复用模块中，这些无线帧被连续地复用到一个编码合成传输信道中。

（8）物理信道的分段和子帧分段

当使用一个以上物理信道时，物理信道分段模块将比特分配到不同的 PhCH 中。在 TD-SCDMA 系统中，经过第二交织后的数据平均分配到两个 5ms 的子帧上，即子帧分段。速率匹配保证了比特流数目是一个偶数，且能分成两个子帧。

（9）物理信道映射

子帧分段单元输出的比特流被映射到该子帧时隙的码道上即为物理信道映射。

7.3 物理层的主要工作过程

在 TD-SCDMA 系统中，很多技术需要物理层的支持，这种支持体现为相关的物理层过程，如功率控制、小区搜索、上行同步及随机接入等。本节将介绍物理层的有关操作过程。

7.3.1 功率控制

我们知道，CDMA 系统是干扰受限系统，必要的功率控制可以有效地限制系统内部的干扰电平，从而降低小区内和小区间的干扰。另外，功率控制可以克服蜂窝系统的“远近效应”并减小 UE 的功耗。TD-SCDMA 的功率控制特性如表 7-4 所示。

表 7-4　　TD-SCDMA 的功率控制特性

	上行	下行
功率控制速率	可变， 闭环：0～200 次/秒； 开环：延时大约 200～3575us	可变； 闭环：0～200 次/秒
步长	1dB,2dB,3dB（闭环）	1dB,2dB,3dB（闭环）

下面简单介绍 TD-SCDMA 的上、下行功率控制过程。

1. 上行控制

对于上行发射功率，系统将通过高层信令指示一个上行发射功率的最大允许值，这个值应低于由 UE 功率等级确定的最大功率值。上行功率控制必须使总的上行发射功率不得超过这个最大值。

系统利用 DPCH 上的 TPC 符号进行闭环功率控制，功率调整的动态范围为 80dB，功率控制步长可取 1dB，2dB，3dB。上行 DPCH 的初始发射功率由高层指示。

闭环功率控制是基于 SIR 进行的，目标 SIR 值由高层通过外环进行调整。这里描述 TPC 的处理过程。在功率控制过程中，Node B 周期性地对接收到的 SIR 的测量值和 SIR 的目标值进行比较，如果测量值小于目标值，则 TPC 命令置为 up；当测量值大于目标值时，TPC 命令置为 down。在 UE 端，对 TPC 比特位进行软判决，若判决结果为 up，则将发射功率增加一个步长；若判决结果为 down，则将发射功率降低一个步长。该方案允许以质量为基础的功率控制。

当由于失去同步接收不到 TPC 比特时，发射功率将保持在一个固定值上；当由于失去同步而不能进行 SIR 测量时，则 TPC 命令在失步期间总是置为 up。

2. 下行控制

公共物理信道的发射功率由高层信令设置，并可通过网络决定对其进行修改。P-CCPCH 的参考功率在 BCH 上周期广播，UE 可以将接收到的 P-CCPCH 功率与参考功率比较以估算路径损耗。

F-PACH 的发射功率值由网络设置。

S-CCPCH 和 PICH 与 P-CCPCH 的发射功率差值由高层信令设置，PICH 与 P-CCPCH 参考功率的差值在 BCH 中广播。

下行链路专用物理信道的初始发射功率由网络设置，直到第一个上行 DPCH 到达；以后的发射功率由 Node B 采用基于 SIR 的闭环控制。

接收 SIR 由 UE 进行周期性测量得到，当测量值大于目标值时，则 TPC 命令置为 down；当测量值小于目标值时，TPC 命令置为 up。在 Node B 侧对 TPC 比特位进行软判决，若判决结果为 down，则将发射功率降低一个功率控制步长，若判决结果为 up，则将发射功率增加一个步长。

当由于失去同步而接收不到 TPC 比特时，发射功率将保持在一个固定值上；当由于失去同步不能进行 SIR 测量时，则 TPC 命令在失步期间总是置为 up。

7.3.2 上行同步

在 CDMA 移动通信系统中，下行链路总是同步的，所以一般所说的同步 CDMA 都是指上行同步，即要求来自不同距离的不同用户终端的上行信号能同步到达基站。特别是对采用 TDD 的系统，上行同步能够给系统带来很大的好处。由于移动通信系统是工作在具有严重干扰、多径传播和多普勒效应的实际环境中，要实现理想的同步几乎是不可能的，但是让每个上行信号的主径达到同步，对改善系统性能、简化基站接收机的设计都有明显的好处。另外，需要指出的是，我们这里讨论的同步指的是空中接口的同步，并不包括网络之间的同步。

1. 上行同步的建立

在UE开机之后，它首先必须与小区建立下行同步，然后才能够开始建立上行同步。

在用户终端随机接入时，虽然可以接收到基站的DwPTS信号，但是并不知道与Node B的距离，导致UE的上行发射不能同步到达Node B。因此，为了减小对常规时隙的干扰，上行信道的首次发送在UpPTS这个特殊时隙进行。SYNC_UL突发的发射时刻可通过对接收到的DwPTS和/或P-CCPCH的功率进行估计来确定。Node B根据在搜索窗内检测到的SYNC_UL序列，可估计出接收功率和时间，然后向UE发送反馈信息，给出UE下次发射的功率以及时间调整值，以便建立上行同步。正常情况下，Node B将在收到SYNC-UL后的4个子帧内对UE做出应答。如果UE在4个子帧内没有收到来自Node B的应答，则认为同步请求发送失败，UE将会随机延迟一段时间后再开始尝试同步发送。

上行同步通常用于系统的随机接入过程，系统失去上行同步后，重新建立同步的过程也要经过上述步骤。

2. 上行同步的保持

因为UE是移动的，它到Node B的距离总是在变化的，所以在整个通信过程中，Node B必须不间断地检测其上行帧中midamble码的到达时刻，并对UE的发射时刻进行闭环控制，以保持可靠的同步。在同一小区、同一时隙内的不同用户所采用的midamble码由一个基本的midamble码经循环移位后产生。TD-SCDMA系统中，基本midamble码长度为128chips，个数为128个，分成32组，每组4个，以对应32个SYNC-DL。Nobe B决定采用4个基本midamble码中的哪一个，相同小区、相同时隙的不同用户使用的midamble码由同一基本midamble码产生。另外，一个时隙中各个部分的发射功率必须一致，即midamble部分的发射功率和数据的发射功率必须一致。

上行同步的具体过程：Node B可以在同一个时隙通过测量每个UE的midamble码来估计UE的发射功率和发射时间偏移，然后在下一个可用的下行时隙中发射同步偏移（SS）命令和功率控制（PC）命令，以使UE可以根据这些命令分别适当调整它的Tx时间和功率，从而保证上行同步的稳定性。NodeB可以在一个TDD子帧检查一次上行同步，上行同步的调整步长是可配置和再设置的，取值范围为1/8～1chip。上行同步的更新有3种可能情况，分别为增加一个步长、减少一个步长和不变。

3. 同步精度的要求

如前所述，在TD-SCDMA系统中，同步调整的步长约为码片宽度的1/8，即大约100 ns。实际系统中所要求和可能达到的精度则将由基带信号的处理能力和检测能力来确定，一般可能在1/8～1个码片的宽度。因为同步检测和控制是每个子帧（5ms）一次，一般来说，在此时间内UE的移动范围不会超过十几厘米，因而，这个同步精度已经足够，并不会限制和影响UE的高速移动。

7.3.3 小区搜索

在初始小区搜索中，UE 搜索到一个小区，并检测其所发射的 DwPTS 后，建立下行同步，获得小区扰码和基本 midamble 码，控制复帧同步，然后读取 BCH 信息。

初始小区搜索步骤如下所述。

（1）第一步：搜索 DwPTS

UE 利用 SYNC_DL 序列获得某一小区的 DwPTS，然后建立下行同步。这一步通常是通过一个或多个匹配滤波器（或类似的装置）与接收到的 SYNC_DL 序列进行匹配来实现的，在这里，UE 必须识别出该小区所使用的 32 个 SYNC_DL 中的某一个。

（2）第二步：识别扰码和基本 midamble 码

在初始小区搜索的第二步，UE 需要确定该小区的基本 midamble 码，这是通过检测 TS#0 信标信道的 midamble 码实现的。TD-SCDMA 系统中共有 128 个基本 midamble 码，且互不重叠，每个 SYNC-DL 序列对应一组 4 个不同的基本 midamble 码。也就是说，基本 midamble 码的序号除以 4 就是 SYNC_DL 码的序号。因此 32 个 SYNC_ DL 和 32 个基本 midamble 码组一一对应，即一旦 SYNC_DL 确定之后，UE 也就知道了该小区所采用的 4 个 midamble 码。这时 UE 可以采用试探法和错误排除法确定该小区到底采用了哪个基本 midamble 码。在一帧中使用相同的基本 midamble 码，由于每个基本 midamble 码与扰码是一一对应的，确定了基本 midamble 码之后也就知道了扰码。根据确认的结果，UE 可以进行下一步或返回到上一步。

（3）第三步：控制复帧同步

在第三步中，UE 搜索 BCH 的复帧主信息块（Master Information Block，MIB）的位置。首先确定 P-CCPCH 的位置，利用经过 QPSK 调制的 DwPTS 的相位序列（相对于在 TS#0 信标信道的 midamble 码）来标识，[*n*]个连续的 DwPTS 足可以检测出 P-CCPCH 的位置。确定了 P-CCPCH 后，根据解调出的 SFN 值，可以确定 MIB 的位置。于是，UE 可决定是否执行下一步或回到上一步。

（4）第四步：读 BCH 信息

UE 读取搜索到的小区的一个或多个 BCH 上的（全）广播信息，根据其结果，决定是完成初始小区搜索还是重新返回到以上的步骤。

7.3.4 随机接入过程

1. 随机接入准备

当 UE 处于空闲模式时，它将保持下行同步，并读取小区广播信息。根据 DwPTS 中使用的 SYNC-DL 码，UE 可以得到为随机接入而分配给 UpPTS 的 8 个 SYNC_UL 码（签名）的码集。关于 P-RACH、FPACH 和 S-CCPCH（承载 FACH 逻辑信道）信道的的一些参数（码、扩频因子、midambles、时隙）都会在 BCH 上广播。因此，当发送 SYNC-UL 序列时，UE 可知道接入时所使用的 FPACH 资源、P-RACH 资源和 CCPCH 资源。但是，UE 需要在 UpPCH 发射之前对关于随机接入的 BCH 信息进行解码。

物理随机接入过程的每次初始化，层 1 都需要从高层（MAC）接收如下信息。

① 对特定 PRACH 消息使用的传输格式。

② 带有时间和功率电平指示的特定随机接入过程的 ASC。

③ 要传输的数据（传输模块集）。

2．随机接入过程

TD-SCDMA 系统的随机接入过程简化示意图如图 7-3-1 所示，在 UpPTS 中紧随保护时隙之后的 SYNC_UL 序列仅用于上行同步，UE 从它要接入的小区所采用的 8 个可能的 SYNC-UL 码中随机选择一个，并在 UpPTS 物理信道上将它发送到基站。然后 UE 确定 UpPTS 的发射时间和功率（开环过程），以便在 UpPTS 物理信道上发射选定的特征码。

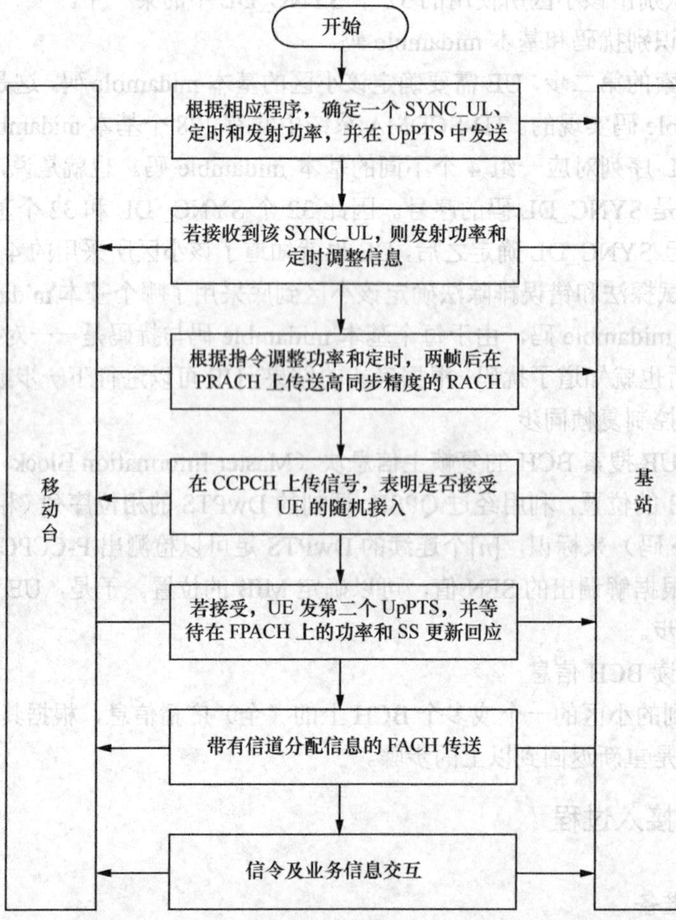

图 7-3-1 TD-SCDMA 的随机接入过程

一旦 Node B 检测到来自 UE 的 UpPTS 信息，那么它到达的时间和接收功率也就知道了。然后 Node B 确定发射功率更新和定时调整的指令，并在以后的 4 个子帧内通过 FPACH（在一个突发/子帧消息）将它发送给 UE。

一旦当 UE 从选定的 FPACH（与所选特征码对应的 FPACH）中收到上述控制信息，即表明 Node B 已经收到了 UpPTS 序列。然后，UE 将调整发射时间和功率，并确保接下来的两帧后，在对应于 FPACH 的 PPACH 信道上发送 RACH。在这一步，UE 发送到 Node B 的 RACH 将具有较高的同步精度。

之后，UE将会在对应于FACH的CCPCH的信道上接收到来自网络的响应，指示UE发出的随机接入是否被接受，如果被接受，将在网络分配的UL及DL专用信道上通过FACH建立起上下行链路。

在利用分配的资源发送信息之前，UE可以发送第二个UpPTS，并等待来自FPACH的响应，从而可得到下一步的发射功率和SS的更新指令。

接下来，基站在FACH信道上传送带有信道分配信息的消息，基站和UE间进行信令及业务信息的交互。

至此，随机接入过程就完成了。

3. 随机接入冲突处理

在有可能发生冲突的情况下，或在较差的传播环境中，Node B不发射FPACH，也不能接收SYNC-UL。在这种情况下，UE就得不到Node B的任何响应。因此，UE在一个随机延迟后必须通过新的测量来调整发射时间和发射功率，并重新发射SYNC-UL码序列。

应该注意的是，每次发射或重发(两步方案)，UE都将重新随机选择SYNC-UL和UpPCH，最可能在UpPCH上发生冲突。而RACH资源单元几乎不会发生冲突，这也保证了在同一个上行时隙中可同时对RACH和常规业务进行处理。

7.4 TD-SCDMA系统的关键技术

TD-SCDMA标准的提出虽然较晚于其他标准，但也正是因为这一点，TD-SCDMA吸纳了20世纪90年代移动通信领域最为先进的技术，包括智能天线、联合检测、动态信道分配和接力切换等，这些关键技术也是TD-SCDMA和其他3G标准竞争的核心竞争力。

7.4.1 联合检测技术

由于无线信道的时变性以及多径效应等，对于CDMA系统，码字不可能理想正交，系统中必然存在多址干扰（Multiple Access Interference，MAI）和码间干扰（Inter Symbol Interference，ISI）。随着用户数的增多或者某些用户功率的增强，MAI成为影响系统容量和性能的主要原因。CDMA系统是干扰受限的系统。传统的CDMA检测算法，即Rake接收，把MAI当做噪声来处理，分离地检测各个用户的信号，导致系统容量下降。但在MAI里有许多先验信息，如确知的用户扩谱序列等，如果能利用MAI，把所有用户的检测看做一个统一的信号检测过程，必然可以提高系统的容量。

对每个用户的检测都利用多个用户的信息去实现数据接收或数据检测的方法称为多用户检测。联合检测是多用户检测的一种，利用所有与ISI和MAI相关的先验信息，在一步之内将所有用户的信号分离出来。使用联合检测技术，理论上可以完全抑制本小区的多址干扰和码间干扰，显著提高系统的抗干扰能力和容量。

TD-SCDMA系统利用已知的训练序列（中间码）进行不同码道的信道冲激响应估计，对多码道信号联合处理，去除多址干扰和码间串扰。联合检测的作用主要体现在以下两个方面。

① 在移动台处，虽然基站的智能天线波束赋形极大地降低了多用户干扰的强度，但是多址干扰依然存在，尤其是当用户的位置非常靠近时，智能天线空分多址的作用受到限制，多

址干扰问题仍很严重。联合检测技术能很好地解决这种情况下小区内的多址干扰问题。

② 在基站处，由于信号从移动台沿多径到达基站，因此上行同步技术只能保证主径在一定范围内的同步。联合检测技术把同一时隙中多个用户的信号及多径信号一起处理，精确地检测出各个用户的信号，克服了这方面的缺点。

7.4.2 接力切换

接力切换（Baton Handover）是 TD-SCDMA 系统的核心技术之一，是介于硬切换和软切换之间的一种新的切换方法，TD-SCDMA 系统的接力切换概念不同于硬切换与软切换，在切换之前，目标基站 Node B 已经获得移动台 UE 比较精确的位置信息，因此在切换过程中 UE 断开与原基站的连接之后，能迅速切换到目标基站。

在切换过程中，首先将上行链路转移到目标小区，而下行链路仍与原小区保持通信，经过短暂的分别收发过程后，再将下行链路也转移到目标小区，完成接力切换，如图 7-4-1 所示。

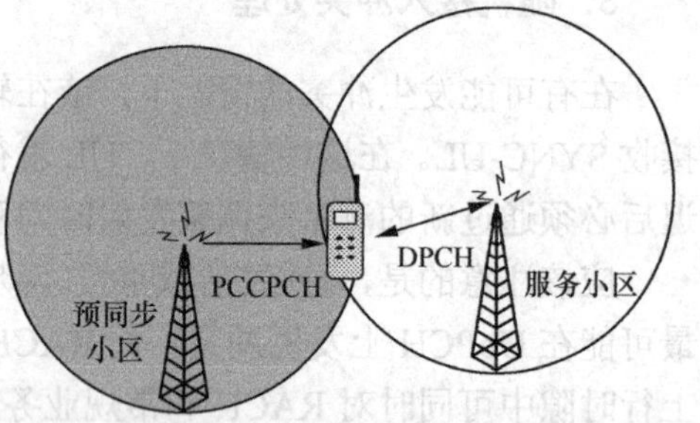

图 7-4-1 接力切换示意图

移动台比较精确的位置信息，主要是通过对移动台的精确定位技术来获得的。在 TD-SCDMA 系统中，移动台的精确定位应用了智能天线技术。Node B 利用天线阵估计 UE 的 DOA，然后通过信号的往返时延确定 UE 到 Node B 的距离，基站可以确知 UE 的位置信息。如果来自一个基站的信息不够，可以让几个基站同时监测移动台并进行定位。由于网络有 UE 准确的位置信息，所以系统可以采用接力切换方式。

接力切换虽然在某种程度上与硬切换类似，同样是“先断后连”，但是由于其实现是以精确定位为前提的，因而与硬切换相比，UE 可以迅速地切换到目标小区，降低了切换时延，减小了切换引起的掉话率。接力切换与硬切换相比，两者都具有较高的资源利用率、较为简单的算法以及系统相对较轻的信令负荷等优点。不同之处在于接力切换断开原 Node B 并与目标 Node B 建立通信链路几乎是同时进行的，因而克服了传统硬切换先断后通方式的掉话率较高、切换成功率较低的缺点。

接力切换与软切换相比，两者都具有较高的切换成功率、较低的掉话率以及较小的上行干扰等优点。它们的不同之处在于接力切换过程中，UE 与基站只保持一条业务连接，因此较软切换而言，接力切换具有节省信道资源、简化信令、减小系统负荷等优点，而且也适用于不同频率小区之间的切换。

接力切换过程包括 3 个步骤，即测量过程、判决过程和执行过程。从接力切换过程来看，传统的软切换和硬切换都是在不知道 UE 准确位置的情况下进行的，因此需要对所有相邻小区进行测量，然后根据给定的切换算法和准则进行切换判决和目标小区的选择。接力切换是在精确知道 UE 位置的情况下进行切换测量的，因此，一般情况下它没有必要对所有相邻小区进行测量，而只需对与 UE 移动方向一致的靠近 UE 一侧少数的几个小区进行测量。然后根据给定的切换算法和准则进行切换判决和目标小区的选择，就可以实现高质量的越区切换。这样，UE 所需要的切换测量工作减少，切换时延也就相对减少，切换掉话率随之下降。另外，由于需要监测的相邻小区数目减少，因而也相应减少了 UE、Node B 和 RNC 之间的信令交互，缩短了UE测量时间，减轻了网络负荷，使系统性能得到优化。

7.4.3 动态信道分配

信道分配算法可以分为固定信道分配（Fixed Channel Allocation，FCA）和动态信道分配（Dynamic Channel Allocation，DCA）两种。FCA根据预先估计的覆盖区域的业务负荷，将可用信道分配给特定小区。根据某种频率复用模式，每个小区被固定分配某个信道集合，所有在该小区的呼叫都必须使用分配给该小区的信道，相同的信道只有在一定距离间隔之外的其他小区才可以再得以使用。如果该小区的所有信道都被占用，则该呼叫被阻塞，用户便得不到服务。FCA的主要优点是简单，不需复杂的信道选择。只要分配给该小区的信道集合中有未使用的信道，就可以为该小区内的一个呼叫建立一个通信链路。FCA的主要缺点是频谱利用率低，不能很好地适应网络中负荷的变化需求。由于在2G系统中主要以语音业务为主，不同用户使用的业务对于信道的需求基本相同，因此在信道分配上大都采用FCA.

在DCA算法中小区和信道之间没有固定的关系。所有的信道都被集中到一起分配，只要该信道能够提供足够的链路质量，任何小区都可以将该信道分配给呼叫。在通信系统运行过程中，DCA根据当前的网络状态、系统负荷和业务的QoS参数，动态地将信道分配给某个用户。在一定的区域内，几个小区的可用信道资源被集中起来，由无线网络控制器（RNC）管理，RNC将根据小区呼叫阻塞概率、候选信道的使用频率、信道的再用距离等诸多代价函数，动态地将信道分配给呼叫。DCA的优点是频率利用率高，无须信道预规划，可自动适应网络中负载和干扰的变化，非常适合网络中负载变化大的情况；缺点是相对于固定分配实现较为复杂，系统开销也比较大。

TD-SCDMA系统中的任何一条物理通道都是利用它的载频/时隙/扩频码的组合来标记的，信道分配实质上就是无线资源的分配过程。采用DCA是TDD模式的优势之一，能够灵活地分配时隙资源，动态地调整上下行时隙的个数，从而可以灵活地支持对称及非对称的业务。

7.4.4 软件无线电

软件无线电（Software Defined Radio，SDR）就是采用数字信号处理技术，在可编程控制的通用硬件平台上，利用软件来定义实现无线终端的各部分功能，包括前端接收、中频处理以及信号的基带处理等，即整个无线终端从高频、中频、基带直到控制协议部分全部由软件编程来完成。

软件无线电的核心是将A/D和D/A变换器尽可能地靠近天线，而无线通信功能尽可能地采用软件进行定义。软件无线电的基本思想是将硬件作为其通用的基本平台，把尽可能多的无线及个人通信功能通过可编程软件来实现，使其成为一种多工作频段、多工作模式、多信号传输与处理的无线电系统。也可以说，软件无线电是一种用软件来实现物理层连接的无线通信方式。使用软件无线电，无线通信系统结构具有很好的通用性，功能实现灵活，系统互联和升级变得非常方便。通过改变软件来实现新业务和使用新技术，大大降低了新通信产品的开发成本和周期。所以这一技术也成为TD-SCDMA系统的关键技术之一。

软件无线电技术主要涉及数字信号处理硬件（DSPH）、现场可编程器件（FPGA）、数字信号处理（DSP）等。目前，软件无线电技术基本上实现了其基本功能，即硬件数字化、软件可编程化、设备可重复配置性，能解决多频、多模式、多业务的终端问题和基站问题。

软件无线电为 3G 终端和基站提供了一个开放化、模块化的系统结构，其功能灵活、系统改进与升级方便。利用一个硬件平台，采用不同的软件可以实现不同标准之间的互操作。

软件无线电可实现各种信号处理软件，包括各类无线信令规则与处理软件、信号流变换软件、调制解调算法软件、信道纠错编码软件和新源编码软件等。

7.4.5 智能天线

智能天线采用空分多址（SDMA）技术，利用信号在传输方向上的差别将同频率或同时隙、同码道的信号区分开来，最大限度地利用有限的信道资源，示意如图 7-4-2 所示。与无方向性天线相比，其上、下行链路的天线增益大大提高，降低了发射功率电平，提高了信噪比，有效地克服了信道传输衰落的影响。同时，由于天线波瓣直接指向用户，减小了与本小区内其他用户之间以及与相邻小区用户之间的干扰，而且也减少了移动通信信道的多径效应。CDMA 系统是个功率受限系统，智能天线的应用达到了提高天线增益和减少系统干扰两大目的，从而显著地扩大了系统容量，提高了频谱利用率。

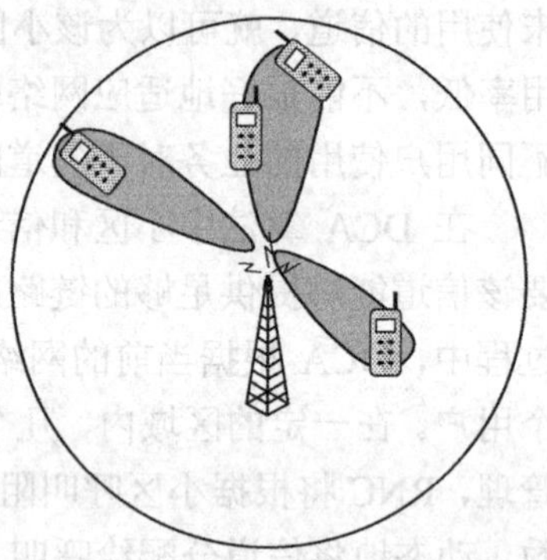

图 7-4-2 智能天线示意图

智能天线的核心在于数字信号处理部分，它根据一定的准则，使天线阵产生定向波束指向用户，并自动调整系数以实现所需的空间滤波。智能天线须要解决的两个关键问题是辨识信号的方向和数字赋形的实现。要实现智能天线的下行发送相对较困难，这是因为智能天线在设计发波束（transmitting beamforming）时很难准确获知下行信道的特征信息，特别是主要传播路径的出射角度；而理想的天线工作模式应是与信道相匹配的。利用上行信道信息可以估计下行信道，但是由于在 FDD（频分双工）系统中上、下行信道使用的是不同频率（第 3 代系统相对于第 2 代有更大的上、下行频差），上、下行信道的相关性是很弱的，很多参数并不相同，所以只可能获得下行信道的部分信息，所形成的发波束也绝不会是最优的。而在 TDD（时分双工）系统中这显然行得通，因此智能天线在 TD-SCDMA 得到更好的应用。利用软件无线电技术可实现智能天线结构，获得空间参数，包括 DOA 估计、计算射频通道权重和天线波束赋形。

智能天线在本质上是利用多个天线单元空间的正交性，即空分多址复用（SDMA）功能，来提高系统的容量和频谱利用率。这样，TD-SCDMA 系统充分利用了 CDMA、TDMA、FDMA 和 SDMA 4 种多址方式的技术优势，使系统性能最佳化。

TD-SCDMA 的智能天线使用一个环形天线阵，由 8 个完全相同的天线元均匀地分布在一个半径为 R 的圆上所组成。智能天线的功能是由天线阵及与其相连接的基带数字信号处理部分共同完成的。该智能天线的仰角方向辐射图形与每个天线元相同。在方位角的方向图由基带处理器控制，可同时产生多个波束，按照通信用户的分布，在 360° 的范围内任意赋形。为了消除干扰，波束赋形时还可以在有干扰的地方设置零点，该零点处的天线辐射电平要比最大辐射方向低约 40dB。当 $N=8$ 时 TD-SCDMA 使用的智能天线，比无方向性的单振子天线的增益分别大 9dB（对接收）和 18dB（对发射）。每个振子的增益为 8dB，该天线的最大接收增益为 17dB，最大发射增益为 26dB。由于基站智能天线的发射增益要比接收增益大得多，对于传输非对称的IP等数据、下载较大的业务信息是非常适合的。

思考与习题

1．简述TD-SCDMA系统的特点。

2．中国3大运营商获得的3G频段分别是什么？

3．比较WCDMA与TD-SCDMA系统的多址方式。

4．画图并说明TD-SCDMA物理信道的分层结构。

5．画出TD-SCDMA的子帧结构，并说明各时隙中突发的格式。

6．说明TD-SCDMA系统传输信道与物理信道的映射关系，介绍物理信道的种类和功能。

7．说明TD-SCDMA传输信道的编码与复用包括哪些过程。

8．简述TD-SCDMA的上行同步过程。

9．简述TD-SCDMA系统的小区搜索过程。

10．简述TD-SCDMA系统的随机接入过程。

11．什么是接力切换？与硬切换、软切换相比，其有什么优势？

第8章 移动通信网络优化技术

移动通信网络正处于飞速发展的阶段，覆盖规模已遍布全国直至全世界。加强网络优化，搞好运行维护是提高移动通信网络质量的关键。网络优化是一个长期的过程，它贯穿于网络发展的全过程。移动运营商通过网络优化，合理配置系统参数，使网络达到最佳运行状态，使网络资源获得最佳效益，在日益严峻的竞争中保持了企业竞争力。

8.1 移动通信网络优化的概念

目前，移动通信网络的覆盖已具备相当的规模，加强网络优化，搞好运行维护是提高移动通信网络质量的关键所在。打造一个完善的网络，往往需要经历从最初的网络规划、工程建设投入使用到网络优化，最后形成一个良性循环的过程。本节将就网络优化的概念、流程及网络性能评估指标做进一步阐述。

8.1.1 网络优化的概念

所谓网络优化，是指通过对正式投入运行的网络进行参数采集和数据分析，找出影响网络运行质量的原因，并通过调整网络参数或采取某些技术手段，使网络达到最佳运行状态，使现有网络资源获得最佳效益。

网络优化要达到的目的是：对于运营商来讲，要做到系统配置合理，争取最大限度地利用网络资源，提高网络运行的经济效益，降低运营成本。对用户来讲，通过网络优化可以获得具有稳定质量的满意的移动通信网络服务。所以网络优化的核心工作是在合理投资和有限频率资源的前提下，寻求覆盖、容量、质量3者之间的平衡。

移动通信系统的网络优化是一项复杂、艰巨的系统工程，它贯穿于网络发展的全过程，各方面的调整相互牵连、影响，因此在优化工作中应时刻注意从全局出发。另外，蜂窝移动通信系统中的网络优化工作技术难度相当大，涉及的技术领域极其广泛，包括交换网络技术、无线参数、频率配置、切换、信令和设备技术等方面；随着网络的不断发展、用户数的不断增多及移动网络本身的演进和发展等因素的共同影响，网络优化工作的复杂度不断提高，对网络优化人员的技术素质要求越来越高。最后，移动通信网是一个不断变化的网络，网络结构、无线环境、用户分布和使用行为都是不断变化的，所以需要持续不断地对网络进行调整以适应各种变化。

本章将重点就 GSM 网的优化进行讨论，主要包括无线网络优化和交换网络优化两个方面；内容归纳起来包括网络测试与分析、网络调整与话务均衡、覆盖优化和用户申报处理等工作。

8.1.2 网络优化流程

具体来说，网络优化工作就是通过采集网络的信息和数据，分析网络运行中存在的问题，通过对网络进行合理调整，达到改善网络性能的目的。网络优化的流程如图 8-1-1 所示。

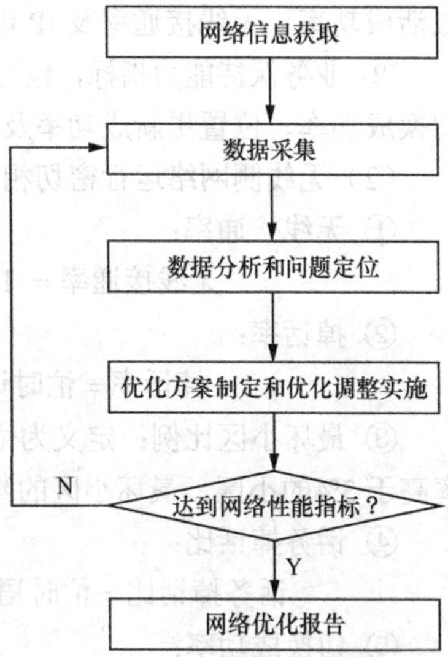

图 8-1-1 网络优化流程图

1．网络信息获取

网络信息获取包括对实际安装的工程参数和网络参数的确认、对当地无线环境和话务热点地区的考察、用户的具体需求的了解等。

2．数据采集

数据采集包括 OMC（操作和维护中心）话务统计数据采集、路测数据采集、CQT 测试数据采集、用户申告情况收集以及仪器仪表的测试结果等。

3．数据分析和问题定位

网络问题主要从干扰、掉话、无线接通率和切换 4 个方面来进行分析，具体涉及网络性能和参数分析、OMC 话务统计分析及网络优化工具分析等。

4．优化方案制定和优化调整实施

系统调整内容包含对网络工程参数和网络功能参数的调整，具体涉及提高交换机处理效率、增加容量、调整信道数、变更基站位置、调整天线位置和倾角以及变换切换参数、频率、小区参数等。

5．网络优化报告

网络优化报告包括优化的措施、网络达到的性能指标以及对网络发展提出的建议等。

网络优化是一个长期的过程，它贯穿于网络发展的全过程。在网络性能经常性的跟踪检查中发现话务统计指标达不到要求，网络质量明显下降，当用户群改变或发生突发事件网络质量造成很大影响时，都要及时对网络做出优化。因此对移动网络的优化，不仅要制定长期优化目标，还要制定短期优化目标。

8.1.3 网络性能评估

在网络优化实施前应该对网络的运行性能有一个全面的了解。通过网络评估，可以了解网络的整体服务质量，掌握网络的整体运行状况；通过数据分析查出现有网络存在的问题和隐患，为今后的网络优化和网络建设提供参考依据。一般来说，评估移动网络的优劣可以采取如下形式。

1．网络整体运行指标评估

随着网络规模的不断扩大以及网络结构的日趋复杂，必须保证网络资源效益的充分发挥，实现低成本高效益运作。无线网络的运行性能指标主要通过网管系统收集，用于评估网络的优劣。

（1）衡量网络运行质量的指标

① 业务接入能力指标，包括长途网络接通率、短消息接通率、PDP（Packet Data Protocol）激活成功率、无线接通率及 IP 电话网接通率等。

② 业务保持能力指标，包括信道利用率、拥塞率、掉话率、最坏小区比例、话务掉话比、切换成功率、位置更新成功率及短信网关转接成功率等。

（2）无线侧网络运行密切相关的指标

① 无线接通率：

$$无线接通率=(1-\text{SDCCH}拥塞率)\times(1-\text{TCH}拥塞率)\times 100\%$$

② 掉话率：

$$掉话率=忙时语音信道掉话总次数/忙时系统应答总次数$$

③ 最坏小区比例：定义为忙时语音信道拥塞率（不含切换）高于 5%，或语音信道掉话率高于 3%的小区，最坏小区的数量按照网络规模的不同分别计算。

④ 话务掉话比：

$$话务掉话比=忙时语音信道总话务量\times 60/忙时语音信道掉话总次数$$

⑤ 切换成功率：

$$切换成功率=(切换成功总次数/切换请求总次数)\times 100\%$$

⑥语音信道可用率：

$$语音信道可用率=(忙时语音信道可用总数/语音信道配置总数)\times 100\%$$

2．无线网络现场测试评估

无线网络现场测试评估主要是通过模拟用户的使用行为，使用测试仪表等对无线网络进行评估。现场评估测试主要分为语音业务评估和数据业务评估。

（1）语音业务评估

语音业务评估包括 CQT（Call Quality Test）测试、DT（Drive Test）测试等。

① CQT 测试：对市区重要场所选择多个测试点，对每个点进行一定数量的呼叫，通过呼叫接通情况及测试者对通话质量的主观语音评估（Mean Opinion Score，MOS）分析网络的运行质量和存在的问题。

主观语音质量评估将通话质量分为 1～5 共 5 个等级，如表 8-1 所示。

表 8-1　主观语音质量评估（MOS）的等级标准

质 量 等 级	质量评估标准
5 级	质量完美
4 级	高质量
3 级	质量尚可
2 级	质量差
1 级	质量不可接受

评估CQT测试的指标有如下几个。

- 覆盖率：

$$覆盖率=\frac{\geqslant -94\text{dBm}测试点数}{总主叫测试点数}\times 100\%$$

- 接通率：

$$接通率=\frac{接通总次数}{试呼总次数}\times 100\%$$

- 掉话率：

$$掉话率=\frac{掉话总次数}{接通总次数}\times 100\%$$

- 语音断续、背景噪声率：

$$语音断续、背景噪声率=\frac{出现语音断续总次数+出现噪声总次数}{接通总次数}\times 100\%$$

- 单方通话、回声、串话率：

$$单方通话、回声、串话率=\frac{单方通话总次数+出现回声总次数+出现串话总次数}{接通总次数}\times 100\%$$

② DT（Drive Test）测试即驱车测试，是指在一个城市中借助仪表、测试手机及测试车辆等工具，沿特定路线进行无线网络参数和语音质量测定的测试形式。

DT测试包括使用无线测试仪表对无线信号强度、越区切换位置、越区切换电平等参数进行测量；或者在移动环境中使用测试手机沿线进行全程拨打测试，通过所得的无线参数以及呼叫接通情况和测试者对通话质量的主观评估，为网络规划、网络工程建设及网络运行部门提供较为完备的网络覆盖情况报告，为网络运行分析提供较为充分的数据基础。

DT测试主要评估网络的接通、覆盖、掉话、语音质量，对城区的主道路、交通干线进行测试，测试指标具体包括接通率、掉话率、覆盖率、语音质量及里程掉话比。其中接通率和掉话率定义同上。

- 覆盖率：

$$覆盖率=\frac{\geqslant -94\text{dBm}测试路段里程数}{总测试路段里程数}\times 100\%$$

- 语音质量：

语音质量根据误码率分为0～7共8个等级，每个等级对应于不同的误码率范围。

语音质量得分的常用计算方法为

话音质量=[RxQual（0级）百分比+RxQual（1级）百分比+RxQual（2级）百分比]×1+
[RxQual（3级）百分比+RxQual（4级）百分比]×0.8+[RxQual（5级）百分比+
RxQual（6级）百分比]×0.5+[RxQual（7级）百分比]×0.2

- 里程掉话比：

$$里程掉话比=\frac{\geqslant -94\text{dBm}的测试路段里程数}{掉话总次数}\times 100\%$$

（2）数据业务评估

对于基于GSM的数据业务网络GPRS（General Packet Radio Service），建议采用测试指

标进行评估，测试指标包含 WAP（Wireless Application Protocol）首页登录时长、WAP 首页登录成功率、Attach 成功率及 PDP（Packet Data Protocol）激活成功率等。

另外，还可以通过用户投诉和用户调查问卷等形式，以用户满意度为基础，对网络性能进行评估。

8.2 移动通信网络优化

GSM 网络是一个包含网络技术、交换技术、传输技术和无线技术的综合性系统，从网络的物理结构分析，其由网络子系统（NSS）、基站子系统（BSS）和移动台（MS）构成。因此 GSM 网络的优化主要包括无线网络优化和交换网络优化两个方面。

其次，从信令结构分析，GSM 系统中主要包含了 A 接口、Abis 接口、Um 接口以及核心网内部的 MAP 接口。所有 GSM 系统内部的实体和接口中都有大量的配置参数和性能参数，其中有些参数在设备安装前就已经给定，但有些参数是由网络运营部门根据网络的实际运行需求来确定的。因此，这些参数的设置和调整对整个 GSM 网络的运行具有相当大的影响，可以说 GSM 网络的优化在某种意义上是网络中各种参数的优化设置和调整的过程。

8.2.1 交换网络优化

在 GSM 系统中，交换网络是整个通信网的核心，可为移动用户提供电信业务、承载业务和补充业务等。此外，交换网络还支持呼叫接续、位置登记、自动漫游等网络功能。因此，交换网络优化是提高移动通信网络服务质量和用户满意度的重要手段和方法。

目前对交换网络的优化主要通过分析交换机中的话务统计数据及信令流程等来实现，另外还可与无线网络协同对无线寻呼等指标进行综合优化。

交换网络优化一般首先分析网络结构、交换机统计及内部参数。当上述手段不足以找到网络问题或没有达到优化的目标时，就需要进行交换信令监测及分析，从而较为准确地确定问题所在，有针对性地进行优化工作。

1．网络结构优化

（1）我国话务网结构

我国的 GSM 话路网通常采用二、三级混合结构。对于各直辖市及省内采用大本地网组网（省内无长途业务）的省份，省内话路网由一级汇接中心（TMSC1）、本地网移动业务交换中心（MSC）以及关口 MSC（GMSC）组成，采用二级结构。对于包含多个本地网的省、自治区，二级汇接中心（TMSC2）由一级汇接中心（TMSC1）兼做时，省内话路网由一级兼二级汇接中心（TMSC1/2）、本地移动业务交换中心（MSC）以及关口 MSC（GMSC）组成，采用二级结构。对于包含多个本地网的省、自治区，建设有独立的二级汇接中心（TMSC2）时，省内话路网由一级汇接中心（TMSC1）、二级汇接中心（TMSC2）、本地移动业务交换中心（MSC）以及关口 MSC（GMSC）组成，采用三级结构。

（2）话务网路由优化原则

① 长途网路由优化原则：对于 GSM 网络的长途业务，业务路由应按照结构清晰、层次精简的原则组织，对于省际长途话务路由，应由 MSC 以及 GMSC 直接送至一级汇接中心

（TMSC1 或 TMSC1/2）进行汇接处理，采用二级路由进行组织，对于省内长途话务路由，应由 MSC 以及 GMSC 直接送至二级汇接中心（TMSC2 或 TMSC1/2）进行汇接处理，按二级路由进行组织。另外，随着长途软交换设备的成熟，通过 IP 承载网及长途软交换疏通长途话务，传输资源优化节省了一半以上。

② 本地网路由优化原则：对于中小规模的本地网，移动端局数量较少时，MSC 之间可采用网状网连接，各 MSC 间均设置直达路由，每个 MSC 与本地 GMSC 及其所属的 TMSC 设置直达电路；当本地网规模较大，移动端局数量较多时，每个 MSC 与本地 GMSC 及其所属 TMSC 之间设置直达电路，也可考虑在部分 MSC 之间设置直达电路，比如说在覆盖区重叠的 MSC 间设置直达中继电路，以保证 MSC 间越局切换话务的稳定可靠。

2．交换机统计分析

交换机统计分析包括处理机负荷、呼叫接通率、中继统计分析和信令负荷统计分析等，这些数据为网络优化人员及时了解网络运行情况提供了基础素材，也为网络优化后的效果评估提供了科学的途径。

（1）处理机负荷统计分析

交换机主处理器（CPU）是呼叫处理的核心，衡量处理机负荷的指标有 CPU 占用率和 BHCA（忙时试呼次数）。

① CPU 占用率的高低直接反映了交换机的利用率。系统 CPU 占用率过高，超过预定阈值时，会造成消息积累，导致信令和呼叫异常；呼叫异常又会引起用户的反复重拨，造成话务量增高，CPU 占用率进一步升高，形成恶性循环。因此，在 CPU 过载时系统会启动一系列自我保护措施，如根据过载级别进行系统限呼、控制或取消调试进程等，以降低 CPU 占用率。一般当交换机 CPU 负荷超过 90%时将停止处理新的呼叫。

② BHCA 为忙时试呼次数，对于移动交换机，可以通过一定的算法将彩铃呼叫、智能网呼叫、短信收发、位置更新等业务流程折算成统一的 BHCA，核算设备的实际负荷。

（2）呼叫接通率统计分析

呼叫接通率的相关指标包括交换机接通率和语音接通率等。一般优化中提高接通率的方法有如下几种。

① 保障设备完好率、中继可用率及信道可用率。

② 合理配置 MSC 各模块的负荷。

③ 注意中继选线方式匹配。

④ 合理配置数据和无线参数。

（3）中继统计分析

中继统计分析指标包括来去话试呼次数、来去话占用次数、来去话接通次数、来去话接通率、来去话应答率及交换机内部拥塞次数等。

在 GSM 系统中，交换部分由于传输电路存在鸳鸯线或环回情况，或是端局向 CIC（电路识别码）数据不对应，都可导致单通现象的产生，即呼叫已经接通，计费系统也已经开始计费，但用户根本听不到对方的声音。为避免单通问题，在局间电路开通时，应对每条电路的每个时隙进行拨打测试，以保证每个时隙通话都正常。如果以上实现存在困难，则可以对每条电路进行插拔测试，以保证物理连接没有问题。同时对数据进行检查，以保证 CIC 数据的对应关系正确。

（4）信令负荷统计分析

信令负荷统计分析指标包括 MTP（消息传递部分）的监视和测量性能指标、MTP 的监视和测量信令链路可用性指标、MTP 的监视和测量信令链路利用率指标、MTP 的监视和测量信令链路组和路由组的可用性指标以及 MTP 的监视和测量相邻信令点状态的可接入性指标等。

信令控制着呼叫的全过程，信令传递的快慢对接续时长有一定的影响。一般来讲，普通本地网由于网元间信令消息交互量大，一般采用的直连信令链路寻址方式为 DPC+SSN 寻址，此寻址方式中消息转发速度快，对接收局 CPU 占用小，但需要制作大量信令点数据。而特大城市本地网及省内不同本地网间采用 STP 进行转接，信令寻址方式为 GT 寻址，此寻址方式中数据制作简单，但消息转发速度相对较慢。

3. 交换信令分析

通过交换信令监测及分析，可以客观地分析网络中存在的问题，准确地定位问题点，有效地开展优化工作。目前大部分交换机自身都具有信令追踪功能，通过此功能可以准确定位问题所在，而且还能直观地显示设备内部的错误情况。另外还可借助信令测试仪表客观地记录交换局间信令的交互过程，通过错误消息及消息中参数的分析比较，准确确定信令在相互配合中产生的一些问题。随着信令网规模的增大，还可采用信令监测系统对信令网进行集中管理和实时监测。

信令监测系统主要完成以下功能。

① 信令采集和分析处理。

② 对于特定投诉、故障分析处理的指定号码追踪功能。

③ 用于提高网络质量的接通率统计分析。

④ 互连互通中继及业务量分析。

⑤ 短信业务分析等。

8.2.2 无线参数优化

GSM 系统中的无线参数分为两类，一类为工程参数，是指与工程设计、安装和开通有关的参数，如天线增益、电缆损耗等，这些参数通常在网络设计中就已经确定，在网络运行中通常不轻易更改；另一类参数是无线资源参数，它是指与无线资源的配置和利用有关的参数，这些参数在网络运行过程中可以通过人机界面进行动态调整，以满足系统现阶段对各种无线网络指标的要求。

无线参数优化是指正在运行的系统根据实际无线信道特性、话务量特性和信令流量承载情况，通过优化网络中局部或全局的无线参数来提高通信质量、改善网络平均服务性能和提高设备利用率的过程。实际上，无线参数调整的基本原则是充分利用已有的无线资源，通过业务量分担的方式使全网的业务和信令流量尽可能均匀，达到提高网络平均服务水平的目标。

网络操作人员首先要对各个无线参数的意义、调整方式和调整结果有深刻地了解，对网络中出现的问题所涉及的无线参数有相当的经验，这是进行有效的无线参数调整的必要条件。另一方面，无线参数的调整将依赖于实际网络运行过程中的大量实测数据。这些实测数据可以由两种手段获得，一种是在网络的操作维护中心（OMC-R）获取统计参数；另一种需通过实际测试获得，如小区覆盖情况、移动台通信质量等。

对 GSM 系统的参数进行调整要考虑到对其他区域（尤其是相邻区域）的影响，因为不同区域之间的参数通常有很强的相关性，否则参数的调整会发生很强的负面影响。此外，本节讨论的参数优化和调整只考虑由业务原因引起的问题，而不考虑由设备故障（包括连接问题）引起的问题。

1. 无线资源参数

GSM 系统的无线资源参数主要包括网络识别参数、系统控制参数、小区选择参数和网络功能参数。本节主要介绍 GSM 系统中各种无线参数的定义、取值范围、设置范围、设置方式及其对网络性能的影响。

（1）网络识别参数

网络识别参数主要用于移动台和网络相互识别身份。GSM 蜂窝移动通信系统是全球性通信系统，对每个国家的每个 GSM 网络乃至每个网络中的每一个位置区、每个基站和每个小区都进行了严格的编号，以保证全球范围内的每个小区都有唯一的号码与之对应。网络识别参数主要有如下几个。

① 小区全球识别（CGI）：CGI 由位置区识别（LAI）和小区识别（CI）组成。LAI 又包含移动国家号（MCC）、移动网号（MNC）和位置区码（LAC）。CGI 的信息在每个小区广播的系统信息中发送，移动台接收到系统信息后，将解出其中的 CGI 信息，根据 CGI 指示的移动国家号（MCC）和移动网号（MNC）确定是否可以驻留在该小区，同时判断当前的位置区是否发生了变化，以确定是否需要进行位置更新。在位置更新过程中，移动台将 LAI 信息通报给网络，使网络可以确切地知道移动台当前所处的位置区。系统中位置区的大小是一个关键因素，若 LAC 覆盖范围过小，则移动台发生位置更新的次数增多，会加重系统中的信令流量；若 LAC 覆盖范围过大，则网络搜寻移动台时将在更多的小区中发送，导致寻呼信道（PCH）负荷过载，同样增加 Abis 接口上的信令流量。小区识别（CI）唯一地表示 GSM PLMN 中的每个小区，其通常在网络的系统设计中已经确定，除特殊情况（如系统中增加基站等）外，系统运行过程中不应该改变小区的 CI 值。

② 基站识别码（BSIC）：由网络色码（NCC）和基站色码（BCC）组成。其在同步信道中发送，用于移动台设备所驻留的基站。

（2）系统控制参数

系统控制参数主要指涉及系统配置的参数，这些参数的取值将影响到系统各部分的业务承载量和信令流程。GSM 系统中的系统控制参数一般是在 Um 接口上由基站传送给移动台的其目的是让移动台与基站保持良好的配合。系统控制参数包括 IMSI 附着和分离允许（ATT ATTACH DETACH ALLOWED）、公共控制信道配置（CCCH CONF）、接入准许保留块数（BS AG BLKS RES）、寻呼信道复帧数（BS PA MFRMS）、周期位置更新定时器（T3212）、小区信道描述（CELL CHANNEL DESCRIPTION）、无线链路超时（RADIO LINK TIMEOUT）、相邻小区描述（NEIGHBOUR CELLS DESCRIPTION）、允许的网络色码（NCC PERMITTED）、最大重发次数（MAX RETRANS）、发送分布时隙数（TX INTEGER）、小区接入禁止（CELL BAR ACCESS，CBA）、等待指示（WAIT INDICATION，T3122）以及多频段指示（MULTIBAND

REPORTING）。

（3）小区选择与重选参数

小区选择参数主要指与移动台进行小区选择、小区重选相关的参数。当移动台开机后，它会选择一个合适的小区，从中提取控制信道的参数和其他系统消息，即通过“小区选择”过程实现与 GSM PLMN 的联系。GSM 规范中定义了一个参数 C_1，称作路径损耗准则，所谓合适的小区是指必须保证该小区的 $C_1>2$。其公式为

$$C_1 = RXLEV - RXLEV\_ACCESS\_MIN - MAX((MS\_TXPWR\_MAX\_CCH - P),0)$$

其中，RXLEV 为移动台接收的平均电平，单位为 dBm；RXLEV_ACCESS_MIN 为允许移动台接入的最小接收电平，单位为 dBm；MS_TXPWR_MAX_CCH 为移动台接入系统时可使用的最大发射功率电平，单位为 dBm；P 为移动台的最大输出功率，单位为 dBm。

移动台选择小区后，在各种条件不发生重大变化的情况下，移动台将停留在所选的小区中，同时移动台开始测量邻近小区的 BCCH 信道的信号电平，记录其中信号电平最大的 6 个相邻小区，并从中提取每个相邻小区的各类系统消息和控制信息。当满足一定的条件时，移动台将从当前停留的小区转移到另一个小区，这个过程称为小区重选。

小区选择与重选参数时需要考虑的问题有如下几个。

① 小区重选滞后（CELL RE-Selection Hysteresis）。

② 控制信道最大功率电平（MS TXPWR MAX CCH）。

③ 允许接入最小接收电平（RXLEV ACCESS MIN）。

④ 小区禁止限制（CELL BAR QUALIFY，CBQ）。

⑤ 小区重选偏置（CELL RESELECT OFFSET，CRO）。

（4）网络功能参数

网络功能参数主要指与实现系统各种功能（如跳频、非连续发送 DTX 等）相关的参数。GSM 系统中提供了许多新技术，如跳频、非连续发送 DTX、呼叫重建等，尽管这些技术的使用对网络业务的提供没有直接、致命的影响，但合理使用可以大大改善整个网络的环境以及网络的平均业务水平。

对于 GSM 系统的每种技术都有一些相应的参数与之对应，其可以帮助运营者更好地应用这些技术。但如果应用不当，反而会造成很坏的负作用。网络功能参数包括如下几个。

① 功率控制指示（PWRC）。

② 非连续发送（DTX）。

③ 呼叫重建允许（RE）。

④ 紧急呼叫允许（EC）。

⑤ 跳频参数。

2．工程参数及优化

工程参数指工程设计中的无线参数。工程参数的优化主要包括天线性能参数、小区物理参数、频率规划调整和小区属性的调整等。

（1）天线性能参数的调整

① 天线的增益：指天线在其最大辐射方向上的增益，它是和基准天线相对比的一个相对

值，有时也称为功率增益。一般天线的发射方向越集中，其获得的天线增益就越高。此参数一般不调整，只有当覆盖无法满足要求且不考虑增设基站时才考虑更改。

② 极化方式：通常是指天线最大辐射方向上的电场矢量方向，有水平极化、垂直极化和交叉极化之分。极化方式一般不调整，只在安装空间有问题时才考虑更改。

③ 波束宽度：一般指天线发射的主方向与发射功率下降 3dB 点的一个夹角，并把这个区域称为天线的波瓣。此参数一般不调整，根据小区预期覆盖要求和干扰情况调整。

（2）小区物理参数的调整

天线有效高度是指天线安装的实际高度和预期覆盖边缘位置的高度差，平均有效高度指实际安装高度和覆盖区内的平均高度差。在基站发射功率一定的情况下，天线挂高是确定小区覆盖半径的决定因素。此参数的调整原则是根据覆盖、小区负载和干扰情况进行调整，即尽量保证天线的第一菲涅耳区内无遮挡。

天线倾角可以分为机械下倾和电子下倾两种方式。天线的机械下倾角度过大会导致天线方向图严重变形，即主瓣前方产生凹坑，其对网络的覆盖和干扰带来许多不确定因素，因此机械下倾角不宜过大（一般不超过 25°）。电子下倾通过改变天线振子的相位使波束的发射方向发生改变，与原来没有下倾时相比，各个波瓣的功率下降幅度是相同的，从而避免了机械下倾所带来的缺陷。

小区物理参数的调整原则：根据覆盖、小区负载和干扰情况进行调整，一般在城区内尽量选用电子下倾天线；随着网络容量的增加，总体趋势是基站间距缩小，覆盖区域变小，因此可增加天线下倾角度，以尽量降低干扰。

（3）频率规划调整

频率规划调整包括频率复用方式调整、各小区的 BCCH 和 TCH 载波频率调整。

频率复用是指在数字蜂窝系统中重复使用相同的频率，可以将有限的频率分成若干组，依次形成一簇频率分配给相邻小区使用。通常的频率复用方式有 4×3 复用、3×3 复用以及更为紧密的 2×6 复用、1×3 复用和多重复用 MRP。

调整原则：如果在 GSM 网络中采用规则的频率复用方式，则系统所能支持的最大站型也就随之确定。一般只对个别站点和局部进行调整，只在扩容和系统中干扰严重又无法通过其他方式解决时才考虑调整全网频率规划方案。

（4）小区属性调整

如果在网络中存在多个 BSC，则小区的 BSC 归属问题将直接影响到网络中的信令流量。一般总是根据网络中业务量的分布特点来确定某个基站的 BSC 归属，在划分时尽量将话务比较集中的热点地区的基站划归同一个 BSC，这样可以尽量避免跨 BSC 切换所造成的信令负荷的增加。其调整策略是一般不调整，在工程建设初期需合理规划，在网络后期做个别调整。

8.3 网络关键问题优化分析

本节将对网络中的关键问题，包括覆盖问题、干扰问题、掉话问题、切换问题以及拥塞问题进行优化分析，结合路测、信令、告警信息等分析导致它们出现的常见原因，并给出相应的解决思路。

8.3.1 覆盖问题

1．基站开通一段时间后覆盖范围变小的问题

当基站工作一段时间之后（如半年以上），可能会由于种种原因使得基站的覆盖范围缩小，严重时收缩的幅度在50%以上，从而造成一定范围的盲区，影响系统性能。基站覆盖范围减小不仅与系统技术指标（如系统工作频率、基站灵敏度、功率等）有直接的关系，而且工程质量、地理因素、电磁环境等也直接影响到基站的覆盖范围。

由于基站故障影响覆盖的因素主要有发射机输出功率减小、接收机的灵敏度降低、天线的方位角发生倾斜、天线的俯仰角发生改变、天线增益变化、天线挂高变化、馈线损耗、耦合器损耗、工作频率改变、传播环境变化以及分集接收的影响等。

对于该问题，可以按照以下方法进行检查。

① 检查基站天线的周围情况。天线的周围是否设有其他天线或者对天线有阻挡的装饰、广告牌、建筑物等，它们可能对天线的接收和发射产生影响，影响基站的覆盖效果。如果出现这种现象，应调整相应天线的方位角或改变天线挂高，以减小其影响。

② 检查传播环境的变化。电磁波传播环境的改变，会导致无线终端接收到的信号电平降低。特别是在山区环境，电磁波的传播靠的是许多山坡的反射，若山体的植被等发生变化，可能导致覆盖范围减小。因此，需要考虑到气候、植被等自然因素对电磁波的影响。另外还要考虑是否有新建的建筑物阻挡了电磁波的传播，导致信号衰减，使远端区域不能覆盖，用户不能正常使用。尤其是基站附近的高大建筑，对电磁波的传播影响更大。

③ 检查操作维护台是否有天馈的驻波告警和主分集接收告警信息。若发现该类告警，应及时检查对应天馈的相关问题。

④ 检查基站天线的驻波比、倾角和方位角等参数。因驻波告警的容差很大，在检查机顶功率正常后，可进一步测量驻波比是否小于1.5，排除容差造成的驻波较大但无告警问题。天线倾角的增大或方位角的偏离都会导致基站覆盖范围减小，在确认故障后应及时进行相应的处理。即要求在施工中注意紧固件是否连接牢固，塔上支撑件的强度是否符合要求等。

⑤ 检查基站发信机和耦合器的输出功率以及接收机的灵敏度。首先检查其连线是否接触良好，其次测试输出功率是否正常，如不正常，应调整功放的功率或者更换硬件设备。然后检查是否由于接收机灵敏度的下降。

⑥ 检查是否存在干扰或排除基站的电磁干扰环境。较强的干扰会导致基站的接收灵敏度下降，影响基站的覆盖范围。若基站的背景电磁环境较差，则整个覆盖区域的底噪较高，即会影响基站的接收信噪比。

2．影响覆盖的常见问题及解决方法

（1）天线的选用

当天线选用不当或天线挂高较高，即当基站天线挂高超过50m，且天线主波束下的第一个零深没有填充时，容易出现“塔下黑”现象。“塔下黑”是指需要覆盖的用户区处在天线辐射方向图的下方第一个零深或第二个零深及附近区域。

如果出现上述情况，应当选择有零点填充的天线。图 8-3-1 为没有采用零点填充和采用零点填充后扇区地面接收信号强度变化图。

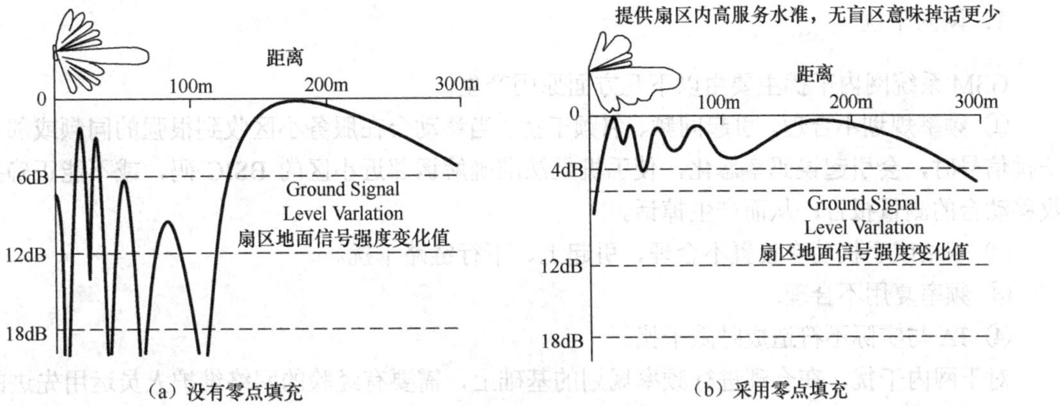

图 8-3-1　扇区地面接收信号强度图

铁塔对全向天线辐射的影响应当引起足够的重视。为了避免天线安装在铁塔上时带来的影响，应注意严禁将金属管与全向天线的有效辐射体重叠安装，设法避免全向天线整体安装在金属桅杆上；应保证全向天线与塔体最近端面相距 6 个波长以上，全向天线的安装垂直度至少小于垂直面半功率波束宽度的 1/8，建议不使用全向双发覆盖技术。

（2）天线的安装问题

天线的安装一定要合乎规范，防止由于不符合规范而导致各种问题的发生。

① 定向天线的安装问题如下所述。

- 防止天线接反或接错。
- 由于施工原因造成的收发天线的方位角、俯仰角不一致或误差较大，会造成覆盖范围不一致，在覆盖边缘容易掉话。
- 保证天线与铁塔有足够的隔离距离，并保证在避雷针 45° 角的保护范围之内。
- 考虑定向天线在邻近覆盖区是否存在阴影。

② 全向天线的安装问题如下所述。

- 全向天线的辐射体被天线抱杆阻挡会影响覆盖效果，需注意其不被抱杆阻挡。
- 保证天线与铁塔有足够的隔离距离，并保证其在避雷针 45° 角的保护范围之内。
- 应避免全向天线安装与水平面不垂直，以免导致天线方向图在覆盖区域内畸变，影响天线覆盖效果。

③ 天馈、合分路器连接存在的问题如下所述。

- 避免由于不规范操作而导致的天馈系统中各接头和馈线进水，以免使驻波比变大，影响覆盖范围。
- 避免各种接头由于没有拧紧使系统的接收和发射性能下降，以免影响覆盖范围和通话质量。

8.3.2　干扰问题

干扰的大小是影响网络运行的关键因素，对通话质量、掉话率、切换率、拥塞率等都有显著的影响。产生干扰的因素有很多种，网络优化中常见的干扰有网内干扰、网外干扰、上行干扰和下行干扰。

1．网内干扰

GSM 系统网内干扰主要由以下几方面原因产生。

① 频率规划不合理，引起同频、邻频干扰。当移动台在服务小区收到很强的同频或邻频干扰信号时，会引起误码率恶化，使手机无法准确解调邻近小区的 BSIC 码，或不能正确接收移动台的测量报告，从而产生掉话。

② 基站或手机功率设置不合理，引起上、下行链路干扰。

③ 频率复用不合理。

④ TA 与实际不符造成时隙干扰。

对于网内干扰，在合理进行频率规划的基础上，需要有经验的网络维护人员运用先进的技术手段和测试手段，通过频率调整、功率调整、天馈线调整等手段对网络进行小区覆盖范围等的调整操作，达到减小干扰的目的。

2．网外干扰

目前，随着技术的发展，空中的无线电波越来越多，网外电波的复杂程度难以预测，当这些频率落在移动通信使用的通带内，就会使通信质量下降产生掉话。常见的网外干扰，如电视 U 频段接收器（频率范围 471.25～958MHz）和 IS-95 CDMA 系统等多是影响 GSM900 的上行频段，而地方电力微波也会对 DCS1800 的上行链路造成干扰。

当发生网外干扰时，话务系统中会出现如下几个明显的特征。

① 若发生上行频段网外干扰，则和上行链路相关的计数器会有明显的恶化；若发生下行频段网外干扰，则和下行链路相关的计数器会有明显的恶化；若发生整个频段的干扰，则上述计数器都会有明显的恶化。

② 语音信道掉话率、分配失败率、切换失败率都会明显上升。

③ 该小区和部分相邻小区都有同样的问题。

④ 这些计数器和上述指标的恶化不随话务量的变化而变化。

（1）上行干扰的消除

上行干扰为目前的主要干扰，其主要来源于同频干扰，也可能是外部干扰，其主要发生在话务高峰期。同频干扰与同频小区的话务量有关，话务量高则干扰大；外部干扰主要是交调干扰，主要是指数模共站的基站由于模拟基站发射机的影响而产生的干扰，这种干扰的直接后果是时隙分配不出去，造成基站资源的浪费。

对于上行干扰，可通过分析路测中的相关报告、修改同频小区的同频频率、增加两个同频小区的间距（实际统计表明信号强度随距离以近似 4 次幂指数的规律衰减）或利用频谱分析仪来加以分析和解决。另外，分集接收和有效的功率控制也可减少干扰。

（2）下行干扰的消除

下行干扰主要是由于频率规划不当而造成部分基站的同频干扰和邻频干扰，下行干扰会引起频繁切换，但这种干扰不是很普遍，发现的方法是通过在 OMC 中取得切换测量报告来加以判断。若通过测量报告和现场实测发现存在同频和邻频干扰，则需要对蜂窝系统的频率规划重新进行优化调整。对无上述情况但有干扰的小区，可利用频谱分析仪寻找干扰源。

（3）采用不连续发射（DTX）技术

DTX 分为上行 DTX 和下行 DTX，是通过采用语音激活检测（VAD），在不传送语音信号时停止发射的技术。其通过限制无用信息的发送，减少了发射的有效时间，从而降低了系统的干扰电平，延长了电池的使用寿命。

使用 DTX 必须结合周围实际的无线环境以及相邻小区的关系进行调整。当手机信号不好时，使用 DTX 可能导致掉话的产生。由于 DTX 下行功能的开启，手机建立通话后，用户在通话时基站发射功率增强，而在通话的间隙，基站会降低发射功率，好处是可以降低对其他基站的干扰，但不好的地方是在一些接收电平相对较低而干扰信号相对较强的地方就容易引起通话质量下降，甚至发生掉话现象。

（4）采用跳频技术

跳频技术实际上是一种扩频技术，即把一个宽频带分成若干个频率间隔，发射机在某一特定时间间隔中，通过一个伪随机码的控制，跳变地采用某一个信道发送信号。跳频的好处是使接收机多了时间选择性，除非窄带干扰在特定时间内与所需的信号同时落入一个信道内，才能形成干扰。跳频可有效改善无线信号的传输质量，特别是慢速移动体的传输质量，这是由于跳频使得发射载频以突发脉冲序列为基础进行跳变，能明显降低同频干扰和频率选择性衰落效应。

（5）采用功率控制技术

在 GSM 系统中，减少干扰意味着可以获得高的频谱效率。功率控制同 DTX 一样能够改善频谱效率。BSS 通过评估 BTS 对移动台测量的结果，调整移动台的传输功率，保证在可接受的传输质量下使用最小的功率，反之，BSS 也可以通过评估移动台报告的 BTS 下行传输功率调整 BTS 的发射功率。

8.3.3 掉话问题

掉话是由于上下行链路质量下降到无法保持正常通话而断开链路的现象。由于用户的移动性和无线传播的不确定性，系统总是或多或少存在掉话现象。无线系统掉话分为 SDCCH 掉话和 TCH 掉话，SDCCH 掉话是指在 BSC 给移动台分配了 SDCCH 信道，但 TCH 信道还未成功分配期间发生的掉话，TCH 掉话是指在 BSC 给移动台成功分配了 TCH 信号后发生的不正常掉话。我们通过分析话务统计并采取优化措施，可以减少这种现象的发生，分析流程如图 8-3-2 所示。

当发现 BSC 整体性能的掉话率有异常时，首先通过查找 TCH 性能统计区分出是普遍现象还是个别现象，分析具体是某几个小区的掉话率较高还是所有基站的掉话率都比较高而导致整体性能中的掉话率异常。如果是普遍性问题，则需要从规划的角度对覆盖、小区参数、频率计划等进行检查，分析链路预算是否满足要求、上下行无线链路失效计数器设置是否合理、网络干扰是否过大等。此外还要对 BSC 的硬件设备进行检测，对网络的无线覆盖情况进行路测等。

如果是个别小区掉话严重，常常根据以下几方面进行故障排查，进行网络优化。

1. 由于覆盖原因导致的掉话

覆盖是网络优化中最为重要的因素，覆盖不理想将会对系统造成影响。以下几种情况是覆盖对于掉话的影响分析。

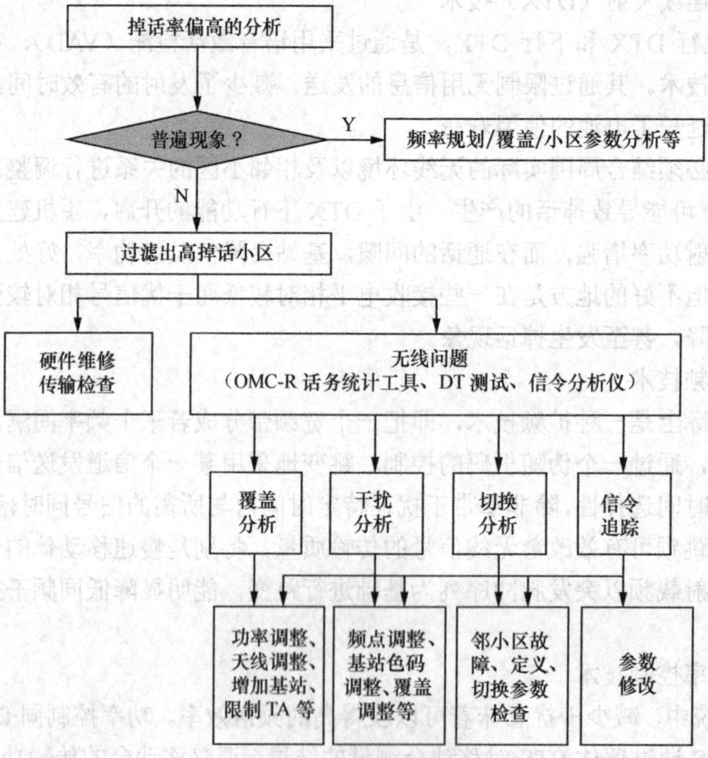

图 8-3-2 掉话处理流程图

（1）覆盖不足

由于地形原因或其他原因，出现信号覆盖盲区，在这些地方肯定发生掉话；另外，由于建筑物阻挡或建筑物内的屏蔽作用导致信号很弱，也会掉话。此种现象中的接收信号强度不足，可以从功控测量得到的平均接收电平和功率等级来判断。当发射机功率达到最大输出而接收电平仍很低时，说明存在覆盖不好的区域。最后，当服务小区由于各种原因（如功率过大）形成孤岛，导致移动台超出了它所定义的邻小区 B 的覆盖范围之外到达了另一个小区 C 后还占用着原服务小区 A 的信号，而小区 A 又未定义邻小区 C，此时移动台根据原服务小区 A 提供的邻小区 B 进行切换时，会因找不到合适的小区而导致掉话，如图 8-3-3 所示。在网络建设时要充分考虑盲区的覆盖，尽量达到无缝覆盖。此外，在建筑物内可以考虑采用微蜂窝、室内覆盖系统等方法来实现室内覆盖。对于漏作邻区关系的小区，补充邻区，减少因无合适的小区切换而造成的掉话，并且可通过减小该基站的倾角，来消除孤岛现象。

（2）上下行功率不平衡

上下行功率不平衡也会造成掉话，此常伴有射频器件故障或线缆连接问题。从上下行平衡测量、功控测量和掉话测量结果可以分析上下行不平衡的情况。另外还要注意观察告警信息和用户投诉的问题。

（3）覆盖不合理

覆盖不合理也会造成干扰引起掉话。在覆盖规划中，应该首先根据实际情况做一个合理的频率规划；然后通过对天线俯仰角、方位角、高度的调节，对发射功率的控制，以及通过软件调整实现对小区参数（如，允许接入参数、小区选择参数、功率参数、切换参数等）的修改等多种方法来实现对小区覆盖范围的严格控制，已实现对掉话的控制。

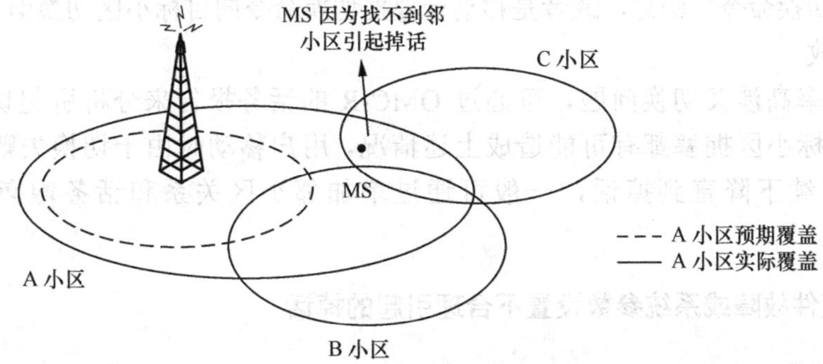

图 8-3-3　覆盖过大导致掉话示意图

（4）直放站的影响

所谓直放站，就是一种无线射频信号增强设备，工作在基站（BTS）和移动台（MS）之间，作为 GSM 系统的无线接口，它双向中继放大射频信号，延伸基站信号的覆盖范围。因此，为了减少投资，扩大覆盖范围，一些小基站往往采用直放站放大信号。由于基站和直放站之间大多数采用射频连接方式，加上地形、环境等的影响以及工程质量等原因，即会导致覆盖达不到指标要求，造成掉话率偏高。

直放站易造成对周围信号的干扰，且造成掉话的现象较为严重，因此应尽量避免使用直放站。如果因环境或工程等方面的原因必须使用，应在相关技术规范、标准的指导下，正确选择直放站址和直放机，合理安装和使用，保证移动通信网的质量要求。

2. 由于干扰原因导致的掉话

当手机在服务小区收到很强的同频或邻频干扰信号时，会引起误码率恶化，使手机无法准确解调邻近小区的 BSIC 码或不能正确接收移动台的测量报告，使通话质量变差引起掉话。

干扰可能是网内干扰或网外干扰，存在于上行链路或下行链路中，我们可以通过以下方法来定位干扰。

① 通过话务统计分析找出可能受到干扰的小区。

② 结合用户投诉，在可能受干扰的地方进行通话路测检查下行干扰。

③ 检查频率规划并对可能存在干扰的频点进行调整，降低干扰。

④ 排除设备方面的原因造成的干扰。

⑤ 使用频谱仪进行扫频，找出干扰频点。

干扰定位后，再根据特定情况给出解决措施，比如可根据实际情况，通过调整相关小区的基站发射功率、天线倾角，或调整频点规划等避免干扰；也可使用不连续发射（DTX）技术、跳频技术、功率控制及分集技术等降低系统噪声，提高系统抗干扰的水平。

3. 由于切换引起的掉话

一般来说，在蜂窝系统中主要有接收电平或接收质量引起的切换、干扰引起的切换、呼叫重建引起的切换及话务原因引起的切换等。当掉话率高涉及切换问题时，我们应将切换失败的原因作为突破点。总体来说，造成切换掉话的原因有两个，即移动台未收到或未解码出网络发出的“切换命令”消息，或者是移动台根据切换命令向目标小区切换但切换不成功且返回原小区失败

如果掉话率高涉及切换问题，可通过 OMC-R 的话务报告来分析引起切换的原因。越区覆盖和目标小区拥塞都有可能造成上述情况，用户移动时由于切换失败造成在原小区通话质量持续下降直到掉话，一般可通过增加邻小区关系和话务均衡来解决这种掉话。

4．设备硬件故障或系统参数设置不合理引起的掉话

（1）参数问题

通过参数检查工具可检查参数是否设置合理，如频率规划是否合理，采用跳频的小区内载频之间的跳频偏移量是否冲突，跳频的频点是否存在干扰，BSC 的定时器和 MSC 的定时器是否匹配等。

（2）硬件问题

对因硬件原因造成的掉话，可通过 OMC-R 查看相关告警。如果 OMC-R 上无硬件告警信息，则可能是某个上行支路或下行支路的硬件存在故障，此时可观察上、下行链路是否受限。若发现故障硬件，应及时更换，以免影响网络运行质量。

（3）系统扩容、升级、补丁的影响

当系统做了大规模的调整后，如新建基站的割接入网、基站扩容、重新频率规划、升级、补丁，应对与之相关的系统参数进行全面的检查和调整，尤其要重点检查相邻小区关系、频率干扰情况以及跳频参数、小区参数等。

5．由于天馈原因导致的掉话

一般由于天馈原因导致的掉话主要有以下几种情况。

① 由于工程方面的原因，天线俯仰角不同或天线方位角等原因造成掉话。比如说安装时基站每个定向小区均有主集和分集两副天线，该小区的 BCCH 和 SDCCH 有可能分别从两副不同的天线发出。当两副天线的俯仰角不同时，就会造成两副天线的覆盖范围不同，即会出现用户能收到 BCCH 信号，但发起呼叫时却因无法占用另一天线发出的 SDCCH 而导致掉话。另外，两副天线的方位角不同会导致用户可以收到信令信道 SDCCH，但一旦被指配到由另一副天线发射出的 TCH 时就会造成掉话。

② 由于天馈自身原因产生掉话。天馈线损伤、进水、打折、接头处接触不良均会降低发射功率和收信灵敏度，从而产生严重的掉话，其可通过测驻波比来作出判断。

天馈线问题分析和解决可通过以下方法完成。

① 首先到基站现场进行观测，或者可以通过对故障小区进行拨打测试（CQT）或路测（DT）并结合从 OMC 中得到的相关统计数据来发现问题，调整天线方位角和俯仰角，以降低掉话率。

② 通过天馈线测试仪对天馈线进行测量，判断天馈线故障原因及故障点，及时更换故障天馈线和接头。

6. 由传输原因导致的掉话

由于存在 Abis 接口、A 接口，链路中传输质量不好、传输链路不稳定也会造成掉话。为了减少此类掉话，可以定期进行 BTS 时钟校准、传输同步检查和传输质量检查，目的是提高 MSC 和 BSC 之间切换的成功率，减少局间切换掉话；还可降低信令的丢失率和低层链路的不稳定性，减少许多 Abis 掉话。

8.3.4　切换问题

移动台在通话期间不断运动，与周围基站的相对位置不断发生变化。为了保证通话期间的信道质量，移动台不断地测量周围小区的无线信道质量，通过服务小区基站将测量报告传送给 BSC。当移动台从一个小区进入另一个小区时，BSC 根据测量报告所包含的服务小区和邻近小区的信号场强和质量级别等信息进行无线链路控制，实施越区切换。切换完成后将由新小区接替原小区为移动台提供服务，保证服务的连续性。

1. 切换问题定位

首先确定切换故障出现在个别小区还是所有小区，以及问题小区的特点。

① 如果是两小区之间出现切换故障，应重点查看两个小区间的数据是否配置正确，硬件是否有故障。

② 如果故障出现在某个小区的所有邻近小区，应重点查看该小区的数据配置是否正确，以及该小区的硬件是否有故障。

③ 如果故障出现在同一 BSC 下的所有小区，应重点查看 BSC 和 MSC 间的数据配置。

④ 如果故障出现在同一 MSC 下的所有小区，问题可能出现在对端局与本局的配合上，比如信令是否兼容、定时器设置是否合理等。

从信令上来说，切换失败可以划分为如下所述两方面的问题。

① 切换选择失败。其原因往往是目标小区信道资源不足、系统存在参数配置问题或硬件问题。

② 切换执行失败。主要反映了空中无线接口的质量。

2. 切换常见问题分析

（1）硬件故障引起的切换问题

如果问题小区及相邻小区的数据配置在近期没有修改，突然出现切换执行失败率非常高，则 BTS 硬件故障可能性最大。此时应通过话务分析来将所出故障的设备定位，并及时处理。

（2）数据配置不合理引起的切换问题

数据配置不合理引起的切换问题主要存在于参数设置不合理或不匹配的情况下。比如将切换门限设置过低，则对于边缘切换来说，会出现邻小区比服务小区电平高很多也不发生切换的问题，影响通话质量，严重时会引起掉话；切换迟滞设置不合理，切换候选小区的信号电平与服务小区信号电平的差值大于迟滞，才可以作为目标小区，当迟滞设置过大时，可能引起难切换的现象。还有一些与切换相关的定时器的设置对切换成功率有很大影响，如定时器 T3103 值设置过小，导致 MS 占用不上目标小区的信道；邻小区参数中关于目标小区的 LAC

或CI描述不正确，导致很高的切换选择失败率。

（3）未设置邻区关系

未设置邻区关系时，虽然服务小区的相邻小区电平很高，但因为没有设置邻区关系，手机不上报该小区列表，便无法切换到该小区。在这种情况下可采用重选或通话测试，观察手机上报的服务小区的邻区列表，根据情况判定手机是否设置了正确的邻区关系。

（4）目标小区信道资源短缺或存在传输故障

如果切换选择失败率很高，可能是要切入的目标小区负荷过高，没有可用的TCH导致。当邻小区的传输发生故障时，BSC虽判断有TCH资源，但无法将地面电路资源激活，由此即会引起切换选择失败。

（5）恶劣的无线条件（比如覆盖）等问题

如果切换执行失败率很高，则有可能是目标小区或源小区无线条件方面的原因。比如恶劣的无线条件将导致移动台无法收到源小区发出的切换命令或无法占用目标小区所指配的信道等。我们可通过检查覆盖预测图来检查导致无线环境恶劣的原因，要注意特殊地点（比如隧道等）的覆盖，一旦怀疑出现上述问题，最好进行路测确认，并采取相应的无线优化手段来改善覆盖。

如果目标小区与源小区之间没有足够的重叠覆盖区域，切换可能会因无法登录到目标小区的TCH而导致失败，如图8-3-4所示。在这种情况下，重新回到源小区的概率会较低，应提高它们之间的重叠覆盖区域。

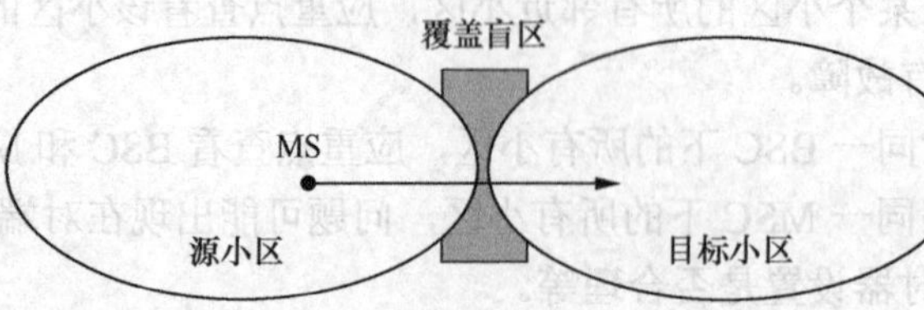

图8-3-4 覆盖不足导致切换失败

8.3.5 拥塞问题

本小节讨论网络无线资源专用信道（SDCCH和TCH）拥塞的问题。拥塞有两种，一种是在立即指配阶段网络无信令信道可用，即SDCCH占用遇全忙；另一种是在语音信道指配阶段网络无业务信道可用，即TCH占用遇全忙。

1. SDCCH信道拥塞

SDCCH信道拥塞率分析流程如图8-3-5所示。SDCCH拥塞率主要描述话务量大造成拥塞的程度。对于小区拥塞的现象，应主要对设备状况、位置区设置和数据配置情况进行分析。

（1）硬件故障

如果TRx等硬件设备出现故障或工作不稳定，就会导致立即指配时BSC无法将该信道的地面资源激活，导致无信令信道可用。因此排查硬件故障时应检查小区和它的邻小区是否正常工作以及TCH的可用性等。

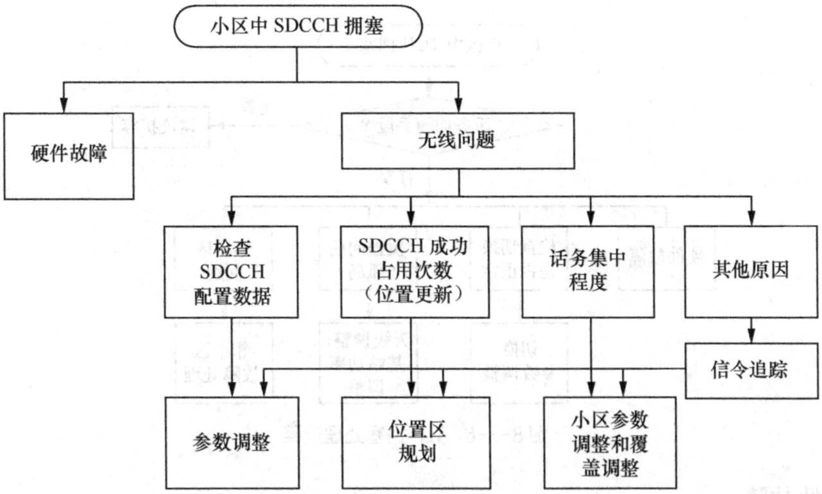

图 8-3-5 SDCCH 拥塞处理流程

（2）参数配置不当

影响 SDCCH 拥塞的参数有很多，比如 C1（路径损耗准则，用于小区选择）、C2（用于小区重选）算法的相关参数和某些相关定时器的设置。举个例子，定时器 T3101 的用途是在发立即指配消息分配信道时开始启动，在移动台正确捕获信道时停止计时，减小此参数可减少系统资源的浪费；定时器 T3122 用于随机接入过程，在收到立即指配拒绝消息后启动。设置在同一 LAC 区所有小区的此参数应一致。当信道业务量较小时，该定时器应尽量设置小一些；但当信道业务量较大时，增大此定时器可防止在系统无资源的情况下用户仍然频繁地发送信道请求消息，导致网络 RACH 和 CCCH 信道负荷无谓增大。

（3）位置区规划不合理

位置区规划不合理会造成频繁的位置更新，比如说某小区位于位置区的边界且它的边界穿过了高话务地带即会引起 SDCCH 拥塞。当发生这种情况时，可通过观察位置区规划，分析实际的路测数据以及该小区的越区切换情况等来判断问题所在。

（4）相邻小区故障

由于相邻小区出现故障，导致服务小区吸收了一部分额外的话务量而出现拥塞。

2．TCH 信道拥塞

TCH 信道拥塞率分析流程如图 8-3-6 所示，包括 TCH 占用遇全忙或其他原因引起的 TCH 占用失败而导致的拥塞。首先判断小区拥塞可否用话务均衡手段解决，如果不行，建议采用扩容、加站等方法；如果可以，则可以考虑从设备、数据配置以及覆盖等方面着手解决。

（1）话务强度超出基站设计容量

如果 TCH 信道在一段时间内持续拥塞，可以分析小区的 TCH 性能测量，检查 TCH 拥塞是否因遇全忙。如果真正由于话务量过大所导致，看能否通过其他小区分担话务解决；若超出了优化调整的范畴，最简单有效的方法就是扩容。

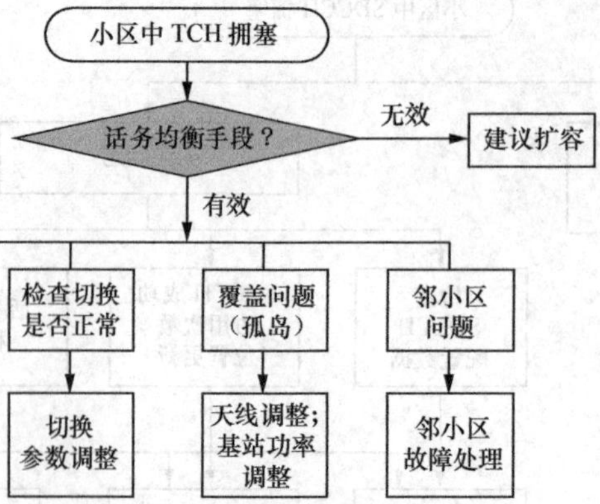

图 8-3-6 TCH 拥塞处理流程

（2）硬件故障

分析拥塞小区的硬件设备（比如 TRx）是否工作正常。当基站设备不稳定时，将会影响信道的可用性，在指配信道时由于无法正常激活而导致拥塞；此时应及时修复故障设备。

（3）切换问题

频繁切换也可能造成 TCH 信道拥塞，比如由于边界、覆盖、干扰或参数问题造成了“乒乓切换”，即在两小区来回重复切换。我们知道，和切换相关的定时器 T3103 表示在网络发切换命令消息时启动，在移动台正确捕获新信道时停止计数。其用途是保持信道足够长的时间，以便移动台在切换不成功时可以返回原信道，MS 丢失时释放信道。因此，在执行切换时，由于在 T3103 的时限内会同时占用服务小区和目标小区的 TCH 信道，因而过多的切换将会导致资源的浪费。

（4）覆盖问题

由于实际情况不同，有些小区拥塞是由于基站天线挂高过高，天线俯仰角不合理，导致覆盖过大造成的；此外，由于参数设置不当，使得某些小区的无线环境在某些方向非常好，存在跨越了其相邻小区的覆盖，此时将导致某些话务无法正常切出，造成话务过于集中，进而产生拥塞。另外，当某区域出现一个小区的覆盖孤岛，即服务小区由于各种原因（无线传输环境不好、基站位置过高或天线的倾角较小）导致覆盖太大，以至于将邻小区覆盖在内，造成在某些小区的覆盖范围出现了一片孤独区域（所谓的伞状覆盖），此孤独区域在地理上没有邻区，类似于“孤岛”。如果移动台在此区域移动，由于没有邻区，移动台因无法切换到其他的小区导致掉话的发生。

“孤岛效应”多出现在网络扩容后，随着新基站的割接入网，需对原来的小区覆盖范围作调整，但小区覆盖范围收缩太快会造成 2 个小区切换带上覆盖不好；反之则容易形成“孤岛效应”。通常解决此类问题的手段是通过大量的 DT 测试发现问题，或调整孤岛小区的天线减少小区覆盖范围，或增加邻区列表等。

（5）邻小区问题

邻小区漏定义或邻小区出现故障等都会导致本小区 TCH 拥塞。前者使呼叫不能及时切出导致掉话，后者由于邻小区故障引起的 TCH 可用率降低导致本小区拥塞。因此应该检查相邻小区是否出现了故障，通过路测和邻小区参数检查找出漏定义的小区。

8.4 优化案例分析

本节简单介绍了两个特定情况下的案例，通过分析流程帮助读者了解移动通信网络优化的长期性、复杂性和艰巨性。

8.4.1 案例一

1．投诉现象

客户反映投诉地点在最近一段时间打电话多次出现单通现象，即电话接通后听不到对方声音，并且常出现掉话现象。

2．投诉分析

通过现场测试，对投诉比较集中的区域做了详细的CQT拨打测试。通过在投诉地点进行主被叫拨打测试，统计出4次双不通现象，2次掉话现象。这4次双不通现象均出现在同一载频的同一时隙上，因此判断问题出现的原因可能是这块载频出现了故障导致上下行语音通路出现问题。

对测试中出现的掉话现象，经过实际路侧后发现是主叫手机占用到本站点的BCCH载频后，语音质量持续7级，导致无线链路超时而发生了掉话，如图8-3-7所示。进一步分析原因，很可能是本站点BCCH的频点受到干扰，通过检查频率规划，发现本站点与相邻站点的BCCH工作在同频，且这2个站点距离非常近，于是导致了同频干扰的发生。

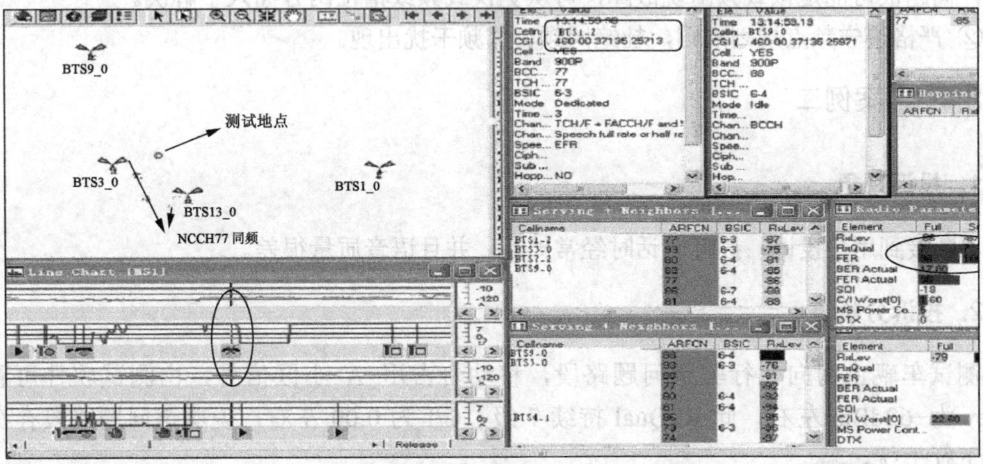

图8-3-7 出现投诉地点路测图

3．解决措施

① 首先对问题载频进行更换，再次测试，故障依旧。

② 对问题载频所在的槽位进行调整，然后对基站进行复位后，再次对该站点的所有时隙进行测试，没有出现单通现象。

③ 对本站点的BCCH频点和BSIC码做相应更改后，再次对其进行测试，语音质量良好，如图8-3-8所示。

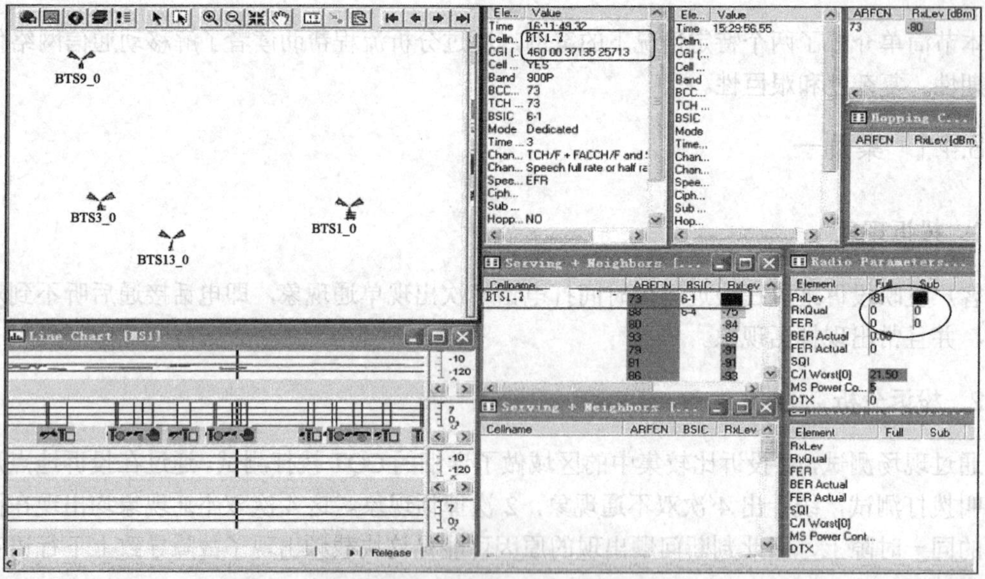

图8-3-8　优化后投诉地点路测图

4．经验借鉴

① 对于单通现象，如果单通出现在某基站某一固定的载频或时隙上，而该基站其他小区正常，问题很可能是该载频出现故障，可从更换载频或槽位两方面入手解决。

② 严格遵守频点规划规则，杜绝同频、邻频干扰出现。

8.4.2　案例二

1．投诉现象

不断接到用户投诉，拨打电话时经常掉话，并且语音质量很差。

2．投诉分析

测试车辆由南向北行驶至问题路段，移动台占用A小区信号，由测试软件可看出RxLev为-62dBm左右，此RxQual持续7级，C/I为0.00左右，说明该问题路段存在严重的下行干扰。

通过频率规划软件查看可以发现，该问题路段主覆盖小区为B小区，但A小区由于越区覆盖与B小区在此路段形成同频干扰，使得移动台占用A小区时误码率过高，最终导致掉话。现场测试如图8.3.9所示。

3．解决措施

① 核查A小区与周边邻区是否漏加。

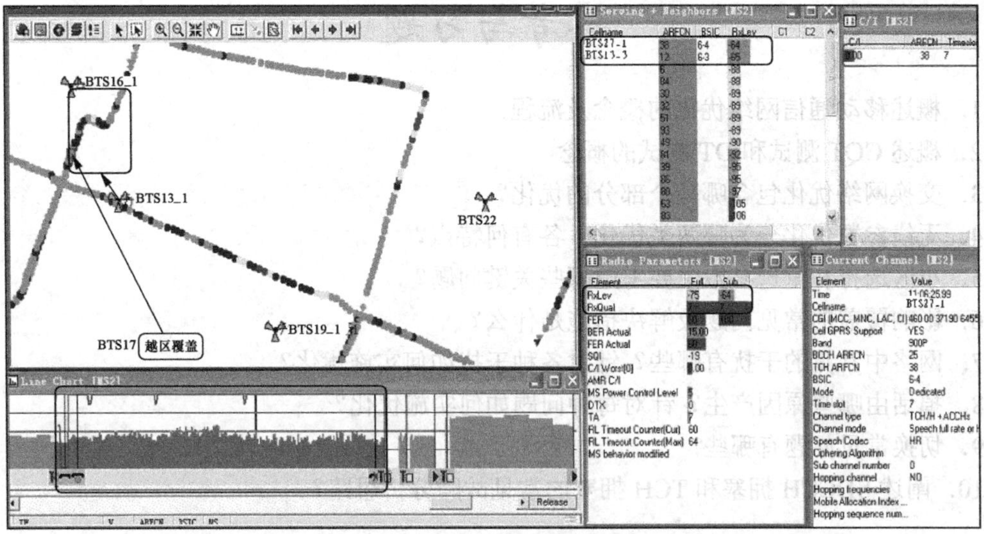

图 8-3-9 投诉路段现场测试截图

② 下压 A 小区天线俯仰角，解决越区覆盖问题。

经过对 A 小区天线的调整，越区覆盖造成的干扰消失。图 8-3-10 为调整后复测截图。

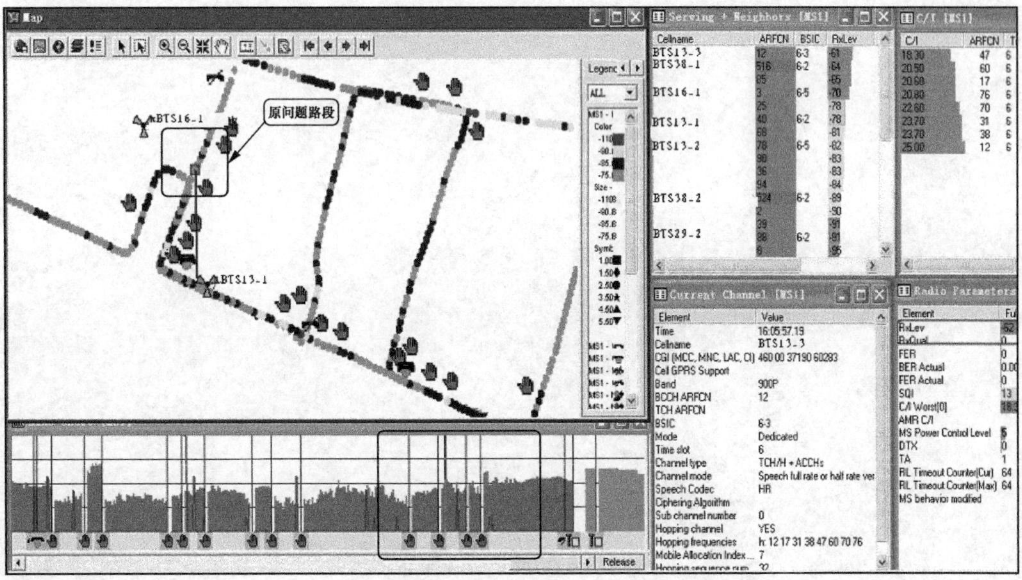

图 8-3-10 调整后路段现场测试截图

4. 借鉴经验

① 定位越区覆盖问题首先要考虑该小区是否与周边基站漏加邻区。

② 越区覆盖基站对现网构成的影响。

思考与习题

1. 概述移动通信网络优化的概念及流程。
2. 概述 CQT 测试和 DT 测试的概念
3. 交换网络优化包含哪几个部分的优化？
4. 无线参数优化分为哪两类优化？各有何特点？
5. 小区选择和重选参数主要考虑哪些关键问题？
6. 影响覆盖的常见问题及解决措施是什么？
7. 网络中常见的干扰有哪些？针对各种干扰如何实施优化？
8. 掉话由哪些原因产生？针对每种问题如何实施优化？
9. 切换常见问题有哪些?
10. 阐述 SDCCH 拥塞和 TCH 拥塞的常见故障分析思路？

第9章 第四代移动通信网络展望

第4代（4G）移动通信标准将比第三代标准可提供更多功能，提供更高的传送速率。第3代标准只是在第2代的基础上速率和能力有所提高，而正在开始研制的第4代移动通信标准将会对世界各地所有移动通信标准的统一做出巨大贡献，从而加速世界移动通信行业的发展。

移动通信系统的迅猛发展得益于技术需求和市场需求两方面因素。首先，Internet的飞速发展对移动通信产生了深远的影响。其次，人们已经不再满足于传统的语音业务，人们希望移动通信系统能够提供更广泛的业务种类，如Internet接入、电子邮件、实时图像传输、视频点播、下一代有线数字电视及宽带数据业务等，这为移动通信的发展提供了广大的市场空间。

移动通信所提供的业务结构和模式也将发生巨大变化。现在的通信模式还主要是人与人之间的通信，而以后的通信模式将要发展为人与人、人与机器、机器与人、机器与机器之间的通信。所有这些变化都对移动通信系统提出更高的要求，人们要求移动通信系统可以提供各种多媒体业务，可以满足各种通信质量要求，可以以各种形式的终端接入。另外，系统还应高度的智能化，以满足通信业务发展、变化的需求，在这种情况下，各种新兴的通信技术就应运而生了。但是，因为各个通信商家的利益得不到很好的协调，这些新兴的通信技术如今被分化成了三大阵营，然而统一的呼声在业界仍然留存，希望在未来能够统一。目前相互兼容移动通信技术的第四代移动通信标准正在业界萌动。

9.1 未来移动通信发展的方向

在未来的移动通信领域中，无线资源随着用户的需求不断提高而日益紧缺。针对将来用户的更多需求，移动通信领域需要提出对应的解决方案。用户的这些需求主要体现在技术的3个方面，即可靠性、有效性和安全性。

9.1.1 移动通信发展的3个方向

1. 可靠性（Reliability）

在将来的移动通信中，用户终端所在的通信环境将越来越复杂，这包括各种建筑物和空中阻隔对通信信道的阻断、反射、折射及衍射作用会更大地增强，用户移动速度的变化范围也会不断加大，从而使信道成为时变深衰落信道；各种各样的移动通信系统同时工作在相同的空间区域里，用户终端的数量和所传输的数据量也越来越大。在这样的通信环境下，要保证用户的通信可靠性达到一定的程度，通信不中断，质量保证在一定的级别以上，移动通信系统必须不断有新的提高移动通信可靠性的技术来支撑。

2．有效性（Efficiency）

在将来的移动通信中，用户数量会越来越多，并且随着移动 IP 的应用，每一个用户所需的信道容量也会随着通信中媒体种类和传输数据量的增加而不断增加，同时数据传输和用户所需的服务质量等级也在不断提高，这时如果无线移动技术中没有相应的技术储备，将不能满足用户的需要。

3．安全性（Security）

安全性总是用户所最需要的，并且要求等级会不断提高。在将来的移动通信中，不会再是现在这样的语音通信占很大比例的情况，而是各种数据和媒体的传输，这其中很多信息的价值都非常高，要求安全技术的支持。

在未来的无线通信领域里，通信环境可能非常复杂，终端移动速度在变，传输数据速率在变，网络拓扑结构在变，等等。在 4G 移动通信的候选方案中，已经开始从上述的几个方面考虑和设计。

9.1.2 4G 网络的基本结构和关键技术

1．发展 4G 的动力

尽管 3G 系统相对于 2G 系统在通信速度和质量上都有了很大的提高，可以支持多媒体和 IP 类型的业务，统计复用的策略可以提高分组传输模式的效率，但是 3G 系统还是有它自己的局限性。第一，因为多用户干扰，利用 CDMA 很难达到很高的通信速率；第二，因为空中接口标准对核心网的限制，3G 系统所能提供的服务速率的动态范围不大，不能满足各种业务类型的要求；第三，分配给 3G 系统的频率资源已经趋于饱和。人们希望这些问题在下一代移动通信系统中可以得以解决，并且尽快在市场上推动下一代 4G 移动通信的各种应用，使各种应用更快地进入寻常百姓家，而这也将会带动许多相关行业的技术革新和发展。

2．ITU 正在制定 4G 移动通信标准

2000 年确定了 3G 国际标准后，ITU 就启动了 4G 的相关工作，当时的名称还叫做 Beyond 3G。2003 年，ITU 对 4G 的关键性能指标进行定义，确定了 4G 的传输速率为 1Gbit/s。2005 年，ITU 进行 4G 的相关市场预测，当时预计到 2020 年每个用户每天数据流量为 2～20Gbit。2007 年，ITU 给 4G/B3G 分配了新的频谱资源，并于 2008 年开始征集关键技术。2009 年 10 月开始，ITU 对征集到的 6 份 4G 提案逐一进行严格评估。2010 年 10 月，国际电信联盟无线通信部门（ITU-R）第 5 研究组国际移动通信工作组（WP5D）第 9 次会议在我国重庆召开。会议经审议一致通过将 ITU 收到的 6 个 4G 标准候选提案融合为 2 个——LTE-Advanced（Long Term Evolution Advanced）和 Wireless MAN-Advanced（802.16m）。2011 年 2 月 16

日，国际电信联盟副秘书长赵厚麟在西班牙巴塞罗那参加世界移动通信大会期间接受记者专访时表示，目前 ITU 已经基本确定了 4G 标准将从 LTE 和 WiMAX 两大技术中产生，呼声最高的 4G 标准就是 LTE 技术。其中，中国主导研发的 TD-LTE 技术是 LTE 的主要类型之一。按照 ITU 标准审批流程，2011 年 10 月，4G 标准形成非常详细的标准文本，并于 2011 年 11 月上报给 SG5，最终 4G 标准将在 2012 年的春天完成所有环节的审批。

3．4G 移动通信网络结构

第 1 代移动通信系统向第 2 代移动通信系统的进化，是模拟通信向数字通信、单一业务向多种业务的转换；第 2 代移动通信系统向第 3 代移动通信系统的演变，是单一媒体向多媒体、人与人之间业务向人与机器之间业务的转化；在第 3 代移动通信系统向 4G 系统的转化过程中，我们将看到一个动态的、自适应的、智能的系统。结合移动通信市场的发展和用户需求，4G 移动网络将基于多层蜂窝结构，通过多个无线接口，由多个业务提供者和众多网络运营者提供多媒体业务。因此，4G 移动通信技术应具备以下 4 个基本特征。

（1）多种业务的完整融合

4G 移动网络应能集成不同模式的无线通信，从无线局域网和蓝牙等室内网络、蜂窝网络、广播电视网络到卫星通信网络，移动用户可以自由地从一个标准的网络漫游到另一个标准的网络。

（2）高速移动中不同系统间的无缝连接

用户在高速移动中能够按需接入系统，并在传送高速多媒体业务数据的同时在不同系统间无缝切换。

（3）各种用户设备便捷入网

各种价格低廉的设备应能方便地接入通信网络中。

（4）独立的软件平台

不同通信系统和终端的应用软件通过此平台“互连互通”，并通过此软件平台实现对不同通信系统和终端的管理和监控。

4G 移动网络将首次采用全 IP 无线网络协议和分布式控制方式，这为提高无线接入网的可靠性带来了新的解决方案。在该系统中，核心网和无线接入网是紧密结合在一起的，而不像以前各成系统。网络结构如图 9.1.1 所示，核心网络作为一种统一的网络，支持有线及无线的接入，它就像具有移动管理功能的固定网络，其接入点可以是有线或无线，无线接入点可以是蜂窝系统的基站、WLAN 等。不论何种接入方式，均具有统一的信令结构，信息的格式可以是 ATM 信元或 IP 分组（或包）。

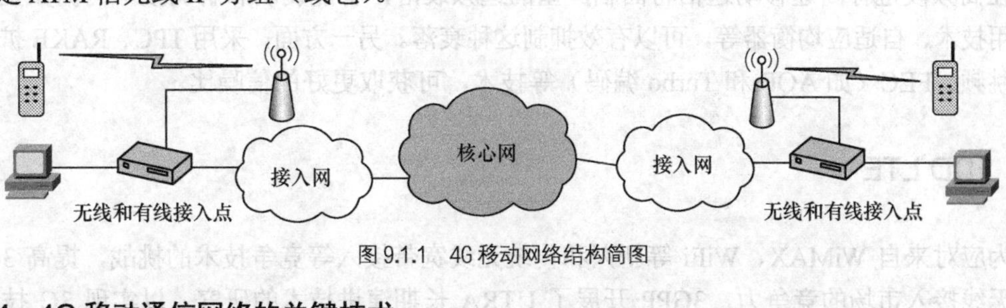

图 9.1.1　4G 移动网络结构简图

4．4G 移动通信网络的关键技术

第四代移动通信网络采用的关键技术可以归纳为如下所述 8 个方面。

（1）定位技术

在 4G 移动通信系统中，移动终端可在不同的系统或平台间进行移动通信。因此，对移动终端的定位和跟踪是实现移动终端在不同系统或平台间无缝连接以及高速率和高质量移动通信的前提与保障。

（2）切换技术

切换技术适用于移动终端在不同移动小区之间、不同频率之间通信或者信号降低信道选择等情况，主要有软切换和硬切换。在 4G 移动通信系统中，切换技术的适用范围更为广泛，并朝着软切换和硬切换相结合的方向发展。

（3）软件无线电技术

在 4G 移动通信系统中，软件将会变得非常繁杂。软件无线电技术能够将模拟信号的数字化过程尽可能地接近天线，即将 A/D 和 D/A 转换器尽可能地靠近 RF 前端，利用 DSP 进行信道分离、调制解调和信道编译码等工作。它旨在建立一个无线电通信平台，在平台上运行各种软件系统实现多通路、多层次和多模式的无线通信。应用软件无线电技术，一个移动终端就可以在不同系统和平台之间畅通无阻。

（4）智能天线技术

智能天线具有抑制噪声、自动跟踪信号、智能化时空处理算法形成数字波束等功能。

（5）无线电在光纤中的传输技术

利用光纤传送宽带无线电信号，与其他传输媒介相比，损耗很小。还可以用光纤传送包含多种业务的高频（60 GHz）无线电信号。因此，利用光纤传输无线电信号已成为研究的一个重点。

（6）网络协议与安全

4G 移动网络包含许多类型的通信网络，采用以软件连接和控制为主的方法进行网络互连。因此，无线接口协议成为 4G 移动通信网络的关键技术之一。同时，随着网络的扩展，网络的安全问题也要高度重视。

（7）传输技术

传输技术主要研究在高速率（＜20 Mbit/s）条件下，高速移动通信微波传输的性能以及在高频段（如 60 GHz）室内信号多径传输性能和在雨天等恶劣条件下亚毫米波段传输性能。

（8）调制和信号传输技术

在高频段进行高速移动通信将面临严重的选频衰落，智能调制和解调技术；例如正交频分复用技术、自适应均衡器等，可以有效抑制这种衰落。另一方面，采用 TPC、RAKE 扩频接收、跳频、FEC（如 AQR 和 Turbo 编码）等技术，可获取更好的信噪比。

9.2 FDD LTE

为应对来自 WiMAX、WiFi 等新兴和传统无线宽带接入等竞争技术的挑战，提高 3G 在宽带无线接入市场的竞争力，3GPP 开展了 UTRA 长期演进技术的研究，以实现 3G 技术向超 3 代移动通信系统 B3G（Beyond Third Generation in Mobile Communication System，B3G）和 4G 的平滑过渡。2004 年，3GPP 启动了包含 LTE 在内的长期研究计划，以保持 UMTS 技术体系在未来 10 年的技术领先实力。

LTE 最显著的特点是采用正交频分复用调制（Orthogonal Frequency Division Multiplexing，OFDM）技术，并使用 20MHz 的带宽，同时配合 HSPA+中已经采用的 MIMO、高阶调制以及增强的 Rake 接收和干扰抵消技术，以期达到下行 100 Mbit/s 和上行 50 Mbit/s 的目标。LTE 系统同时定义了频分双工（FDD）和时分双工（TDD）两种双工方式，并分别设计了 FDD 和 TDD 的帧结构。

9.2.1 FDD 模式的工作原理

FDD 模式是在分离的两个对称频率信道上进行接收和发送，用保护频段来分离接收和发送信道，如图 9.2.1 所示。FDD 必须采用成对的频率，依靠频率来区分上下行链路，其单方向的资源在时间上是连续的。FDD 在支持对称业务时，能充分利用上下行的频谱，但在支持非对称业务时，频谱利用率将大大降低。

LTE 支持 5ms 和 10 ms 上下行切换点。对于 5 ms 上下行切换周期，子帧 2 和 7 总是用作上行；对于 10 ms 上下行切换周期，第 1 个半帧内有 GP 和 UpPTS，每个半帧都有 DwPTS，长度为 1 ms。UpPTS 和子帧 2 用作上行，子帧 7 和 9 用作下行。FDD 模式下，10 ms 的无线帧结构如图 9.2.2 所示，它被分为 10 个子帧,每个子帧包含两个时隙，每时隙长 0.5ms。

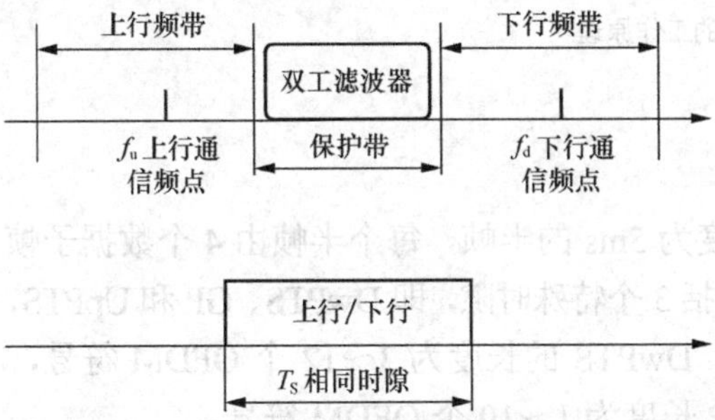

图 9.2.1 FDD 的工作原理

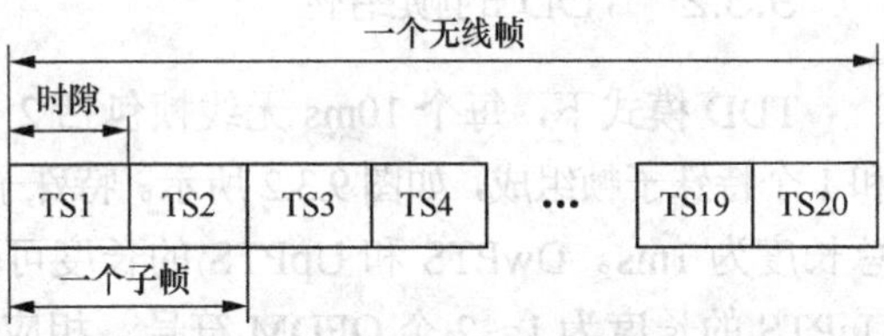

图 9.2.2 FDD LTE 帧结构

9.2.2 FDD 模式的优势及不足

FDD 模式的优点是采用包交换等技术，可突破二代发展的瓶颈，实现高速数据业务，并可提高频谱利用率，增加系统容量。但 FDD 必须采用成对的频率，即在每 2×5 MHz 的带宽内提供第三代业务。该方式在支持对称业务时，能充分利用上下行的频谱；但在非对称的分组交换（互联网）工作时，频谱利用率则大大降低（由于低上行负载，造成频谱利用率降低约 40%），在这点上，TDD 模式有着 FDD 无法比拟的优势。

FDD 模式的不足表现在如下两个方面。

① 现有的通信系统 GSM900 和 GSM1800 均采用 FDD 双工方式，FDD 双工方式占用了大量的频段资源；同时，一些零散频谱资源由于 FDD 不能使用而闲置，造成了频谱浪费。

② 在 FDD LTE 系统中，非对称业务的实现对上行信道资源存在一定的浪费，必须采用高速分组接入（HSPA）、EV-DO 和广播/组播等技术。相对于 FDD LTE 系统，TDD LTE 系统能够更好地支持不同类型的业务，不会造成资源的浪费。

9.3 TDD LTE

TDD 用时间来分离接收和发送信道。在 TDD 方式的移动通信系统中，接收和发送使用同一频率载波的不同时隙作为信道的承载，其单方向的资源在时间上是不连续的，时间资源在两个方向上要重新分配的。

9.3.1 TDD 模式的工作原理

某个时间段由基站发送信号给移动台，另外的时间由移动台发送信号给基站，基站和移动台之间必须协同一致才能顺利工作。TDD 工作方式如图 9.3.1 所示。

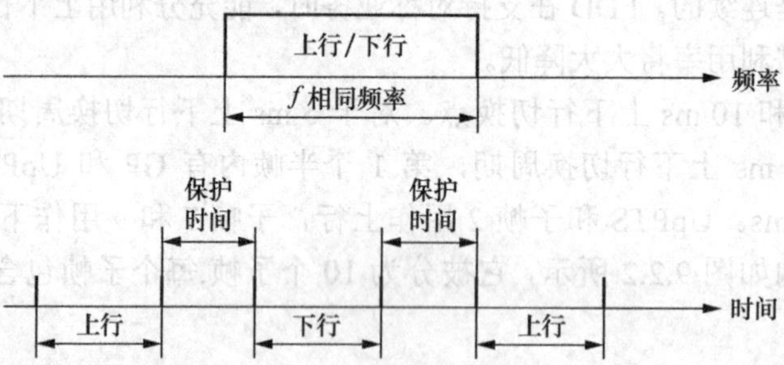

图 9.3.1 TDD 方式的工作原理

9.3.2 TDD 的帧结构

TDD 模式下，每个 10ms 无线帧包括 2 个长度为 5ms 的半帧，每个半帧由 4 个数据子帧和 1 个特殊子帧组成，如图 9.3.2 所示。特殊子帧包括 3 个特殊时隙，即 DwPTS、GP 和 UpPTS，总长度为 1ms。DwPTS 和 UpPTS 的长度可配置，DwPTS 的长度为 3～12 个 OFDM 符号，UpPTS 的长度为 1～2 个 OFDM 符号，相应的 GP 长度为 1～10 个 OFDM 符号。

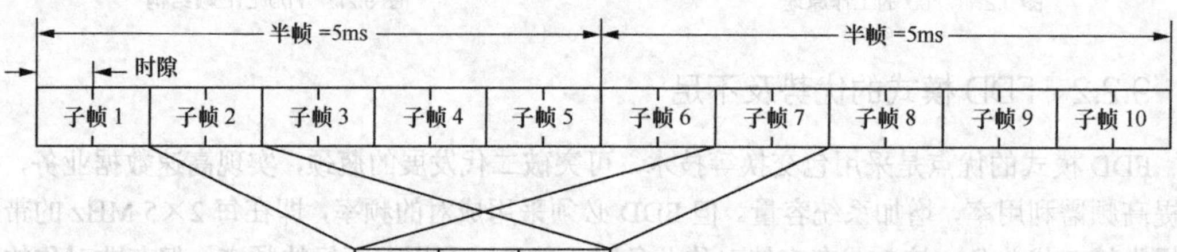

图 9.3.2 TDD LTE 帧结构

9.3.3 TDD LTE 的优势及不足

1. 优势

TDD 双工方式的工作特点及其帧结构使得 TDD 具有如下 5 个优势。

① 能够灵活配置频率，使用 FDD 系统不易使用的零散频段。随着移动通信的发展，多

媒体业务对于频谱的需求日益增加，频段资源是无线通信中最宝贵的资源。由于 TDD LTE 系统无需成对的频率，可以方便地配置在 FDD LTE 系统所不易使用的零散频段，具有一定的频谱灵活性，能有效地提高频谱利用率。

② 可通过调整上下行时隙转换点提高下行时隙比例，很好地支持非对称业务。在第三代移动通信系统以及未来的移动通信系统中，除了提供语音业务之外，数据和多媒体业务将成为主要内容，上网、文件传输和多媒体业务通常具有上下行不对称特性，TDD LTE 系统在支持不对称业务方面具有一定的灵活性。如浏览网页、视频点播等业务，下行数据量明显大于上行数据量，系统可以根据业务量的分析配置下行帧多于上行帧的；在提供传统的语音业务时，系统可以配置下行帧等于上行帧。

③ 具有上下行信道一致性，基站的接收和发送可以共用部分射频单元，降低了设备成本。

④ 具有上下行信道互惠性，能够更好地采用传输预处理技术，如预 Rake 技术、联合传输（JT）技术、智能天线技术等，能有效地降低移动终端的处理复杂性。

⑤ 能够与 TD-SCDMA 系统共存。对现有通信系统来说，目前的数据传输速率已经无法满足用户日益增长的需求，运营商必须提前规划现有通信系统向 B3G/4G 系统的平滑演进。TDD LTE 帧结构基于我国 TD-SCDMA 的帧结构，能够方便地实现 TD-LTE 系统与 TD-SCDMA 系统的共存和融合。

2. 不足

TDD 双工方式也存在明显的不足。

① 由于 TDD 方式的时间资源分别分给了上行和下行，因此 TDD 方式的发射时间大约只有 FDD 的一半；若 TDD 要发送和 FDD 同样多的数据，就要增大 TDD 的发送功率。

② TDD 系统上行受限，因此 TDD 基站的覆盖范围明显小于 FDD 基站。

③ TDD 系统收发信道同频，无法进行干扰隔离，系统内和系统间存在干扰。

④ 为了避免与其他无线系统之间的干扰，TDD 需要预留较大的保护带，影响了整体频谱利用效率。

TDD 双工方式具有频谱配置灵活、频谱利用率高、上下行信道互惠性等特点，能够满足下一代移动通信系统对带宽的要求以及频率分配零散化的趋势，在 B3G/4G 移动通信系统中具有较强的优势。TDD LTE 在频谱利用、非对称业务支持、智能天线技术支持以及与 TD-SCDMA 系统共存等方面有很大的优势，在未来的通信系统中具有很强的竞争力。随着 TDD LTE 技术研究的深入和国际市场的推广，TDD LTE 将成为未来无线通信系统中的主流技术。

9.3.4 TDD LTE 和 FDD LTE 的现状对比

① 目前全球来看，绝大部分国家的运营商都采用 FDD-LTE 模式，只有中国移动和日本的 Soft Bank Mobile 宣布采用 TDD LTE。印度的部分运营商可能会采用 TDD 模式。

② 终端不通用。

③ TDD LTE 和 FDD LTE 各有千秋，并不能说 TDD LTE 就比 FDD LTE 好，但相对于 FDD LTE 来说，TDD LTE 最大的优势是灵活的带宽配比如频谱利用率较高（尤其是非对称业务）。

④ 中国移动已确定采用 TDD LTE 模式，并已开始布局。目前正处于外场测试预商用阶

段。中国联通和中国电信目前没有布局 LTE 的计划（还未拿到 4G 的频带），可能采用各自现有技术的升级方式来与中国移动抗衡。

如果不考虑系统间的差别，仅从传输类型的角度考虑，从本质上来说，TDD 模式与 FDD 模式最大的区别是物理层帧结构，TDD 是以不同时隙来分配上下行物理信道的，上下行物理信道不可能在同一帧的同一个时隙出现；FDD 是以不同的频点来分配上下行物理信道的，一个帧内任意一个时隙都可以同时进行上下行物理信道数据的传输。

9.4 WiMAX

全球微波互联接入（Worldwide Interoperability for Microwave Access，WiMAX）是基于 IEEE 802.16 和 ETSI Hiper MAN 无线城域网（MAN）标准的无线数字通信技术。WiMAX 可在授权和非授权频率上进行操作，所以可为无线载波提供规范的环境和可行的经济模式。这些优势加上遍布全球的技术支持（例如正在全球进行的部署、频谱分配和标准化），使 WiMAX 成为在全球业务未覆盖地区快速、经济高效地开通超快速宽带无线接入的第一选择。

WiMAX 的固定版本（IEEE 802.16-2004）可使用 2～11 GHz 频段向固定设备提供非视距（NLOS）传输。较高的频率要求视距内的覆盖范围。固定 WiMAX 可在 50 Km 的距离内，以高达 75 Mbit/s 的速度提供高吞吐率的宽带连接。它基于 OFDM，使用多种导频音，并支持从 BPSK 到 64 QAM 的调制范围。WiMAX 系统可以使用授权或非授权频谱中从 1～28 MHz、包含 256 个子载波（192 个数据子载波）的多种带宽。WiMAX 的移动版本 IEEE 802.16e-2005 是 802.16-2004 的扩展，用于 2～6 GHz 频段中的移动应用。它可以将 WiMAX 技术构建到笔记本电脑和其他移动设备中。

9.4.1 WiMAX 网络技术特点

WiMAX 网络示意如图 9.4.1 所示，从技术的角度来看，其有如下 3 个方面特点。

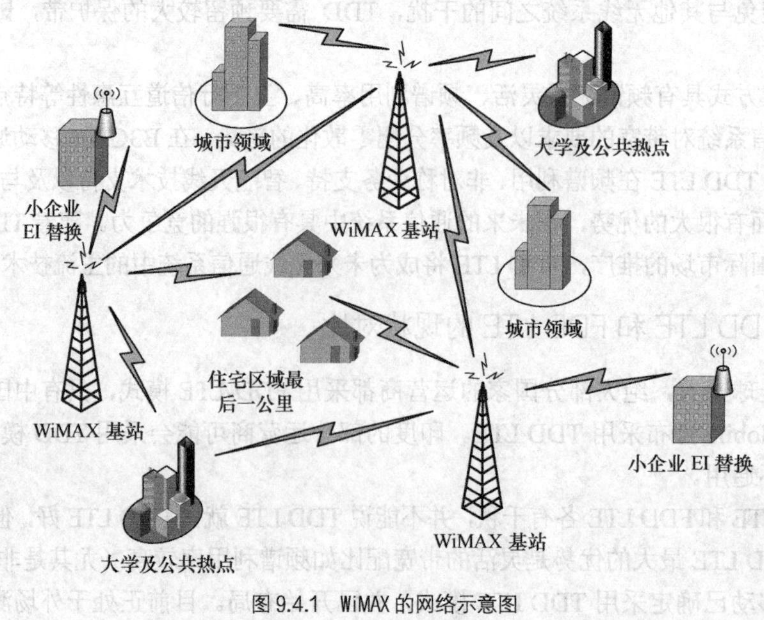

图 9.4.1 WiMAX 的网络示意图

1．链路层技术

TCP/IP 协议的特点之一是对信道的传输质量有较高的要求。无线宽带接入技术面对日益增长的 IP 数据业务，必须适应 TCP/IP 协议对信道传输质量的要求。在室外远距离的应用条件下，无线信道的衰落现象非常显著，在质量不稳定的无线信道上运用 TCP/IP，其效率可能十分低下。WiMAX 技术在链路层加入了 ARQ 机制，减少了到达网络层的信息差错，可大大提高系统的业务吞吐量；同时，WiMAX 采用天线阵、天线极化方式等天线分集技术来应对无线信道的衰落，这些措施都提高了 WiMAX 的无线数据传输性能。

2．QoS 性能

WiMAX 可以向用户提供具有 QoS 性能的数据、视频、语音（VoIP）业务。WiMAX 可以提供 3 种等级的服务，分别是固定带宽（Constant Bit Rate，CBR）、承诺带宽（Committed Information Rate，CIR）、尽力而为（Best Effort，BE）。CBR 的优先级最高，任何情况下网络操作者与服务提供商以高优先级、高速率及低延时为用户提供服务，保证用户订购的带宽；CIR 的优先级次之，网络操作者以约定的速率来提供，但速率超过规定的峰值时优先级会降低，还可以根据设备带宽资源情况向用户提供更多的传输带宽；BE 具有更低的优先级，这种服务类似于传统 IP 网络的尽力而为的服务，网络不提供优先级与速率的保证，在系统满足其他用户较高优先级业务的条件下，尽力为用户提供传输带宽。

3．工作频段

整体来说，802.16 工作的频段采用的是无需授权频段，范围在 2 GHz 至 66 GHz 之间，而 802.16a 则是一种采用 2 GHz 至 11 GHz 无需授权频段的宽带无线接入系统，其频道带宽可根据需求在 1.5 MHz 至 20 MHz 范围内调整。因此，802.16 所使用的频谱可能比其他任何无线技术都更丰富，并具有以下优点。

① 对于已知的干扰，窄的信道带宽有利于避开干扰。

② 当信息带宽需求不大时，窄的信道带宽有利于节省频谱资源。

③ 灵活的带宽调整能力有利于运营商或用户协调频谱资源。

9.4.2　WiMAX 面临的竞争

WiMAX 定位是取代 WiFi 的一种新的无线传输方式，但后来发现 WiMAX 定位比较像 3.5G，提供终端使用者任意上网的连接，这些功能 3.5G/LTE 都可以达到。WiMAX 于市场上所面临的竞争，主要来自于广为布局且能提供相同服务的无线系统，如 CDMA2000 和通用移动通信系统（Universal Mobile Telecommunications System，UMTS）。市场定位模糊成为 WiMAX 的最大致命伤。

3G 的两个主要系统 CDMA2000 和 UMTS 均为 WiMAX 的竞争者，两者均于语音服务外尚提供 DSL 等级的网络服务。UMTS 是 WiMAX 主要的竞争对手，是由欧洲几家主要电信制造商研制的。使用 HSDPA 技术，使得文件传输的下行速度高达 8～10 Mbit/s。UMTS 同时加强为 UMTS-TDD 的形式，使用以 WiMAX 导向的频谱，并能在使用高峰导致低带宽时提供比 WiMAX 更稳定的服务，以直接与 WiMAX 竞争。WiMAX 的传输速率、移动性与其他几个系统的比较如图 9.4.2 所示。

欧洲体系的 GSM/UMTS 升级到 4G 的计划称为 3GPP 长期演进技术，而美洲体系的 CDMA2000 这类由 AMPS/TIA 演进而来的技术也有称为超移动宽带（UMB）的替代方案在推展。该两项计划均舍弃现存的空中接入标准（Air Interfaces），改以 OFDMA 为下行链路技术，及为上行链路采用以 OFDM 为基础的多项方案。这些都将带来可与 WiMAX 相同，甚至比 WiMAX 更快速的互联网连线服务。

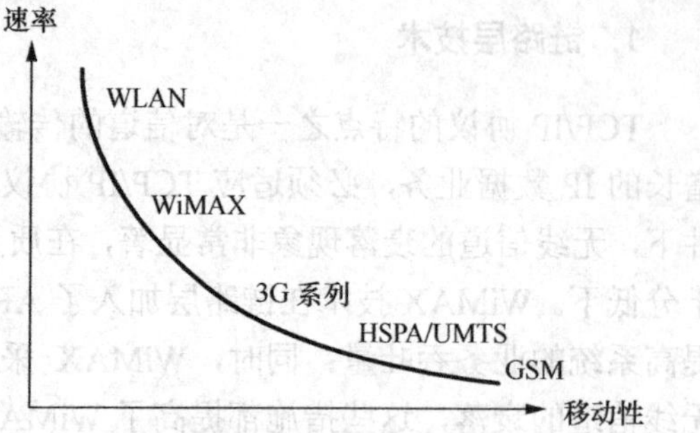

图 9.4.2　WiMax 的传输速率、移动性与其他几个系统的比较

在世界上的许多其他地方，由于 UMTS 的普及以及对标准化的竞争，也意味着 WiMAX 可能不能分配到频谱。

作为一种面向最后一公里接入领域的无线城域网技术，WiMAX 可以广泛应用于多个宽带相关领域。尤其是在城郊和农村等 DSL 与 Cable Modem 服务有效覆盖范围以外，或不便于部署传统宽带接入技术的区域。在这种情况下，WiMAX 将成为具有优势的宽带接入选择，并有望推动 802.11 无线热点与家庭或小型办公领域无线 LAN 的部署。同广泛使用的无线网络相比，WiMAX 技术有着自己独特的优势。WiFi 技术可以提供高达 54 Mbit/s 的无线接入速度，但是它的传输距离十分有限，仅限于半径约为 100 m 的范围。移动电话系统可以提供非常广阔的传输范围，但是它的接入速度却十分缓慢。WiMAX 的出现刚好弥补了这两个不足，因此，WiFi（无线局域网）、WiMAX（无线城域网）、3G（无线广域网）三者的结合会创造出一个良好的无线网络。随着无线通信技术的不断发展，集成了这 3 种技术的移动终端能够随时随地提供高速无线连接。

思考与习题

1．简述未来移动通信发展的方向。
2．画出 FDD LTE 的无线帧结构。
3．简述 TDD LTE 的基本原理。
4．画出 TDD LTE 的帧结构。
5．试阐述 FDD LTE 和 TDD LTE 有何异同点。
6．TDD LTE 的优势有哪些？
7．什么是 WiMAX？它的技术优势表现在哪里？

参考文献

[1] 孙友伟．现代通信新技术新业务．北京：北京邮电大学出版社，2004

[2] [美]Mischa Schwartz. Mobile Wireless Communication．北京：电子工业出版社，2006

[3] 李建东，郭梯云，等．移动通信．第四版．西安．西安电子科技大学出版社，2006

[4] 杨家玮，盛敏，等．移动通信基础．第二版．北京：电子工业出版社，2008

[5] 张玉艳，于翠波．移动通信．北京：人民邮电出版社，2010

[6] 吴彦文．移动通信技术及应用．北京：清华大学出版社，2009

[7] 李斯伟，贾璐，等．移动通信技术．北京：清华大学出版社，2008

[8] 啜钢，王文博，等．移动通信原理与系统．第二版．北京：北京邮电大学出版社，2009

[9] 王华奎，李艳萍，等．移动通信原理与技术．北京：清华大学出版社，2009

[10] 谢益溪．无线电波传播原理与应用．北京：人民邮电出版社，2008

[11] 翁木运，张其星等．频谱管理与监测．北京：电子工业出版社，2009

[12] 周文安，付秀花等．无线通信原理与应用．北京：电子工业出版社，2008

[13] 郑祖辉，陆锦华等．数字集群移动通信系统．第二版．北京：电子工业出版社，2005

[14] 唐雄燕．宽带无线接入技术及应用．北京：电子工业出版社，2006

[15] 顾肇基．GSM 网络与 GPRS．北京：电子工业出版社，2001

[16] 刘剑等．无线网络通信原理与应用．北京：清华大学出版社，2002

[17] 骆键霞等．GSM 数字移动通信系统．北京：电子工业出版社，1996

[18] 赵荣黎．数字蜂房移动通信系统．北京：电子工业出版社，1997

[19] 本书编委会．移动通信技术分册．北京：北京邮电大学出版社，2002

[20] 孙孺石，丁怀元，等．GSM 数字移动通信工程．北京：人民邮电出版社，1996

[21] 杨留清，等．数字移动通信系统．北京：人民邮电出版社，1995

[22] 许希斌，等．CDMA 系统工程手册．北京：人民邮电出版社，2001

[23] 袁超伟，等．CDMA 蜂窝移动通信． 北京：北京邮电大学出版社，2003

[24] 韩斌杰，等．GSM 原理及其网络优化．第二版．北京：机械工业出版社，2010

[25] 华为技术有限公司．GSM 无线网络规划与优化．北京：人民邮电出版社，2004

[26] 李世鹤，杨运年等．TD-SCDMA 第三代移动通信系统．北京：人民邮电出版社，2009

[27] 叶银法，等．WCDMA 系统工程手册．北京：机械工业出版社，2006

[28] 张平，等．WCDMA 移动通信系统（第二版）．北京：人民邮电出版社，2004

[29] 姜波．WCDMA 关键技术详解．北京：人民邮电出版社，2008

[30] 苏信丰．UMTS 空中接口与无线工程概论．朗讯科技（中国）有限公司无线工程组译．北京：人民邮电出版社，2006

[31] 张玉艳，等．第三代移动通信．北京：人民邮电出版社，2009

[32] 常永宏．第三代移动通信系统与技术．北京：人民邮电出版社，2002

[33] 刘宝玲，等．3G 移动通信系统概述．北京：人民邮电出版社，2008

[34] Harri Holma，Antti Toskala．WCDMA 技术与系统设计：第三代移动通信系统的无线接入．陈泽强，等译．第 3 版．北京：机械工业出版社，2005

[35] 孙立新，等．第三代移动通信系统．北京：人民邮电出版社，2000

[36] 彭木根，王文博．TD-SCDMA 移动通信系统．第 2 版．北京：机械工业出版社，2007

[37] Harri Holma，Antti Toskala．HSDPA/HSUPA 技术与系统设计.叶银法等译．北京：机械工业出版社，2007

[38] [美]Theodore S．Rappaport．Wireless communications Principles and Practice，second Edition（英文版）．北京：电子工业出版社，2004

[39] 吴伟陵．移动通信中的关键技术．北京：北京邮电大学出版社，2001